四川美术学院学术出版基金资助

乡村振兴之重建中国乡土景观丛书

主编　彭兆荣

重建中国

乡土

景观

彭兆荣

著

中国社会科学出版社

图书在版编目(CIP)数据

重建中国乡土景观/彭兆荣著. —北京：中国社会科学出版社，
2018.9

ISBN 978-7-5203-2555-4

Ⅰ.①重… Ⅱ.①彭… Ⅲ.①乡村规划—研究—中国
Ⅳ.①TU982.29

中国版本图书馆 CIP 数据核字(2018)第 096146 号

出 版 人	赵剑英	
责任编辑	王莎莎	
责任校对	周 昊	
责任印制	戴 宽	

出 版	中国社会科学出版社
社 址	北京鼓楼西大街甲 158 号
邮 编	100720
网 址	http://www.csspw.cn
发 行 部	010-84083685
门 市 部	010-84029450
经 销	新华书店及其他书店

印刷装订	北京君升印刷有限公司
版 次	2018 年 9 月第 1 版
印 次	2018 年 9 月第 1 次印刷

开 本	710×1000 1/16
印 张	32.75
字 数	488 千字
定 价	128.00 元

凡购买中国社会科学出版社图书，如有质量问题请与本社营销中心联系调换
电话：010-84083683

目　录

导　言

何处是"故乡"？

在人类学的视野中，人首先是动物。"人类"原本就是动物的一个种类。动物故会"动"，命名之。动物有巢穴。人类远古之栖居便是巢穴，住在树上和地下，如鸟兽一般。智者如是说，考古证明之，今仍有遗迹、遗址。后来，人类从树上下来，从洞穴中走出，在地上建筑、营造，有了聚居，有了秩序，有了伦理。聚居虽可搬迁，但总有原居，根据地。人类的秩序、伦理便从聚集开始。无论何种原居都是"故乡"，那不仅是人类的栖息地，也是秩序和伦理的诞生地。它是人类社会性的开始。从历史的遗留看，中国的村落在新石器时代就已经形成规模。①

人类的生存与自然环境相适应，人类的生计与劳作方式相配合，人类的生活与社会关系相协调，这些决定了文明的差异与多样。游牧文明选择居住方式的移动，农耕文明决定了居住方式的稳定。根本原因在于是否与土地捆绑在一起。离开土地就是离开家乡，这就是以农耕为主体的传统。人群的聚居地被表述为"乡土"。费孝通先生以"乡土"概括中国——"乡土中国"，②为精准的表述。若要定位、定义"中国"，便要从乡土入手。诚如梁漱溟所云："中国这个国家，仿佛是集家而成乡，集乡而成

---

① Knapp, Ronald G. , Village Landscape, *Chinese Landscapes：the Village as Place*（edited by Ronald G. Knapp），Honolulu：University of Hawaii Press，1992，p. 2.

② 费孝通：《乡土中国　生育制度》，北京大学出版社 2008 年版。

国。"所以要"从乡入手"。①

"故乡"于是有了多层意思，它是以农耕文明为背景的人民的原住；以土地为纽带的原乡；以田作为生计的原本；以群体为聚集的原始；以家园为传统的原貌；以宗族为依据的原初。"原来中国社会是以乡村为基础，并以乡村为主体的；所有文化，多半是从乡村而来，又为乡村而设——法制、礼俗、工商业等莫不如是……"不幸的是，"中国近百年史，也可以说是一部乡村破坏史"②。

近代以降，外族侵略、异己力量、战争灾难使得乡村遭受到了空前的破坏，"大地母亲"受到凌辱。同时，革命、革新，维新、思变的各种社会观念、思潮、运动也在不断地酝酿，发起。人们，尤其是有识之士，几乎共识性地认识到，所有中国的政治和社会运动若要取得成功，都必须从农村开始。而当我们看到，中国共产党何以从"打土豪、分田地"到"农村包围城市"进而解放全中国，便明白了这一至为朴素的道理。

伴随着中国共产党取得全国性的胜利，从 20 世纪 50 年代后期开始，农村也出现了全局性变动，重要的历史实践是"人民公社化运动"。人民公社作为一场运动，可以追溯到 1958 年初夏大规模农田水利的建设，一些地方出现的"小社"为"大社"的活动。③ 从根本上说，"人民公社化运动"的思想根据来源于"1958 年我国农村建立的人民公社，是'大跃进'高潮的产物"④。而"农村人民公社自 1958 年建立到 1984 年全国撤社建乡的基本完成，在我国农村延续了 20 多年的时间，给我国的农业生产、农民生活和农村发展带来了巨大而深远的影响"⑤。

2　　　对于"人民公社化运动"，中共十一届六中全会通过的《关于建国以来党的若干历史问题的决议》对其做了评价："由于对社会主义建设经验不足，对经济发展规律和中国经济基本情况认识不足，更由于毛泽东同志、中央和地方不少领导同志在胜利面前滋长了骄傲自满情绪，急于求

---

① 梁漱溟：《乡村建设理论》，商务印书馆 2015（1937）年版，第 182 页。
② 同上书，第 11 页。
③ 参见罗平汉《农村人民公社史》，人民出版社 2016 年版，第 489 页。
④ 同上书，第 1 页。
⑤ 同上书，第 488 页。

成，夸大了主观意识和主观努力的作用，没有经过认真的调查研究和试点，就在总路线提出后轻率地发动了'大跃进'运动和农村人民公社化运动，使得以高指标、瞎指挥、浮夸风和'共产风'为主要标志的'左'倾错误严重泛滥开来。"① 这不能不说又是一次对"乡村的破坏"。

近代历史的中国经验再一次表明，中国的变革从农村开始。如果我们不以乡土社会的主体为重、为本，不考虑农民的根本利益，不了解他们的诉求，一定要付出惨痛的历史代价。即使是在当下，我们的一些大的"工程"，仍然在破坏、消费、毁损传统的村落。尽管我们清楚地看到，这些都属于"权力性善意工程"（以政府为主导、以资金为先导、为民众做"客位"思考），却显然未能做好详细的"长时段"准确评估，缺乏深入的调查和试点。更需要纠正一个观念上的错误——中国的发展是以耗损传统的乡土社会为代价。此番道理仿佛经济的发展不必然以生态环境为代价。极而言之，传统村落的保护需要"国家作为"，否则便是不作为。②

如果我们相信，中国传统的乡土社会具有创造性和拓展性——具有适应新形势发展和需求的创造和拓展能力，我们完全可以将今天中国的伟大成就、中华民族的崛起归功于传统的乡土智慧。费孝通在《乡土中国　生育制度》中以他的家乡为例，生动地表明亦耕亦读、亦商亦儒的乡土传统从来不缺乏创造力，从来不缺乏从草根性中发挥其他经济领域的拓展基因和动因。云南和顺的居民原是明朝戍边的将士，"在地化"后，为适应环境、语境，生计、生活之需，转化为农民、商人和儒士。无论是曾经的士兵、现在的农民、商人还是读书人，或亦耕亦读，亦商亦儒，都可以做得很好。因为乡土社会具有的最基本功能就是务实。

"故乡"有一个自古贯穿的线索，即与"祖"（祖先、祖宅、祖墓）同在，并得到祖先的庇荫、庇佑和庇护。这是乡土社会看得见的"传统"。我们在今天所见到、听到的许多因城镇化而"拆迁"的案例，老人们哭了。这种与祖先相隔分离的撕心裂肺之痛并非"拆迁款"能够补偿得了的。城市的高楼使得这些来自农村的人民甚至连"天地君亲师"和"祖先

3

----

① 《关于建国以来党的若干历史问题的决议（注释本）》，人民出版社1983年版，第313—314页。

② 中国传统村落网，http://www.chuantongcunluo.com/Index.asp。

牌位"都找不到摆挂的地方。他们并不会将与土地分隔的高楼当作自己的归属，或许只是一个临时居所。人们丧失了"天人合一"的认知，没有了依靠的土地，断裂了血缘的纽带，失去了祖先的庇护，淡薄了邻里的暖情，远离了农耕的伦理，牵挂着梦中的故乡……

人们活在这个世界上，生命的短暂，使他们认识了一个道理，时代语境价值的嬗变越来越快。它告诉人们，今天的"城市化"只表现为一种"时尚"的价值，是几千年文明中从来没有过的运动和变故。我们也明白，今天的人们无权为他们的子孙做决定。我们不能保证他们也像我们中的一些人那样喜欢城市。然而，我们又无权、无力改变轰然而至、接连不断的"大工程"，且大都以乡土村落的毁损为代价。

当代著名东方学的建构者萨义德将"曾经非常安静的农业环境被改造成为弱肉强食的城镇"与当年美国曾经用武力的方式驱逐印第安人做类比，[①] 发人深省。试想，如果未来我们后代厌烦了城市的喧嚣，适应不了越来越快的生活节奏，厌恶了高楼林立的"监狱般囚禁"，受不了人与人之间的冷漠与自私，排解不了各种饮食安全的困扰……如果他们想"返回自然""重回故里"的时候，"故乡在哪里"？

面对过去，我们需要保护、保留一些乡土遗产，展望未来，我们需要留下一些乡土景观给后人。它涉及理念（保护）、田野（调查）、认知（分类）、编列（名录）、基要（元素）等整体性的工作。

"名录"的启示

乡土景观作为文化遗产的一种特殊类型，既是适应自然的一种选择，也是乡土知识与民间智慧经历长时间的形成，其"草根性"经久且具有韧性和耐力。村落是人民家园的实体；虽小却美丽。传统的乡土景观集天文、地文、人文于一体。我们每一代的人，生活在特定的语境价值之中，许多事情当世者难以判定，只是附庸。如果说，今天的社会价值只是暂时

---

① ［美］爱德华·W.萨义德：《虚构、记忆和地方》，见［美］W.J.T.米切尔《风景与权力》，杨丽等译，南京译林出版社2014年版，第261页。

性的、短时段的，而乡土社会中的主要价值不仅代表着长时段的中华文明，而且成为文化遗产传袭至今。我们所说的"传统"即可理解为历史已经选择和证明了的"价值"。今天，"保护历史文化遗产"常常被言说，主体性却也被忘却。面对今日"城镇化"之强势，"口号"显然无济于事。我们需要行动。那么，如何行动于是成了至为重要的关键。

"名录"的启示提醒着一种行动的方式——强调我们要怎么做。法国的例子不失为范。法国是世界上公认的遗产景观大国，也是在现代国家建立进程中遗产国家体系化的历史样板。法国的遗产保护模式为世界遗产历史提供了一个历史化、国家化、政治化的遗产景观叙事范式，具有强烈的视觉性。法国的遗产保护体系中有许多内容、观念和方法都已经在全球推广，其中"名录"制度值得我们特别重视，它不仅是现代世界遗产"名录"制度的范本，也是一种极为有效的方法，对我国的遗产景观，尤其是乡土景观的寻找、确认和保护都有借鉴意义。虽然法式的"名录"制度不囿于乡村，方式却值得效法。

"名录"的历史性和制度化，与法律保障紧密关联。1789 年，法国进行了对世界近代史具有里程碑性的大革命，推翻了封建统治，1792 年成立了法兰西共和国。新的国家体系——共和国面临的一项重要任务就是对既往的各类历史遗产、遗物、遗址、景观所采取的态度和处理方式。在大革命期间的 1790 年，法国成立了第一个"历史建筑委员会"[1]（Commission Des Monuments），1837 年创建了由建筑师、考古学家和政府官员组成的历史建筑委员会（Commission Des Monuments Historiques），1840 年该委员会编撰了欧洲最早的一份历史建筑登录名单："请求资助的历史建筑名录"

5

---

[1]　monuments 源自拉丁语"monumentum"，直译为纪念的，纪念性建筑和文件。《韦氏英英词典》指：（老式用法）有拱顶的坟墓，同义词 Sepulchre；法律文件或纪录；纪念物、名人、纪念人或事件的碑或建筑；（古代用法）符号、征兆、证据；（老式用法）雕像；边界或位置标示；颂文。总之包含纪念性雕塑、碑碣、坟墓、边界、标志等建筑物，也包括纪念性文字等其他物品。在梅里美登记 historical monuments 主要是建筑，当然也包括使该建筑保持其特殊风格的一些收藏品，如家具等物品。因此本书对"monument"的翻译依据语境而定，在讲到法国"monument historique"时翻译为"历史建筑"，在其他地方涉及多种门类文化遗产时翻译成"文化纪念物"，涉及古董一类时翻译成"文物"，涉及不可移动的古建筑、考古遗址、历史名胜时翻译成"古迹"……依具体语境而定。

（Liste Des Monuments：Pour Lesquels Des Secours Ont été Demandés）。1841
年 2 月 19 日颁布了一道敕令（circulaire du 19 février 1841），① 规定了委员
会的使命和责任。1887 年颁布了首部文化遗产保护方面的法案，即《历史
建筑保护法》，明确了政府干预的范围。② 1913 年通过《历史建筑法》（La
loi du 31 décembre 1913，relative à la protection des monuments historiques），
是延续至今的重要法令，包括了现行法令的主要基本点。"保护法"中的
"名录"制度确立了遗产分类、登记、细目的方式，同时也成为遗产继承
上的法律原则。这项制度后来成为联合国教科文组织（UNESCO）的运作
规则并向全球推广的制度和模式。今天在全世界，只要说到"世界遗产"
便与"名录"相属。

　　法国的名录制度与现代民族国家体制的建立存在着历史的逻辑关系，
即文化遗产的国家化（国有化）问题——历史性地成为重要的一种类型和
形态。众所周知，在现代国家体制建立以前，各种遗产、遗址、文化景观
都处于"前民族国家"状态，帝国遗留的、封建制度的、庄园主式的、宗
教范围的、贵族私有的、各省区管辖的等。现代国家的共和国国体的建
立，也就必须对各种文化遗产在国家层面的保护地位加以确立，即文化遗
产必须从私人手里走出来，成为由公民分享、并由国家的相关机构进行保
护的东西，这一步的跨越并不容易。在法国它是伴随着波澜壮阔的思想和
政治革命诞生的。这里涉及几个重要事件和价值转型。首先，国家通过一
些重要的标志性遗产、遗物、遗址和景观的确认和确立，帮助建立新的国
家认同。其次，对重要的遗产、遗物和遗址的保护、整理、修复等以建立
对历史的应有尊重，并通过这些遗产的分类和档案处理，建立完整的历史
谱系。再次，通过国家遗产的理念和实践，有助于建立符合新社会的公民
价值。

6

---

　　① http：//www. merimee. culture. fr/fr/html/mh/mh_ 1_ 5. html.
　　② 国内不少学者提到法国第一部文化遗产保护法是 1840 年梅里美《历史性建筑法案》，说
这也是世界上最早的一部关于文物保护方面的宪法。但是笔者检索了大量的英文资料，也请法国
朋友在网上查阅了法语相关网站，但均未发现有相关的记录，1840 年法国文化遗产保护方面的大
事件即完成了"请求资助的历史建筑名录"，倒是 1841 年颁布了一道确定历史建筑委员会使命和
责任的敕令，但敕令还不是法律，只是具有一定官方权威的命令、戒令之类的文件。

　　在这个历史进程和历史事件中，法国的文化精英起到了不可替代的作用。最具代表性的人物是法国著名作家梅里美和雨果。全世界都把法国视为保护文化遗产的先驱，而法国则把作家梅里美（Prosper Merimee，1803 - 1870）和雨果（Victor Hugo，1802 - 1885）等视为法国文化遗产保护的先驱。特别是他们在收集、整理和登记法国的历史文物、遗产、遗址等名录方面起到了开创性作用。他们的具体做法和任务是为所有具有历史价值的文化遗产、建筑艺术，那些已被历史见证过重要的事件，以及当时能够吸引考古学家、艺术家和历史学家注意力的建筑物编制清单。这项工作显而易见任务繁重：梅里美估算大约想要花 250 年时间，编写 900 卷说明性的文字。虽然这样的计划难以最终如实实现，但仍是个令人兴奋的伟大理念，后人称其为"管理的浪漫主义"（administrative romanticism）。19 世纪的批评家圣佩韦（Sainte-Beuve）评价说，名录调查和登记工作就像朝圣，专家们遍查各地，冲向任何有尖塔、教堂塔楼和哥特式拱门的小镇，在村镇最古老的区域搜访，探查最狭窄的小巷，在任何一片有刻文和装饰的石刻面前久久停留。可以想见，梅里美等文化先驱们的工作当时受到一些地方官和教会的阻碍，他们宣称该建筑属于他们自己或地方。其中之一在于法国的历史建筑委员会的国家机构受到了地方的质疑，他们的工作也受到阻挠。这样的工作，包括不同时段各种代表性价值、观念的交锋，后来都成为法兰西遗产思想史的重要材料和历史鉴证。

　　1840 年，他们登记在册的历史建筑有 1076 件，到 1849 年就接近 4000 件了。1841 年国家颁布了一道敕令。该敕令规定了历史建筑委员会的使命和任务：

　　　　·审核并批复所有由地方或科学团体要求资助的申请；
　　　　·将所有值得登记在册的历史建筑列入历史建筑清单，列入清单的要得到国家的资助必须满足三点：旨在通过该建筑激发地方自豪感，地方支持，地方投钱；
　　　　·评估并给任何对已登记历史建筑进行整改的活动以意见；
　　　　·决定是否收购濒危历史建筑。

任何新的遗产保护观念和行为都将承受特定时代的质疑甚至阻碍，毕竟这代表了不同的时代和阶级的价值。一个历史事件值得回顾：1832年地方政府为加宽街道意欲拆除 Saint-Jean 修道院，经过两年的协商后，政府终于阻止了拆除计划。该敕令在 1834 年使得 Saint-Jean 修道院免于拆除。梅里美发现很多历史遗产处于濒危状态，盗贼、公物恣意破坏者、自私的城市开发行动，甚至各种机构也都参与了破坏这些遗产的行动。另外还有一种隐形的破坏，可能比以上那些个体或组织性的破坏更严重：即破坏性的修复者造成的断裂。梅里美非常担心这种重构历史所带来的危险。1844 年，梅里美委托拉萨斯（Jean-Bap-tiste Lassus，1807 – 1857）与杜克（Eugène Emmanuel Viollet-le-duc，1814 – 1879）为修缮巴黎圣母院的负责人（1793 年大革命中，巴黎市民将门洞上方"国王廊"里的二十八尊以色列和犹太国历代国王雕塑误认为是法国国王的形象，拆下来当作旧材料卖掉了）。

修复遗产的原则也经过历史的巨大争议，这涉及一场"知识的革命"。杜克虽然首次提出"整体修复"的概念，主张一座建筑及其局部的修复应保持原有的风格，修复之前应先查明每个部分的确切年代和特点，要有依据。但用个人的判断取代了原物的真实，用"创作"代替了修复，使得巴黎圣母院"焕然一新"，却抹去了 700 年来的历史痕迹。现在人们普遍认为杜克的修缮毁掉了巴黎圣母院。雨果还为此撰以长文（引文大幅删减）：

　　我在这里想说，并想大声地说的，就是这种对老法国的摧毁，在被我们于王朝复辟时期多次揭发以后，仍然是在进行着，而且日愈疯狂和野蛮，已到了前所未有的程度。自从七月革命以来，借着民主，社会上有了不少无知和野蛮的表现。在许多地方，区镇一级的权力从不会写字的乡绅手里转移到了不会认字的农民手里，整整又降了一个层次。而在我们等待这些勇敢的人学会拼读之前，他们已经在掌握着权力。同时，过去那种行政管理系统，即中央集权制，也即自市镇长至副省长、省长至部长的这么一套上下级制度，已经显示了它所导致的弊端，现在则变得更加严重了……

作为实例，本文作者想引用一段寄给他本人的一封信，是从堆积如山的类似资料里拿来的。他虽然不认识寄信的人，但可从信里看出这是一个趣味优雅和有感情的人，并且他对这封信表示感谢。他不愿意辜负每一个揭发不公和有损公益的荒谬事件的人。他只是遗憾自己的影响力太小。在读这封信的时候，他希望读者能意识到其所述绝不是个例，而仅是数千事例中的一起，它代表一个正普遍在法国发生着的事实：对老法国文物建筑全面的不间断的摧毁。

先生：

听说破坏文物者要拆掉那座古老、不可再生的圣日曼奥斯罗教堂。破坏文物者有他自己的想法：他要修一条特别大特别大的街穿过巴黎，一条四公里长的大街！这一路上会有多少建筑要遭殃！除了有圣日曼奥斯罗教堂，可能还有圣雅克布神塔楼。但这有什么关系呢！要修成的大街可是四公里长啊，得多么漂亮啊！要自卢佛宫一条线直通托尔纳围墙，如此从街的这头便可以直接遥望卢佛宫的正面墙了。说贝候所建柱廊的出色之处正在于它的尺度，观赏的距离一拉长就会失去意义吗，这又有什么了不得，比起一条四公里长的大街！而从卢佛宫这边看过去，托尔纳围墙那两个有名的柱子也会显得像波特尔先生那两条瘦削、可笑的腿。这是多么美妙的远景设计啊！……

如果需要一条法律，那就着手制定吧。但我们已可以听到七嘴八舌的反对声了："议会有时间吗？"或者："为这么点事还制定法律！"……

9

维克多·雨果（载于法国 1832 年第一季度的《两个世界的杂志》）

华新民 2001 年 9 月译于巴黎历史图书馆①

1913 年 12 月 31 日法国通过了《保护历史古迹法》，"它是世界上第一

---

① 24 小时在线博客网站"老虎庙：一个人出版的杂志"：2006 年 8 月 3 日日志："雨果：向拆房者宣战！" http://24hour. blogbus. com/logs/2966897. html（引用时做了删节——笔者）。

部保护文化遗产的现代法律"①，"法律中明确规定：'历史建筑'作为公众利益受到保护。同时，根据历史建筑的历史、艺术价值，规定了两种不同程度的保护方式：一种是非常严格的，就是列级保护（Monument Historique Classè，列入正式名册的历史建筑），要求对历史建筑从历史学的角度或者从艺术的角度来进行保护，其登录和保护的程序都比较严格。一种是注册登记（Monument Historique Inscrit，登记在附属名册的历史建筑），原来是用来登记那些准备要列级的历史建筑的临时名册，后来专门登录价值稍逊或者较为普遍的历史建筑。保护要求也相对简单，主要是对历史建筑的变化进行监督和有效的管理，以保持和体现其价值。从此，'历史建筑'作为专门的一个历史文化遗产的概念被确定"②。法国在 1930 年 5 月 2 日通过了对 1906 年《历史文物建筑及具有艺术价值的自然景区保护法》进行完善的法律，将保护历史建筑的理念和方式推及"自然景观"③，后面的"故事"省略。

"典册"的传统

其实，中国在历史上也有一套与"名录"具有同质性的"国史"，只是被遗弃、遗忘了。依据我国的经典《尚书·禹贡》："大禹治水，疏浚五州，四海会同，成赋中邦。"《广雅》："贡"即"献"。又云"税也"。凡田赋及进献方物，皆谓贡。④ 具体地说，就是四方贡献给中国。"贡"即上贡生产品（功），以"税"赋之。原先是按田税贡献，学者所根据的是《禹贡》中"禹别九州，随山浚川，任土作贡"。后来泛指各种进贡之物。《周礼·天宫·大宰》中记载了"九贡"：祀、嫔、器、币、材、贷、服、

---

① 郑园园：《法国视文化遗产如生命》，《人民日报》2002 年 8 月 9 日。
② 邵甬、阮仪三：《关于历史文化遗产保护的法制建设：法国历史文化遗产保护制度发展的启示》，《城市规划汇刊》2002 年第 3 期。
③ 同上。
④ 参见王云五主编"古籍今注今译系列"之《尚书今注今译》，屈万里注译，新世界出版社 2011 年版，第 24 页。

斿（旗）、物，皆为贡品。① 所以，《禹贡》之"贡"，历代学者一般认为贡赋之法，田赋及进献方物，皆谓之贡。按照这样的理解，"贡"（进贡、朝贡）便开始作为帝王与诸侯，中国与方国之间的主从关系。②

有"贡献"就有登记、造册、入典。商代最后的都城安阳，大量占卜记录和考古资料都说明，当时的商王对四方（东土、西土、北土、南土）的收成都非常关心，他对他的诸妇、诸子和诸侯的领土内的收成也都关心，但他对别国的粟收则毫不关心。由这种记录可以推想这些他所关心者都要对其提供贡献。此外还有大量的货物，从这些资料中，可知包括龟甲、牛肩胛骨、字安贝、牛、马、象、战俘、西方的羌人等，为某伯某侯所"入"或"来"自某伯某侯。③ 这种四方进贡和贡献的制度，除了《禹贡》中所说的赋税制度外，笔者认为也是中国材料登记档案的早期方式。中国古代存在着登记名录原型，或与贡献制度有关。

事实上，司马迁是西汉武帝（公元前140—前87）时期的官方历史档案按理者；他的《史记》是中国第一部官修史书。④ 据此，"典册"（典即册）性的登记造册窃以为是我国早期的祭祀登记名录制度。在我国古代，祭祀不仅是社会控制的重要机制，也是与天沟通的手段。与天帝、神灵沟通需要贡献，贡献的种类、品名都需要登记造册，这便是古代的"典册制"。"典"甲骨文 ䷀（册，代表权威典籍）， 𠬞（双手，表示捧着），表示双手奉持典册。造字本义：主持事务的官吏双手恭敬地捧着古权威圣典。《说文解字》："典，五帝之书也。从册在丌上，尊阁之也。庄都说，典，大册也。"由此可知，典的本义就是祭祀仪礼中登记贡献的大册，后引申为典范，标准；历史性地形成了"贡献—登记—造册"——我国古代的一种名录制度。也是我国传统的"档案"形制的一种重要类型。

土地是广大人民群众生活的根本来源，我国传统的土地制度中也包括计量和登记"名册"的部分。我国古代传统的"井田制"便是根据土地计

11

---

① 参见［日］白川静《常用字解》，苏冰译，九州出版社2010年版，第138页。

② 参见台湾商务印书馆，王云五主编"古籍今注今译系列"之《尚书·禹贡》，屈万里注释，新世界出版社2011年版，第24—35页。

③ 参见张光直《中国青铜时代》，生活·读书·新知三联书店2014年版，第15页。

④ 张光直：《商文明》，生活·读书·新知三联书店2013年版，第3页。

量实行管理，并成为我国古代最为重要的土地管理制度。[①]

日本的经验

在乡土景观和村落遗产保护方面的经验，日本的研究和实践也值得借鉴。作为中国近邻的日本，其乡土景观研究历经近百年（以柳田国男编「郷土誌論」为标志，1923）。从知识生产的方法上来看，有着自己的特色和逻辑。与西方 20 世纪 40 年代起步的乡土景观从建筑学、考古学发端不同，[②] 日本乡土景观研究脱胎于农学（农艺学和农政学），肇始于历史学和民俗学。因为在特定社会文化背景下，对"乡土"的认同、对"景观"的认知大相径庭。

"郷土"（きょうど）一词，在当下日本地方自治体的官方和民间表述中随处可见。"郷土料理""郷土芸能""郷土気""郷土教育""郷土意識"，其文脉大多指向现代行政市町村以下极小范围内的地域或人群。但在日语中，"郷土"的语感又与故乡、乡下或地方等用语都不同，它携带着日本人强烈的观念和情感。"国家"与"郷土"亦成为昭和以来日本政治问题中的两个高频话题。

认识日本的乡土观，首先应从日本特殊的地理环境着眼。日本地理环境极为复杂——整个国家溪谷纵横，山海之间围成许多天然小型盆地。尽管农耕文化长期被日本人视为"岛国之根"，但与传统中国"土地捆绑"的乡土社会不同，日本农村因其小型化、多样化的生产生活样态，采用马克思提出的"亚细亚生产样式"（大水利灌溉工程是国家发生和国家性格养成的要因）来解析社会并不适用。日本现代村落根据成立方式分为"自然形成的村落"和"被制造的村落"两类。前者是住民世代自发利用自然环境的结果，后者专指明治以后因交通道路改善而共同开发的新田。虽然村庄起源不同，生产方式有所差别，成长力也是多样化的，但无论是基础

---

① 参见吕思勉《中国文化史》，新世界出版社 2017 年版，第 70—76 页。

② 参见 [美] 约翰·布林克霍夫·杰克逊《发现乡土景观》，俞孔坚、陈义勇等译，商务印书馆 2015 年版，第 117—147 页。

农业生产、附加手工业生产还是山野杂地生活资料采集，大多以村内自立的共同作业为基础，这样便形成日本村落自治运营的传统。作为"原始生产组合"的经济结构，成为日本社会生活的基础凝结力。与之相应，长期生产劳动构筑了通行的作息规则，也就形成了不成文的覆盖生活整体的相互制裁力，体现为人群的信仰和风俗。历史学家大塚久雄将日本村落共同体的特征归纳为：拥有共同体土地、拥有共同体规则和小地域宇宙观。①

　　日本乡土观念的兴起、乡土研究的发生和乡土实践的开展，都绕不开民俗学泰斗柳田国男。如果说柳田民俗学是后学的定名与追溯的话，柳田氏在多数时间里，更愿意把自己从事的学术研究归类为"鄉土研究"。② 柳田国男在「鄉土研究与鄉土教育」中提出：并非要研究乡土，而是研究称其为乡土的东西。这个"称其为乡土的东西"是什么呢？就是日本人的生活，尤其是作为日本民族整体的过去的经历。柳田氏在整个学术生涯中，并没有对"鄉土"做出一个准确的定义，但在其不同时期论著中的乡土诸相，却以动态综合的方式，回应着"鄉土"概念的内涵和外延，也逐渐拓开了"鄉土景观"研究的专门领域。

　　柳田国男在 1902 年《最新产业组合新解》中初次使用"鄉土"一词。作为一名年轻的农政官，柳田所使用的"鄉土"是与"都市"对应的地域概念，指从农村进入都市的流入民出生地。随着柳田国男学术思想从"农业政治"转向"农民生活"，1910 年他与新渡户稻造共同成立"鄉土研究会"，将"对地方文化多样性的传承和对乡村人民生活的内在理解"作为创会宗旨。与此同时，《后狩词记》《远野物语》等系列"鄉土誌"采用实地调研的方法，对日本众多村落的衣食住行、人生礼仪、年节祝祭、家族结构、故事方言、生产组织进行了广泛关注。1923 年旅欧归国后，柳田国男针对被都市文化波及且迅速衰退的乡土文化，竭力倡导以还原"古老乡土精神"为目标的地方文化建设事业。在《民间传承论》中，柳田氏用"乡土研究并不是以东京日本桥作为乡土的意思"来强调"鄉土"与"都

13

---

① 大塚久雄：「共同体の基礎理論」，岩波書店 1955 年版，第 18 页。
② 柳田国男：「柳田国男全集」14「鄉土研究と鄉土教育」，筑摩書房 1999 年版，第 145—149 页。

市"相区别的概念。① 这一时期柳田国男的乡土观虽然还是以地方差别为要点，但明显更加着意"地方秩序"问题。② 而其乡土研究也从之前保全地方文化多样性的立场，逐渐深化为——如何在理解特定乡土价值意识的基础上，解决都市与乡村关系中的现实问题，即如何在都市文化为核心的现代文明背景下，追究原生文化变革再生的可能性与可行性。③

1930 年前后，日本遭受了严重的农业灾害。为了防止农村人口流失，政府企图利用"鄉土"观念来加强地域社会的向心力。以仙台、陆奥为先，日本各地纷纷设立具有政府背景的"鄉土研究会"，乡土教育运动也随之空前高涨。然而他们所主张的乡土意识，是具有明确行政地域的认同归属。针对这一风潮，柳田国男公开提出批判意见：乡土是民族一体的共同经历，狭隘的乡土观根本不可能养成长久的爱乡之心。这一批判也同时指向了乡土研究会正在大张旗鼓推开的、以地域为区别的历史人物和文化财产表彰活动。

此后「鄉土研究十讲」（1931）、《民间传承论》（1934）、《国史与民俗学》（1934）、《鄉土生活研究法》（1935）等专著的发表，标志着柳田氏的乡土研究从重视地域差别的"土俗学"，转向为通过比较研究构建国民整体生活变迁史（时代差别）的"国民的学问"。柳田国男指出：乡土研究的第一要义，可简单归纳为了解平民的过去。对于现实生活中的种种疑问，对于那些至今未能获得圆满解释与说明的问题，通过乡土性知识也许能够得以解决。因此了解平民们的生活历程，便是对自我的了解，即是"自省"。唯有通过对"个别乡土"的比较，才能认识"整体日本"。而日本公民教育的着力点，也应该是由国民在正确社会意识基础上做出自由选择，决定如何改善现实生活。通过对中世纪乡土生活和乡民意识的研究，为明治以后农业和农政衰退困境下的日本村落（村民）找到新的连带关系和自治精神，形成与"国家社会"相对应的"国民社会"，成为柳田国男

14

---

① 柳田国男：「柳田国男全集」8「鄉土生活の研究法」，筑摩书房 1998 年版。
② 柳田国男：「柳田国男全集」26「地方文化建设の序説」，筑摩书房 2000 年版，第 471 页。
③ 宫田登编：「民俗の思想」、岩本通弥：「民俗・風俗・殊俗——都市文明史としての一国民俗学」，朝倉书店 1998 年版，第 40—41 页。

乡土研究的立场方法和目标，如图：[1]

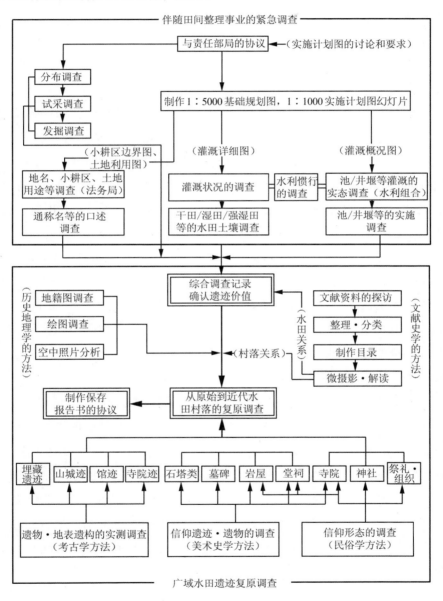

广域水田遗迹调查流程图（针对紧急调查和复原计划）

---

① 海老澤：「莊園公領制と中世村落」，校倉書房 2000 年版，第 373 页。

日本的例子（张颖提供）①。日本对乡土社会的研究（特别是学科的整合）和乡土景观的保护方面达到较高水平。

窘迫的形势

今天，我们所面临的形势是：举国正在进行着一场大规模的现代化建设，中国仿佛是一个巨大的"工地"。各种各样名目的"工程""项目""计划""规划""设计"，打着各种各样的旗号和名目，大兴土木。对于这样的"新跃进"，我们喜忧参半。对此，评论、批评声已不少。这些"工程"存在一个根本的问题：乡土社会的主体性缺失，大量耕地丧失，传统乡土景观消失。广大的农民对自己家园的未来没有发言权。

2014 年，文化部、教育部在北京举办了一个小型的专家会议，笔者有幸在受邀之列。会议其实是命题作业，主要讨论在城镇化进程中如何保护传统的乡土遗产。当笔者问及什么是"城镇化"时，得到的回答是：在 2020 年我国城市人口占总人口的 60%，城市户数占总户数的 40%。而当笔者追问我国城镇化的原因、根据、模式等问题时，皆无人回答。可见现实的情形是：我国每日消失的村落何止以单数计量。

近来笔者在《中国城镇化》一书中看到这样的定义："所谓城镇化是指农业人口向非农业人口转移和生产、生活方式集约程度的提高。"② 而且，我国的城镇化是"政府主导与市场力量对城镇化进程的影响并存"③。换言之，现在"城镇化"完全以城市为主要导向、主体价值规划执行的。一部洋洋近二十八万字的著述，没有涉及如何尊重农民的意愿，听取他们对自己家园未来的看法，没有关照制定城镇化的乡土依据，没有注意到中国传统村落的历史概貌和形态的多样。这样的城镇化规划如何不令人担忧？

16

---

① 参见张颖《日本乡土景观研究的历史与方法——从柳田国男的"鄉土研究"谈起》，《中南民族大学学报》2017 年第 5 期。

② 楚天骄、王国平、朱远等：《中国城镇化》，人民出版社 2016 年版，第 5 页。

③ 同上书，第 10 页。

　　政府的相关部门、组织、机构正在进行一些相关的村落保护的政府工程，比如"中国古村落抢救性普查计划"，但由于"家底不清"，中国民间文艺家协会曾于 2008 年至 2010 年在全国实施中国古村落抢救性普查工作，以编纂《中国古村落名录》，调查内容包括：1. 村落概貌。包括历史沿革，地理环境、人口、民族、生产、生活等；2. 物质文化遗产。包括民居、街道、桥梁、景观、塔亭、祠堂、庙宇、戏台等；3. 非物质文化遗产。包括民间习俗、节日表演、各类民间文艺等。① 在类似的项目推行中，村落的保护工作取得了一些重大的成绩。但与此同时，也出现了严重的问题。

　　我们并不排斥城市化的演进——自然演进，不是人为地以"运动"的形式进行。我们强调，中国的城市原本就是乡土性附属产物，传统的城市与乡村保持着亲缘、地缘、业缘等关系。我国古代也有城市建设问题，却从未以损毁乡土社会为代价。根本上说，"中国"的形成与五服的关系，皆以乡土为根本；这在《禹贡》中就定下了基调。即使是当代世界，也没有任何理论、证据和逻辑表明，经济的发展只是"城市的产物"；"国力的强大"受阻于传统的乡土性。于是，我们甚至对当下大规模的"城镇化运动"产生了质疑。从世界历史发展的规律来看，如果有城镇化，那也是一个自在的过程，不是"运动"搞出来的。事实上，即使在今天，对"城市主义"（Urbanism）、"都市化"（Urbanization）等也没有一个准确的定位，"城市是否在人类的进化过程中扮演一个核心角色"等并未得到肯定的答案。② 虽然，从现象上看，随着全球化和网络化过程，城市人口在急剧增长，但是否需要人为充当"推手"加速这一进程，需要更谨慎的评估。

　　既然如此，也就没有理由得出，没有逻辑推出城市是"文明的代表"的结论。反观我国当代的城市化建设之所以发展快速，没有"农民工"，哪来的这般奇迹？没有乡土的滋养，哪有今日之城市景观？从根本上说，中国的城市从原生到演变，都以乡土为背景、为底色、为依据，这与西方

17

---

① 参见向云驹《草根遗产的田野思想》，中华书局 2011 年版，第 121—122 页。

② Rapport, N. and Overing, J., *Overing Social and Cultural Anthropology：The Key Concepts*, London and New York：Routledge, 2000, p.374.

城市独立生成的模式，即城邦（city-state）有着根本的差异。而当下之"城镇化"却恰恰正在进行"弑父"的行为。我们宁可相信，"城镇化"是一个社会发展中局部性自然的演进过程；它不是全局性的，不是人为以"运动"的方式加速推进的工程，更不是以耗损乡土为代价的。

在这些工程项目中，规划师、设计师、工程师等成为冲在运动前列的"急先锋"，大量的图纸复制造成了我们的乡镇出现"千城（村）一面"、令人作呕的景观。传统的乡村景观迅速改变为"新面孔"。家园为"主人"所不熟悉，甚至不认识。人们甚至找不到自己"故乡"的面貌，失却了文化认同……这不是危言、虚言。我国住房和城乡建设部（以下简称"住建部"）于2017年7月21日的发文可以为证：

住建部首次发文斥责特色小镇建设中的重要问题（3做3不）

一　尊重小镇现有格局、不盲目拆老街区

（一）顺应地形地貌。小镇规划要与地形地貌有机结合，融入山、水、林、田、湖等自然要素，彰显优美的山水格局和高低错落的天际线。**严禁挖山填湖、破坏水系、破坏生态环境。**

（二）保持现状肌理。尊重小镇现有路网、空间格局和生产生活方式，在此基础上，下细致功夫解决老街区功能不完善、环境脏、乱、差等风貌特色缺乏问题。**严禁盲目拉直道路，严禁对老街区进行大拆大建或简单粗暴地推倒重建，避免采取将现有居民整体迁出的开发模式。**

（三）延续传统风貌。统筹小镇建筑布局、协调景观风貌、体现地域特征、民族特色和时代风貌。新建区域应延续老街区的肌理和文脉特征，形成有机的整体。新建建筑的风格、色彩、材质等应传承传统风貌，雕塑、小品等构筑物应体现优秀传统文化。**严禁建设"大、洋、怪"的建筑。**

二　保持小镇宜居尺度、不盲目盖高楼

（一）建设小尺度开放式街坊住区。应以开放式街坊住区为主，尺度宜为100—150米，延续小镇居民原有的邻里关系，**避免照搬城市**

居住小区模式。

（二）营造宜人街巷空间。保持和修复传统街区的街巷空间，新建生活型道路的高宽比宜为 1 : 1 至 2 : 1，绿地以建设贴近生活、贴近工作的街头绿地为主，充分营造小镇居民易于交往的空间。**严禁建设不便民、造价高、图形象的宽马路、大广场、大公园。**

（三）适宜的建筑高度和体量。新建住宅应为低层、多层，建筑高度一般不宜超过 20 米，单体建筑面宽不宜超过 40 米，**避免建设与整体环境不协调的高层或大体量建筑。**

三　传承小镇传统文化、不盲目搬袭外来文化

（一）保护历史文化遗产。保护小镇传统格局、历史风貌，保护不可移动文物，及时修缮历史建筑。**不要拆除老房子、砍伐老树以及破坏具有历史印记的地物。**

（二）活化非物质文化遗产。充分挖掘利用非物质文化遗产价值，建设一批生产、传承和展示场所，培养一批文化传承人和工匠，**避免将非物质文化遗产低俗化、过度商业化。**

（三）体现文化与内涵。保护与传承本地优秀传统文化，培育独特文化标志和小镇精神，增加文化自信，**避免盲目崇洋媚外，严禁乱起洋名。**①

住建部的发文证实，目前的一些政府性村落和古镇保护的"工程"出现了同质性的严重问题。为了改进相关的工作，住建部于 2017 年 7 月 28 日发文："住房城乡建设部办公厅关于做好第五批中国传统村落调查推荐工作的通知"，②要求进行调查推荐工作。说明造成目前的严重问题是因为对传统村落的性质认识不足，对村落的实情了解不够。

我们相信行政部门主导"工程"的有效性，但同时也注意到类似的

---

① http：//www.mohurd.gov.cn/wjfb/201707/t20170710_ 232578.html，发文单位：中华人民共和国住房和城乡建设部。生成日期：2017 年 7 月 7 日，文件名称：《住房城乡建设部关于保持和彰显特色小镇特色若干问题的通知》（建村［2017］144 号）。

② http：//www.mohurd.gov.cn/wjfb/201708/t20170801_ 232807.html.

"普查"本身就存在着"同质性"的弊病。村镇的"同质性"等问题或许并非是最重要的，致命的问题是地方和村落民众的"自愿放弃"——放弃传统的建筑样式，丢失传统的手工技艺，放弃传统的服饰……其中的原因很多：有盲目趋从城市时尚，有为了拆迁补偿，有迎合大众旅游，有服从行政领导等。笔者认为，其根本的症结在于对于自己的村落传统不自信、不自豪、不自觉。乡土景观属于文化遗产，何以千百年来得以依存、延续的景观，到了当下却要放弃？是现时的价值"教"他们、"让"他们、"使"他们放弃。究其原因，城市"权力"在作祟。

令人费解的是，今日之乡土怎见得比城市"差"？空气比城市**清新**，饮水比城市**洁净**，人情比城市**温暖**，住宅比城市**宽敞**，生态比城市**优美**，环境比城市**自然**，周遭比城市**安静**，阳光比城市**充沛**，节奏比城市**从容**，空间比城市**广大**，食品比城市**安全**，生活比城市**传统**，生命比城市接**地气**……何以要放弃祖辈留下的遗产和乡土？环顾世界，现时的不少地方，比如欧洲，一些国家在"反哺"农村。社会精英趋向于生活在城郊或农村，只是为了要闻到泥土的芳香。因此，以笔者愚见，政府的当务之急，是设立一个新的"工程"，重建村民对自己家园的"三自"：**自信心、自豪感和自觉性**。自己的东西最终要自己来守护，任何的"其他"（人、组织、资本、项目）都不能代为行使这一权利，无法最终完成这一工作。

此外，保护工作除了不同的行政主管部门纷纷"介入"这一重要遗产的保护工作，各自为政，缺乏协同性和专业配合等原因之外，还有一个重要的因素，即规划师、设计师、工程师们的方案闭门造车，复制相同、相似的设计模版、图纸用于原本景观多样的传统村落和古镇。对此，社会各界发出了各种批评的声音，业内有识之士也在反省。比如同济大学的阮仪三教授表达了这样的忧虑：

> 我们不再有传统住宅的街巷、里弄，前街后巷、前门后门，不再有东家姆妈、西家阿婆，前门阿姨、后门奶奶，不再有青梅竹马、总角之交，不再有房亲、过门亲。为什么？我们现在的住宅形态，使过去的邻里之情变得淡漠。

　　阮教授希望他的业界（他从事古建筑保护）"多懂一点历史，少造一点假古董"。现在制造的景观"此小桥非那小桥，此流水非那流水"，而"建筑物就是我们留下的重要的历史记忆"。①

　　问题的出现不是推责任。设计师、工程师如果反诘：你们这些文化学家、历史学家、人类学家、民俗学家都干什么去了？你们并没有告诉我们什么需要保留，哪些元素需要保留，什么东西不能覆盖。反诘的逻辑是成立的。都知道要保护"乡土"，但是哪些需要保护？本质上说，这项造福于民、于子孙后代的事业并不是简单的规划、设计、建筑性部门、专业、行业的事情，它需要许多相关专业的协同配合，而人类学、民族学、民俗学、地理学等，从学科性质来看，是最熟悉乡土社会、村落形制的，"交出"一份乡土景观保护的"名录清单"便责无旁贷地落到了他们的身上。

　　"名录""典册"制度启示、启发了笔者。法国的文化遗产保护先驱已经为我们做出了榜样：到应该到的地方，把那些应该保留的类型、项目分门别类，使之"名录化"。因此，我们更加紧迫要做的是，埋下头去，到乡土中去，用"名录"的方式，告诉设计师、工程师和推土机手们，哪些东西不可以覆盖、毁坏。如果我们将法国的"名录制度"和我国传统的"典册制度"也视为珍贵的历史遗产，同时因袭其法，即通过这一制度，对传统的"乡土景观"进行逐一的调查、分类、造册、登记，使之"名录"化，既交给政府决策之参考，又交给设计师、工程师在进行当下各大"工程"设计时参与，也交给我们的后代，让他们有机会看到今天所发生的事情，今天的人所做的事情。

　　接下来的问题似乎很简单，其实不然。"名录"只是一种编列方式，而中国传统的乡土景观有着自己"家乡的故事"。而每一个"故事"后面都有一套属于自己的乡土逻辑和文化认知，这需要进行深入调查才能获得最生动的第一手资料。换言之，编列名录无论是"法式的"还是"中式的"，都存在一个认知的问题，尤其要找到并解释中国乡土景观，作为一种特殊的文化遗产，我们不仅要知其然，更要知其所以然，它涉

21

---

　　①　阮仪三：《乡愁乡愁，有"乡"才有"愁"》，《解放日报》2017 年 4 月 14 日第 10 版。

及认知。

认知的理由

何为"认知"（cognition）？它表示一种对诸关系的认识原则，尤其是人的思想与现实关系的认识。传统的认知人类学侧重于检验日常性的文化知识与其起源和适用关系，并以分类方法作参照。[①] 认知涉及对事物的分类和态度。对于同一个事实，在不同的认知中可能有许多完全不同的维度。例如，面对中国改革开放以后的"经济奇迹"这样的事实，认知与解释的理由可以、可能非常多。对于当下的"城镇化"——它包含着一种人为推动的，具有行政化特点的"运动"。基本理由是：城镇化和工业化是"经济奇迹"的主因；而延伸的逻辑是：把农村按计划地转变成为城市；默认的理由是：农村是落后的、阻碍的、消极的对象。其认知包含着一种叙事策略："不说的理由。"

当然，对于同一个事实，也可以有不同的认知性理由。如果我们回到改革开放时期的历史实景，中国的传统农村正在进行快速的转型，新的压力和变化使得村落与外界有了更多的联系，生活方式正在发生变化，各种信息、货物和资本涌入农村，传统的"农民中国"（peasant China）迅速地向 21 世纪民族国家的城镇化转变。亿万农民涌入城市的景观在中国历史上从来没有经历过。我们要如何来判断这一历史现象。[②] 我们或许不能简单地用好或不好来评价，而是要找到其中的历史逻辑和变迁理由。今天乡村的城镇化事实上被赋予了一种特定价值：即"城市化"成为一种事实上的"霸权"，而"乡镇"起到了一个中介的作用。[③] 毕竟村落并不总是行政权力的掌控对象，那是一个具有自治传统的地方。加之，中国的村落的地方性和多样性一直是乡土本色。

---

① Barfield，T. （ed.），*The Dictionary of Anthropology*，M. A. ： Blackwell Publishing Ltd.，2003 （1988），p. 67.

② Guldin，Gregory E.，*What's A Peasant to Do? Village Becoming Town in Southern China*，Boulder：Westview Press，2001，p. 6.

③ Ibid.，p. 11.

　　"乡镇企业"（TVEs：Township and Village Enterprises）作为一项工程一直受到学界的注意和重视。① 费孝通先生对这项工程给予了特别的关注。在走访和调查大量的乡村案例中，他的基本观点客观、中肯。比如，在调查了江苏的大量例子后，他认为："江苏农村在大中城市由封闭走向开放的过程中也脱离了半自给的封闭状况。在区域经济协调发展的基础上，乡镇工业是城乡新联结的环节。而主宰这个环节的是农村中涌现出来的各种各样的企业人才。考察农村乡镇企业人才的培养、开发和变化，就可以活生生地看到农村这一社会系统由封闭到开放的过程。"② 这样的基调与当下城镇化的理由迥异。而中国的乡镇企业本身也是一个"奇迹"。③ 而且，在很大程度上，它决定了中国的经济发展。

　　如果这一基本判断是正确的，那么，他的逻辑便成了另一种解释性面向：我国"经济奇迹"的根本原因来自乡土动力。乡土社会并不缺乏经济创新的因素和能力，乡镇企业起到了桥梁作用，其人才、资本进入城市，促使了城市的开放，乡村自身也在这一过程中"脱离了半自给的封闭状态"。这是另一种认知，是人类学家经过大量村落调查所给出的理由。在人类学家眼里，乡土景观的基层是村落，"无论出于什么原因，中国乡土社区的单位是村落"④。而村落景观中的"经济"原本与自然环境构成了友好的亲和关系，同时也代表着区域性地方的特色。区域间的特色通过差异加以体现。⑤ 这本身就构成了乡土性生命景象。

　　认知（cognition）也译为"影响因子"。也就是说，如果我做任何一件重要的事情，特别是当其与传统的乡土社会发生关联时，我们首先要提出这样一个问题：它符合传统的乡土脉络吗？评估了其影响因子了吗？据此

23

---

　　① Ma Rong, *The Project and Its Methodoloty*, In *China's Rural Entrepreneurs：Ten Case Studies* (Edited by Jone Wong, Ma Rong and Yang Mu)，Singapore：Time Academic Press, 1995, p. 1.

　　② 费孝通：《行行重行行：乡镇发展论述》，宁夏人民出版社1992年版，第114页。

　　③ Jone Wong and Yang Mu, *The Making of the TVE Miracle——An Overview of Case Studies*, in *China's Rural Entrepreneurs：Ten Case Studies* (Edited by Jone Wong, Ma Rong and Yang Mu)，Singapore：Time Academic Press, 1995, pp. 16 – 51.

　　④ 费孝通：《乡土中国　生育制度》，北京大学出版社1998年版，第9页。

　　⑤ Knapp, Ronald G. , Village Landscape, *Chinese Landscapes：the Village as Place* (edited by Ronald G. Knapp)，Honolulu：University of Hawaii Press, 1992, p. 9.

我们也可以这样质问：我国的"城镇化"评估过乡土社会的"影响因子"了吗？如果换一种解释方式：我国当世之伟大成就，正是传统的农耕文明智慧中所具有开拓性、务实性的产物。那么，我们就再也找不到"城镇化"必须、必然以耗损乡土传统为前提的理由。相反，我们找到了反面的依据：传统的乡土景观原本具有生生不息的适应和实践价值，值得我们深入调查、躬身体习。

如果我们认为不同的群体分享着自己的文化类型，那么，其文化类型与其他文化类型的不同的基本原则就是来自不同的认知原理。"一种适应社会的文化类型始于自我认知的发展——确认自己作为一个真实存在的能力，借以反映自我、判断自我和评价自我。"① 所以，当我们寻找传统的乡土景观的时候，当我们要对乡土景观的系统元素等进行分类，编列纲目的时候，我们事实上也带入了认知人类学和分类原理，其原则是：每一个村落都是一个不同的文化物种，就像生物物种一样。如果是中华民族"多元一体"，不同民族、不同族群、不同区域、不同文化基层的说明性在哪里？正是我们的乡土村落。它们与大熊猫、藏羚羊、金丝猴一样，属于文化物种。以城镇化的"刻板指标"和"数据目标"去处理传统村落文化物种的多样性，无疑是一种戕害。

对于汉族村落，乡土景观的基理与"八方九野""时序天象""阴阳五行"关系密切，虽然我们很难说这些要理自古而然，比如"五行学说"也经历过一个从发生到变化的过程，但毫无疑问，它对中国的乡土景观的"影响因子"最大。对此，王尔敏一段话大抵如是："中国上古辨识八方九野方位，自当是随文化起源最早创生之共识，当信在于远古时所必有，实人类社会生活中共同需要使然……唯中国为农业社会，重视四时天象。先以时令为主，就岁时之变换，将日月五星运行，配合方位及远古先哲之善政，乃逐渐形成五行学说。自春秋战国以降，内容愈益丰富完备。②"

此外，不同的族群，在乡土景观中的表现、表述和表演时而迥异。在

---

① Haviland，William A.，*Cultural Anthropology*，Holt Rinehard and Winston，1986，p. 134.
② 王尔敏：《先民的智慧：中国古代天人合一的经验》，广西师范大学出版社 2008 年版，第 48 页。

汉族村落，除了上述基本"影响因子"外，最为直接的缘生性关系来自宗族，它是"世系"的根源和根据。而在少数民族村寨，情形又不同，除人与人的关系外，所能涉及的自然因素都在认知"图景"中排列有序。比如瑶族的青裤瑶支系的文化非常独特，其首先表现在他们在看待周围的动物、植物以及大自然的物类都与众不同，包括猎物类、家畜类、家禽类、粮食类、蔬菜类、树木类等；而且为什么对待某一类更为亲近，某一类更加疏离，都有祖传和编制的神话故事。[①] 民族村寨的景观也仿佛他们的服饰，艳丽而多彩。

佤族的村落景观（彭兆荣摄自云南西盟）

模板的形制

我们之所以要制作一个乡土景观的模板，是为了尽可能地将"景观"有形化、视觉化，以适合当下快速社会变化的需求性应用。同时，突出乡土景观的特点和特色；因为，中国传统的乡土景观与其他文明和国家在类型上差异甚殊。我们希望通过模板的形式一眼便能够识别——不仅具有明快简捷的视觉和适用效果，而且包含着深刻的文化基因，就像中国人和西方人，一站出来便能够辨识。模板的设计总称为：**天造地设："生生不息"乡土景观模型**。

25

---

① 参见彭兆荣等《文化特例：黔南瑶麓社区的人类学研究》，第八章"认知与象征系统"，贵州人民出版社 1997 年版。

　　中华文明概其要者："天人合一"，天一地一人成就一个整体，相互依存。其中"天"为至上者。这不仅为我国乡土景观的认知原则，亦为中华文化区隔"西洋""东洋"之要义。西式"以人为本"、以人为大、为上。东瀛以地、海为实，虽有天皇之名，实罕有"天"之文化主干。我中华文明较之完全不同。天地人一体，天（自然）为上、为轴心。"天"化作宇宙观、时空观、历书纪、节气制等，融化于农耕文明之细末。

　　我们建立乡土景观的模型的出发点，即以此为基础。尤其讲究"天然"——天启生生，庇佑中华。《黄帝四经·果同》其势如云："观天于上，视地于下，而稽之男女。夫天有恒干，地有恒常。合此干常，是晦有明，有阴有阳。夫地有山有泽，有黑有白，有美有恶。地俗德以静，而天正名以作。静作相养，德虐相成。两若有名，相与则成。阴阳备物，化变乃生。"

　　中国的乡土景观以贯彻天人合一为原则，仿佛"景"之造型，如日高悬，如影随形。"景"之本义，由日而来。由于它是用来观天计时的，① 故所观之"景"涉及我国传统的时空制度——宇宙观，即通过"天象"（空间）以确定"地动"（时间）——契合哲学上的宇宙论，正如《淮南子·原道训》所云："纮宇宙而章三光。"高诱注："四方上下曰宇，古往今来曰宙，以喻天地。"这一圭旨也成为乡土景观的基本构造，它昭示着中华之乡土景观在本质论、认识论、方法论上与其他文明之重要区别。

　　以笔者观之，中国之"景观"："天地人"系之。"景"之最要紧者乃"天"。古时凡有重要的事务皆由天决定，形同"巫"的演示形态。中华文明之大者、要者皆服从天——自然。首先，"天"，空（空间）也。其次，"日景"时也。我国之时间制度，皆从"日"。《说文》："时，四时也。"传统的农耕文明最为可靠的二十四节气与之有涉，时序、季节、时令等与之相关。② 故，日为古代时间的记录。实地也。地之四时实为天象之演，《书·尧典》："敬授人时。"再次，"地"者从"时"（时间）也。复次，"天地"之谐者：人和。中国传统文化之景观可概括为"天地人和"。虽

26

---

　　① 　参见潘鼐编著《中国古天文图录》，上海科技教育出版社 2009 年版，第 9 页。
　　② 　2016 年，联合国教科文组织将中国的"二十四节气"列入非物质文化遗产代表名录。

然，我们不会绝对地做出这样的判断：中华文明将天象与农耕之配合是世界文明的唯一类型，比如，在法国的传统中月亮历也是生活的重要指南，并表现在农耕形态之中。① 但中华文明之天人合一绝对在世界文明中最具代表性，并表现出生生不息的特质。

　　"生生"为笔者在国家重大课题"中国非物质文化遗产体系探索研究"提出的总称。乡土景观作为文化遗产之一类，亦包囊其中。"生生"一词取自周易。《周易·系辞上》："生生之谓易，成象之谓乾，效法之谓坤，极数知来之谓占，通变之谓事，阴阳不测之谓神。"合意"生生不息"。日月为"易"，它也是"易"的本义。日月的永恒道理存在于"通变"之中。"生生不息"乃天道永恒，若天象瞬息万变。由是，"生生"即"日月（易）"，乃天造地设。包含所列基本之"五生"：

　　　·生生不息，恒常自然。《易·系辞上》："孳息不绝，进进不已。"后世言生生不已，本此。孔颖达疏："生生，不绝之辞。"指喻**生态**自然。

　　　·生境变化，生命常青。"生生"第一个"生"是动词，意为保育；第二个"生"是名词，意为生命。"生""性""命"等在古文字和古文献中，这几个字的演变是同根脉的。② 指喻**生命**常态。

　　　·生育传承，养生与摄生。《公羊传·庄三二年》："鲁一生一及，君已知之矣。"注："父死子继曰生，兄死弟继曰及，"即指代际间的遗产传承。又有通过养生而摄生，即获得生命的延长。③ 指喻**生养**常伦。

27

　　　·生产万物，地母厚土。"生"之生产是其本义，而"身"则是生产的具身体现。"身"与"孕"本同源，后分化。身，甲骨文𠂢（𠂤），象形，如母亲怀胎生子。④ 地母厚土。指喻**生产**和**生计**。

---

① 参见炳强（《环球时报》驻法国特约记者）《月亮历，法国人的生活指南》，《环球时报》2017 年 10 月 9 日之 "环球风情"。

② 傅斯年：《性命古训辨证》，上海古籍出版社 2012 年版，第 83 页。

③ 胡孚琛：《丹道仙术入门》，社会科学文献出版社 2009 年版，第 54 页。

④ 参见白川静《常用字解》，苏冰译，九州出版社 2010 年版，第 235 页。

·生业交通，殖货通达。《史记·匈奴传》："其俗，宽则以随畜田猎为生业，急则习战功以侵伐，其性也。""生业"即职业、产业、行业等意思，包含古代所称的"殖"（殖货）。指喻**生业**通畅。

"生生"内涵丰富且深邃。首先，"生生"强调所有生命形式的平等和尊严，而非西方"以人为本"的傲视与狂妄，更不是人与生态"你死我活"的拼斗。在"生生"体制中，人并未上升到"宇宙的精华、万物的灵长"的高度，而是将宇宙万物的生成和生长置于自然规律（道）的生养关系之中。"生生"概念除了表明"孳息不绝，进进不已"的意思外，也包含着"五生"的纽带关联。

根据**自然生态孕育生命，生命需要生养，生养依靠生计，生计造成生业**这一基本关系，形成"生生不息"的闭合系统，即"五生"的所属因素相互契合，如图：

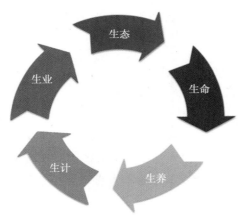

"生生不息" 连带关系图

"天地人三才之道"① 贯穿于中国乡土社会的人伦日常之中，培育了乡土群体与自然和谐的精神，造化了乡土社会"生生不息"的图景。具体而言，乡土社会的人居环境都是由天、地、人共同作用的结果。"天，由经

---

① 钱耕森、沈素珍：《〈周易〉论天地人三才之道》，载《易学与儒学国际学术研讨会论文集（易学卷）》，2005 年，第 201—207 页。

度、纬度以及海拔高度三维坐标系决定的某场所的空间，位置以及该空间位置所具有的天象变化与气候特征。"包括气候、气象、风雨雷电、自然灾害等，构成了生态景观要素。地，包括地理位置、地形地貌、山川河流、自然物产等，综合构成生态景观及生命景观，呈现了生态孕育生命的逻辑关系。"人，在由天、地所形成的自然环境中进行适应自然、改造自然的活动和主体。"① 由"天地人"圭旨可以归纳出"乡土景观构成要素体系"及"乡土景观构成要素"形成的逻辑。

乡土景观要素的基本构造

"乡土景观构成要素"的区域性、差异性，包含在乡土景观的类型之中。"要素和类型"以及内部运转逻辑共同构成了"乡土景观系统"。系统运转的本质联系是通过系统要素相互组合、相互供养来实现，仿佛生态系统中食物链和食物网构成了物种间的营养关系组合、供养孕育新生，生生不息。

"一方水土养一方人，一方人群育一方风情"，这既是地理环境和文化传统造就景观的总结，也是乡土景观作为文化多样性的照相。这些地理和文化要素的空间性、丰富性、联系性、变化性决定了景观的地域性、差异性、综合性和系统性。总体上说，乡土景观模板包含着**共有要素**和**特有要素**。共有要素指每个村落都有的基本要素。特有要素指每个村落独特的景观要素。每个村落都由这两部分构成。

我们注意到，一些学科、学者的乡土研究，包括尝试编列乡土社会的景观细目。比如，日本近百年乡土景观的研究经验，以及所编列的景观细目，如日本学者进士五十八等学者开列了如下乡土景观的构成要素:②

29

---

① 李树华:《"天地人三才之道"在风景园林建设实践中的指导作用探解——基于"天地人三才之道"的风景园林设计论研究（一）》,《中国园林》2011 年第 6 期。

② ［日］进士五十八、铃木诚、一场博幸编:《乡土景观设计手法:向乡村学习的城市环境营造》,李树华、杨秀娟、董建军译,中国林业出版社 2008 年版,第 25 页。

①农家、村落：正房，收藏室、仓库、门，房前屋后树林，绿篱；②农田：农田，菜地，村头集会地，畦、篱笆、分界树木等；③道路：农用道路，参拜道路；④河川：自然河流，水道，池塘；⑤树林：神社树林，城郊山林，杂木林；⑥其他：石碑、石佛、祠堂、石墙、堆石，清洗场、井，木桥，观赏树木，水车、小木屋，晾晒稻子的木架、赤杨行道树，生活风景。

以美国学者杰克逊的"三种景观"为参照，俞孔坚教授认为中国传统的乡土景观，包括乡土村落、民居、农田、菜园、风水林、道路、桥梁、庙宇，甚至墓园等，是普通人的景观，是千百年来农业文化"生存的艺术"的结晶，是广大草根文化的载体，安全、丰产且美丽，是广大社会草根的归属与认同基础，也是民族认同的根本性元素，是和谐社会的根基。①

也有学者将乡土景观分解为"生态景观""生产景观""生活景观""生命景观"四类，每一类别又细分若干子项，其所归纳的"四生乡土景观"体系如下图所示：

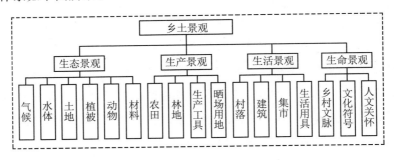

乡土景观的要素构成②

以上三种对乡土景观要素构成的阐述，主要从视觉感官出发，依据乡土景观中的可见物件，以归纳总结的方法，对乡土景观进行形象表达。此

30

---

① ［美］约翰·布林克霍夫·杰克逊：《发现乡土景观》，俞孔坚等译，"译序"，商务印书馆 2015 年版，第 2—3 页。

② 李鹏波、雷大朋、张立杰、吴军：《乡土景观构成要素研究》，《生态经济》2016 年第 7 期。

外还有将乡土景观"基因"化图式。① 此不赘述。不过，我们认为，要真正了解和认识中国的传统乡土景观，两种维度必须同时坚守：一是村落共同拥有的品质和元素；一是每一个（类）村落的特点与特色。也因此我们选择一批具共性和特性的村落进行深度调研，在此基础上形成既可依据，又可调适的模板。

这样，我们可以进行田野作业，在此基础开始编列乡土景观的"名录"。

天象　确立天为主轴的"天人合一"宇宙观和价值观
　　　　（天象、时空认知、二十四节气、天气因素）

环境　乡土社会中适应自然所形成的景观原理和要件
　　　　（山川河流、村落选址、农作动、植物等）

五行　金、木、水、火、土在乡土景观中的经验和构成因素
　　　　（阴阳、五行、风水、宅址、墓葬等）

农业　传统的农业耕作、生产、农业技术、土地因素
　　　　（农作、家具、耕地、灌溉、农业节庆）

政治　乡土社会与政治景观有关的遗留、事件、形制
　　　　（组织、广场道路、乡规民约、纪念碑等）

宗族　村落景观中宗族力量、宗族构件，如宗祠遗留
　　　　（宗祠、祖宅、继嗣、族产、符号等）

农时　农耕文明的季节、地理、土地仪典等景观存续
　　　　（时序节庆、农事活动、作物兼种等）

性别　男女性别在生活、生产和生计中的分工和协作
　　　　（男女分工、男耕女织、女工、内外差异）

审美　乡土景观中所遗留的建筑、遗址、器物、符号
　　　　（教育制度、建筑、服饰、视觉艺术等）

宗教　民间信仰、地方宗教、民族宗教的遗留景观等
　　　　（儒、释、道及地方民间宗教信仰和活动）

31

---

① 刘沛林：《家园的景观与基因：传统聚落景观基因图谱的深层解读》，商务印书馆 2014 年版，第 33 页。

　　规约　传统村落的乡规民约及村落自然法的管理系统
　　　　（自然法、村规碑文、习惯法、家族规矩）

　　非遗　各种活态非遗、医药、生活技艺、村落博物馆
　　　　（金、银、石、木、绘、刻、绣、染等）

　　区域　村落与村落之间以及区域经济协作的社会活动
　　　　（集市、庙会、戏台等村落间合作与协作）

　　旅游　大众旅游与乡民、传统村落景观之间协调关系
　　　　（乡村客栈、旅游商品以及城市化倾向等）

　　在现代社会，无论是在世界上的任何地方，古村落（聚落、集落等）的保护都将越来越成为社会的重要事务，也涉及人们对待文化遗产的态度。虽然绝大多数停留在口头层面，但也有少数学者已经开始在专业方面行动。比如我国的刘沛林教授所进行的传统聚落景观的基因与图谱研究，在分类上已经非常细致。① 但由于过于专业，而且面向相对窄小，使得多数读者难以理解，操作性要么不强，要么由于标准化而导致同质性。

我们在行动

　　习近平主席在十九大报告中提出了"乡村振兴战略"，并将其与科教兴国战略、人才强国战略、创新驱动发展战略、区域协调发展战略、可持续发展战略、军民融合发展战略并列。报告原文如下：

　　（三）**实施乡村振兴战略**。农业、农村、农民问题是关系国计民生的根本性问题，必须始终把解决好"三农"问题作为全党工作重中之重。**要坚持农业农村优先发展，按照产业兴旺、生态宜居、乡风文明、治理有效、生活富裕的总要求，建立健全城乡融合发展体制机制**

---

　　① 参见刘沛林《家园的景观与基因：传统聚落景观基因图谱的深层解读》，商务印书馆2014年版，第38页。

和政策体系，加快推进农业农村现代化。巩固和完善农村基本经营制度，深化农村土地制度改革，完善承包地"三权"分置制度。保持土地承包关系稳定并长久不变，第二轮土地承包到期后再延长三十年。深化农村集体产权制度改革，保障农民财产权益，壮大集体经济。确保国家粮食安全，把中国人的饭碗牢牢端在自己手中。构建现代农业产业体系、生产体系、经营体系，完善农业支持保护制度，发展多种形式适度规模经营，培育新型农业经营主体，健全农业社会化服务体系，实现小农户和现代农业发展有机衔接。促进农村一、二、三产业融合发展，支持和鼓励农民就业创业，拓宽增收渠道。加强农村基层基础工作，健全自治、法治、德治相结合的乡村治理体系。培养造就一支懂农业、爱农村、爱农民的"三农"工作队伍。

虽然，在当下的许多人眼里，悠久的历史、传统的文化成为"新生活"的负担。人们太过习惯于"旧"，却并不珍惜，而渴望"新"——新的城市、新的景观、新的空间、新的环境、新的生活。我们维护人们自愿选择生活方式的权利；但同时也要尊重另一种权利——维护先辈为我们留下来的家园遗产和文化景观。不能因为这一代追求时尚的"权利"去覆盖先辈的创造、智慧、知识和我们保护遗产的"权利"。那是我们自己的根。"数典忘祖"的帽子不能戴在我们这一代人的头上。

中华文明的基础、基石和基本是"乡土"。这是没有疑义的，具有共识性。我们所有生计、生产和生活都离不开它，所有的道德伦理、经验价值、观念认知、礼仪传统、政治制度、生活习俗都建立其上。所以，我们无论"创新"什么，"发展"什么，都根基于传统的乡土土壤。说得不好听点，再"革新"也不至于去刨祖坟，再"革命"也不应该去拆祖厝，因为，祖先的"魂"在那儿，祖宗的"根"在那儿。

我们不是历史简单的"不动主义"者。农耕文明也是历史的阶段性产物。学者们证实，从采集到农业的转变，始于公元前9500—前8500年，人类逐渐放弃采集的艰苦，危险、简陋，安定下来，享受农民愉快而饱足的生活。较为激进的学者认为"农业革命可说是史上最大的一桩

33

骗局"①。任何历史性的文明形态都各有"优缺点",当然评价还有语境、立场和角度问题。比如原始的采集活动,顺应自然,生活简单,有节律地移动,没有"囤聚"财富的需要,也没有奢侈、浪费,相对小的耗费资源等。既然农耕文明被证明是"活着的历史",距离我们最近,留下的遗产也最多,我们仍然生活其中,就没有理由不继承,不保护。

对于人类学者而言,最为惯习性的动作,就是回到乡土本身去做深入的"田野作业"。

我们现在做的,也将像法国的先驱者们一样,到乡土的"原景"中,去寻找、调查、登记、造册,特别是,去倾听主人对自己家园原有、现在和将来"景观"生命史的故事,然后产生一个具有中国特色的"中国乡土景观的保留细目"。

让我们为乡村振兴行动吧。

---

① ［以色列］尤瓦尔·赫拉利:《人类简史》,林俊宏译,中信出版集团 2017 年版,第 77 页。

第一部分

景观·谱系·乡土·宗族

第一章

景观谱系

考释"景观"

当今，"景观"一词耳熟能详，因为大众旅游如火如荼；旅游者去"观光"不啻为动机之要者。人们通过旅游逐渐熟悉了"景观"。在大学和研究领域，随着"学科生长"的大趋势，"景观学"也在一些学科，特别是交叉学科中不断升温，导致了"景观"成为一个难以取得共识的概念，特别是在现实的使用中，呈不断"生长"的态势，在越来越多的领域、在越来越多的语境中，出现了越来越多的概念、语义，人们使用"景观"几乎成为一种语言的习惯性表述。

既是"景观"，就需要对其做一个知识考古。考释"景观"，人们发现，中国古代有"景"（影）、有"观"（觀），却无二字连缀，《辞源》中甚至没有"景观"条。《辞海》《现代汉语词典》虽有条目，却大都囿于现代的解释，且将其定位于自然类型的景色，语义与"景致""景物""景色"相通、相似、相同。《说文解字》释："景，光也。"我国古代，"景"即"影"，指日影，原系古天文学测日定时的一种仪器日晷，有"测景日晷"之称，[①] 所谓"立竿见影"即生动的描述。据说"景"为"影"的古

---

① 见潘鼐编著《中国古天文图录》，上海科技教育出版社 2009 年版，第 9 页。

字，彡为晋葛洪所加。① 从景的构词来看，"日"取义，"京"取音。所以，最早的"景"就是根据日而来的。

我们所观之"景"有三种透视维度。1. 空间（天）。中国古代的空间概念与"天"的神圣性密不可分，凡是重要的事务都须由天来决定，以表示其崇高性。日月星辰无疑是先民观察天象最为直接的对象。日为天文、天象至为神圣、神奇、崇高者。2. 时间（地）。景原本为根据太阳的移动规律以确定时间的方法和技术。《尔雅》有："四时和谓之景风。"在中国，时间与方位经常结合在一起，《广雅》："南方景风。"按，犹日光风也。欧阳修之《醉翁亭记》中有："四时之景不同。"所以，"时"从日。《说文》释："时，四时也。"所以在文字体系中，"时"属日族，与时间有关的文字表述都有"日"为据：旦、晓、早、晨、朝、旭、昼、昏、暮、晚等，当然，与光亮相属的情形也伴有"日"，明、暗、显、冥等。時，甲骨文为 𪵣、𫝀（止，行进）加 𝌆（日，太阳），表示太阳运行，本义为日行的规则和节律。我国传统的农耕文明最为可靠的时节依据都与之有涉，时序、季节、时令等，传统的节日也大多与之相关。故，日为古代时间的记录。《管子·山权数》："时者，所以记岁也。"而地之四时实为天象之演，《淮南子·天文训》载："四时者，天之吏也。"《尔雅·释天》："四时和谓之宝烛。"注："道光照也。"《书·尧典》："敬授人时。"马注："羲和四子掌四时。"这说明，时间是由天象（特别是日月星辰）决定的，故自古便有"天时地利人和"之谓。3. 认知（人观）。很自然，天时地利人和讲的就是"天人合一"，它既是哲学上的本体论，又是认识论。景的繁体原为 𝌆，其形如景。仿佛立于高处而与日同辉。

我国的景观体系首先是宇宙观的反映与呈现，成为融会经验与知识的认知与表述，诚如《周易·象传》云："日月丽乎天，百谷草木丽乎土。重明以丽乎正，乃化成天下。"日月附丽于天，百谷草木生长于地，以双重光明交织于"道"，就可以教化成就天下人。这体现出中国"景观体系"

---

① 见潘鼐编著《中国古天文图录》，上海科技教育出版社 2009 年版，第 42 页。

的神髓（天—地—人）。① 葛兆光认为"天"在中国古人的知识世界里具有终极依据地位："很可能古代中国思想世界的很多知识与思想的支配性观念，都是在天圆地方、阴阳变化、中心四方这些本来来自天文地理的经验中产生而且奠基的……这个'天'渐渐已经不再是人们看到的'天象'，它由于人们的经验与观测，在古代中国的生活世界中成了'天道'，暗示着所有的合理性，建构了知识与思想的'秩序'，在长长的历史中，它凭借着仪式、象征和符号在人们心目中形成了一整套的观念。"② 当然，也形成了一整套方法论和具体使用的方法。

葛兰言通过对《诗经》的研究，认为传统民间的节庆原与日月的变化相关。"当人们变换劳动和居住方式并组成新的群体时，毫无疑问，这是令人感伤的时间，而社会活动必然也带上了新的庄重性质。与这些重大时期相对应的节庆也许就标志农民生活的节律时间，这种推断究竟有多大的说服力，我们这里正好有一个例子可以证明。当农民结束田间劳动回到村落时，就要举行节庆，我们已经通过官方形式对它们有所了解，这就是'八腊'节。《月令》在'十月'下提到八腊节，并且把它算在一些最重要的节庆之列，《郊特牲》则把八腊置于'十二月'之下，并且只叙述了这个仪式③……最初，这个节庆标志着实现一年的终结，即生产周期的终结，只是到了后来，才标志着民间历年的终结。民间历年乃是对天文周期的人为中断。"④

"日"与时间制度有关，我们平常所说的"日期"，也是随其而动。在乡土景观中，"日月"的变化也是农民们根据田间的农活而进行的季节性忙碌与休闲。农人们的农作首先便是依照时序和季节的变化而进行的"农忙"与"农闲"的配合。"日出而作，日落而息"，生动地表明了

① （魏）王弼注，（唐）孔颖达疏：《十三经注疏》周易正义卷三，北京大学出版社 1999 年版，第 24 页。

② 葛兆光：《中国思想导论》，复旦大学出版社 2007 年版，第 46 页。

③ 《礼记·郊特牲》："八腊以祀（据孙志祖校）四方。"郑玄注："四方，方有祭也。腊有八者：先啬一也，司啬二也，农三也，邮表畷四也，猫虎五也，坊六也，水庸七也，昆虫八也。"

④ ［法］葛兰言：《古代中国的节庆与歌谣》，赵丙祥等译，广西师范大学出版社 2005 年版，第 153—154 页。

一天的工作。"日历"也因此成了人民全部生活、工作的依据。中国历史上的历法有很多，所持的原则也各不相同，但是无论原则有何差异，"日历"本身已经足够说明，这就是其与"日（月）"的天象变化存在着直接关联。而在农耕文明中，农作是根据时令节气安排的。否则，就违背了自然的规律。对于农作来说，时节是铁律。所以，农作本身就是乡土景观。

这里还涉及一种特殊的测时的方法。如上所述，"景"最具代表性的测日定时的仪器，即日晷，"晷"即日影，比如河南洛阳出土的日晷、内蒙古托克托出土的日晷都有刻度，《陶斋藏石记》中称之为"测景日晷"。古代用于测日影的仪器还有圭表。"表"在此即指直立于地面，用以测日影的标杆。阮元《畴人传》有"夏至日中立八尺之表，其景尺有五寸，谓之地中"，讲的就是"景"（影）。所以，"景"字的繁体便有"如日中天"的意象。"表"通"标"，《礼记·表记》："仁者，天下之表也。"它既符合实景，又代表标志。一般认为日晷根据日影移动而定时，但也有认为是定方向的，尚无定论。① 笔者认为，其实，古之时，确定时间和方向（方位）是同一形制，时间之移动于四方，"四时"即"四方"之义（《释名》："四时，四方各一时，时，期也。"）。这就是宇宙观，它可以分而观之，亦可复而观之，就像我们所讲的"时空"一样。

我国古代遗留的有关"观景"的天文遗址及文物很多，比如列入世界文化遗产的河南登封古遗址群中的古观星台，其中的周公测景台即为代表，自周以来每在那里测日影，定冬至，古称地中。"天地之中"即与此有关。② 唐开元十一年（723）太史监南宫说在那里古测景遗址设立石表。石表上半部表身上镌刻"周公测景台"五字。

中国的"观"与"景"并不形成必然的连带关系。"观"属于目族。与眼睛与看有关。相属词汇诸如：目、眉、眼、睛、见、看、相、睡、眠等。从词源学考，"雚"是"觀"的本字。雚在甲骨文中为🐦，画的是

---

① 见潘鼐编著《中国古天文图录》，上海科技教育出版社 2009 年版，第 42 页。

② 参见彭兆荣、李春霞《我国文化遗产体系的生成养育制度》，《厦门大学学报》2013 年第 2 期。

周公测景台（彭兆荣摄）

一只大鸟，表示夸张醒目的"眉毛"，下面睁着两只大眼睛，整个字形像类似猫头鹰的大眼睛猛禽。金文基本承续甲骨文字形。本义为猫头鹰瞪大锐利的眼睛警觉察看。后来本义逐渐消失，延伸为洞察。《说文解字》："观，谛视。"《广雅·释诂一》："观，视也。"强调"看"。

今天在西方，"景观"已经越来越成为一个伸长力强大的词语。事实上，现在人们所使用的"景观"，包括学科中所使用者，与我国古代的概念无关，却是一个典型外来词的中文现代译用。西文中，"景观"（landscape）的基本语义为"自然风景"。不过，仍有学者坚持使用"地景"（另一种翻译），以保持以"地"（land）为本的意思和地理学科之精髓。

"景观"一词最早出现在希伯来文本的《圣经》（*The Book Psalms*）中，用于描述耶路撒冷（包括所罗门寺庙、城堡、宫殿在内）的总体景致。"景观"英文为 landscape，德文为 landachaft，法文为 payage。据考，Landscape 的古英语形式如 Landscipe、Landskipe、Landscaef 等，同源的有古日耳曼语系的，如古高地德语 Lantscaf、古挪威语 Landskapr、中古荷兰语 Landscap 等，它们的本义无不与土地、乡间、地域、地区或区域等相关，而与现代人们认识、理解中的"自然风景"或"景色"（scenery）没有原生性关联，这些意思后来才出现，并与英语相融合逐渐演变成现代意思和意义。

据杰克逊考据："景观"是一个合成词，它的组分可以回溯到古老的印欧语系的习语。印欧语系由几千年前来自亚洲的移民族群带来，并且成为现代欧洲几乎所有语言（拉丁语、凯尔特语、德语、斯拉夫语和希腊语）的始祖。公元5世纪，"景观"一词由盎格鲁人、撒克逊人、朱特人、丹麦人和其他日耳曼语系的群体传入不列颠。"景观"一词，除了有古英语的"landskipe""landscaef"外，还有德语中的"landschaft"，荷兰语中的"landscap"，以及丹麦语和瑞典语中的对应词语。这些词形式上同源，词义却并不总与英语中的含义完全相同。例如，德语中的"landschaft"有时代表一个小的行政单元，大小相当于美国议员选举区。而与英国人相比，美国人对"景观"的用法表现出一些细微的、但可以察觉到的差异：美国人倾向认为"景观"仅仅指自然风景，景观几乎总是包含着人文要素。由是可知，对景观做知识考古，也另有一番"景观"。

学者们也常常根据自己的学科研究对"景观"下定义。比如赫斯的考据认为，"景观"这个词是在16世纪下叶，作为一个画家的技术性词语被引介到英语中来的。[1] 在原来的词义里，"如画般的"，带有想象的观念非常明显。换言之，就词义而言，"景观"最早指的是风景画，之后代表风景本身。在过去的半个世纪里，发生了一场景观上的革命，这就是景观设计（landscape design）和风景绘画（landscape painting）分道扬镳。景观设计师可以对画家的作品一无所知，而自行工作。生态学、自然保护、环境心理学方面的只是如今成为景观设计师知识背景的一部分，保护和管理自然环境的重要性超过了设计诗情画意的公园。[2] 地理学家索尔认为："景观不可以被简单地认为是某个观察者看到的某个地方的景象。地理学家看到的景观与风景画的描述是不同的，它是对观察到的一系列个别景象的综

---

① Hirsch, E., "Introduction Landscape: Between Place and Space", in E. Hirsch and M. O. Hanlon (ed.), *The Anthropology of Landscape: Perspectives on Place and Space*, Oxford: Oxford University Press, 1995, p. 2.

② ［美］约翰·布林克霍夫·杰克逊：《发现乡土景观》，俞孔坚等译，商务印书馆2015年版，第3—4页。

合，甚至温度、降水、语言等看到的地理要素，也属于景观范畴。"① 这显然是一种从地理形态学角度的判断和界定。

有的学者从艺术的角度进行阐释，得到的概念和语义可能差异甚大。根据美国艺术史家米切尔的整理，景观（中文亦译为"风景"）有以下的命题意思：

1. 风景不是一种艺术类型而是一种媒介。

2. 风景是人与自然，自我和他者之间交换的媒介。在这方面，它就像金钱：本身毫无价值，却表现出某种可能无限的价值储备。

3. 类似金钱，风景是一种社会秘文。通过自然化其习俗和习俗化其自然，它隐匿了实际的价值基础。

4. 风景是以文化为媒介的自然景色。它既是再现的又是呈现的空间。既是能指（signifier），又是所指（signified）；既是框架，又是内涵；既是真实的地方，又是拟境；既是包装，又是包装起来的商品。

5. 风景这一媒介存在于所有文化中。

6. 风景是一种特殊的历史构型，与欧洲帝国主义密切有关。

7. 命题 5 与命题 6 并不矛盾。

8. 风景是一种枯竭的媒介，作为一种艺术表现方式，水再活力盎然，但我们不能因此就说，风景犹如生活令人生厌。

9. 命题 8 中的风景所指与命题 6 的所指相同。②

就景观本身而言，它是一个有形的、三维的、共享的实在，是地球表面的一部分空间。它在一定程度上是永恒的空间，有独特的地理或文化方面的特征，是由一群人共享的空间。"Landscape"：土地的集合体。③ 在这

43

---

① 参见刘沛林《家园的景观与基因：传统聚落景观基因图谱的深层解读》，商务印书馆 2014 年版，第 43 页。

② ［美］W. J. T. 米切尔：《风景与权力》（*Landscape and Power*），杨丽等译，译林出版社 2014 年版，第 5 页。

③ ［美］约翰·布林克霍夫·杰克逊：《发现乡土景观》，俞孔坚等译，商务印书馆 2015 年版，第 6—9 页。

里，自然、地理、空间、人文、群体构成了景观的基本要素。换句话说，景观不是环境中的某种自然要素，而是一种综合的空间，一个叠加在地表上的、人造的空间系统。今天，"景观"新的定义为：它是一个由人创造或改造的空间的综合体，是人类存在的基础和背景。① 景观之美在于让人能体验自我、感受自我的场景。

相对于今天人们所熟悉的学科而言，"景观"进入科学领域与地理学有着密切的关联。19 世纪初，德国地理学家洪堡（Von Humboldt）将景观作为一个科学名词引入地理学，将其解释为"一个区域的总体特征"，并提出把景观作为地理学的中心问题，这成了后来人文地理学的一个重要支撑点。1906 年，德国人施吕特尔（O. Schliter）在"人的地理学目标"一文中主张景观作为人文地理学的中心。② 自施吕特尔始，景观被二分为自然景物与文化景观。然而，他将文化景观定义为"自然和人类社会相互融合的存在"，也就是说并不存在相互梳理、独自存在的分体，因此这一分类本身就是自相矛盾的。美国人文地理学家索尔（Carl O. Sauer）大力倡导文化景观学，于 20 世纪 20 年代提出人类行动是制约自然环境的"环境决定论"，这一观点成为文化地理学的基础。景观在受到人类行为支配之前称为"自然景观"，而与之相对的则是"文化景观"。

"文化景观"概念的提出，源于德国。19 世纪下半叶，德国地理学家弗·拉采尔（F. Ratzel）在其《人类地理学》书中，第一个提出了"文化景观"（当时称为历史景观）的概念，并强调了种族、语言和宗教景观的研究以及文化传播的意义。③ 后来，以"文化景观"为标志的这一学派被称为加州大学伯克利学派。哈特索恩（Richard Hartshorne）则对以上伯克利学派的观点提出批判，认为人类能够见到的景观是"文化景观"，而文化景观形成前的景观，也即是"原景观"，应被视为自然景观。而俄国地理学派则偏向于将它用于阐释自然环境与人类社会的联系，以及自然界与

① ［美］约翰·布林克霍夫·杰克逊：《发现乡土景观》，俞孔坚等译，商务印书馆 2015 年版，第 11 页。

② 参见胡兆量等编著《中国文化地理学概述》，北京大学出版社 2001 年版，第 5 页。

③ 参见吴必虎、刘筱娟《中国景观史》，上海人民出版社 2004 年版，第 3 页。

社会的相互作用，将其与人文地理学和文化生态学相结合。从地理学科的角度看，"景观"主要用来描述地质地貌属性，"地"是核心，以保持与地理学的学科本义相一致（"地理学"——Geography 原生意思来自古希腊，希腊词中的"Geo"指大地，"地理学"的原义指"对大地的描述"①）。景观常等同于地形（Landform）的概念；包括：①某一区域的综合特征；②一般自然综合体；③区域单位等。

在学科使用上，"景观"通常指小的行政地理区划，即地方行政体，如村、镇、乡等行政体。逐渐地，语义也出现了从土地景物到审美景观的变化。1939 年，德国区域地理学家特罗尔（Carl Troll）创造了"景观生态学"一词（ökologische bodenforschung，后名 Landschaftsokologie）。"景观"成了某一区域、地段内以生物群体形成规律为核心的地域空间形态的概念。特罗尔特别强调"景观生态学"则是将航空摄影测量学、地理学和植被生态学结合在一起的综合性研究。尽管在景观学派中存在景观"类型说"和"区域说"之争，但其在地理学上作为空间概念是一致的。相对而言，欧洲大陆"景观生态学"的传统比较一致，即在地理学研究方面侧重由相关作用单元组成的某一地域的整体性。② 由于"景观"的知识来源主要是地理学，所以，从地理的角度研究景观学也成为最重要的学科视角。然而，由于中西方在"景—观"的知识考古中呈现出重大的差异，因此，简单地从地理学的角度阐释、分析和分类中华民族的景观体系就显得仓促。③

在我国，1949 年中华人民共和国成立以后，苏联的景观地理学思想为地理学界所熟悉，"景观"成为中国地理学的重要概念。尽管后来有一些关于景观学分支的独立研究，比如景观地球学等，但这一时期基本是在介绍景观学的概念、原理、方法与实践。就其中最重要的文献来看，景观学

45

---

① 参见［法］保罗·克拉瓦尔《地理学思想史》，郑胜华等译，北京大学出版社 2007 年版，第 6—7 页。

② 参见彭兆荣《现代旅游景观中的"互视结构"》，《广东社会科学》2012 年第 5 期。

③ 比如吴必虎等在《中国景观史》中将中华文化景观中的具象景观分为三类：聚落景观、产业景观和公共景观。将非具象景观也分为三类：民俗景观、语言文学景观和宗教景观。这样的划分显然过于匆忙和粗糙。参见吴必虎、刘筱娟《中国景观史》，上海人民出版社 2004 年版，第 5 页。

被认为是建立在生物地理学和土壤学的基础上，其研究主要为"地域自然地理分异的一般规律、景观学说和自然地理区划"。除了景观概念与景观学的内容之外，"景观形态学、景观动力学、景观分类、景观研究与制图方法、实用景观学等问题也被涉及"。1979 年出版的《辞海》第一次收录了"景观"词条，其解释就是基于苏联景观学的表述。①

尽管如此，"景观"一词在学术界仍处在言人人殊的情状。在每一位学者的使用中，其含义又不尽相同。对于人文地理学的学者而言，比如杰克逊认为"需要一个全新的定义"。原因是目前多数词典中的定义都是三百多年前为艺术家们拟定的。它告诉我们，景观是放眼而顾的地表部分。事实上，当这个词首次（或再次）进入英语时，它并非指风景本身，而是指风景画——艺术家对风景的诠释。而艺术家的任务是提取他眼前的形式、色彩和空间——山脉、河流、森林和田野等，并加以组织，从而完成艺术作品。在整个 19 世纪，人们习惯性地过分依赖于艺术家的观点和他们对景观美的定义。环境设计师在描述具体的场景时，会有意回避使用"景观"一词，而更偏好于"土地"（land）、"地形"（terrain）、"环境"（environment），甚至"空间"（space）等词语，而"景观"一词已被用于指代广袤乡村环境的美学特征。②

对于人类学学科而言，在传统的知识谱系里"景观"不像诸如宗族、交换、仪式等成为具有学科特征性的概念。传统的人类学几乎没有留下什么"景观"这一字眼的身影，然而，作为潜在的意思和意义，其实它一直"潜伏"着。虽然景观的一个原型依据来自地理学，而"地方""空间"这样的概念和意义本来就与人类学研究范式相契合。比如传统人类学研究中的亲属关系（kinship）便无法与"土地"（land）相分离——所谓"景观"的本义、本色、本性，都离不开土地。③ 人作为特定群体的生存、生

① 林广思：《景观词义的演变与辨析》，《中国园林》2006 年第 6—7 期。

② ［美］约翰·布林克霍夫·杰克逊：《发现乡土景观》，俞孔坚等译，商务印书馆 2015 年版，第 3—4 页。

③ Hirsch, E., "Introduction Landscape: Between Place and Space", E. Hirsch and M. O'Hanlon (ed.), *The Anthropology of Landscape: Perspectives on Place and Space*, Oxford: Oxford University Press, 1995, pp. 1 – 22.

计和生活与土地之间所形成的天然关系，表明人类学从一开始就介入其中，特别是一些与其关系密切的相关主题。费孝通先生所讲的"乡土中国"，其实已经涉及了这些关系，只是以往人类学鲜见使用这一概念。

今天，人们也在乡土社会中移植了"景观"概念。具体到"乡土景观"，俞孔坚有一段评述："'乡土'是一个很寻常的主题，但学界对其正式的研究却只有几十年的历史。西方国家有关乡土景观的研究起步于 20 世纪四五十年代，它是建筑学和考古学携手并进发展的产物（Taylor，1992）。很多研究都隶属于文化景观的范畴。我国学者对乡土景观的关注是从 20 世纪 80 年代才开始的，到 90 年代研究队伍逐渐壮大，研究对象更倾向于我国传统聚落，有关这方面的研究，主要有地理学、建筑学、文化人类学（民族学）和考古学四个学科。西方乡土景观研究发展到今天，在内容上已经达到相当的广度和深度，方法上也百花齐放，异彩纷呈，事实上，乡土景观的研究在西方已经形成了一个独立的学术领域。"①

在笔者看来，语境性概念，虽然可能在某一个学科领域中腾空而起，却完全可能成为特定历史语境中的全观之景——迅速超出特定的学科范畴和范围而延伸到更大的空间和范畴内。这种现象在历史上极为普遍："结构""话语""权力"，当下的"遗产""生态""可持续"等，作为表述性知识谱系，它们原都有相对的学科范畴或特定的知识范围，但当它们与特定语境相契合，形成特殊的"话语性"特征时，便很快超越所属学科、研究领域。景观便是一"景"。笔者尤其认为，我们今日所谈的"乡土景观"，更与中国当代的语境，特别是与大规模的城镇化等"工程运动"有关，这样的语境，唯中国独有。因此，笔者所做的乡土景观研究也是"中式"的。

47

简单的知识考古，便可辨别出中西方在对景观的认知中所呈现的巨大的差异：我国的"景""观"并不连缀，却与逻辑不悖，"景"可记录，亦可观察，只是与今之所云相去甚远。更为重要的是，我国的观景、景观包含着"天地人"之"观天法地"的规律，以及三元认知体性。② 西方的

① 俞孔坚：《回到土地》，生活·读书·新知三联书店 2016 年版，第 195 页。

② 参见彭兆荣《体性民族志：基于中国传统文化语法的探索》，《民族研究》2014 年第 4 期。

landscape 则完全没有这些特点，其只讲究"地"而无涉"天"——"景观"与天基本无涉，是人观与自然景观的二元对峙关系：主体—客体、主观—客观、主位—客位的认知关系。这也决定了中西方在乡土景观上所反映出来的认识论上的不同。有意思的是，西方学者甚至追问："中国人是否是三维人？"① 虽然这是针对"城市、乡村、荒野"三种景观而提出的问题。我的回答：是的。所以，当西方人不理解为什么中国面对"白"和"黑"的选择时，可能回答"不白也不黑"。这是二元对峙与三元体性的重大差异，是认知性的。"致中和"必定是在两端、两极求第三种最佳状态和结果的致力。

取道和转义

"景观"在当下最为流行的中译，是由日本转道译介到中国的。据考，这个日语汉字词语是由日本植物学者三好学博士于明治三十五年（1902）前后从德语 Landschaft 的译语而创造的。最初作为"植物景"的含义得以广泛使用。后来，这一概念也被相关的社会学科所采纳。日本人在引进景观时，也产生了所谓"景观"与"景域"之争。由东京农业大学造园学科编写、彰国社 1985 年修订出版的《造园用语辞典》对"景域"的解释是："意指在视觉上、地理学上和文化上具有共同特征的一定地域。"就字面意思理解，日语汉字无法用一个词语对 Landschaft 的含义进行全面和准确的概括，这是造成后来各种纷争的主要原因。

在日本，"景观"在引入西方概念和学科的基础上，融合了日本的文化景象。景观在日常生活中用以表示风景与景色的意思。作为字义的一般用法，"景观"指代英语中的 landscape；作为概念而言，则主要汲取了以德国为中心的欧洲（landschaftgeographie，景观地理学）学派的知识谱系。根据田村民的研究，"景观"一词，一指都市之景（街道），二是村落之景（林、田、港），三是人工之景（通过人类的手加工而成）。从使用领域来

48

---

① ［美］霍尔姆斯·罗尔斯顿Ⅲ：《环境美学在中国：东西方的对话》，《鄱阳湖学刊》2017年第 1 期。

看，"景观"一词多用于行政司法和学术用语。日本在2004年制定了景观法，却并没有从法律上定义"景观是什么"，学术上除地理学以外，景观设计学、都市工学、土木工学、社会工学、造园学、建筑学、旅游管理等多使用"景观"一词。

地理学，在地理学吸收相关学科发展的过程中，美国学者开始批判"例外主义"，进行计量"革命"，"景观"在地理学中逐渐不被重视。而人文主义地理学的抬头，使"风景"这一新的用语得以导入。"景观"一词在建筑学家和都市设计家中的盛行，也使"景观"在地理学界复活。"景观"的概念被归纳为以下五点：①同时存在、相互关联、类别相异的总括（景观要素形成的整体结构）；②持有特殊形态的确定空间（强调地域性和目光之所及）；③空间中的大小阶序（与生物分类中的门、纲、目、科、属、种类同）；④类型或模型；⑤与时间共同作用的变化。

景观调查，景观调查是一种田野工作的方法，包括拍照、摄像，或是通过对景观要素的文字和图画记录、地图上的标注等调查手法，以表现具体的土地利用的景观。景观调查指除了持有观察地的知识、与当地的人进行语言沟通之外，还要了解和发现当地人群的生存样貌。因此，景观不仅仅是一种视觉的成像和模糊远眺的优美风景。地理学者户所隆列举了景观观察的七个注意点：①不是例外和偶然的现象，而是对本质性现象的把握；②思考现象存在的理由；③寻求观察对象内部的功能性；④注意地域构造中，中心与周边的形成；⑤把握全体与部分的相互关系；⑥基础性符号的象征；⑦对观察事项的即刻记录和当日归纳。

政策科学，提出"景观形成与地域社区"的概念，将之延展到scenery的意义层面。认为所谓景观之"景"乃是一种空间性的存在，而"观"则是人对于所见之物的印象感和价值观，二者之和可视为地域视觉的特性。

民俗学，日本民俗学建筑学会编刊的《日本生活环境文化大事典中》，将景观定义为"自然环境与建筑物、道路、桥梁等土木建筑物的合构"。

造园学，在联合国教科文组织编辑《人造景观》（*The Man-made Land-scape*）中，强调人类利用自然之力对地球表面景致的影响与施予。造园学中景观的构成要素分为三个部分：①土地与其相关（地形、气候、植被、

49

土壤）；②构造物与建筑；③人群。"景观"包含了作为凝视之"物"的"景"和凝视之"主体"的"人"。"景"具有地域性、全体性（综合性）、公共性。"观"具有多样性、生活性、参加性。同时，景观是人类对自我周边环境理解、认识的一种方法，强调从视觉中得出特定的意义和价值。

现象学，表述为"被体验的空间"，在看到景观的实际场景之同时，过去的经验和持有的信息将景观在思维中构造浮现。这被称为"景观信息"。在这一领域中，景观被表述为：①以不同景观表示他者集团的象征性场域；②实现社会性功能；③以景观象征实现组织化行为，达成人类与环境的安定关系。①

造成对"景观"在不同的国家、地区、学科中的特点，以及在译介时的差异，还有一个重要的原因，就是其在西方国家概念谱系有一个演变过程，其中有三点很重要：①"景观学"的知识来源本来就是多元的，比如德国的地理学和荷兰的绘画美术都在景观的"知识考古"中占据着重要的位置；②景观建筑将风景画、自然风景园和把风景艺术引入城市的现代城市园林，成为一种具有"造型艺术"——特别是与园林造型相结合的鲜明特点；③景观学的学科化过程，形成了 Landscape Architecture（LA）学科。这些特点到了我国，又产生了"本土化"的特色性的演变。实际上，20 世纪 80 年代之前，地理学意义上的景观并没有成为中国 LA 学科的术语，从中国学科的教育史来看，LA 早先被翻译为"造园学"，与我国传统的"园林"结合较为密切。人们也都是以"风景"注释和解读，而不是将其作为地理综合体的含义。就时间而论，景观一词较早成为汉字进入中文语境，但迟至 20 世纪 80 年代后期才逐渐进入 LA 学科，并根据景观进入 LA 学科的情况，将其划分为五个阶段。

今天，"景观"一词已经成为中国学科（即风景园林学科）的一个词语。一方面，景观一词被认为与国际上 LA 的学科发展相吻合；另一方面与我国的"风景园林"对接。在中文语境中，LA 学的景观概念与地理学、

---

① 资料来源：日本维基百科《景观》词条，http：//ja. wikipedia. org/wiki/％ E6％99％ AF％ E8％ A6％ B3。

生态学的差别较大。LA 学科的景观偏重视觉的"景象""景物"等含义。地理学"景观"的基本定义是"具有地表可见景象的综合和某个限定性区域的双重含义"。生态学的"景观"有两种类型：一是直觉的，认为它是基于人类尺度上的一个具体的区域，即具有数千米尺度的生态系统综合体，包括森林、田野、村落等可视要素；一是抽象的，代表任意尺度上的空间异质性，即它是一个对任何生态系统进行空间研究的生态学标尺。[①]

中西景观

经过这样曲折的"景观"转运、引入，中国景观也由此被建构出来。但是，景观由西而东来到中国，首先面对的是：中国传统自己的"景"与"观"的知识形制的问题。于是，中西方的"景观对话"也自然进入了讨论的论域。美国当代环境与景观学者霍尔姆斯·罗尔斯顿Ⅲ专文以《环境美学在中国：东西方的对话》提出了这样的问题："艺术与自然：中国景观是艺术还是创作？"他说：

> 我们通常将环境审美和艺术审美区别开来，但是也许中国的景观是一种艺术创作。人类与自然在一种彼此之间相互支撑、互为加强的创造性动力下运转，造就了一个美丽非凡的中国。在儒家的世界中，人们有责任改造自然、丰富自然。在中国，艺术与自然并非互不相干的两种类型，而是互相联系的，即人们在不断地改造、重现新的自然景观。事实上，环境美学所倡导的是人化自然之美。
>
> 西方最近有一种观点：随着工业革命和现代科技的到来，人类已经进入一个新纪元，一个"人类世"（Anthropocene）的时代，即人类主宰景观。可能会有人反驳说，中国已经经历了千百年的"人类世"时代……在中国，景观一直在以一种艺术的手法来阐释景观，同时又把它看作一种自然作用的过程。也许对于西方来说，这是未来的发展

51

---

① 　林广思：《景观词义的演变与辨析》，《中国园林》2006 年第 6—7 期。

趋势；但对中国来说，这是源远流长地传下来的，既是历史的，也是当代的。①

对于这样的观点，要轻易认同和贸然反对都是困难的。这里出现了一些需要辨析的地方：中国在古代并无现在环境学科中的"景观"概论和含义，这些都是西式的，以西式的概念套用中国传统的"景""观"必然会有不吻合之处。也就是说，你说的东西与我说的不完全一样。比如作些判断"中国人至少在理念上坚持将自然纳入景观的范畴，但同时偏向'人化自然'。'人化自然塑造了环境及其外在的审美表现，因此是文明的一个特征"，② 即便中国人也难以评判；感觉上似是而非。问题出在，这些认知性工具全都是西式的。如果我们反问："另一个民族的景观不是'人化自然'？"像这样的评说，"在西方，我们常常听到有人呼吁：拯救自然！但在中国，你不会听到那么多保护自然的呼吁，而是呼吁人们如何建造与人和谐的一种景象。这其实就是传统'天人合一'的思想，也是儒家的思想，就是孔子所说的'智者乐水，仁者乐山'。用道家的思想来概括，则是以风水择居，调和阴阳。这有助于实现陈望衡教授'将工程做成景观'的愿景"③。

作为中国人，我们似乎应该认可这样的观点，但其实，笔者尤其担心"将工程做成景观"的观点。我国当下有许多大型"工程"，"人造景观"几乎让人们忘记了传统的乡土景观的样子。今天我国"工程化"建设是否真正继承我国传统的自然观？许多工程化景观恰恰违背了传统"天人合一"的和谐原则，而以现代技术、工程师的图纸为主导的工程作业；至少，大面积的现代"景观工程"对于"雾霾"的制造多少难辞其咎，而我国传统的乡土景观中是不可能出现这样的景观，因为它阻隔了人与"天"的交流，"雾霾"使"天人合一"成为一句空话。现代的工程师，在许多

---

① ［美］霍尔姆斯·罗尔斯顿Ⅲ：《环境美学在中国：东西方的对话》，《鄱阳湖学刊》2017年第1期。

② 同上。

③ 同上。

方面并不了解我国传统的乡土社会，他们身兼现代"造景使命"，就必须俯身到中国传统的乡土"正本"中去汲取营养，因此，要建构中国的乡土景观，回归自己的乡土传统至为重要。

工程造景并非不可以，事实上我们现在每天都在"制造景观"，而且将这样理论和手段复制于乡土村落。问题是：如果说城市的"摩天"高楼景观是一种美的话，那其实多少属于无奈之景，人与地的博弈和争斗是产生"往空中要空间"的不得已，这样的"美景"是局促的，压迫的。这样的城市景观在某种意义上违背了景观的本义，混淆了传统中的"景观之丑"。如果我们认可中国传统的认知根基是"天人合一"，那么，所谓的"景观之丑"正是对这一和谐原则的违背，霍尔姆斯·罗尔斯顿Ⅲ也毫不客气地批评了自然景观和人造景观中的"景观之丑"，包括"中国在近几年获得了一个令人感到最疑虑的世界第一，那就是向环境所排放的二氧化碳量比其他任何国家都要多"①。按照霍氏的逻辑，中国文化自古以来就有刻意改造自然的特性，只不过，古代是和谐的，现在不是和谐的，但精神却是一致的。笔者认为，如果对现象的描述是正确的，那么，根本原因来自我们自己对传统文化在继承上的"断裂"。一直以来，许多学者认为中国文化自古迄今都没有"断裂"，是"连续"的，其实不然。② 我们断裂了一贯而来的价值观、审美观。我们传统的"小桥流水"的田园风光不断地被人工、造假的城市景观所蛊惑，甚至认为后者才是美的。

当然，我们也相信，中西方无论按照当今的所谓"环境科学""人文景观""艺术景观"，还是"设计景观学"在文化脉理上总体上不一样。我们任选两幅中西名家以自然景观为背景的作品进行对比，差异非常突出（见下页图）。莫奈的这幅作品虽然也在法国引起了巨大的震动，包括"道德轰动"，因为他直接表现尘世环境，把全裸的女子和衣冠楚楚的绅士画在一起，虽然有人认为这幅作品表达的是人性中的道德的混乱，但客观上，这是西方绘画传统中最常见的笔触风格：人是"宇宙的精华、万物的

53

---

① ［美］霍尔姆斯·罗尔斯顿Ⅲ：《环境美学在中国：东西方的对话》，《鄱阳湖学刊》2017年第1期。

② 参见彭兆荣《连续与断裂：我国文化遗续的两极现象》，《贵州社会科学》2015年第3期。

灵长"的人本语义非常显义。而中国的传统山水画，人通常是模糊的、陪衬的。自然是"宇宙的精华、万物的灵长"。这样的景观差异当然包含着"人化自然"的两种审美原则。同时，风景画也是一种特有的权力形式，①包含着诸如价值特权、社会规训、语境与世界观、技艺评价等因素。

在中国，作为最为重要的绘画类型，山水画不但指"山"和"水"，也蕴涵中国传统中"景观"的丰富概念。山水观念为人对大自然固有价值的意见，它来自长期对农业传统原始力量（山和水）的重视。欧洲的 pay-sage② 则出自城市人的目光。欧洲构思的以城市生活和成为 paysage 的田野所形成的对比，在古代中国是没有的。中国传统构思的是田野、田园和山水的对比。"山水"的意义和 paysage（风景）的意义不同："山水"没有制订视觉的优越，更没有制订唯一视点。"山水"并不是"可以一眼衡量地区（国）的面积"，而是代表天体演化统一的明确形式（山和水）。同样，"风景"及"风光"也并非地区面积，它们富有诗意，是自然景物（风和光）给游者的印象。中国"山水""风光"及"风景"的意义概括了人的所有感觉，并不是唯一的视觉投视。③

莫奈的《草地上的午餐》

张大千的山水作品

---

① ［美］查尔斯·哈里森：《风景效果》，［美］W. J. T. 米切尔《风景与权力》，杨丽等译，译林出版社 2014 年版，第 250 页。

② 法文"景观"。

③ 参见幽兰（Yolaine Escande）《西方风景画的比较研究Ⅰ》，载《二十一世纪》2003 年 8 月号总第 78 期。

　　景观——无论是自然景观，还是人造景观，都是人类认知的产物，人类的社会化过程，也伴随着景观的生产过程。乡土景观的生产脱离不了那个特定的生产土壤。一个社会的构建和环境，包括家庭与个人的居所，以及公共设施和仪式场所，是这个社会通过对地方生态环境适应和文化选择的结果，并由此形成一种独特的景观遗产。① 这些景观模式反过来影响人们的观念和行为。环境改变之后，人们的行为规范也随之发生变化。② 也就是说，景观永远包含着不同的背景和不同语境中的特殊的价值视野。今日世界的许多景观成了人类有意识地改造自然后所形成的"景观"，无论是"美"的还是"丑"的，都是"人造"的。也许，今天的美景，却成了明天的丑景。就像今天的许多建筑工程，很快就将面临被"拆"的命运，就像我们今天去恣意地拆古建筑，破坏传统的乡土景观一样。

　　景观是一种空间形制——以空间的生成和转换为依据。空间的变化直接导致景观的变化，而导致空间改变的一种外在形式便是建筑。杰克逊认为"建筑界对乡土建筑（vernacular architecture）的兴趣与日俱增，而公众开始加倍关注丰富的乡土遗产"。"乡土"一词通常意味着农家、自产和传统。而乡土与建筑连用，指的是传统乡村或小镇的住宅。因此，人们常常用"永恒"（timeless）来形容乡土建筑。③ 这里出现了两个阐释的维度：①乡土景观的空间生产与人们的生活居所存着必然的关系。居处是人们生活最为基础和常态的地方。而且，乡土的居处必须与环境搭成适应和通融的关系。②人们走进一个村落，令人印象最深的景观，仍然是人民的居所形成的村落格局。人们所以用"居落"加以表达，强调的正是人群共同体的毗邻而居的情形。或许正是这个原因，乡土景观会很自然地将目光投到居处的建筑上。

　　不过，本书所探讨的是"中国"的乡土景观。也就是中国人心目中，

55

---

　　① Lowenthal, D., "Environment ad Heritage", Flint, Kate & H. Morphy, *Culture, Landscape, and the Environment: the Linacre Lectures 1997*, Oxford: University of Oxford, 2000, pp. 197 – 217.

　　② 参见葛荣玲《景观的生产》，北京大学出版社 2014 年版，第 6 页。

　　③ ［美］约翰·布林克霍夫·杰克逊：《发现乡土景观》，俞孔坚等译，商务印书馆 2015 年版，第 117 页。

属于中华文化背景中的乡土景观，它们有自己的风土人情，风格多样，洋洋大观。"风"指各地的曲调，"乡"就是"土"，"土"亦为"国"。① 虽然，顾氏在此是考据《诗经》中的"风"，脉理却是正确的，结论也是正确的。

纪念碑与崇高美

视觉与景观的关系可谓亲密。纪念碑的视觉性尤为突出。然而，纪念碑在不同的文化类型中所包含的含义，呈现的形象常常出现巨大落差；所反映的意境和语义可能形成完全的反差。换言之，纪念碑作为一种特殊的人造景观，文化的差异也被"人造"到了纪念碑中去，纪念碑性也因此差异甚殊。

在许多城市，纪念碑常常作为"地标性"建筑——这个概念和建筑决定了它成为景观的"代言"。宛如人们所说，"去北京不去天安门广场等于没有去过北京；去巴黎没看凯旋门等于没有去过巴黎"。我国天安门广场上有人民英雄纪念碑，有毛泽东纪念堂。类似的句式原属于"民间叙事"，并无限制、强制意思。在现实生活中却很有代表性，也很有实践性。当然，"非去参观某个建筑"也不足以说明纪念碑建筑物是否具有建筑上的特殊性，充其量只是历史烘托的一种政治景观以及所属的认可价值。纪念碑的建筑景观基本上属于政治景观，只是在时间的穿越中化作某种具有纪念意义的民间价值和表述范式。生活中，老百姓更愿意实践"民间叙事"。

在西方，纪念碑（Monuments）源自拉丁语 *monumentum*，直译为纪念的，纪念性建筑和文件。韦氏英语词典解释为那种（老式用法）有拱顶的坟墓，同义词 *Sepulchre*；以及法律文件或记录；纪念物、名人、纪念人或事件的碑或建筑；（古代用法）符号、征兆、证据；（老式用法）雕像；边界或位置标志，颂文等。纪念碑自然包含了纪念性雕塑、碑碣、坟墓、边界、标志等建筑物，也包括纪念性文字等其他物品。法国文化遗产保护先

56

---

① 顾颉刚：《史迹俗辨》，钱小柏编，上海文艺出版社 1997 年版，第 11 页。

驱梅里美当年登记的 historical monuments 主要是建筑，也包括使得该建筑保持其特殊风格的一些收藏品，如家具等物品。所以，对"monument"的翻译依据语境而定。比如在法国，"monument historique"翻译为"历史建筑"，在其他地方涉及多种门类文化遗产时翻译成"文化纪念物"，涉及古董一类时翻译成"文物"，涉及不可移动的古建筑、考古遗址、历史名胜时翻译成"古迹"等，需依具体语境而定。依照狭义的纪念碑概念，它只是表示建造一个"石碑"对特定情形、地点、事件的纪念和记忆，仿佛道路上的里程碑。

今天，纪念碑的意义和意思之所以被巨大地加以拓展和扩张，一个最要紧的问题是现代社会被"加速"变迁，"加速"中的历史容易丢失历史长河中的记忆，因此，纪念碑的意义在近几十年被格外凸显。学者在讨论西式纪念碑性时常以巴黎的凯旋门为例。[①]作为历史事件，巴黎的凯旋门是当年的皇帝拿破仑为了纪念自己的战功，命霞勒格兰（Jean Francois Chalgrin）计划伟大的凯旋门的营造。巴黎的凯旋门除了继承了欧洲凯旋门建筑的传统风格外，并非简单地模仿，而是突出主体的效果。较之古典时代的建造物，结构是很独特的，但设计者所瞄准之处，却因此确切地实现着。[②]巴黎凯旋门与"星形广场"所形成的建筑风格，是辐射、放射性的。人们可以通过这样的事件性建筑，纪念拿破仑一世在奥斯特利茨战役中大败奥俄联军的历史功绩。它于1806年2月开始兴建，是欧洲100多座凯旋门中最大的一座。凯旋门建成后，到19世纪中期，又在其周围修建了圆形广场以及12条放射状道路。基本形成了今天的格局。1920年11月，在凯旋门的下方建造了一座无名烈士墓。里面埋葬的是在第一次世界大战中牺牲的一位无名战士。巴黎的凯旋门将历史上的伟大人物拿破仑、戴高乐等，重要的历史事件，纪念法兰西为自由而献身的无名英雄，以及艺术家为了这些重要人物和事件所创作的浮雕系列一并融入，形成了一个完整的

57

---

① ［美］巫鸿：《中国古代艺术与建筑中的"纪念碑性"》，李清泉等译，上海世纪出版集团、上海人民出版社2009年版，"导论"第3页。

② 参见［日］坂垣鹰穗《近代美术史潮论》，鲁迅译，中国摄影出版社2001年版，第73—74页。

政治性纪念碑景观。

有一点需要稍作厘析：以巴黎凯旋门为代表的纪念碑的建筑形制，属于西方历史的纪念碑建筑传统。"凯旋门纪念碑"几乎遍及欧洲所有国家。从历史的角度看，是欧洲国家自古一路而下的纪念性建筑景观。我国天安门广场上的人民英雄纪念碑则完全属于现代民族国家范畴的纪念性建筑景观。作为典型的政治性景观，人民英雄纪念碑旨在纪念那些为民族、国家、自由和解放而献身的英雄们，正如毛泽东题写的"人民英雄永垂不朽"八个大字。人民英雄纪念碑（The Monument to the People's Heroes）是新中国成立后首个国家级公共艺术工程，这也彰显其与现代民族国家的关系。时段上，所纪念的"人民英雄"限定于指近现代。毛泽东为该纪念碑起草了碑文，并在1949年9月30日所举行的该纪念碑奠基典礼上亲自朗读了碑文：

> 三年以来，在人民解放战争和人民革命中牺牲的人民英雄们永垂不朽！
>
> 三十年以来，在人民解放战争和人民革命中牺牲的人民英雄们永垂不朽！
>
> 由此上溯到一千八百四十年，从那时起，为了反对内外敌人，争取民族独立和人民自由幸福，在历次斗争中牺牲的人民英雄们永垂不朽！

碑文中的"三个永垂不朽"中的**"三年以来"**是指1946年开始的解放战争；**"三十年以来"**是指自1919年五四运动起的新民主主义革命到1949年新中国成立；**一千八百四十年**则是指从1840年鸦片战争开始，中国逐渐沦为半殖民地半封建国家。这三个特殊的历史时间段极其鲜明地反映了近代中国历史情形和政治上的纪念价值。

从建筑形制看，人民英雄纪念碑继承了我国纪念碑形制；从文化含义上，我国类似纪念碑是现代民族国家的产物，与我国传统"家国天下"的纪念性建筑形制没有传统上的继承关系。由此我们可以得出，类似于纪念碑的公共性政治景观，属于西方建筑景观的传统形制，而中国在近代以降所建设的类似政治景观，一方面是借用，就像民族国家一样；另一方面，这种政治景观已经在近二百年的历史中，融入了中华民族的历史，而成为具有"本土化"的景观设计、风格、意义、符号、认知和感情。

巫鸿在讨论纪念碑性时说：

> 我的讨论中，"纪念碑性"（在《新韦伯斯特国际英文词典》中定义为"纪念的状态和内涵"①）是指纪念碑的功能及其持续；但一座"纪念碑"即使在丧失了这种功能和教育意义后仍然可以在物质意义上存在。"纪念碑性"和"纪念碑"之间的关系因此类似于"内容"和"形式"的联系。由此可以认为，只有一座具有明确"纪念性"的纪念碑才是一座有内容和功能的纪念碑。因此，"纪念碑性"和回忆、延续以及政治、种族或宗教教义有关。"纪念碑性"的具体内涵决定了纪念碑的社会、政治和意识形态等多方面意义。……我国并不存在一个可以明确称为标准式的"中国纪念碑"的东西，换言之，我对纪念碑性的不同概念及其历史联系的有关讨论有助于我对中国古代纪念碑多样性的判定。……于是出现了两个历史——"纪念碑性的历史"和"纪念碑的历史"——综合入一个统一叙事。②

笔者对有关"纪念碑性"和"崇高性"的讨论已陆续发表过一些文章，③ 此不赘述。唯对崇高性的中西方语义做一个辨析。

有一种观点认为，"中国与欧洲的思维结构的差异，归根结底在于'天'和'神'的差异"④。如果这样的分析可以成立，那么，中国传统思

59

①　*Webster's New International Dictionary*, s. v. "monumeniality". （原注）

②　［美］巫鸿：《中国古代艺术与建筑中的"纪念碑性"》，李清泉等译，上海世纪出版集团、上海人民出版社 2009 年版，"中文版序"第 5 页。

③　参见彭兆荣《祖先在上：我国传统文化遗续中的"崇高性"》，《思想战线》2014 年第 1 期；《"以德配天"：复论我国传统文化遗续的崇高性》，《思想战线》2015 年第 1 期；《论我国"丘墟"的崇高性视觉形象——兼教于巫鸿先生》，《文艺理论研究》2016 年第 4 期。

④　［日］沟口雄三：《作为方法的中国》，孙军译，生活·读书·新知三联书店 2011 年版，第 163 页。

维结构中的"天"的位格比西方社会结构中"神"的位格高。这里并没有由此延伸出文化的"高低"类分，只是认知和现象上的差异。在中国，"天"的甲骨文为，即在人（大）的头上加一圆圈指事符号，表示头顶上的空间。造字本义：人的头顶上方的无边苍穹。《说文解字》："天，颠也。至高无上，从一、大。""天"是"理"的化身（天理），并掌握着万物之命运（天命），具有至高无上的权威性。"天降大任"（《孟子·告子下》）。帝王由"天"授命（天子）。因此，"天"可助斯，亦可亡斯。而西方之神以奥林匹亚山巅的神谱系为原型，虽活生生的现实人之"倒影"，却无绝对崇高敬惧之威。

至为重要者，西方"纪念碑性"的核心是人，即"人本"的价值，中国"崇高性"的人是沟通"天地人"的人。所谓"天地与我并生，万物与我为一"①。"天人合一""天人感应"等，是一个三位一体的构造。季羡林先生据此认为，中国文化的特点在于天与人配合，所以"天人合一"是中国文化对人类最大的贡献。②"天人合一"既是我国传统的认知纪要，也是现实生活的反映，《黄帝四经》如是说，"黄帝曰：夫民仰天而生，侍（待）地而食。以天为父，以地为母"。而人世之事，无论君臣、父母、官民，"顺天承运"是首要之务，讲究"天时地利人和"，所谓"天因人，圣人因天；人自生之，天地形之，圣人因而成之"（《国语·越语》）。

在中文语境中，"崇高"主要包括自然形态的高大和人的道德力量的高尚，崇高有"美"的意义，却是建立在与自然协作、与物质配合的基础之上。《国语·楚语上》："不闻其以土木之崇高彤镂为美，而以金石匏竹之昌大嚣庶为乐。"北魏的郦道元在《水经注·淇水》有："石壁崇高，昂藏隐天。"宋代欧阳修在《游儵亭记》有："夫壮者之乐，非登崇高之丘，临万里之流，不足以为适。"在中国的传统美学中，崇高或壮美常用"高大"来表述。它侧重在主体方面、社会价值方面，而不单是对象方面、自

---

① 王尔敏：《先民的智慧——中国古代天人合一的经验》之"中国古代于地人之齐等观念"，广西师范大学出版社 2008 年版，第 71 页。
② 季羡林：《"天人合一"新解》，载《传统文化与现代化》创刊号，中华书局 1993 年版，第 9—16 页。

然状貌方面。孟子著名的"浩然之气"，指的是社会化的首先人格魅力。在对社会人格的完整体系中，他提出善、信、美、大、圣、神六个等级："可欲之谓善，有诸己之谓信，充实之谓美，充实而有光辉之谓大，大而化之之谓圣，圣而不可知之之谓神。"（《孟子·尽心下》）。如果说孟子此说可始附会的话，说明在中国传统的崇高观念中，"崇高"是一个完整的社会价值体制。

因此，"崇高性"的含义和形态在我国传统的语境中形成了重要表述范式。虽然我们所说的"崇高"概念，自然会涉及美学范畴中的"崇高"。只是，在这个概念的意义方面，中西方存在很大差异。"崇高"二字为同义词语，《说文解字》释："高，崇也。"甲骨文形"禽"，[①] 本义即高山。赵诚认为"山很可能既是自然神又是先祖神"[②]。笔者更愿意相信，山岳之高，在天圆地方的视觉形体上，山岳"载天"。拜天故崇山。而"祖先在上"崇高堪比天祭之。《礼记·祭统》："崇事宗庙社稷。"由此可知，崇高在中国传统的认知形态中包括：①"天圆地方"之视觉上的形象性。②高山"载天"之崇敬的神圣性。③"天人合一"之传统的认知性。④融合"祖先"之崇拜的功能性。而这些恰好由"乡土性"中得到最完整的体现。

人们今天所说"崇高"的一个重要语义，是作为美学范畴中的一个概念。大体上说，作为美学范畴的"崇高"概念是从西方引入的。在欧洲，最早提到崇高的是公元 1 世纪古罗马时代朗吉诺斯的《论崇高》，"乔纳森·理查森在论述'崇高'的章节引用了朗吉诺斯的雄威之言：'希佩里德斯（Hyperides）……没有缺点，狄摩西尼却有许多，然而，人们一旦读过狄摩西尼就再也不想追随希佩里德斯的品位；因为希佩里德斯即便优点再多，也未凌空超众，而狄摩西尼却秀出众侪"[③]。崇高在西式的美学结构中其实是一个体系。一方面，它是"伟大心灵的回声"，具体表现在以下几个方面：庄严伟大的思想、慷慨激昂的辞格与藻饰、高雅的表述与尊严；另一方面，它也不是绝对抽象的，也是行动的。西方的崇高是基于海

61

---

① 王心怡编：《商周图形文字编》，文物出版社 2007 年版，第 389 页。
② 赵诚编著：《甲骨文简明词典——卜辞分类读本》，中华书局 2009 年版，第 2 页。
③ ［英］E. H. 贡布里希：《偏爱原始性》，杨小京译，广西美术出版社 2016 年版，第 65 页。

洋文明，战争、尚武、荣耀都与之有关。换言之，西方的"崇高"概念以及由此延伸出来的"崇高性"是建立在海洋文明背景上的，类型上可以归入"海洋类型"。因此，西方的文化史，比如神话、史诗、悲剧等都贯穿了英雄、尚武、争斗、拓殖、苦难、考验、复仇、凯旋等文化主题。这与我国的崇高性迥异。

艺术作品可以把这两方面的表现融为一体，以人格心灵的崇高为内容，以物体景象的崇高为形式，使震撼人心的威力更为凝练集中。康德对"崇高"的评说在美学中有着重要的影响，他认为崇高不存于自然界的任何物内，而是内在于我们的心里，崇高只需在我们内部和思想的样式里去寻找根据，这种思想样式把崇高性带进自然的表象里去。一些学者认为，崇高体验的特征是某种具有明晰而又简单的形式的强有力的东西，它必然含有把自我投射到对象中去的意义，而力量就等于伟大，因为观赏者总是把空间的体积转化为精力和威力；崇高感毫无例外地是对于人们自己力量的一种感觉，是人们自己意志力量的扩张。西方的美学家对"崇高"有不同的表述和界定。

就美学而论，其价值和属性基本上是从西方美学体系中进行制定和规定的。"崇高"，英文表述包括 lofty、sublime、high，美学中有时译为"壮美"——指在形态上具有强大的物质力量和高尚的精神力量，能够对人产生鼓舞作用，带动社会的进取力量。就审美对象而言，崇高的对象有着强健的形体和高大的形态，常与自然界事物的形态与状态相互指涉。在艺术创作形态和艺术品的格调中，包含了体验审美中的伟大与敬畏感。同时，崇高也具有一种社会化的能动力量和高贵引领作用，包括社会秩序中的高尚人格和道德垂范。

在美学范畴，"崇高"通常并不是自我周延的概念，它常与"美"形成景观，而"美"又与"丑"联袂出演。因此，崇高有时也伴有某种程度的恐惧或痛苦，具有强大的"悲剧性"和悲剧力量。我国美学家周来祥说："本来崇高的出现，是丑的升值和介入的结果，但丑在崇高中还是有限度的，崇高中的不和谐最终要导向和谐，痛感要转化为快感和解放感。崇高中的不和谐、不均衡的进一步发展，它的日趋极端化，便必然导致一切和谐因素的大涤荡，崇高中只剩下不和谐甚至反和谐，这便蜕变为丑。丑与崇高有共同的对立原则、裂变原则，但崇高是不和谐与和谐的组合体，而丑则是不和谐、反和谐的组合体，这里已杀尽了一切和谐。丑带来了新的艺术，这便是西方人所说的现代主义。"① 这里有几个值得注意之处。①崇高是美的一种重要的表现和呈现样态，但它不能"专美"，因为"美—丑"是一个协同性的单元，二者是相互言说的。②"美—丑"不是不变的，在不同的语境中可以有不同的意义和价值；同时，二者又可以转化。③崇高的最高境界是和谐。④在西方的美学范畴里，崇高是一种"美"的形态，基本表述如康德所说"存于内心"，而我国"崇高"从本义到衍义必须建立于自然或物质的"有形"之上。

逻辑性的崇高在中国传统的认知体系中表现为宇宙观（特定的时空观）在现实生活中的功能性演绎。具体而言，"崇高"虽在表象上属于空间形制，却寓于特殊的时间制度于其中；而且这种特别的时空形制成天地之间、敬祖先在上、化不朽为永恒。在社会体制中"祖先"是一个重要的崇高性的符号纽带，成为传统乡土景观中的特殊的景观。"祖先在上"具有与天地同驻的"永恒"特性，在此，"时"被赋予了特殊的形态。"崇高性"表象上虽凸显"仰天"，实功在"实地"，是为我国传统文化时空观的特殊形制。"时"在中国是一个值得讲究的概念，其原则的流逝和转变，所谓"天不再兴，时不久留"（《吕氏春秋·首时》）。郭店楚简《穷达以时》第一段便是："有天有人，天人有分，察天人之分，而知所行矣。"② 其中"时"成为一个天人之分的重要契机，庞朴认为，"穷以达时"中的"时"是或有或无的"世"，不可强求的"遇"。③ 刘乐贤认为竹简篇首以"天""人"对举，将功名大立或遇时归结于"天"，将个人的努力修为或把握时机则归结于人。即所谓"功名遂成，天也；循理受顺，人也"（《淮

63

---

① 周来祥：《和谐美学的总体风貌》，载中央文史研究院编《谈艺集——全国文史研究馆馆员书画艺术文选》（下），中华书局 2011 年版，第 911 页。

② 荆门市博物馆：《郭店楚墓竹简》，文物出版社 1998 年版，第 27 页（图版），第 145 页（释文）。

③ 庞朴：《孔孟之间——郭店楚简中儒家心性说》，载《中国哲学》（第二十辑），辽宁教育出版社 1999 年版，第 27 页。

南子·缪称训》）。① 换言之，"穷达以时"深刻地表现、表达和表明了"时"的特殊要诀，它不是物理"一维"，却并不悖理；它贯彻"线性"，却可逆转；它遵循"时制"，却兼协调；即它是多维的、可逆的和协调的。相比较而言，如果"纪念碑性"侧重讲求功的历时性纪事、纪念和记忆的话，那么"崇高性"则求得天地人共时性中庸、中正和中统的致中与和谐，无为而为。

"天地—祖先—不朽"关涉中国的宇宙观：天地之永恒，祖先之不朽，都包含了对诸如"永恒"的多义性；也与中国古代的美学表述有关。在中国的古典美学中，"古"是一个值得玩味的感受，"古"原指远去了的时间。也因此，后人常常以"复古"以换取对一种"永恒"的崇高性的古雅之风。② 古，甲骨文 屮（口，言说）丨（十，极多），表示无数代先人口口相传的久远时代。有的甲骨文 屮，即在屮的字形基础上再加一个"口"。造字本义为在漫长的岁月中被传言的久远过去。《说文解字》释："古，故也。从十、口。识前言者也。凡古之属皆从古。"然而，在传统的美学体验中，"古"成了一种美感。明代徐上瀛的《溪山琴况》之"二十四况"③以"味"比"况"，成了中国抚琴演奏、欣赏、感悟的特有表述。其中"古"即为一况：

> 《乐志》曰："琴有正声，有间声。其声正直和雅，合于律吕，谓之正声；此雅颂之音，古乐之作也。其声间杂繁促，不协律吕，谓之间声；此郑卫之音，俗乐之作也……俗响不入，渊乎大雅，则其声不争，而音自古矣。"

所谓深入大雅之道，曲调自然入"古"④。显然，在这里，"古"成为

---

① 参见刘乐贤《战国秦汉简帛丛考》，文物出版社2010年版，第51—53页。

② 参见［美］巫鸿《时空中的美术：巫鸿中国美术史文编二集》，生活·读书·新知三联书店2009年版，第3—30页。

③ "二十四况"指和、静、清、远、古、澹、恬、逸、雅、丽、亮、采、洁、润、圆、坚、宏、细、溜、健、轻、重、迟、速。

④ （明）徐上瀛著，徐樑编著：《溪山琴况》，中华书局2013年版，第58页。

一种超越时间的"气"与"味"。

笔者所以强调"崇高性"，主要原因在于，在中国历史上崇高性存在着一条明显和明确的由神圣到世俗的演化轨迹，这与朝代更迭，外来因素影响有关，特别是崇高性原本是建立在确立帝王权威、建立礼化阶序、服务社会生活、遵守常伦规约、监督日常实践等功能。崇高的神圣与伦理的世俗总是相生相伴，而且这种关系会在建筑、艺术、工具、符号等方面全方位地呈现出来。有意思的是，中国的美学是实用性的，任何"崇高"的含义都需要在现实生活中"兑现"。巫鸿注意到我国古代建筑艺术中"门阙"景观形制：

> 当一件铸有法典的铁鼎在公共场所出现，旧的礼仪体系随着崩溃了——至少在表面上是如此。这一事件意味着权力自身需要被公开展示和证明，而门的变化即是这一历史发展的最好体现。此时，官方的公文开始被张贴在官殿正门，而官殿大门和张贴的文书被称作"象魏"，意即"法规"（象）和"崇高"（魏）。于是，门从其原先的建筑语境中分离了出来，成为自成一体的"纪念碑"。[①] 这个变化象征了政治权力意识的转变——从秘密地保持权力到公开地展示权力。当时有些著述主张惟有天子才可以享有两翼带"观"的阙门，另一些则将观的高度及翼的数目作为社会特权的衡量标准。[②]

情势确乎如此，世俗权力的膨胀导致对崇高性的"低俗化"，"高贵"已然将"高"与"贵"分裂，逐渐转化成为以"贵"为"高"的世俗认知，"门第"便是一个例子。尽管这个例子能否足以说明这一演化轨迹的文化内涵仍待商讨，却不妨碍这一判断的合理性。

概而言之，如果说中国传统景观中的崇高性特色在于意义表述上不乏

65

---

① 原文以陕西咸阳冀阙宫基台遗址（东周末至秦）为例，参见 ［美］巫鸿《中国古代艺术与建筑中的"纪念碑性"》，李清泉等译，上海世纪出版集团、上海人民出版社 2009 年版，第 135 页，图 2.22 ［b］。

② 同上书，第 358 页。

与宇宙观、认识论、政治性相联系的话，那么，由于中国传统文化的实用性，任何形式和形态的"崇高"都将在现实生活中真切地加以呈现。又由于我国社会的基本情形是"乡土社会"，也很自然地作为乡土景观在乡土社会中真切地加以呈现。我国乡土景观中完全不缺乏崇高性的各种意义：配合自然的"天地人"——"天时地利人和"的协作，农耕文明的家国"社稷"性质，以及"祖先在上"的共同体纽带等。借《诗经·小雅》之"高山仰止，景行行止"概括之。

"石"与"木"的对话

绝大多数人对建筑材料的认识只停留在建筑和装修层面——像"石材"与"木材"作为建筑上最主要，且最具代表性的材质那样。西方建筑主要以石材为主，因此被称为"石头的史书"；中国古代建筑采用的是木结构体系，故被称为"木头的史书"。① 在不同的文化体系当中，特别是景观的建造与"建材"之间存在着不言而喻的紧密关系。但近半个世纪以来，建筑材料的"石文化"与"木文化"竟然成为对话格局。作为"建材"，二者都可以被视为"自然之物"。逻辑上并不必然构成"对话关系"，仿佛土豆与红薯。然而，由于建筑之于景观的重要性，致使"木石前盟"的前因导致了"木石分离"的后果，② 成为建筑景观上中西对话的"新木石前盟"。

石质建筑（有说代表永久性）与木质建筑（有说代表暂时性）在近些时间里骤然提升了对话的频率。专家们为了凸显二者的差异，在西方建筑历史的范畴内，有学者将"石文化"的起源总结为"罗马的拉丁系"；将"木文化"定位于"日耳曼系"。"石文化"系统从古代开始，便以城市的形态存在于繁华地区，而后继承这个传统，经过长期的衍变，形成了城市

66

① 楼庆西：《乡土景观十讲》，生活·读书·新知三联书店 2012 年版，第 3 页。
② "木石前盟"是《红楼梦》中贾宝玉和林黛玉的化身，木指林黛玉前世为绛珠仙草（灵芝草），石指贾宝玉前世为顽石（补天石）。小说由神话故事开始，以佛道因果为暗线，讲述了悲欢离合的人生哲理，展现了封建社会的社会图像。

型住宅特性的拉丁民族的"石文化"。"木文化"在欧洲则是原始农耕所形成的社会形态，不但没有往城市型方向拓展，反而朝着把人们关闭起来的中世纪闭锁庄园制度方向发展。虽然，这里也诞生了城市，却是因为最初与农村住宅相同结构的房屋，才逐渐地完成了足以适应工商活动的房间布局设计，而且变得具有城市住宅的特色。也就是说，第二种系统是中世纪以后，在短时间内急速发展起来的日耳曼民族的"木文化"。① 简言之，从欧洲的发展线索看，拉丁系的石文化侧重建造了城市传统，而日耳曼的木文化侧重建造了乡村传统。

这样，纯属自然之物的"石—木"便附载了文化的因素，成了言说的对立面，并延伸出了相应的文化属性。对于建筑类景观而言，不同的"材质"是景观系统的基层单位。依照建材的性质，石质建筑被学者们概括为"纪念碑性"，法国巴黎的凯旋门、美国拉什莫尔山国家纪念碑、中国的天安门广场上的人民英雄纪念碑等。② 当人们经过这些由石质材料建造的纪念碑时，不由得对这些默默无闻、坚硬而持久的建材脱帽致敬。它们虽然只是构件，但如果没有这些石材作为构件的"坚硬耐久"，便不可能产生这样的效果。更何况，由于石材的坚固性，以及与构件对象——诸如民族英雄、伟大领袖、重大事件等相结合，令人产生肃穆感和庄严感。"木材"被认为难以承建这样的工程，无论是承受力还是经久性皆无力承担。但这样的评述似乎有过于简单之嫌。对于"石"与"木"究竟在建筑景观中扮演什么样的角色问题，学者们纷纷加入了讨论。

巫鸿在题为"中国人对石头的发现"中有过一个考释和比较，录于此：

67

在有关中国传统建筑材料的讨论中，一些学者注意到木质材料是贯穿中国建筑史的一个本质特征，并且试图对木头的这种垄断地位做出解释。如徐敬直试图从经济决定论的立场寻求解答："尽管木质建

---

① ［日］后藤久：《西洋居住史：石文化和木文化》，序章，林铮颕译，清华大学出版社2011年版，第1—2页。

② ［美］巫鸿：《中国古代艺术与建筑中的"纪念碑性"》，李清泉等译，上海世纪出版集团、上海人民出版社2009年版，第2—3页。

筑易于失火，但是由于人们的生计在很大程度上依赖于农业，而且国家停留于经济上的相对落后状态，甚至在经历了二十多个世纪的发展之后，木构建筑依然是最普遍的建筑形式。"刘致平则将木建筑的普遍归结于中国的自然资源："我国最早的发祥地——中原等黄土地区，多木材而少佳石，所以石建筑甚少。"以李约瑟为代表的另外一些学者争辩说，中国人不仅创造了木建筑，同时也创造了可以与欧洲和西亚相媲美的大型石建筑，但这些石建筑似乎有着截然不同的宗教功能，多为"丧葬建筑、碑碣和其他类型的纪念碑"。

尽管这第三种观点较为持平，但从某些方面来说仍然不够准确。首先，众所周知，木与石在中国古代都被用于丧葬建筑以及其他类型的纪念性建筑。再者，木建筑与石建筑并非自始至终共存：后者在中国历史上的出现要晚得多。第三，木与石并非只是纯粹的"自然"材料，它们还被赋予了象征的内涵，而且分别联系着不同的观念。第四，石制建筑从未取代木制建筑，这两类建筑并行发展的结果是二者具有了相互参照、相互补充的意义或纪念碑性；它们的共存体现了中国文化中的一种基本概念上的对立和并列。①

中国建筑史学家傅熹年在《中国古代建筑概说》一书中开章即言：

中国古代的建筑活动，就已发现的遗址而言，至少可以上溯到七千年以前。尽管地理、气候、民族等差异使各地域建筑有很多不同之处，但经过数千年的创造、整合，逐渐形成了以木构架房屋为主，采取在平面上拓展的院落式布局的独特建筑体系，一直沿用到近代，并曾对周围的朝鲜、日本和东南亚地区产生过影响。它是一种延续时间最长、从未中断、特征明显而稳定、流播范围甚广的有很强适应能力的建筑体系。②

---

① ［美］巫鸿：《中国古代艺术与建筑中的"纪念碑性"》，李清泉等译，上海世纪出版集团、上海人民出版社 2009 年版，第 154 页。

② 傅熹年：《中国古代建筑概说》，北京出版集团公司、北京出版社 2016 年版，第 1 页。

在"木"与"石"的对话中，"材料"的差异或许并非形成文化的全部甚至主体依据："中国古代建筑的主要特点之一是房屋多为木构架建筑，砖石结构建筑就全国范围和历史发展而言，始终未能大量使用。"① 中国从来不缺少石材，何以如此？对此，建筑学家梁思成的观点更为直接，他认为，各种建筑系统都有特殊的"法式"，仿佛语言之有文法功能与词汇。中国建筑则以柱额、斗拱、梁、瓦、檐为其"词汇"，施以柱额、斗、拱、梁待法式为其"文法"。虽砖石之建筑物，如汉阙、佛塔等，率多叠砌雕凿，仿木架斗拱形制。② 而西方的"建筑文法"完全别有一范，比如维特鲁威（Vitruvius）③ 曾经讨论过一系列的建筑风格，包括多利安式（Doric）、爱奥尼奥式、科林斯式（Corinthian）为建筑师提供柱式系列，以便他们根据建筑的特点进行选择。各种柱式所表现的特点不同。④ 这些建筑文法完全是古代希腊罗马所形成的建筑上的特定词汇所形成的，以体现宗教荣耀和崇高。中国不可能有那样的建筑文法，自然也不会有那样的建筑景观。

而建材，梁思成说："古者中原为产木之区，中国结构既以木材为主，宫室之寿命固乃限于木质结构之未能耐久，但更深究其故，实缘于不着意于原物长存之观念。盖中国自始即未有如古埃及刻意求永久不灭之工程，欲以人工与自然物体竟久存之实，且既安于新陈代谢之理，以自然生灭为定律……唯坟墓工程，则古来确甚着意于巩固永保之观念，然隐于地底之砖券室，与立于地面之木构殿堂，其原则互异，墓室间或以砖石模仿地面结构之若干部分，地面之殿堂结构，则除少数之例外，并未因砖券应用于

69

---

　　① 傅熹年：《中国古代建筑概说》，北京出版集团公司、北京出版社 2016 年版，第 17 页。

　　② 梁思成：《中国建筑史》，生活·读书·新知三联书店 2011 年版，第 3 页。

　　③ 维特鲁威（Marcus Vitruvius Pollio），公元前 1 世纪著名的罗马工程师、建筑师，他的学识渊博，通晓建筑、市政、机械和军工等项技术，熟悉几何学、物理学、天文学、哲学、历史、美学、音乐等方面的知识。他先后为两代统治者恺撒和奥古斯服务过，任建筑师和工程师并受到嘉奖。维特鲁威的代表作《建筑十书》，内容包括希腊、罗马早期的建筑创作经验，是西方建筑史上重要的著作。

　　④ ［英］E. H. 贡布里希：《偏爱原始性》，杨小京译，广西美术出版社 2016 年版，第 43—44 页。

墓室之经验，致改变中国建筑木构主体改用砖石又砌之制也。"① 建筑学家的观点显然与艺术史家的观点相去甚远，如果梁先生可以作为建筑学家的代表的话，他显然并不赞同中国地面上的建筑形制中的所谓"纪念碑"性，因为中华文明遗留在建筑遗产上的特色形制，是木质结构，而木质结构的首要特征是"暂时性"。② 这与石质建筑被概括为"永久性"形成对照。

但是，笔者要申辩的是，中国在建筑形制上并非完全没有"暂时性"和"永久性"的观念，只是对于活在地面上的人们而言，木构建筑在材质上的"寿命"仿佛与活着人的"寿命"一样具有"暂时性"的隐晦语义；而人死后在阴间并无"寿命"问题，地下冥居的石质建筑反倒有了"永久性"的对应。③ 这样，"木—石"对话悄然引入了"肉体—灵魂"的认知伦理的潜在关系。在中国传统的文化中，"死"是"生"的延续，无论对人、对家族、对宗族，甚至对"家国"皆是如此。所以在中国，地上的木质建筑与地下的石质建筑并不构成"对峙性对话"，而是"连续性对话"。这则是西方建筑景观中所没有的文化含义。

从建材的角度看，在我国与其说是"木石对应"，还不如说"土木工程"更为贴切。许倬云认为，中国中原位于黄土地带，黄土土质坚致细腻，是以夯土成为中国建筑上一大特色，早在新石器时期，夯土已经在村落遗址出现。④ 也许是为了夯土的方便易筑，中国古代建筑从未向石筑方向发展，在西周及春秋战国时期，夯土仍是主要的建筑技术。夯土筑台，夯土筑基，夯土筑墙，夯土平地。我国的"版"大约与之有关。《诗·大雅·緜》描述宫室的情形，有绳子量画地基的直线，然后运"版"来筑墙。⑤ 只在土木建材方面发展中国建筑特有的传统。⑥ 这颇吻合建筑学家，

① 梁思成：《中国建筑史》，生活·读书·新知三联书店 2011 年版，第 9 页。
② ［美］约翰·布林克霍夫·杰克逊：《发现乡土景观》，俞孔坚等译，商务印书馆 2015 年版，第 127 页。
③ 这样说仍需要加注，我国古代在地面上也有一些综合使用石材的建筑，只是历史上的各种原因被毁，如"明堂"、阿房宫、圆明园等——笔者注
④ Kwang-chih Chang, *The Archaeology of Ancient China*, New Haven：Yale University Press, rev. ed., 1968, p. 86.
⑤ 《毛诗正义》卷一六之二。参见许倬云《求古编》，商务印书馆 2014 年版，第 192 页。
⑥ 许倬云：《求古编》，商务印书馆 2014 年版，第 169—170 页。

如梁思成的观点。中国建筑上的木质结构构成了中国的重要特色，而从未向石质建材方向发展。然而，说我国没有石质建筑的传统似乎也并不完全周全，我国的墓葬建筑存在明显的使用石材倾向，这除了墓葬建筑形制的特殊性，自然环境的条件约束外，也存在观念的问题。

美国学者韩森在《开放的帝国：1600年前的中国历史》中，讲到中国的盛世唐代的时候，对建筑有过这样的一段评述：

> 唐代长安留传至今的建筑寥寥无几——仅有其城南面的两座佛塔：小雁塔和大雁塔，这是因为长安的居民没有建造恒久的纪念物。当时的建筑多是建在夯土基础上的木建筑，建造的速度很快，当时只被计划维持一代人或者最多两代人的时间。643年仅用5天就建了一座楼。唐代中国森林茂密，木材便宜，随处可得。人们在日本奈良还可以见到以榫卯结构为特点的独具特色的唐朝建筑，这是因为这些建筑被精心保护，而在中国同类建筑却失传已久。①

有一点值得讨论，古代希腊以降，西方的建筑和雕塑的纪念碑性所代表的石文化，一直以标榜拓殖、英雄、争斗、尚武、凯旋为主题，形象也大多与古希腊的神祇有关；特别是，"诞生于罗马的拉丁'石文化'，长期支配环地中海地区，而为古代增色不少"②。有一个原因相当明显和明确，即以希腊、罗马所在环地中海区域的自然环境多石少地，那样的自然条件不容易生成以农业为主的文明类型，也因此形成了特定的石文化圈。在这样的环境中，留下大量石质建筑、石质雕塑以表现英雄主题的纪念碑性的各种景观，自然与文化相偕，成为传统。中国的情形其实在一点上是相同的，有些学者似乎认为，得出自然环境导致的建筑景观的结论过于平庸，然而，他们忘了，那是最为真实的。古代中原地区，平原地带，少佳石而

71

---

① ［美］韩森：《开放的帝国：1600年前的中国历史》，梁侃等译，凤凰出版传媒集团、江苏人民出版社2009年版，第190页。

② ［日］后藤久：《西洋居住史：石文化和木文化》，序章，林铮颉译，清华大学出版社2011年版，第3页。

多林木、多黏土，建筑传统在大的原则下，必定是以木质为主，也因此形成了建筑景观上的"土木文化"传统，这一传统在乡土社会中表现得淋漓尽致。

然言及至此，似乎又未尽意。中式的"土木工程"缘何在景观上不能成就"纪念碑性"？还有一点需要进一步澄清：虽然许多学者（包括中国学者、建筑行业的专家）几乎一致认为，中国的建筑景观属于"木文化"范畴，然而，笔者认为，做出这样的判断的理由主要有两个方面：一，西方建筑诸如凯旋门的景观类型，以石头为建材，以具有永久性纪念主题和意义有关；二，以地面上的建筑景观为主体和基本依据。然而，我国的宗教建筑（比如佛教建筑、石窟雕像、墓葬形制、石刻雕塑、乡规民约等）并不缺乏石质的纪念形象、形态和景观。而且，在我国的建筑景观中，"土文化"的建筑中何以逊色于"木文化"？中式的土木结合是从祖先"穴居与巢居"相结合的产物。而中式的"木构"在传说中是因为"上古之世，人民少而禽兽多，人民不胜禽兽虫蛇，有圣人作，构木为巢，以避群害"（《韩非子·五蠹》传说中的"有巢氏"教人构木为巢，开启了中国木构民居的传统）。

事实上，无论是石材还是木材作为建筑主体材料，都需要特定的环境能够提供原料为基础，但自然所提供的某一种材料并非与人们在现实生活中的使用保持平衡。以木材为例，在欧洲的历史上，"石文化"与"木文化"原来只是相安无事的各自发展，然而，木质建筑对森林的破坏，导致了从 16 世纪到 17 世纪的"建筑革命"，即石材料取代木构建筑的运动，这场运动被英国人称为大改建（the Great Rebuilding），而法国人称之为砖石战胜了木材。这场革命对欧洲的建筑观产生了重大影响。[①] 同样的形势也在我国发生：曾几何时，中国的中原地区，木料由于建筑使用和燃烧来源，导致大面积的森林消失，却没有因此出现像欧洲历史上的"改建"运动。这需要进一步的解释。如果森林消失，又缺乏石材，那么人们只能面临两个选择：一是离开家乡，到资源更丰富的地方重新创立家园。二是寻

---

① ［美］约翰·布林克霍夫·杰克逊：《发现乡土景观》，俞孔坚等译，商务印书馆 2015 年版，第 128 页。

找新的建筑材料，土建——黏土成为建筑的主要材料。

　　中华文明最有代表性的发源地黄河流域，"黄土"被作为"文明"的表述，除了诸多的原因和理由外，① 黄土与人们的居住关系密切，形成了与"黄土文明"相适应的"黄土景观"。"土木工程"不仅是建筑上的配合，也在相互"消长"。如果说在艺术家那里，材料只是客体，那么，艺术家本人的创造和创作思想、观念、价值、语境等才是最终决定景观实现的主体。西方艺术史上曾经有一种观念："忠实材料"（truth-to-material），作为一种美学信条，仿佛"美"的主—客观相融的情形，只是在不同的艺术家手中，材料不仅是"材料"，具有材料的所谓"能指"特点，更成为思想的载体，成为概念、意义的附载和凭附的"所指"。对比一下三个《吻》，便能体察个中关系：

罗丹《吻》（1882）　　康斯坦丁·布朗库　　四川汉代墓葬石刻《吻》

西雕塑《吻》（1912）②

　　对于前面两个雕塑作品，贡布里希的评价是：对于奥古斯特·罗丹的

　　① 参见彭兆荣等《天下一点：人类学"我者"研究之尝试》之"黄土体性"部分，中国社会科学出版社 2016 年版，第 15—24 页。

　　② 参见彭兆荣《生与身为》，《民族艺术》2017 年第 3 期。

作品而言，"忠实材料"这句口号对罗丹是多么的无用。只要把罗丹的群像《吻》和他的学生康斯坦丁·布朗库西的《吻》做一番比较，就能看出二者的差异和材料功能。① 在这样的艺术作品中，"石"其实只是个衬词，托举的是文化与思想。

以地面上石制建筑与木制建筑的比较进而得出"纪念碑性"，多少有些令人感到欠周全。如果说那是"欧洲的纪念碑性"或许要好些。中国人可以这样问："地下的石质建筑是否也具备'纪念碑性'？"依律必不能计算，因为所谓的"纪念碑性"指在欧洲地面上的石质建筑，特别以"凯旋门"为模范而确立的。"纪念碑性"如果指的是一种属性，那么，其形貌便是以石质建筑的景观为据。然而，"纪念碑性"的属性直接来自纪念碑，只是要赋予纪念碑的定义和意义并不那么简单，至少中式的纪念碑的语义常常在地下，而非地上。这涉及中国的墓葬形制。

地上地下

中国自古便有"死事如生事"之说，在汉文化传统中，丧葬习俗虽然各地不同，时代差异亦殊，但有一个共同点：死人在地下的"生活"依据阳间相同原则办理。甚至在有些地方逝者享受更为"高规格"，更为"完美"的生活，如同"仙境"。从阳宅送往阴宅的"棺材"，民间常常直接附会为"有官有财"。更为普遍的说法"棺材即老宅"，专为死者设计的，做工非常精细。而墓葬——地下的居所当然主要是石质建筑。大致上说，我国是一个等级森严的社会，古代的帝王、贵胄、达官、大户，他们死后的墓葬中不仅会随葬大量的宝物，其建筑大都庞大坚固，以石质建筑为主体。修建墓地在中国与修建房屋是"同一件事情"，只是阳宅和阴宅、地上与地下的差别，造成的景观却是：在上——地上的阳宅以木构形制为主，地下的阴宅以石质建筑为主，然而，一般的老百姓的墓葬，通常只是相对简单的棺材下葬。就此，如果说中国传统的"纪念碑性"在地下亦未

74

---

① ［英］E. H. 贡布里希：《偏爱原始性》，杨小京、范景中译，广西美术出版社 2016 年版，第 200—201 页。

尝不可。

我们还需要对另外一个事实做些补充：我国地面上的各类遗产，由于时间漫长，经历历史事件太多，或被毁、被掠、被盗、被卖等，地面上的各种纪念性景观遭受巨大的浩劫。反而地下的，以石构建筑为主的墓葬文化为我们保留、保存、保护了大量的遗产景观。学者将这种墓葬形制视为"深藏制度"。① 以墓葬画为例，虽然中华民族绘画艺术传统悠久，但若失去给死人看的墓葬画，绘画艺术或失去了"半壁江山"。也因此，我国各种墓葬画形成了极具特色的部分：从现在的考古成果看，无论是战国时期的曾侯乙墓中的漆棺画，还是长沙马王堆出土的西汉墓中的帛画，抑或是长沙陈家大出土的楚墓中的《人物龙凤图》，以及墓中的壁画、装饰画、雕像画、雕刻画等，这些艺术作品不仅内容广泛、形式多样、风格迥异，而且做工细致、工艺复杂，是中国绘画史上重要的艺术类型。

由于传统丧葬礼俗所遵循的主旨"死事如生事"，墓葬宛如住宅，具有现实"复制"的意味，却又不尽然。我国的墓葬建筑的历史源远流长，不同的时代、区域、族群，特别是不同的等级有着不同的方式和建筑样式。基本上说，即便在我国，墓葬是要分而言说的，乡土社会的墓葬，与百姓的住宅一般，朴素而平常，但不同地方的墓葬形制各具特色，形成了奇异的中式乡土墓葬景观。

人们通常所见到的，有代表性的主要的帝王的陵寝。陵园的建制也有许多不同，以唐代陵园制度和营筑规模，高祖李渊遗诏："其陵园制度，务从俭约，斟酌汉魏，以为规矩。"（《唐大诏令集》卷11《神尧遗诏》）太宗诏定山陵制度，令依汉长陵（西汉高祖刘邦陵，位于今陕西咸阳市东北）故事，务在崇厚。秘书监虞世南上封事曰："臣闻古之圣帝明王所以薄葬者，非不欲崇高光显，珍宝具物，以厚其亲。然审而言之，高坟厚垄，珍物必备，此适所以为亲之累，非曰孝也。是以深思远虑，安于菲薄，以为长久万代之计。割其常情以定耳。"②

75

---

① 罗哲文：《古迹》，中华书局 2016 年版，第 105 页。

② 刘向阳：《唐代帝王陵墓》（修订本），陕西出版集团、三秦出版社 2012 年版，第 4—5 页。

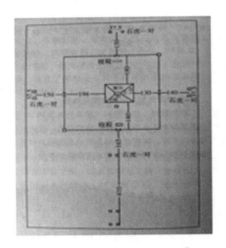

唐献陵陵园平面布局示意图①

从上图人们可以清楚地看出，石质建筑堪为基本。再比如昭陵，是唐太宗李世民与文德皇后长孙氏合葬陵，以位于陕西省礼泉县东北22.5千米处的九嵕山主峰为陵，其势磅礴，海拔1888米；地处泾河之阴、渭河之阳，南隔关中平原，与太白、终南诸峰遥相对峙；东西两侧，层峦起伏，亘及平野。主峰周围均匀地分布着九道山梁，高高拱举。古代把小的山梁称为嵕，因而得名九嵕山。昭陵建设持续了107年之久，周长60千米，占地面积200平方千米，共有180余座陪葬墓，是关中"唐十八陵"，也是中国历代帝王陵园中规模最大、陪葬墓最多，唐代具有代表性的一座帝王陵墓，其势浩大，昭陵开创了唐代帝王"因山为陵"的埋葬先例。② 被誉为"天下名陵"。陵墓充分地体现了帝王陵寝的石制建筑和"崇高性"。③

在我国，通常人们所说的"坟墓"是由两个部分组合而成，"墓"指地下的部分，"坟"指地上的部分。从现在考古材料中，在商代墓葬的地

---

① 刘向阳：《唐代帝王陵墓》（修订本），陕西出版集团、三秦出版社2012年版，第4页。
② 同上书，第21—22页。
③ 参见彭兆荣《"以德配天"：复论我国传统文化遗续的崇高性》，《思想战线》2015年第1期；《祖先在上：我国传统文化遗续中的"崇高性"》，《思想战线》2014年第1期，转载于《中国社会科学文摘》2014年第6期等。

面上，均未发现丘的遗迹，这与文献所说一致，据《礼记》记载，孔子在将他的父母合葬于防的时候曾说："吾闻之古也，墓而不坟，今丘也，东西南北之人也，不可以弗识也，于是封之，崇四尺。"郑玄注曰："墓谓兆域，今之封茔也。古谓殷时也，土之高者曰坟。"说明殷时尚无坟丘出现。① 据记载，大约从春秋晚期起，开始在墓上修筑坟丘。至战国时期，修筑高大的坟丘已成普遍现象。② 东周列国的封君、诸侯的墓葬已经相当宏阔、豪华，如《吕氏春秋·孟冬记·安死》记述："世之为丘垄也，其大若山，其树若林。"③ 君王的坟墓称"陵"是从战国开始的，先出现在赵、楚、秦等国。④ 这一墓葬的简单线条告诉我们，我国的墓葬制度无论是历时还是共时方面，都极为复杂，所造就的景观也需不同对待，因为所注入的意义和意思差异甚大。

从目前发掘的墓葬遗址、文物的情形看，我国古代除了保留了大量的墓葬壁画外，还形成了一套特别的范式、形制和工序。以唐代的唐都长安周边的墓葬壁画为例，壁画绘于墓道及墓室或室顶。具体工序是：在经过修整的土壁或砖壁的壁面上，先抹上麦草泥层，然后涂抹白灰作地，是为地仗层。画工在地仗层上起稿作画。画稿常以炭条勾勒，然后正式描线施彩。常用的是各种矿物颜料，如铅丹、朱砂等，色彩有土红、石青、石绿、石黄、朱磦、银朱、紫色等。经过漫长的岁月色彩仍保留较好。⑤ 人们今天之所以还可以观赏到古代一些珍贵的壁画，也因为其在"地下"的特殊的条件幸得保存。既然墓葬壁画是给死人看，除了死者生前的生活成为绘画的题材外（由于能够到达墓葬壁画者，必为皇家贵胄，达官豪门，所以，绘画的内容大多奢靡），也有一些图画是以引导死者灵魂飞天为题材的。

为什么中国的墓葬绘画成为艺术史上重要的范式呢？大致有以下几个

① 任常泰：《中国陵寝史》，文津出版社1995年版，第12页。

② 同上书，第21页。

③ 同上书，第38页。

④ 同上书，第22页。

⑤ 参见杨泓、李力《美源：中国古代艺术之旅》，生活·读书·新知三联书店2008年版，第189—193页。

方面的原因。①保存方面的原因。由于墓葬深埋于地下，与外界隔绝，不受空气、潮湿、风化、人为破坏等因素的影响，使得大量的绘画得以保存。②得力于灵堂以画像代"尸"观念和习俗的发端和流行。亲人死后，死者仍然被想象成生活在自己的身边。所以，灵堂画一直以来成为一种传统习俗。③"入土为安"是人们理解和处理尸体的"归宿"，而将帛画覆盖在棺材上，称为"铭旌"（也称"明旌"），是用于引导死者去往冥间的一种方式。①④死者在阴间仍然与阳间生活一样，所以，人们要将在阳间的生活场景，特别是重要的生活器具都要随身带去，而这些重要生活内容、器具通过实物、描绘、制作等各类明器②的方式随之而去。绘画自然也就成了最为重要的手段。⑤死者（通常为达官贵人、王侯将相）生前事迹成为绘画的题材，比如 1972—1977 年，在嘉峪关新城发掘了 16 座魏晋时期的墓，其中 7 座有壁画，墓主人是地方豪强，壁画内容除了神话故事外，墓主人生前宴饮、出猎，以及为主人服务的农耕、畜牧、庖厨、打场等日常生活和劳动场面。⑥墓中各类绘画、壁画成为古代神话故事和符号表现的特殊空间，而且许多墓建形制就是根据神话故事设计的。这反而成为地上（阳间）生活所无法表现的情形。比如在山西太原发掘的北齐娄叡墓，是考古学上的重大发现，此墓壁画之高是空前的，墓主人娄叡是北齐武明皇太后之侄，官至大将军大司马，太师。整个壁画分为两个部分，墓的建置和绘画表现了主人死后飞天的情景。③

　　人活的时候在地上，死后葬在地下，宛若隔世。这种阴阳两界的隔离，需要根据、借助特定的礼仪来实现，具体的原则和规矩大致是：传达来自不同世界观的"看待"，然后是不同的"对待"，最后方可享受相应的"待遇"，即"看待—对待—待遇"形制。墓葬艺术既反映活人对死者的"看待"（世界观），真实地体现活人对死者的"对待"方式（丧葬习俗），历史遗存下的逝者"待遇"（墓葬形制和文物）。所谓"死事如生事"是指

---

　　① 李福顺：《绘画史话》，社会科学文献出版社 2012 年版，第 19 页。

　　② 明器（冥器），专为逝者制作的器物。《礼记·檀弓下》："其曰明器，神明之也。涂车刍灵，自古有之，明器之道也。"

　　③ 李福顺：《绘画史话》，社会科学文献出版社 2012 年版，第 51—54 页。

那些所有的工程设计、制作、符号无不具有实在的意义，按照现实的概念和模型移植于地下。比如，墓地即"阴宅"，就是在地下所居之处。本质上，它与人们在地上盖房子并无差别。宅的本义是"寄托之处"，借以托生。《说文解字》释："宅，所托也。"宅原指活人的居所。后来，宅用来代指死者的墓地、墓穴。《礼记·杂记上》云："大夫卜宅与葬日。"《疏》云："宅谓葬地。"《注》云："宅，墓穴也；兆，茔域也。"所以，中国的相宅术包括两方面：一是相活人居所，二是相死人墓地。① 《宅经》上说："故宅者，人之本。人以宅为家，居若安，即家代昌吉。若不安，即门族衰微。坟墓川岗，并同兹说。"②

观念上，阴间世界要以阳间世界为榜样进行设计，原则上，地上有的，地下也有。人们除了将死者生前所使用的，以及按礼俗要求所需的"随葬品"带到地下外，一个重要的差别是，将阴间的事物符号化、静止的、凝固化。是为艺术所擅长者，艺术由此充当了最好的媒体。巫鸿以山东嘉祥的武梁祠为例，其屋顶象征天穹。巫鸿分析：其画像的三个部分——屋顶、山墙和墙壁表现了东汉人心目中宇宙的三个有机组成部分——天界、仙界和人间。③ 至于祥瑞形象，也与中国的宇宙观有关系。人们通过自然现象和对自然的认知，将所谓的"祥瑞"与"灾异"用图像加以表述。在汉代，人们喜欢把动物绘制在马车、铜镜、香炉、酒食、漆器上，以及房屋和墓室里。这些动物与人类共同构成祥和的画面。④ 这些绘画、符号、材料、色彩无不成为特定价值的具体实践；同时又形成了独特的形象叙事。有些帝王陵墓还专门设计制作、描绘了游殿，以供墓主人的灵魂游乐。⑤

在乡土社会，墓葬景观还远远不是人们所说的"纪念碑"，或"木文化"与"石文化"对话的问题，它是人们日常生活中的场景，特别在既定的祭祀或相关的节日活动中。老百姓用自己的方式祭奠他们的先人；所遵

79

---

① 王玉德、王锐编著：《宅经》，中华书局2013年版，第12—13页。
② 同上书，第9页。
③ ［美］巫鸿：《武梁祠：中国古代画像艺术的思想性》，柳扬等译，生活·读书·新知三联书店2006年版，第92页。
④ 同上书，第94—102页。
⑤ 参见刘向阳《唐代帝王陵墓》（修订本），陕西出版集团、三秦出版社2012年版，第23页。

循的原则虽然也是"死事如生事"，却充满了地方传统和特色。人们认为在生活中值钱的东西，比如钱币；好吃的食品，比如酒肉；享受的待遇，比如别墅等，都会依照实物做成模型和替代品，在特殊和特定的时间和场所烧之，寄托、献给故去的亲人。

"冥币"是一种典型的祭品。冥币，又称阴司纸、冥钞，是民间传统拜祭鬼神或祖先时火化的祭祀品之一，意为供逝者在阴间使用的钱。主要在陪葬与祭祀中使于焚烧。在有些地方也有用于悬挂、埋葬。人们以这种方式，想象在冥界的故人能够享受与活着的人一样的生活。纸钱的形状各式各样。对于冥币的来源，学界并未取得一致的见解，有些学者认为是随着佛教东传而来。不过在乡土社会，人们并不在乎、在意其起源，而是作为一种民间习俗，长时间、广泛地留存。

云南省昆明市沙坝营农贸市场出售的冥币（彭兆荣摄）

80

作为重要的景观类型，墓葬艺术是我国非常独特的遗产，人们甚至将最为奢靡的财富久留给"天堂"，将最具有创作力的作品放置于"地下"。这对其时是一件丧事，对现时却是一件幸事。因为中国的帝王政治，朝代更替有一个惯例，即新朝通常会将旧朝的遗迹清除掉，"焚书坑儒"开了一个帝国先河，从此以后在封建社会再无"百家争鸣"的局面出现，这使得地面上很难经久存续下大宗的特质化遗产。而墓葬形制却在一定程度上使得这些遗产幸免于难。也正是这个原因，我国现在博物馆的最大宗遗产宝贝大都来自地下，尤其是帝陵，不仅保留了大量的珍宝，也是研究古代现实生活的模型。比如关中西汉帝陵的整体规模以胶营造意匠，都是一座座"象天设都"，以已开掘的汉景帝阳陵的形制来看，总面积占地十二平方千米，包括帝陵、后陵、南北区从葬坑、陪葬坑、刑徒墓地、阳陵邑度陵庙遗址等。3000 多件精美的男性裸体彩绘俑、200 多件女性裸体彩绘俑以及大量栩栩如生的猪、狗、牛、羊等畜俑并兵马器和兵器，奢华而壮阔。①

　　我国的墓葬文化中也有"纪念碑"，中国自古就有"树碑立传"，在墓葬形制中有建造墓碑以志纪念的风俗，但这种形制并非一蹴而就。有史可证，我国远古实行"墓而不坟"的习俗，只将尸体埋在地下，地面不树标志。后来逐渐有了地面堆土的坟，才有了墓碑，却是百姓习俗。帝王陵墓并不树碑，连人文始祖黄帝陵今天何处，都无定论。② 所以我国古代大多数的陵墓都是"被发现"的，而且不少发现纯属偶然，比如殷墟遗址是以甲骨文的发现为契机才发现的，③ 发现它的故事人所熟知，兹不累述。显然，我国的镌刻墓碑以志纪念的习俗也非一蹴而就。

　　墓葬通常有碑刻，在此我们对我国的石刻建筑做一个大致的巡礼。就建筑形制而论，我国的建筑材质以木为主。"不同于埃及人、希腊人和罗马人以石为建筑材料，中国人以木建屋，极易毁于火灾、劫掠和疏忽……而这种灾难在中国历史上不断重复上演。"④ 这也导致大量的艺术品被毁。有意思的是，我国的雕刻艺术和石质艺术品却"意外"地通过墓葬形制得到了保存。有西方学者认为："早期中国的墓葬并没有纪念性雕塑。一世纪汉明帝时期，礼制发生了重大的变化，即将以前墓园之外的进行祭礼移到墓葬之中，因此墓葬成为世俗权力和祖先崇拜的交会点。墓葬前面建有祭殿，而祭殿之外有神道，神道两侧是人像和动物像。这个传统一直持续到十九世纪。神道构成了现存的前现代时期中国纪念性雕塑的主体。"⑤ 苏

81

　　① 罗宏才：《中国时尚文化史：先秦至隋唐卷》，山东画报出版社 2011 年版，第 93 页。

　　② 参见任常泰《中国陵寝史》，文津出版社 1995 年版，第 2—3 页。

　　③ 同上书，第 6 页。

　　④ ［英］迈克尔·苏立文：《中国艺术史》，徐坚译，上海人民出版社 2014 年版，第 78 页。

　　⑤ Paludan, A., *The Chinese Spirit Road: the Classical Tradition of Tom Statuary*, Part 2, New Haven and London: Yale University Press, 1991, 另见 ［英］迈克尔·苏立文《中国艺术史》，徐坚译，上海人民出版社 2014 年版，第 83 页。

立文认为，中国发现的最早的纪念性石刻的时代在西汉时期，明显落后于其他文明；同时也暗示纪念性石刻的出现可能受到来自西亚的影响。其中的关联与霍去病或许存在关系。霍去病墓葬中的大量石刻雕像等石质纪念品与中国早期艺术大相径庭。许多学者已经指出，用这样一组石像来纪念一位功业立在抗击匈奴之上的中国将军是再恰当不过的，因为中国就是从敌人那里学会了饲养石刻中的战马，并用来有效地打击敌人。①

从工艺方面看，"西汉时期的石刻非常粗糙，工匠们可能还没有完全掌握圆雕技术。他们更习惯于用陶土作坯制造雕塑。将陶俑放置在墓葬内或旁边作为生人的替代品的传统在战国时期就已经很普遍，到汉代则更为流行。随葬陶俑的数量跟死者的身份密切相关"②。尽管石刻浮雕的做法可能来自西亚，但是，到东汉时期，石刻艺术已经完全本土化，石刻浮雕画像几乎见到中国每个角落……尽管几乎所有汉代艺术母题都已经转化为浮雕题材，但是，汉代浮雕并不是真正的雕刻艺术，它只不过是在扁平石板上的平面雕刻，或者是平面雕刻和一些赋予其质感的背景组合。③ 这样的评述虽然有大量的历史材料给予支持，但未必是周延的，因为如果以古代埃及、古代希腊罗马的纪念碑性的石质建筑艺术作为对照的样本，中国的雕塑艺术或许确实没有上述文明那么悠久，毕竟我国的建筑传统中以木质材料为主的形制，难以产生墓葬之外的石质雕塑艺术。但是中国的书法刻制艺术却是很早就有的。其实，我国自古就有将事件铸造、铭刻于金属物或石材上的传统，即所谓"铭之于金石"，用于永久保留，以示后人。现在发现的钟鼎文字，在结尾每有"子子孙孙永宝用"的字样，意即在此。④

纪念性的石质景观，墓碑算是一个重要的器物符号。"立碑就是中国文化中纪念和标准化的主要方式。若为个人修立，则或是纪念他对公共事务的贡献，或更经常的是以回顾视角呈现为死者所写的传记。若由政府所立，则或是颁布儒家经典的官方文本，或是记录意义非凡的历史事件。总

---

① ［英］迈克尔·苏立文：《中国艺术史》，徐坚译，上海人民出版社2014年版，第81页。
② 同上书，第83页。
③ 同上书，第89页。
④ 陕西省博物馆、李域铮等编著：《西安碑林书法艺术》，陕西人民美术出版社1997年版，第3页。

之，碑定义了一种合法性的场域，在那里'共识的历史'（consensual history）被建构，并向公众呈现。"① 由此，器物性的丧葬符号"碑"是一个以竖立凸显的器物对死者进行纪念的方式，包含了大量的历史记忆的符码，重大公共事件、事物的记录，对社会公共伦理的宣告和传播，对个人功德、功绩的颂扬，以告示后人。在家族范围，墓碑与牌位相互建构，前者与尸骨同葬一处，它不被移动，永久性地标示死者的所葬的地点，供后人在特殊的时刻（社会公共节日，比如清明节等），或家族内部特定的时间进行悼念、祭扫活动。而牌位则随所属的家庭因扩大的分支、因迁徙、移居等而随身携带，竖立在新的家屋的主厅的正位上。在家族的世系传承中，牌位意味着祖先与活着的人的家族并没有分开，也有庇护的意味。所以"墓志铭"也成为一种特殊的现象景观，以求"不朽"，这种中国式的不朽"非埃及金字塔的木乃伊只求时间的冻结，中国的不朽要求是时间的延续"②。

树碑立传除了实际上的功能外，还有象征和垂范的意义，即以一种对逝者特殊的对待"规格"以表彰其生前作为。所以，视觉性除了有"面对"先辈的缅怀外，还有感受典范的作用。虽然这是那些制作者、制造者、工匠绝对无法料想到的，他们的"作品"竟然可以被活者看到。他们更是无法想象这些作品成为艺术遗产后，将面临被人品头论足，面临着不断"被阐释"的情形。那么，如何对丧葬艺术作品进行具有视觉性的观察和分析呢？对此，巫鸿先生对武梁祠中画像艺术的研究值得借鉴。对于墓葬艺术的视觉性研究，图像的形式符号是一个重要的入口。

对于墓葬艺术品的视觉性符号而言，情势还更为复杂，这里涉及多重因素。①墓葬景观原本是给"死人"看的，今天的人们可以看见，其实涉及一种"禁忌"——我们的所作所为正是传统观念中最忌讳的"掘祖坟"的事情。在这个道德范畴，每位观者都有意回避这一忌讳，并刻意不去思考这一问题。然而，"己所不欲，勿施于人"，最困难的事情就是"设身处地"：即因为那不是我和我的家族。②墓葬艺术作品大多有其特定时代的价

83

---

① ［美］巫鸿：《废墟的故事：中国美术和视觉文化中的"在场"与"缺场"》，肖铁译，生活·读书·新知三联书店 2012 年版，第 36 页。

② 许倬云：《中国古代文化的特质》，联经出版事业股份有限公司 1988 年版，第 54 页。

值性功能。这是美学与功用相配合——"美"不能脱离"用"——至少中国的情形是这样。比如南越王所着玉衣。玉衣是汉代帝王和贵胄死时穿着的殓服。玉衣又称玉匣，由2291块青玉用丝线连缀，称"丝缕玉衣"。这也是我国所发现第一件形制完备的西汉玉衣。在南越王的玉衣殓服头顶有一个圆形的"出口"，是作为"魂归西天"的通道。至于像"松""鹤""马"等形象，是被赋予了特殊的意义，创造出各种各式的造景。③中国人的生死观成"链接"形态，即通过想象的媒介直接将地下与天上勾连起来。在乡土社会里，民众对于"生死"更是热衷不已，也因此各种民间神仙、庙会、香火不断。④人的"后世生活"并不执行现世的物理"时间制度"的，具有"不朽"的价值凭附，因此，所有材料、颜料等也格外讲究，比如玉、金、朱砂等，或许石质也被计算在内，这些材料也被用于在艺术上以表达"不朽"：既是材质上的难以"腐朽"，也是价值上的经久"不朽"。

圆雕玉仙人奔马 （彭兆荣摄）①

84

　　概而言之，我国地下的建筑形制以石质建筑为主，这可以对"木质建筑文化"是一个补充，也就是说，那些对我国建筑的木制特点进行评说的时候，应该增加一个注释，即不乏石材、石质和石制建筑景观，当然也就不缺乏纪念（碑）性，只是需要另说。

————————

　　①　圆雕玉仙人奔马（西汉，前206—25），咸阳市周陵新庄汉元帝渭陵附近出土。玉马为和田白玉，有羽翼，仙人着羽衣，表现汉人羽化成仙而升天的情景。该图像入选2012年8月1日正式发行的丝绸之路正式邮票——笔者注

第二章

乡土景观之基理

乡土与五行

"阴阳五行"在我国传统的乡土社会中起着重要的作用，哪怕经历了历代不同的政治运动，它仍然可以存活。其所以如此，因为阴阳五行原本生长于我国乡土社会的肥沃土壤中，反映在乡土社会的方方面面，既是日常，又是非常。

"阴阳五行"首先是观念、经验、知识和实践，然后才是经院、理论、术数和方技。对于普通百姓，阴阳五行是生活的内容："在人家门头上，在小孩的帽饰上，我们常见到八卦那种东西，八卦是圣物，放在门头上，放在帽饰里，是可以辟邪的。辟邪还只是小神通；它的大神通在能够因往知来，预言吉凶。算命的，卜课的，都用得着它。他们普通只用五行相克就行了。但要详细推算，就得用阴阳五行和八卦的道理。八卦及阴阳五行和我们非常熟习，这些道理直到现在还是我们大部分人的信仰。我们大部分人的日常生活不知不觉教这些道理支配着。"① 它们与"科学"不对峙、不冲突。可是总有人将其置于"科学"的对立面，在当今的语境中，如果有人让来自我国乡土的"五行先生"与西方舶来的"赛先生"打擂台，未交手就宣布"五行先生"输，不知是何道理？

---

① 朱自清：《经典常谈》，云南出版集团、云南人民出版社 2015 年版，第 21 页。

乡土社会与"五行"（作为自然元素）有着天然的连接，其中"家"成为实现的实体。家是人们的生活、生长、生产、生计最落实的地方，也因此成为人们文化认同的最后的根据。乡土景观虽然只是日常生活的场景，与自然协调的风景，却是体现一个特定地方的精神，体现文化的多样性。[①] 在乡土景观中，民居在历史上所起到的创造和确立地方感，传承家园遗产等方面都扮演着重要的角色。[②] 同时，它也是人们对"精神家园"的认同。乡土景观也因此成为人们生活和生命中记忆最为深刻的部分。我们每一个人倘若在自己的记忆中搜索最为真实的部分，呈现最为鲜明的形象，回味最为亲切的经历，"家乡"的场景、风景、景观必在其中。

吴良镛院士在《中国人居史》之"农耕生产基础上的乡土社会"一章中有这样的描述：

> 农业是中国文明展开的根基，也是社会乡土性的根源。中国农业的起源可以追溯到距今一万年前，农业为人们提供了稳定的食物来源，从此人们从不稳定的采集狩猎经济过渡到以种植为主的农耕经济，定居下来，形成聚落……农耕社会的生产方式，塑造了中国人天然的对自然万物的依附感和亲近感。中国人在利用自然、改造自然的过程中，与西方把物质视为孤立的客观存在不同，更注重从人对物的使用、人与物的关系的角度去认识自然物的特性。《尚书大传》这样描写金木水火土"五材"："水火者，百姓之所饮食也；金木者，百姓之所兴作也；土者，万物之所资生，是为人用。"《国语·郑语》："故先王以土与金木水火杂，以成百物。"这种重实用的认识，固然在一定程度上造成了中国古人对物质内在结构肌理研究的不足，但在另一方面，也促成了中国古代社会人对物尊重、人与物协调观念的形成。[③]

---

① Melissa M. Bel. , Unconscious Landscapes: Identifying with a Changing Vernacular in Kinnaur Himachal Pradesh, India in *Material Culture*, Vol. 45, 2013, No. 2, p. 1.

② Jackson, John B. , Many Mansions: Introducing Three Essays on Architecture, *Landscape*, Winter 1952, 1 (3), pp. 10 – 31.

③ 吴良镛:《中国人居史》，中国建筑工业出版社 2014 年版，第 443—444 页。

寻找中国的"乡土景观"需从"乡土"开始。中国的"乡土"是一个非常复杂的，集各种元素、材料、符号、关系于一体的结构系统。如果要在中国传统的乡土景观中确认最具普遍性的元素，也就是说在最高层次上的共性——从中国的哲学原理，即"道"的层面理解，寻找五行掺于乡土的传统价值——应该是"五行"价值。这些价值总会表现在乡土景观的各个方面，比如风水景观，所遵循的主要就是传统的阴阳五行的观念。这也构成中西方乡土景观的重要的差异。虽然，"五行"与"乡土"并非原生、缘生、源生性的，也就是说，乡土作为人类这一特殊生物物种的自然生存，"以土地（方）为原乡"的原生性几乎是普遍的，而"五行"之中国特色，除了表述其文化的独特性外，也表明其生成的过程性，即存在一个"生长过程"。换言之，人与土地的关系是"原生性"——表明二者的关系是自然的、天然的；而五行与乡土的关系是"生成性"——表明二者的关系是次生的、衍生的。不过，人与乡土的关系也存在着一个演化的过程，在原初时段，人类与土地的关系更多地表现在生存的层面；越往后面，乡土中的"文化"色泽也就越来越重。在乡土中国，"五行"注入了乡土社会最为重要的文化基因，故，要谈中国的乡土景观，少不了与"五行"建立基理关系。或者说，从大的背景上讨论乡土景观，"五行"必将被涉及。

任何文化系统的背后，都有一个思维认知的模式，中国早期的思维方式具有与众不同的特点，表现在注重具象和直观思维；同时也建立了成熟的宇宙论，着重探讨人在这个宇宙中的位置和与自然的关系。在此基础上创造了成套的占理术数与之相应。这套思维模式将中国人（特别是中原文明）的文化习俗、思维方式进行了简练的概括，并上升为一套哲学理论，这就是"五行"。顾颉刚曾经指出："五行，是中国人的思维律，是中国人对于宇宙系统的信仰，二千余年来，它有极强固的势力。"[①]　"源于观象，

87

---

① 顾颉刚：《五德终始说下的政治和历史》，《古史辨》第五册，上海古籍出版社1982年版，第404页。

用以治人，天人合一，万物关联"①，是五行学说的基本内涵。其社会与宇宙在并置和谐与分隔冲突的秩序中关联起来。这一秩序由与阴阳相关的对立成分构成的链条开始，又可分解为与五行相关的四与五（四季、四方、五色、五声、五觉、五味……），再往下是与八卦和六十四爻相关的依次分解。②

五行系统并非独立运行，它与土地、与农耕的关系最为直接。上古之世，哲人圣贤，已不断引述先世先民衣食生计，农业社会最根本的生产便是写照："凡五谷者，民之所仰也，君子所以为养也。"（墨子语），荀子说：

今是土之生五谷，人善治之，则亩数盆，一岁而获之；然后瓜桃枣李一本数以盆鼓，然后荤菜百蔬以泽量，然后六畜禽兽……然后昆虫万物生其间，可以相食养者，不可胜数也，夫天地之生万物，固有余，足食人矣；麻葛茧丝，鸟兽之羽毛齿革也，固有余，足以衣人也矣。③

这便是农业社会乡土伦理的"秩序"。综先哲所言，"乡土"景观之首要在于崇拜土地，土地可以生产出人们赖以为生的食物，因此，"土地是人民的命根"，是近于人性的"神"。④ 也因此，在乡土社会中，"社"为关键词，就是崇拜土地。《说文解字》："社，地主也。从示土。"它告诉人们，在乡土景观中，祭祀土地是人民的共同事务和理念，而"社土"又构成了"五行"的典范。

历时地看，"社土"与"五行"的关系，由疏而密，经历过一个历史

---

① 艾兰、汪涛、范毓周主编：《中国古代思维模式与阴阳五行说探源》，江苏古籍出版社1998年版，前言第6页。

② 葛瑞汉（A. C. Graham）：《阴阳与关联思维的本质》，载艾兰、汪涛、范毓周主编《中国古代思维模式与阴阳五行说探源》，江苏古籍出版社1998年版，第1—2页。

③ 王尔敏：《先民的智慧：中国古代天人合一的经验》，广西师范大学出版社2008年版，第11—13页。

④ 费孝通：《乡土中国 生育制度》，北京大学出版社1998年版，第7页。

过程。《诗经》的"以社为方"，社指后土。土地神和四方神的祭祀在程序上或许紧邻，但是分开的祭典，故《大雅·大田》只说"来方禋祀"，专祭四方神而不祭后土。《礼记·曲礼下》说："天子祭天地，祭四方，祭山川，祭五祀，岁遍。"《周礼·春官·大宗伯》也说："以玉作六器以礼天地四方"，都没有把后土和四方混在一起。不过当五行学说流行后，四方神就被改头换面，与后土共同纳入五行之官的系统，作为五行说的历史依据。春秋末年晋国太史蔡墨说，"五行之官者，木正曰句芒，火正曰祝融，金正曰蓐收，水正曰玄冥，土正曰后土"（《左传·昭公二十九年》）。金木水火土是五种元素，以其属性来分类天地万物，春秋时人谓之"五材"（《左传·襄公二十七年》），《尚书·洪范》谓之"五行"。

　　《淮南子·时则训》甚至有"五位"之说，在东南西北四极之外加上中央之极。"极"本指遥远之处，说话人既自居中心，中央便难成为"极"。保存古代素朴思维比较多的神话，也只有"四极"而已，女娲补天神话即是。《淮南子·览冥训》说："往古之时，四极废，九州裂，天不兼覆，地不周载。……于是女娲炼五色石以补苍天，断缺足以立四极。"所以，不论五行系统如何巧妙安排，古代方位的观念不是东西南北四方，就是再加天地的六合，不可能有五位。[1] 这些原理皆遵从传统的宇宙观。中国传统文化常将房屋的结构与宇宙观联系在一起，有的专家甚至认为宇宙观即建筑。"宇，屋边也。宙，栋梁也。"引申为"上天下地为宇，古往今来曰宙"。而这些观念都与天地开辟，天地人合作，五行价值相关联。[2]

　　在乡土社会，五行与风水的关系可谓密切。比如在村落选址方面，农耕文明讲究风调雨顺，天时地利，所以选择有山有水的地方，特别是水。在古代水被认为是财富，如果有一条水能够穿村而过，则大吉大利。在风水学中，把水流进村处称为"天门"，水流出村称为"地户"。天门宜开，表示财源滚滚而来；地户宜闭，表示留住财源。流入和流出村的地方也称"水口"，水口往往与村口合一，以便于进行统一的经营和布局。常见的经营之法有以下几种。一是在出水村口处建水塘、筑堤坝以蓄存流水。如果

89

---

① 黄应贵主编：《空间、力与社会》，"中研院"民族学研究所 1995 年版，第 253 页。

② 参见南喜涛《天水古民居》，甘肃人民出版社 2007 年版，第 100—101 页。

水流丰富不需要留存，则在水口跨水而建桥梁，桥上或桥畔建亭、阁，造成锁住水口的形象，以象征将财富——水留住。二是在村口建龙王庙。①水不仅是五行中元素，更是人民生活中最为紧要的物质，也因此水成为文明的重要的依据。

从五行到五方

关于"五行"框架的知识谱系的缘起，学界普遍认为，"五行说"可能导源于商代的四方观念，最先引发这一看法的应当追溯到学界对于殷墟甲骨文中有关"四方风"名记载的发现与研究。甲骨文中有关"四方"和"四方风"的记载，与《尚书·尧典》《山海经》《夏小正》《国语》诸书所记的"四方"与"四方风"能够互相印证，说明在商代已有"四方"观念。甲骨文中虽有"四方""四土"的记载，但并无"五方"的说法。在殷墟出土的现尚存世的甲骨文资料中，除了偶然出现的"帝五丰臣""帝五臣正"之外，却很难看到诸如"五行说"形成后的各种以"五"为基础的"五色""五音""五味""五谷""五脏"等词语表述。

美国学者艾兰（Sarah Allan）女士曾经引述《诗经》中的有关诗句，如"四方来贺""四方既平""商邑翼翼，四方之极"等，认为"四方"被视之为世界的荒远之壤，包括它们的统治者和人民，它的引申义可单指整个世界。就《诗经》现有的篇目而言，"四方"一词频频出现，除了上述艾兰女士所例举的，《诗经》中还有"日靖四方""奄有四方""于以四方""正域彼四方""使不挟四方""纲纪四方""监观四方""奄有四方""四方以无侮""四方以无拂""四方攸同""四方之纲""四方为则""四方为纲""以绥四方""四方其训之""四方于宣""四方爰发""式辟四方""我瞻四方""四方有羡""经营四方"等多处表述，其用法略同于《诗经》中常见的"四国"，其意义与艾兰所言基本一致。值得注意的是，上述《诗经》诸篇皆为《雅》《颂》篇什，多为西周时王室和贵族之诗。

---

① 参见楼庆西《乡土景观十讲》，生活·读书·新知三联书店 2012 年版，第 33—34 页。

十五《国风》中已无"四方"之词，却有"四国"一词用以取代"四方"，但仍无"五国"一类的词语和名称。因此，可以说，直到春秋时期，"以方位为基础的五的体系"仍未出现。①

方位观念的术数化约到春秋末期才开始出现。最明显的例证当推《墨子》一书中的《贵义》一篇中所记：

> 子墨子北之齐，遇日者。日者曰："帝以今日杀黑龙于北方，而先生之色黑，不可以北。"子墨子不听，遂北，至淄水，不遂而反焉。日者曰："我谓先生不可以北。"子墨子曰："南之人不得北，北之人不得南，其色有黑者，有白者，何故皆不遂也？且帝以甲乙杀青龙于东方，以丙丁杀赤龙于南方，以庚辛杀白龙于西方，以壬癸杀黑龙于北方，若用子之言，则是禁天下之行者也。是围心而虚天下也，子之言不可用也。"②

从墨子与日者的对话中可以看出，当时已出现了方位和天干、四色之龙相应匹配的信仰。依照后来"五行说"的分类配位系统来推断，则墨子时代的分类配位系统可以整理为下表：

墨子时代的方位、天干、龙色表

方位	东	南	（中）	西	北
天干	甲乙	丙丁	（戊己）	庚辛	壬癸
龙色	青	赤	（黄）	白	黑

91

这种分类配位系统实际上已和邹衍的五德终始学说大体接近。③ 邹衍的五德终始说虽已不存，但其主要思想文化内涵还比较完整地保存在《吕

---

① 范毓周：《"五行说"起源考论》，艾兰、汪涛、范毓周主编：《中国古代思维模式与阴阳五行说探源》，江苏古籍出版社1998年版，第121页。

② 《墨子卷十二·贵义第四十七》，引自国学网：http：//www.guoxue.com/book/mozi/0012.htm。

③ 范毓周：《"五行说"起源考论》，艾兰、汪涛、范毓周主编：《中国古代思维模式与阴阳五行说探源》，江苏古籍出版社1998年版，第122页。

氏春秋·应同篇》中。例如，其中讲道：

> 凡帝王者之将兴也，天必先见祥乎下民。黄帝之时，天先见大螾
> 大蝼。黄帝曰："土气胜。"土气胜，故其色尚黄，其事则土。乃禹之
> 时，天先见草木秋冬不杀。禹曰："木气胜。"木气胜，故其色尚青，
> 其事则木。及汤之时，天先见金刃生於水。汤曰："金气胜。"金气
> 胜，故其色尚白，其事则金。及文王之时，天先见火赤乌衔丹书集于
> 周社。文王曰："火气胜。"火气胜，故其色尚赤，其事则火。代火者
> 必将水，天且先见水气胜。水气胜，故其色尚黑，其事则水。水气至
> 而不知数备，将徙于土。天为者时，而不助农於下。类固相召，气同
> 则合，声比则应。鼓宫而宫动，鼓角而角动。平地注水，水流湿；均
> 薪施火，火就燥；山云草莽，水云鱼鳞，旱云烟火，雨云水波，无不
> 皆类其所生以示人。故以龙致雨，以形逐影。师之所处，必生棘楚。
> 祸福之所自来，众人以为命，安知其所。①

这与《史记》中所概括的邹衍五德终始学说为"五德转移，治各有
宜，而符应若兹"是完全一致的，这一叙述，也构成了一种分类配位体
系，所不同的是，其中的方位和天干分别为五行之气和相应帝王所替换，
其体系亦可表列如下：

吕氏春秋中的帝王、五行和尚色表

帝王	禹	文王	黄帝	汤	（秦帝）
五行之气	木	火	土	金	水
尚色	青	赤	黄	白	黑

对照上述二表，不难发现，经过秦人转述的邹衍的五德终始说正脱胎
于墨子时代的普遍信仰。通过以上所论，不难看出，由商代发端至西周、
春秋时代依然盛行的"四方""四国"等方位观念，到了墨子时代已经发

---

① 《吕氏春秋·有始览第一·应同》，国学网，http：//www.guoxue.com/book/lscq/0013.htm。

展为具有术数化倾向的"五方"分类配位信仰，显然是"五行说"的重要思想来源之一。①

"五行说"的另一个思想来源是西周晚期以后逐渐兴起的五材观。"五材"的说法或可导源于"六府"。《左传·文公七年》晋国大夫郁缺向赵宣子进言论及《夏书》所言《九歌》为"六府""三事"即所谓"九功之德"之歌时曾讲：水、火、金、木、土、谷，谓之六府。可见春秋时期已经有了后来"五行说"中"五行"的雏形。所不同的是，"五行"之外，尚有一"谷"。这种"六府"之说，可能导源于古代主管各类材用的官府之称。例如，《礼记·曲礼下》中即记有有关"六府"的内容：

> 天子之六府，曰司土、司木、司水、司草、司器、司货，典司六职。郑玄《注》谓：府，主藏六物之税者。此亦殷时制也。周则皆属司徒。司土，土均也；司木，山虞也；司水，川衡也；司草，稻人也；司器，角人也；司货，升人也。

到了西周末年"谷"已有被移出"六府"之外的倾向，例如，《国语·郑语》有西周幽王时史伯答郑桓公之问时讲道：夫和实生物，同则不继。以他平他谓之和。故能丰长而物归之。若以同稗同，尽乃弃矣。故先王以土与金、木、水、火杂，以成百物。这样，"六府"舍去了"谷"，便成为"五材"。春秋后期，"五材"已成为人们对于物质世界分类的基本认识，列国大夫论政每以"天生五材"立论。例如，《左传·襄公二十七年》传中记有宋国大夫子罕讲：天生五材，民并用之，废一不可。又《左传·昭公十一年》传中记有晋国大夫叔向对韩宣子讲：譬之如天，其有五材，而将用之。

这种"五材"也被称之为"五行"，并且出现了"五行之官"的信仰。例如，《国语·鲁语上》中记有鲁国大夫展禽讨论祀典时讲：及天之三辰，民所以瞻仰也，及地之五行，所以生殖也。可见这时已把"五行"

93

---

① 范毓周：《"五行说"起源考论》，艾兰、汪涛、范毓周主编：《中国古代思维模式与阴阳五行说探源》，江苏古籍出版社 1998 年版，第 123 页。

用以对应天上的日、月、星"三辰","天之三辰"与"地之五行"相对应的说法，还见于《左传·昭公三十二年》传中，有史墨对赵简子问时的表述：物生有两、有三、有五、有陪二。故天有三辰，地有五行，体有左右，各有妃耦，王有公，诸侯有卿，皆有二也。可见"三辰"与"五行"相对应匹配已是各国贵族的普遍信仰。① 正是在上述"五行"观念普遍流行的基础上，春秋后期出现了更多的"尚五"文化现象。如，味有"五味"，音有"五音"，声有"五声"，祭品有"五牲"，神有"五行之官"，谷有"五谷"，刑罚有"五刑"，龟卜有"五兆"，身体器官内有"五脏"、外有"五窍"等，国人社会生活的各个领域，均与数字"五"相关。

"五行说"完成的重要文献之一，即《尚书·洪范》。虽因为其真伪和确切时代还存在争议，但作为箕子向周武王陈述的关于治国、理政、睦民、安天下的"天地之大法"，翻看《尚书·洪范》，与五行相关的"五"俯拾皆是，一共出现87次，② 如"五采""五辰""五辞""五典""五罚""五服""五福""五过""五极""五纪""五教""五礼""五流""五虐""五品""五器""五瑞""五色""五声""五事""五行""五刑""五玉""五宅""五长"等。《洪范》开篇即提出了"五行"的内容：一曰水，二曰火，三曰木，四曰金，五曰土。水曰润下，火曰炎上，木曰曲直，金曰从革，土爰稼穑。润上作咸，炎上作苦，曲直作酸，从革作辛，稼穑作甘。

《洪范》所言的"五行"次序"水、火、木、金、土"，与后来五行相生的次序"木、火、土、金、水"和五行相胜的次序"水、火、金、木、土"均不同。对此，梁启超认为："此不过将物质区为五类，言其功用及性质耳，何尝有丝毫哲学或术数的意。据此可以推知，《洪范》的时代应当早于"五行相生"和"五行相胜"理论的形成时代。③ 而真正形成比较完整的理论则要到子思、孟子和邹衍把五行学说理论化、哲学化、术

---

① 范毓周：《"五行说"起源考论》，艾兰、汪涛、范毓周主编：《中国古代思维模式与阴阳五行说探源》，江苏古籍出版社1998年版，第124—125页。

② 周民：《尚书词典》，四川人民出版社1993年版，第254页。

③ 梁启超：《阴阳五行说之来历》，《古史辨》第五册。

数化和政治体系化。邹衍既综合"学者所共术"，又兼擅谈天说地、推步历史，更创五德终始之说，将"五行说"推向极致。使"五行说"终于成为一套完整的理论模式。① "五行"作为一种中华文明留存下来的知识遗产，"尚五"的认识方式存在于人们的日常生活中：

五行	五脏	五腑	季节	气候	五感	五官	五色	五味	形体	五音	方位
木	肝	胆	春	风	怒	目	青	酸	筋	角	东
火	心	小肠	夏	热	喜	舌	赤	苦	脉	徵	南
土	脾	胃	长夏	湿	思	口	黄	甘	肉	宫	中
金	肺	大肠	秋	燥	悲	鼻	白	辛	皮毛	商	西
水	肾	膀胱	冬	冷	恐	耳	黑	咸	骨	羽	北

可见，古老的知识遗产，绵延几千年的"五行"观，依然是乡土景观之最要紧者。②

地方之"方"

"地方"在中文语义里，首先是对宇宙的认知性表述，是一种地理概念，即"天圆地方"。《淮南子·天文训》："天圆地方，道在中央。"在这里，"地方"既与"天圆"相对，又与"中央"相对。"方"在中文里的意思有数十种，但其为"地"之所属的表述在认知上为首要者。白川静认为，"方"这个象形字，指横木上吊着死者之状，喻指疆界之处设置的禁咒（被除邪恶的巫术），因此有了外方（远离之国，外国）之义。③ 有的甲骨文作𣥂，并在颈部位置加█（像刺），表示披枷的罪人。甲骨文异体字𣥂加𣲐（河川），写成"汸"，突出"流放"的含义。本义为流放边疆。引申义边塞，边境。如"远方"。《论语·学而》："有朋自远方

95

① 范毓周：《"五行说"起源考论》，艾兰、汪涛、范毓周主编：《中国古代思维模式与阴阳五行说探源》，江苏古籍出版社1998年版，第130页。
② 参见彭兆荣等《天下一点："我者"研究之尝试》，中国社会科学出版社2016年版，第93—149页（巴胜超执笔）。
③ ［日］白川静：《常用字解》，苏冰译，九州出版社2010年版，第399页。

来。"此外，"方"还有规矩的意思，《墨子·天志中》："中吾矩者谓之方，不中吾矩者谓之不方，是以方与不方，皆可得而知之。此其故何？则方法明也。"

"方"还有一种解释是由天地之间的界限和人的组合，意思是地上的人。所以，"方"首先是一种经验认知——宇宙观，而"宇宙"本身表明时空，故"方"既包含了"空间"的概念，也包含了"时间"意义。而人的生命和身体也就有了"方"的意思，中医将人的身体对应于这样的认识，某"方位"的器官出了问题，就要依据而"处方"。所以，中医首先是一种中华的生命—身体的宇宙观。也有的认为"方"象起土用具末形，"起土为方"。"方"在中国文化体系里是一个意义广泛的概念，《甲骨学辞典》释：①族名（方国）；②人名；③地名；④方国总称；⑤四望（武乙、文丁时期卜辞有："惟东方受年。"又："南方受年。西方受年。"又："北方受禾。西方受禾。"）（《屯》423，2377，《合》33244）⑥祭名。即枋。①

"方"的使用在我国出现得很早。于省吾先生在释"方""土"时认为其为祭祀，甲骨文有关方、土之祭习见，今择于后：

甲寅卜，其帝方一□一牛九犬。（明七一八）
乙酉卜，帝于方，用一羊。（巳九）
（余先生例举十余条，略。）

以上诸例既可证明"方帝"为"帝方"的倒文，又可以证明"帝方"为"帝于方"的省文。甲骨文以帝为上帝，也以帝为祭名，周代金文同。祭名之帝说文作禘……又以上述所引，有以土为社，社与方同时并祭。《诗·小雅·甫田》："以我齐明，与我牺羊，以社以方。"毛传："器实曰齐，在器曰盛。社，后土也。方，迎四方气于郊也。"郑笺："以洁齐丰盛，与我纯色之羊，秋祭社与四方。"说明社方并祭源于商代。②

96

---

① 孟世凯：《甲骨学辞典》，上海人民出版社 2009 年版，第 160 页。
② 于省吾：《甲骨文字释林》"释方、土"条，商务印书馆 2010 年版，第 184—188 页。

"地方"指大地，比如"方舆"（指领域，亦指大地）。有资料显示，甲骨文卜辞记载的"多方"之中，属于卜辞第一期的最多，第一期的方国名 33 个，第 2 期的 2 个，第三期有 13 个，第四期 23 个。其中舌方 486 次。其次是土方，92 次。此外还有诸如羌方、周方、召方等。[①] 这些方国以交易、进贡土等方式表示臣服。[②] 将"工"与"土（社）""方"并置作考释，作为"国之大事"的祭祀，贡献、牺牲为祭祀的构造之重要程序和元素，即使在后来的祭祀大典中，仍然保留诸如"献殿"（储存、造册、登记牺牲贡献专门的殿堂）之制。在商代，家养动物是商人的一个非常重要的物质来源。祭祀中所用的牛的数量相当惊人，据胡厚宣统计，在一次祭祀中用 1000 头牛、500 头牛、400 头牛各一次，300 头牛的三次，100 头牛的九次。[③] 说明当时有一整套的登记造册制度，否则后人是无法了解的。从今天可供参考的资料看，刻制甲骨当为史前最具代表性的档案记录。[④]

"方"又指"方向""方法"，有转换机关之谓。《鬼谷子·揣阖》开篇云："粤若稽古，圣人之在天地间也，为众生之先。观阴阳之开阖以名命物，知存亡之门户，筹策万类之终始，达人心之理，见变化之联焉，而守司其门户。故圣人在天下也，自古及今，其道一也。"（《鬼谷子·揣阖》）这种情形颇似我国古代"方圆转化"的概念，《鬼谷子·本经阴符七术》："圆者，所以合语；方者，所以错事。转化者，所以观计谋；接物者，所以观进退之意。"陶弘景注："圆者，通变不穷，故能合彼此之语。""方者，分位斯定，故可以错有为之事。"此"错"同"措"，此指处理事务、解决问题，重要的是，这些事务不是固定不变的，而是处于不断地在功能、结构上进行转变和转化。换言之，"方"在中国古代的认知和表述智慧中，它不仅仅是政治地理学中"圆"的相对概念，也是转换、变通之"方"的意思。转换当然包括移动和移置。

"地方"是一个具有巨大包容性的概念体系，主要有以下几种指喻：

97

---

① 张光直：《商文明》，生活·读书·新知三联书店 2013 年版，第 275 页。

② 同上书，第 237 页。

③ 同上书，第 147 页。

④ 参见周鸿翔《殷代刻字刀的推测》，转引自张光直《商文明》，生活·读书·新知三联书店 2013 年版，第 36 页。

①认知性二元对峙。"天圆/地方"结构形成了认知和感知世界之特殊模式。这种古老的认知模式在华夏文明中有着发生学意义，即使在今天，人们仍可在许多文化表述惯习上瞥见这一模式的痕迹。如许多纪念和祭祀性建筑的主旨设想和主体都贯彻"天圆—地方"的理念（如华夏始祖黄帝陵祭祀殿堂）。最著名的、以"方圆"造型的文物是"琮"。张光直认为，琮是古代巫师用来沟通天地时用的法器。① ②行政区划和管理体制。"中央/地方"形成了一套特有的政治管理体系，它既是帝国疆域形貌，也形成了中国传统"一点四方"的行政区划——"一点"为中，中心、中央、中原、中州，乃至中国、中华皆缘此而出，"四方"为"东西南北"方位，不啻为封建帝国"大一统"的形象注疏。③地域和范围。强调帝王的"国家—家国"疆域广大，《管子·地势》有："桀、纣贵为天子，富有四海，地方甚大。"④地缘管理和地方首长。"地方"既可指某一特殊的可计量区域，也特指地区内的管理体系和"地方官"，故，"地方"间或指称地方的管理者。⑤方国贡献形制。中国自《禹贡》始，就设计并实施了"方国贡献"的朝贡制度，并一直贯穿于整个封建朝代阶段。⑥语用的多义性。在语言使用上，"地方"一般指某一个具体的地理范围，作名词，但它亦可用于形容词、副词甚至动词，如"地，方××里"等。

我国的政治地理学有一个特点：人群与地缘相结合成为区分"我群/他群"的一道识别边界。这一根本属性与"地方人群"紧密结合，形成重要的历史结构，也是所谓"地方性力量"（regional force）的根本动力。因此，要理解中国的农业文明的历史，"地方"是一把钥匙，中华文明的千年史就是地方的文明史，而诸如"中央/地方"等都是在此之上建立起来的政治、历史、人群和地缘等关系链条。所以，只要保证人民有土地，"地方感"就不会根本丧失。今天，"地方感"已然成为一种新的表述，可以称作"一种经过社会的方式建构和保持的地方感（sence of place）"②。特别是当它与"全球化"在意义上相对峙的时候，它因此备受关注。"地

98

---

① 张光直：《考古学专题六讲》，文物出版社 1986 年版，第 10 页。

② ［美］爱德华·W. 萨义德：《虚构、记忆和地方》，见［美］W. J. T. 米切尔《风景与权力》，杨丽等译，译林出版社 2014 年版，第 266 页。

方感"经常被理解成包含个人或群体及其（本土的或借居的）居住区域（包括他们的住房）之间的感情纽带。但是被赋予意图的不仅仅是此类居住区域。对大多数人来说，还必须构筑一些重要的空间区域来形成一个生活世界。① 在"人本主义者"的眼里，"地方感是理所当然世界中的一个基本要素"。且以"公理为基础"：

> 地方确定是世界上大多数存在的一个基本方面……对个人和对人的群体来说，地方都是安全感和身份认同的源泉……重要的是，经历、创造并维护各种重要的地方的方法并没有丢失。但又有很多迹象表明，正是这些方法在消逝，而"无地方感"——地区的淡化和地方经验的多样化——现在成为一种优势力量。②

简言之，在全球化的语境下，地方社会作为全球网络中的一个结点，以不同于以往的情形发生改变。如何以人类学的方式关注全球化作用下的地方性实践，是值得在理论与方法上继续深入探讨的问题。然而，海外华人华侨的"地方"与"地方感"，总体上说，并不完全系由传统的土地伦理培育出来的，具有明显的"异质性"，但这种异质性却又与土地伦理存在着密切的关联。

"地方"作为区域的另一种表述，一直为人类学研究所关注，因为它是人类最为"贴身"和"亲近"处所，包括物理的空间存在，地理的位置，生态的环境等，文化人类学则更为关注地方的社会和文化等"无形"的要素和构造。③ "景观"的人类学研究之至为重者正是以"地方"与"空间"的景观形制。④ 作为一个完整的表述单位，"地方性空间"是民族

99

---

① ［英］R. J. 约翰斯顿：《哲学与人文地理学》，蔡运龙等译，商务印书馆 2010 年版，第144 页。

② Relph, E., *Place and Placelessness*, London：Pion, 1976, p. 6.

③ Barfield, T. (ed.), *The Dictionary of Anthropology*, MA（USA）：Blackwell Publishing Ltd., 1997, p. 360.

④ Hirsch, E., "Introduction Landscape：Between Place and Space", E. Hirsch and M. O'Hanlon（ed.）, *The Anthropology of Landscape：Perspectives on Place and Space*, Oxford：Oxford University Press, 1995, pp. 8 – 13.

志研究最小的落实单位——无论是"主位"还是"客位"。也因此,"地方性知识"成为当地文化的直观写照。人类学家吉尔兹(也译作格尔兹)用这样的文字表述获得非同寻常的意义,而且超出人类学的学科边界和范畴。① 与其说这是一个学术用词,还不如说是一个文化宣言。"地方性知识"不是指任何特定的、具有地方特征的知识,而是一种新型的知识观念,是重新认知世界的一种角度。乡土景观必然是地方性的,也是"地方知识"的有效融会。

"地方性知识"的特点。第一,强调任何知识总是在特定的情境中,在特定的群体中生成并得到保护,因此着眼于如何形成知识的具体情境和条件的研究比关注普遍准则更重要。具体而言,任何普遍的意义提升都需要建立在具体的"落地"之上。第二,"地方性"指由特定的历史条件所形成的文化与亚文化群体的价值观,由特定的利益关系所决定的立场和视域。我国古代早就有所谓有"方物志"和"方志"②,有些学者,比如王充在《论衡》中就将《山海经》视为实用性的地理书——方物志。③ 无论"方物志"还是"方志"等,都羼入了政治地理学的形制和理念:"方志者,即地方之志,盖以区别于国史也。依诸向例,在中央者谓之史,在地方者,谓之志。"④ 可知,这种史志的分类,贯彻的仍是"一点四方"政治地理观念,仿佛今日人们仍然沿袭"中央/地方"之说。无论历史上把诸如《山海经》视为什么类型的书,都不影响不同的地方、不同的人群(甚至种群)生活实景,并由此形成不同的地方知识这一历史事实。

"地方"是一个具有空间范畴的形制,属于我国传统独有的表述。"地方"主要有以下几种意思。①天圆地方。指古老的宇宙观和认知模式,也是中华民族"天人合一"的知识体制。即使在今天,仍可清楚地看到这一形制的广泛应用;比如在博物馆的"礼器"中,通常可以见到琮——外方内圆的玉器,故也称为玉琮,象征天圆地方。②地域范围。指特定的、具

100

---

① 克利福德·吉尔兹:《地方性知识》,王海龙、张家瑄译,中央编译出版社2004年版。

② 大致上说,"方志"是专门记载某地方的事物。"方物志"特指记载某一地方的特别物产,如记述名山的称"山志",记述水体及水利的称"水志"等。

③ 参见刘宝山《黄河流域史前考古与传说时代》,三秦出版社2003年版,第4页。

④ 李泰棻:《方志学》,商务印书馆1935年版,第1页。

有地理意义的空间；也是天圆地方的具体化。《淮南子·天文训》："天圆地方，道在中央。"而作为道统的政治地理学，"一点四方"成了历史运行和实际运作的圭臬。"一点"即中心、中央、中原、中州，乃至中国、中华，都沿袭此义；"四方"指"东西南北"四个方位，也是古代"蛮夷"的代称。今日"中央/地方"的使用，仍在此线索上有迹可循。③地缘单位。特指一种地方生活场所。在生活中，有时用于指示生活居所，比如"你来自什么地方？"有时用于指示具体地范围，比如"这地方多大？"有时指示管理者，即"地方官"；"地方"时而为地方管理者的简称。

　　人类学对"地方研究"素有传统，最著名的当与 20 世纪 50—60 年代的"农民研究"有关，代表人物雷德菲尔德采用"大传统"（great tradition）、"小传统"（little tradition）的基本分类，将"小传统"属性依据落实在"小地方"（little locality）。① 根据这一基本范式，后来者埃里克斯的《小地方与大事物》，② 吉尔兹的《地方性知识》，③ 霍米·巴巴的《地方的文化》等，④ 虽然各自言表，但都围绕着"地方"这一传统。"地方"是一个复杂的概念，阐释也见仁见智。埃里克斯侧重于人类学的方法论问题；吉尔兹突出后现代语境中对权力化的知识体系的反思；霍米·巴巴强调地方在今天的背景下可以成为新的中心和认识世界的新窗口。总体上说，"地方研究"已被视为人类学研究的一个新范式。"在当代人类学的分析中，地缘性（locality）无疑成为一个关键性视角。"⑤

　　人类学"地方研究"的特色之一在于突出"地方性知识"，因为，"小地方"从来就不缺乏反映"大历史"的能力，只是需要具备反映变迁和发展趋势的方向和逻辑，既不但将"地方中的全球"（global in the local）和

101

---

　　① Redfield, R., *Peasant Society and Culture*, Chicago：University of Chicago Press, 1989（1956）.

　　② Eriksen, T. H., *Small Places, Large Issues：An Introduction to Social and Cultural Anthropology*, London, Chicago：Pluto Press, 1995.

　　③ 克利福德·吉尔兹：《地方性知识》，王海龙等译，中央编译出版社 2000 年版。

　　④ Bhabha, Homi K., *The Location of Culture*, London and New York：Routledge, 1994.

　　⑤ Silverman, M. & Gulliver, P. H., Historical Anthropology and Ethnographic Tradition：A Personal, Historical and Intellectual Account, *Approaching the Past：Historical Anthropology through Irish Case Studies*, New York：Columbia University Press, 1992, p. 21.

"全球中的地方"（local in the global）同置一畴，而且成为实现小型人群与民族志学者互动关系的重要部分。[①] 当下，人们更愿意使用"新造"的词汇"全球地方性"（glocality）加以表述。

作为文化表述的"地方"，自然也是"社区"文化创造和文化空间的生产和展演地，二者在空间范畴和属性上存在着重叠，表现在以下几个方面。

地理—政治的空间景观。社区首先具有地理上的空间意义。地理和生态的空间是人们赖以支撑其生命活动的基本物质形态。地理学家认为："区域性地理是地理学研究的最高形式。"[②] 传统的地理学研究大多始于地理区的划分——根据特定区域内空间的标指进行。主要有两部分的内容：一是自然要素，如地质、地形、地貌、土地等；二是人文要素。

地缘—人文的空间景观。社区是文化实践的具体场域，具有地缘的人文价值。人文空间属于"二度并置而不重叠"的空间范畴。所谓"二度并置"，指人文空间与地理空间的相互并存。在现实生活和实际行为中，地理空间与文化特性密切联系在一起；哪怕是纯粹的人文观念和文化表述符号——无论是原生性的还是延伸性的，都离不开某一个特殊人群实际生活场景的"社区化"。这是社会人类学研究"地方""地缘""社区"的重要依据。

符号—结构空间景观。任何一种文化的表述都与"地方知识体系"有关，比如族群性亲属关系，这些存在与表现无不与"家"（家庭、家族乃至宗族）相关联，也是列维－斯特劳斯所提到的以"house"为特定空间单位的结构问题。[③] 在此，"家"已不仅是一个姓氏人群所组成的空间单位，而与整个人群共同体形成了特殊的关系纽带，在现实生活中又通过各种重要活动加以表现，尤其表现在作为"活态"的非物质文化遗产方面，比如祭祀、纪念的仪式等，形成了一个特殊的符号结构的表述空间。

超越—固定空间景观。霍米·巴巴对后现代主义背景下的"处所"（location）进行反思性解释，认为我们在今天的所谓"处所的文化"已然

---

① Stocking, G., Delimiting Anthropology: Historical Reflection on the Boundaries of a Boundless Discipline, *Social Research* 62（4），1995，p. 961.

② Hart, J. F., The Highest form of the Geographer's Art, Annals of the Association of American Geographers, 1982，Vol. 72，p. 1.

③ Lévi-Strauss, C., *The Way of the Masks*, London：Jonathan Cape, 1983.

带有一种"超越"（beyond）传统的地方、居所、位置等新指喻。①"超越处所"首先仍是就处所空间而言的，只不过，今天的"处所"已经产生了许多新质，比如所谓的"再地化"（re-localization）。在这种历史语境中，"社区"也因此有了超越传统的新质，也因此有了新的功能。

移动—变迁空间景观。随着全球化"移动性"（mobility）这一新的社会属性的出现，产生了"生活在他处"的生活方式。实际上，大众旅游成了将具有地方特色的社区文化"改造"为一种新的关系："游客—东道主"的关系。事实上"旅游的空间在日常生活的现实中隐藏着一个含有无数变化的表现形态"。②换言之，传统的相对固定和封闭的地方空间，在人群、信息、物质、观念和文化等方面迅速"移动"的今天，"社区"变成了一个开放的场所和地方。

"人观"与"观人"

"人观"在人类学研究中是一个重要的概念，虽然迄今仍见仁见智，无论是从"个体""自我"或"社会人"的角度，还是涉及宇宙观、认知分类、时空制度、数字观念，抑或是超自然的观念等，③都无妨"观人之景"（主位）与"人被景观"（客位）的存在与"现象"。人生在世，生命的过程是一个"人观"与"观人"的互动历程。尤其是人的一生是在一些重要的阶段中的"通过"：出生、成年、结婚、死亡等。在人类学研究中，有一个专用名词"通过礼仪"（the rites of passage），根纳普在《通过仪式》一书中开宗明义："任何社会里的个人生活，都是随着其年龄的增长，从一个阶段向另一个阶段过渡的序列。"④"一个阶段向另一个阶段过渡"，

103

---

① Bhabha, Homi K., *The Location of Culture*, London and New York: Routledge, 1994, p. 1.

② Hanna, S. P. & Del Casino, V. J. (ed.), *Mapping Tourism*, Minneapolis/London: University of Minnesota Press, 2003, p. xix.

③ 参见黄应贵《导论：人观、意义与社会》，载《人观、意义与社会》，台北"中研院"民族学研究所1993年版，第1—26页。

④ Van, Gennep A., *The Rites of Passage*（1908）, London: Routledge & Kegan Paul, 1965, p. 3.

时间被人为地区分为有临界状态的"阶段"。在人的生命景观中，这正好是生命时间制度的另一种表态，或者说"生命时间的社会性"。没有一个特定族群和确定社会仪式的"分水岭"将"一个年龄"与"另一个年龄"以特殊的方式分隔开来，便无从获得社会规范中的过程属性。就像不举行成年仪式便无法步入"成年社会"一样。仪式的生命过程具有"凭照"（Charter）的性质。①

所谓"人观"与"观人"指人作为具有视觉社会化行为，不仅具备特殊、特定社会语境和价值观、宇宙观附着，而且具备观察主体的主观性。如果借用哲学的概念，二者类似于"共性/个性"的关系和差异。还值得特别加以强调的是，置于景观范畴，文化是作为背景和底色羼入其中。在人的生命过程中，"通过"几乎是世界性的，虽然在各种各样的"通过仪式"中，会出现极大和巨大的差异，但人类对于生命"阈限性"的认识和实践几乎一致。在我国的乡土社会，"红白喜事"最为重要，也是最重要的通过"阈限"。生命"五行"与"红白喜事"也是生命景观实践的集中展演。在婚嫁喜事中，"合婚"需要满足"五行之合"。与我国传统的乡村一样，在山西介休地区，民间传统婚嫁习俗遵循"父母之命，媒妁之言"，当子女到了谈婚论嫁的年龄，就有媒人自动上门来提亲，提亲时讲究门当户对、命相相合。提亲也叫"说合"，在说合过程中要看双方的生辰八字，是否合婚，只有具备这些条件才会进一步撮合。所谓合婚，就是把男女双方八字配在一起，对双方八字之间的五行是否和谐，双方所行的各种运气节律有无严重的冲克等信息详加研究，由此推导出以后两人的婚姻生活吉凶。传统上"合婚"一般重视年柱，原则是不与大6岁的人配婚，如果女方是属马的，就不能与属鼠的相配，因为在属相中，马是午火，鼠是子水，源于子午相冲。在"合婚"中有专门的"男女五行合婚歌诀"，对男女五行婚配进行规范。

---

① 参见彭兆荣《人类学仪式理论与实践》，民族出版社 2007 年版，第七章。

男女五行合婚歌诀

男金女金：两金夫妻硬对硬，有女无男守空房，日夜争打语不合，各人各心各白眼；

男金女木：金木夫妻不多年，整天吵打哭连连，原来二命都有害，半世婚姻守寡缘；

男金女水：水金夫妻坐高堂，钱财积聚喜洋洋，子女两个生端正，个个聪明学文章；

男金女火：未有姻缘乱成亲，娶得妻来也是贫，若无子女家财散，金火原来害本命；

男金女土：金土夫妻好姻缘，吃穿不愁福自然，子孙兴旺家富贵，福禄双全万万年；

男木女金：夫妻和好宜相交，钱财六畜满山庄，抚养子女姓名扬，木金万贵共一床；

男木女木：双木夫妻难相合，钱财有多亦克子，原来两木多克害，灾难疯病多加流；

男木女水：男木女水大吉利，家中财运常进室，常为宝贵重如山，生来儿女披青衫；

男木女火：木火夫妻大吉昌，此门天定好姻缘，六畜奴作满成行，男女聪明福自隆；

男木女土：土木夫妻本不宜，灾难疾病来侵之，两合相克各分散，一世孤单昼夜啼；

男水女金：金水夫妻富高强，钱财积聚百岁长，婚姻和合前程辉，禾仓田宅福寿长；

男水女木：木水夫妻好姻缘，财宝贵富旺儿郎，朱马禾仓积满院，男女端正学文章；

男水女水：两水夫妻喜洋洋，儿女聪明家兴旺，姻缘美满福双全，满仓财产好风光；

男水女火：水火夫妻不相配，在家吃饭在外睡，原因二命相克害，半世姻缘半世愁；

男水女土：水土夫妻不久存，三六九五见瘟王，两命相克亦难过，别处他乡嫁别克；

男火女金：金火夫妻克六亲，不知刑元在何身，若是稳有不孝顺，祸及子孙守孤贫；

男火女木：火木夫妻好婚配，子孙孝顺家业旺，六畜钱粮皆丰盈，一世富贵大吉昌；

男火女水：水火夫妻虽有情，结缔姻缘亦不深，儿女若是有富贵，到老还是孤独人；

男火女火：两火夫妻日夜愁，妻离子散泪水流，二命相克宜不聚，四季孤独度春秋；

男火女土：火土夫妻好相配，高官禄位眼前风，两人合来无克害，儿女聪明永富贵；

男土女金：土金夫妻很姻缘，两口相爱至百年，内宅平安六畜福，生来女儿均团圆；

男土女木：土木夫妻意不同，反眼无情相克冲，有食无儿克夫主，半世姻缘家财空；

男土女水：土水夫妻定有兽，接到家中定有灾，妻离子散各东西，家中冷落财不来；

男土女火：土火夫妻大昌吉，财粮不愁福寿长，儿女聪明生端正，富贵荣华好时光；

男土女土：双土夫妻好姻缘，共欢一世福双全，儿女聪明多兴旺，富贵荣华好家园。

在命相合婚后，经媒人撮合的男女还要相亲，一般由媒人领男方及其母亲到女方家，由女方家庭主要成员观察男方的相貌、品行及家庭的情况。婚姻议定后，会择吉日订婚，男方要送女方订婚信物，如银饰吊打、戒指、玉镯、耳环之类，女方也会送男方四色礼品，表示"接定"。这天，男女要吃"合"，女方要吃"猫耳朵"，表示百年好合，俯首帖耳地顺从对方。在经历了迎娶的婚礼大典、拜天地、见大小、入洞房、酒宴和闹洞房后，婚后次日，新婚夫妻要回到娘家见亲属，俗称"满二"。从第三天起则由女方亲属轮流请姑娘，介休人称"换日子"。结婚第五天，则不准在娘家婆家吃饭，常到外婆家或远亲家"避五"。结婚第十天，要回娘家，俗称"满十"。满十后可在娘家住宿一日，然后次日带着四个食盒送回婆家，其中必须有空心火烧和蒸饺子。送的人到婆家后，还要念"喜歌"，其中有"空空火烧夹饺子，明年准定生小子"等歌句。

在丧葬的"白喜"仪式中，贯彻着阴阳五行仪理。老人逝世，俗称"归家""过身""过背""老掉"。从阳间到阴间，是从一个"家"到另一个"家"的过程。丧葬礼仪，简单而言，主要包括入殓、出殡、安葬三个主要环节。入殓、出殡、安葬都要请堪舆（俗称"地理先生"）择"吉日、吉时"和安葬的"风水宝地"。介休人笃信阴阳五行，以棺木土葬为主，生前会请阴阳先生看风水，营造坟室。提前准备的棺木称为"寿材"，以独幅的松木、柏木为主，也有乡绅富豪从南方购买黄花梨、红木为寿材。介休人讲究"七至"祭奠，整个丧葬过程包括：停尸、入殓、灵堂设置、寻魂、出殡、停尸。介休人过去睡热炕，人死后先放置在木板或门板上，叫"登板"，之后请邻里孤寡老人为逝者梳洗换装，男性以蓝色、烟色为主，忌穿黑白，女性以红色为主。随后用纸帛掩面，叫"盖脸纸"。盖脸之前死者口中要放铜钱、硬币，俗称"口含钱"。随后向死者的"人主"家及主要亲属报丧。孝子见人就要磕头，即使出门遇到狗，也要磕头，叫"免罪头"，为死者"免罪"。入殓，又叫"入棺""入木""落材"，古称"大殓"，意为将人死尸体移入棺木。入殓仪式由阴阳先生主持，要净面开光，吊钱分中，其间还讲究属相忌讳等习俗。

107

棺木在摆放前，阴阳先生会用逝者生前用过的碗，在里面点上蜡烛，用一双筷子支成十字，迎进棺木后，用菜刀将碗打碎。在罗盘指引下，棺木的大头对着东方，在棺木中会先铺上锯木灰，在棺内的四角摆上**木炭（代表五行之火）**，做醋用的**麯（代表五行之水）**，然后在锯木灰上铺上七星木板，上面摆上铜钱，呈北斗七星状，之后铺上**五色纸（绿、红、黄、橙、蓝）**，寓意五行之金木土火水，其中代表"土"的黄色纸，必须放在中间。之后将为逝者在阴间使用的冥币铺满棺床，再在上面铺上一层红

铺金木土火水五色纸（巴胜超摄于山西介休）

纸。最后将棉被等衣物铺上，即完成了入殓前的棺木设置。待主要亲人看过逝者后，就可进行入殓。由其长子抱头，另外4人或6人抬身体，脚先头后出屋。屋外打伞或用毯子遮阳，称为"上不见天"。入棺时，死者的脚要先进，然后平放棺内。为了使逝者的身体处于棺木的中央，阴阳先生会用红线吊着两个木托，进行分中，类似于木匠用墨斗来分线。

逝者头部要枕一种特制的凹形空心枕，上绘日月、山川、花卉图案，枕中实以线香、五谷等。死者身上再铺七张银箔，最后从头到脚蒙红布七尺，此布须由已嫁女儿置备，俗称"铺儿盖女"。给死者铺盖停当以后，棺内还要放置一些生活用品和死者生前的心爱之物。入殓完毕后，棺盖斜盖于棺身之上，仍留缝隙。待死者亲属最后告别后，由阴阳先生择定时辰**盖棺（棺木代表五行之木）**。盖棺又称"合棺"。家人、亲友齐集后，揭去死者脸上的蒙面布或纸，向死者告别，然后正式盖棺揳钉，家人、亲友跪拜告别。合棺前要把死者身上盖的红布由脚部往下拉，露出颜面，然后顺势把红布撕下一条，迅速合盖落木锁，即棺盖与棺身之间的榫卯。钉棺一侧用钉七枚，每颗**钉子（代表五行之金）**上把撕下的红布条各垫一小块。钉棺时，全家回避不动哭声，只有死者的儿子须立在棺旁口喊"躲钉"。参加钉棺的邻里、朋友都要身系红布条，并要给钉棺的人赏封，称为"喜钱"。盖棺以后，死者的子女还要手拍棺木数次，称为"叫醒"。入殓后，在灵堂前挂起孝幔，前面放上供桌，桌上摆上逝者的遗像和灵位，摆上祭献的果菜、香炉、香筒、烛台、丧盆（烧纸盆）、跪垫等，孝子们披麻戴孝，每有人来祭拜，孝子都要叩头还礼。在头七以内，介休人会为逝者"寻魂"，也称"知死"。寻魂时大门口要挂"宝盖"，认为"宝盖"是望乡台，逝者灵魂可以登上望乡台看望家人最后一眼。在阴阳先生择定期日后，即可出殡。出殡的程序是：起灵、祭奠、绕街、辞灵、下葬入土（代表五行之土）等。出殡后的第二天，要去坟头上添土烧纸，男人祭拜，女人号哭，介休人称之为"发二"。从头七到尽七，经过四十九天丧葬礼俗才算基本结束。①

"人观—观人"之景在广大的乡村还有许多与"观相""相术""乩童"等有关民间活动。在过去的几十年中，这些民间活动大都被归入"封建迷信"，在国家力量逐渐进入乡土社会后，与政府主导的价值会发生相应的冲突，致使常常被作为"改造"对象。比如闽南"林村"中的巫婆的故事：

> 巫婆之所以被人叫作巫婆，是因为她非常迷信。她在家里供了好几尊神佛，不时烧香膜拜。她还说蛤有"乩童"的力量，能进入睡眠状态，让鬼神附身。她用这番话来吓唬别人，但是村里的人大都不相信。②

其实，类似的故事，或事情，或事实，在闽南的农村、渔村非常盛行，即便在今天仍然如此，即使是厦门大学里闽南籍的教授家里也常设有神龛，以笔者在闽南生活二十多年的观感，"民间信仰"的各种活动在闽南以及台湾地区都很普遍。而且一段时间以来，这种"迷信"大有复兴之势。③ 比如妈祖崇信活动，清代官方就以敕封等方式予以认可和引导。人

109

① 参见彭兆荣等《天下一点："我者"研究之尝试》，中国社会科学出版社 2016 年版，第93—149 页（巴胜超执笔）。

② 黄树民：《林村的故事：一九四九年后的中国农村变革》，素兰等译，生活·读书·新知三联书店 2002 年版，第 125 页。

③ 参见王铭铭《村落视野中的文化与权力：闽台三村五论》，生活·读书·新知三联书店1997 年版，第 138 页。

们都明白，要根本"铲草除根"是任何力量都做不到的，这也是乡土社会的力量所在，毕竟人们生活在日常的习惯之中，生活在传统的观念之中，生活在地方性经验之中，生活在村落的礼俗之中，那是息息相关的，与政府的"运动""工程"等方式完全不同。

族群景观

"族群"一词实指人群的聚合所形成的人群共同体。意义所以多种多样。人的社会性决定其必须是群体性的，并以此形成社会关系。"民族"也是族群，只不过，学者将其表述这"想象的共同体"。在今天的学术语境中，"民族"特指具有政治意义的群体，特别是近代"民族—国家"（nation—state）作为世界通行、通用的国家体制，"民族"遂被涂上了强烈的政治含义。然而，人群的聚合具有自己的历史依据和文化逻辑，为了区别政治意义和文化特性，人类学在近几十年凸显族群的文化逻辑。虽然二者存在着交叉和交织的复杂情形，但大致上说，"民族"突出政治身份，而"族群"强调文化生成。在农耕社会，人们大致在宗族的线索和纽带上，结成了特定的人群共同体，并形成相对的地缘性。"村落"毋宁也是一种群体单位。族群本身也是景观。

在西方现代景观研究学术史上，第一个以乡土景观为主题的文章是杰克逊在 1951 年发表的《奇瓦瓦，① 我们曾经拥有》（*Chihuahua as We Might Have Been*）。② 这篇文章以墨西哥与美国接壤的特殊关系，以及城镇化的迅猛推进，导致拉丁美洲族群在二者的强烈影响下失去传统的乡土景观，从而使族裔、族群认同失落。这种担心事实上在历史上的某一个特定历史语境中一定会出现。随着几十年的变化与变迁，当人们意识到，由于乡土景观的失落而导致的族群认同的消化或失落，那将是一件不可弥补的损失

---

① 奇瓦瓦州（Chihuahua）位于墨西哥西北内陆，北靠美国新墨西哥州和得克萨斯州，面积 24.7 万平方千米，是该国面积最大的州。首府奇瓦瓦市。

② Jackson, John B., "Chihuahua as We Might Have Been", J. B. Jackson, *Landscape in Sight: Looking at America*, ed. by Helen Horowitz, New Haven, Conn: Yale University Press, 2000, pp. 44 – 45.

时，人们会有觉醒感，并开始自觉地将传统的乡土文化，特别是乡土景观作为一种文化资源，将其在城镇化过程中主动地融入其中，以凸显其族群的价值认同。安德鲁经过调研，描述了这一过程的变化，并由此断言："奇瓦瓦，我们将重新拥有"（Chihuahua as We May Soon Be）。① 原因是，当人们意识到乡土景观的消失意味着族群认同的消失，也意味着民族认同的缺失；反之，重振乡土景观，也就是重新拾掇自己的认同依据。

这个例子提醒我们，乡土社会中的民族、族群村落景观在近代以来强烈的社会变化和变迁冲击下，事实上大量出现传统的乡土景观的丧失和濒临丧失，致使原住民，或因某种历史关系而形成的人群共同体，骤然出现了族群认同也随之丧失的危险和危机。在这种情况下，人们开始意识到，村落景观已经不是简单的传统居住方式的改变，也不仅是移居的变化，重要的是，乡土景观的失去，意味着传统文化的丧失。因此要提升族群的认同意识，需要通过保护自己的民族村落景观，从而保持自己对本民族的认同。

毋庸置疑，乡土景观原本就包含着特定的族群在历史过程中，对特殊的景观的选择与认同。比如侗族的典型建筑景观鼓楼和风雨桥，就是侗族人民特殊的民族认同的依据，鼓楼中不仅描绘了本族人的历史图画，有些还将村规民约置于其中。楼庆西教授在《乡土景观十讲》就举了侗族鼓楼的例子。鼓楼的功能主要有二：一是氏族首领议事的地方。古时候侗族多按族姓聚居，凡族内订立村规、村约，商议造田、兴水利、修路等大事和调解村民间的纠纷，都由氏族首领在楼内召集众人开会解决。二是族人休息、娱乐的场所。是侗族人民特有的建筑景观。鼓楼外形是密檐式的塔楼，有参天大树，是侗族人民的"遮阴树"。在广西三江侗族自治县，县区内的高定村是一座居住六个姓氏的侗族村落，整个村寨坐落在一个山沟里，成片的吊脚楼毗邻排列，有分别代表六个姓氏家族的六座鼓楼。还有一座代表全村寨侗族人民的"高定鼓楼"，相当于江南地区乡村中的总祠堂。这七座鼓楼分别竖立于吊脚楼群之中，构成一幅山体与寨屋连为一体

111

---

① Andrew, K., Sandoval-strausz Viewpoint: Latino Vernaculars and the Emerging National Landscape, in *Buildings & Landscapes*, 20, No. 1, Spring, 2013, pp. 1 – 18.

的山村特殊景观。在长期的历史发展中，鼓楼成了侗族人民的精神支柱和图腾形象。① 侗族鼓楼是否表述为侗族的"图腾形象"这不宜绝然判定，但侗族鼓楼必定是侗族民族认同的对象。

族群虽是一个宽泛的概念，但它有一个原则，即以亲疏远近作为判断的根据，其中又以血缘为第一要素，同时又以婚姻关系建立起特殊的社会关系而组织起来的。"族之组织，是根据于血缘的。血缘之制既兴，人类自将据亲等远近，以别亲疏。一姓的人口渐繁，又行外婚之制，则同姓的人，血缘不必亲，异姓的人，血缘或转相接近。所谓族与姓，遂不得不分化为两种组织。"② 所以，族制，主要以血亲与姻亲两线建立一个可以推展的网络。中国传统讲究"九族"，虽其概念所指在历史的演化过程中，意思发生了变化，但其基本形制却从未违背这两条线索。当然，在历史的图貌中出现了一些"拟祖""拟亲""称兄道弟"等情形，极为复杂，甚至将"四海之内皆兄弟"作为"一家亲"的表述，无不基于这两条线索的"虚拟"。也因为有了血缘、亲缘，才能够建立地缘和乡党。

虽然历史上的族群大都存在着迁徙的记录或口述，但他们的记忆总是与某一个具体的"地方"联系在一起的。对于乡土景观来说，无论"某一个地方"是指曾经的居处，还是现在家乡，它都是人们心中和记忆的最亲切的"故乡"，特别在离开它的时候。它是一种来自人们内心的记忆与认同，与理性无关，就像在孩提时代的美好时光在人的心目中所形成烙印般的记忆——只属于自己。人们的一生中都将它作为一种"航标灯"，想起它时内心就会发出会心的笑。"故乡是一个亲切的地方，它可能平淡无奇，缺乏历史魅力，我们却讨厌外人对它的批评。它的丑陋并不要紧。在孩提时代，我们爬上它的树，在它裂着缝的人行道上蹬着我们的自行车，在它的池塘里游泳，那时丝毫都不在意它的丑陋。"③ 这样的认同，是没有人可以改变的。从某种意义上说，族群认同也具有这样的特征，它只属于"我们"。虽然族群认同是一个极其复杂的机制，今天已然包括强烈的政治意

---

① 参见楼庆西《乡土景观十讲》，生活·读书·新知三联书店 2012 年版，第 27—29 页。
② 吕思勉：《中国文化史》，新世界出版社 2016 年版，第 24 页。
③ ［美］段义孚：《空间与地方：经验的视角》，中国人民大学出版社 2017 年版，第 118 页。

义，但不妨碍其中存在的那一份最基础的，对乡土景观的认同。在这方面，客家土楼是一个难得的例子。

客家族群作为迁徙性的汉族族群，土楼景观可以说完全就是一个"族群—宗族—家族"景观的综合体，具有强烈的族群认同意义。客家土楼作为聚族而居的空间，里面包含着"家"和"族"所蕴涵的"私"与"共"的二元结构，但是在这个空间中，属于家庭的空间是绝对得依靠和服从于家族的空间才能得以实现其功能。如土楼的大门、三堂、天井、水井、回廊、楼梯等均属于家族共有，属于家庭的仅仅是自下而上的纵向单元阁，但是每个单元阁还共用内通廊。从而使家庭内化于家族的公共秩序之内。除了圆楼外，五凤楼和大多数方楼内部房间大小不一，卧室的分配与家户的居住位置有着明显的等级差别。客家土楼无论是圆楼、方楼还是五凤楼，整体空间的基本特点是向心性、均匀性和前低后高性（一般为五凤楼独有）。林嘉书认为五凤楼的空间布局就是伦理制度、儒家礼教的物化形式。土楼聚族而居的群体秩序整合，一是通过土楼自身的空间来实现，一是通过内部的祖祠或祖堂来实现。① 在五凤楼的房屋空间中，中轴线上为"三堂"，即下堂（门廊）、中堂（祭祀和客厅）及后堂（宅中尊长的住所）。中堂、后堂又比下堂正统间大些；五凤楼后堂最为高大，以示一家之主的权威地位，其他辈分较次者分居两侧呈阶梯状迭落的横屋。体现了传统的长幼尊卑、礼仪孝道儒家思想。可见其整体布局规整，主次分明，展示着宗法制度的深刻烙印。土楼最显著的地方是：公祠、家庙传递着历史性的文化信息，土楼建筑本身则倚重于表达家族内部共享空间的共时关系。公祠、家庙在聚族而居的汉人社区处于核心方位：中心或者中轴线的最高处，是家族权威的物化象征，也是聚族而居社区秩序的枢纽。在客家土楼中，中心的位置在厅堂，突出主厅的位置，以厅堂为中心，规划院落，进行土楼整体的组合。

作为客家的土楼，自身就是聚族而居的家族文化的产物，客家土楼作为乡土景观多数是以一个家族或几个家族共同修建。如南靖县田螺坑土楼

113

---

① 林嘉书：《土楼——凝固的音乐和立体的诗篇》，上海人民出版社 2006 年版，第 133 页。

群由黄氏家族修建、永定县振成楼由林氏家族修建、永定县大夫第由王氏家族修建、南靖县和贵楼由简氏家族修建等。土楼的空间布局也体现以血缘和地缘为纽带的家族文化，强调儒家文化的秩序与等级、孝道。孝作为儒家思想的核心要素之一，包括对逝去祖先的缅思和敬畏、对长辈尊敬和赡养、对家族香火的延续、光宗耀祖等。体现在家族文化上表现为祖祠、祖堂的修建与敬仰、家族长者多居住于土楼的后堂（见上文土楼的功能部分）、兴办学堂等。

客家的祖祠或祖堂的位置有两种形式：一是建在土楼外，一是建在土楼内部。建在土楼外的祖祠或祖堂，多为开村较早的客家村落，受中原儒家思想影响较深，认为人、祖灵、神灵不能同住一屋。客家土楼内祖堂、祖祠处于核心地位是客家人敬祖思想的集中体现，是家族血缘文化的物化表征。家族的存在与发展还需要后世延续，使得以农业文明为核心的家族文化必然重视对后世的教化，以期他们能光宗耀祖。客家的每个聚族而居的村落一般都有自己的学堂，在客家土楼民居中表现为祠堂与学堂合一、五凤楼类型的土楼一般都是将前堂两侧的房间作为私塾学堂。

客家的例子为今天的规划师、设计师、工程师、建筑师等，当然也包括负责这方面的政府行政部门的负责人、经办人员提供一种思考，当下的任何"工程"建设和建筑，只要涉及乡土，尤其是村落、古镇的建设，务必注意地方宗族遗产景观，如宗祠、祖庙、祖宅，以及所有与宗族族产有关的遗厝、器物、石碑、祖坟、符号等。如果这些遗产景观得不到尊重，那么，后果是：村民已经在宗族上彻底丧失了认同感，因为连"祖根"都被刨去、除去，这也意味着乡土社会的宗族力量瓦解。因为是"草根"，无法与国家暴力抗争，只是，从此主人翁精神丧失，这块传统的"乡土"从此交给了国家，以后所有的事情都找"国家"。那样的"乡土景观"充其量只是行尸走肉，失去灵魂的外形而已。

宗族景观

如果有人问，乡土景观中根本性的景观是什么？笔者会说："宗族景观。"这么说的理由是：因为宗族不仅产生了传统乡土性人群共同体的基础，而且是一直贯彻、贯穿而下的纽带。"中国的亲属关系上追祖宗，下至子孙；在时间上是一连线，在组织上是文化的基石。时间的延续表于历史观。这种心态表现得最清楚的是青铜器上的铭文，由铭文上赐命的词句包括善尽职守不可辱于先祖，并且最后一定会有'子子孙孙永保用'的字样。"① 也就是说，中国的所有社会关系构造框架和传续根据不是别的，是宗族。宗族是"家"的落实单位，上至帝王国家（家国天下），下达普通百姓。所以，要识中国之乡土社会，必先识宗族；欲观中国乡土景观，同样需顾及宗族景观。

如果要深入地根植于中国传统的乡土社会，宗族必为关键词：首先，宗族与村落建立起了最为原始的关系纽带。中国村落建立的一种最有代表性的发生模式是宗族，以及宗族的扩大，使原有地方资源不足以供养宗族不断扩大的人口数量，在这种情况下，宗族分支便必然发生。当一个分支到一个新的地方建立新的村落时，开创者就成为"开基祖"。也因此许多村落以宗族姓氏为村名。其次，一般汉人宗族的建立，是以所到地方的土地为基础。没有土地，农业无以成立，乡土无以成就。所以，土地资源也自然成为宗教定义中的基本要件。宗族与土地的关系是紧密地"捆绑"的（费孝通语）；再次，宗族的繁衍和发展形成了代际关系，即所谓的"世系"（lineage）传承。在乡土社会，"传宗接代的重要性往往用宗教和伦理的词汇表达出来。传宗接代用当地的话说就是'香火'绵续，意思是，不断有人继续祀奉祖先。"②

少数民族的村寨，情形有所不同。我国自古就有不同族群，中华民族有一个"多元一体格局"。费孝通在《中华民族的多元一体格局》中从生存空间、多元的起源、交会融合、核心族群、区域差异、迁徙混杂、相互采借等不同的角度，讲述了"多元一体"的格局和原因。③ 不同的民族，在村寨创立的原生阶段，情形并不完全相同，因而，"宗族景观"的情形

115

---

① 许倬云：《中国古代文化的特质》，联经出版事业股份有限公司1988年版，第53页。

② 费孝通：《江村经济》，上海人民出版社2006年版，第29页。

③ 费孝通主编：《中华民族多元一体格局》，中央民族大学出版社1999年版。

便大不相同。有些民族属于迁徙族群，又因为大多这些迁徙性小族群并无文字，他们常用的方式是群体结伴而行，在旅途中有些落下了，就地定居，有的继续向前走。比如瑶族是一个迁徙性的民族。更具体地说，是一个游耕的山地民族。传统瑶人的生活方式是"各以远近为伍，刀耕火种，食尽一山，则移一山"。一种统计认为，今天世界上有瑶人 170 万。① 瑶族支系多达 30 余种。② 对于大多数瑶族支系来说，他们认可共同的祖先是神犬"盘护"（即神犬盘瓠），其与汉族国王"平王"的三公主结合生下六男六女，也成了后来瑶族十二姓氏来源。特别是"过山瑶"——最有代表性的瑶族支系之一，他们虽然在今天的分布上地理很广，但都操同一种语言叫"勉语"，因而也叫"勉瑶"。

所谓"过山"，其实就是根据他们的居住环境而称的——意指那些奔走在山野里的瑶人。虽然所有的瑶人都在一个**人群共同体**之中享受着共同的"瑶族"的**名称,**③ 但在同一个名称下的人群共同体中的差别是非常大的。作为瑶族多支的共同祖先，"神犬盘瓠"只是"拟祖"（fictive ancestor），即虚拟、虚构的祖先。在这样的情形中，瑶族的"宗族"便与汉族的情形不同。所以，在大多数的情况下，瑶族村寨中并没有宗祠之类的宗族景观。但是，也存在个别在汉族地区混杂的地区，个别瑶族具有汉族宗族景观，比如广西壮族自治区富川县秀水村，当地村民自称为"瑶族"，却有汉族所有的宗族景观。不同的少数民族各自有着自己的村寨景观，"宗族景观"便不同。

我们所说中国传统社会是"宗法社会"，它与等级制度及其观念成为贯穿整个中国历史的两个大制度及观念，而体现宗法（宗法性）制度与观念的宗族，无疑成为中国历史的极其重要的成分。④ 由此，在乡土社会中，宗族很自然地成为最具影响力的因素，并成为联结具有社会关系结构的、

116

---

① 一说瑶族人口达 230 万，见张有隽《人类学与瑶族》，广西民族出版社 2002 年版，第 2 页。

② 彭兆荣：《欧美优勉瑶的社区发展与现代化》，《瑶学研究》第二辑，广西民族出版社 1992 年版，第 117 页。

③ 彭兆荣等：《文化特例：黔东南瑶麓社区的人类学研究》，贵州人民出版社 1997 年版，第 5 页。

④ 冯尔康等：《中国宗族史》，上海人民出版社 2009 年版，第 1 页。

始终的贯穿性特质。所谓"宗族",一种说法是:"根据已接受的原则,五代以内同一祖宗的所有父系后代及其妻,属于一个亲属关系集团称为'族',互相间称'祖宗门中',意思是'我同族门中的人'。""族这个单位的另一个特征是,它的成员资格是家。"① 我们也可以这样简化宗族:纵向上,它是同宗共祖的成员共同认可的线索,五代之内为直接计量规则。②

人人都有祖宗,也都有宗族,只是情况不同。历史上对宗族的限定和定义是变化和变迁的,经典和史籍在表述的时候也各有侧重。《说文·宀部》释:"宗,尊祖庙也。从宀,从示。"宗是会意字,甲骨文⟨字⟩,外部是房舍,内有祭台,表示这里就是宗庙。"宗"本意为祭祀祖先的庙,又引申为祖宗,后引申为宗族。③ 关于"族"字,《说文解字》载:"矢锋也。束之族,族也。从旗从矢。旗所以标众,众矢之所集。"段玉裁注:"旗所以标众者,亦谓旌旗所以属人耳目,旌旗所在而矢咸在焉,众之意也。"④"宗"是共同祭祀祖先的亲属团体,而"族"以"旗"为手段来凝聚、集合的"群"和"众",其范围远远大于"宗",其中也未必含有亲属关系。《白虎通》中的记载表明"宗"与"族"是既相区别又有联系的两个概念:

> "宗者何谓也?宗者尊也。为先祖主者,宗人之所尊也。礼曰:宗人将有事,族人皆侍。古代所以必有宗何也?所以长和睦也。大宗能率小宗,小宗能率群弟,通其有无,所以经理族人者也。"

> "族者何也?族者凑也,聚也,谓恩爱相流凑也,上凑高祖,下凑玄孙,一家有吉,百家聚之,合而为亲,生相亲爱,死相哀痛,有合聚之道,古谓之族。"⑤

以上论述中,"族"是上至高祖、下至玄孙的亲属聚合。"宗"之功能

---

① 费孝通:《江村经济》,上海人民出版社 2006 年版,第 61—62 页。
② 同上书,第 61 页。
③ 《新编说文解字大全集》编委会编:《新编说文解字大全集》,中国华侨出版社 2011 年版。
④ 段玉裁:《说文解字注》,上海古籍出版社 1981 年版,第 312 页。
⑤ 《白虎通》卷 8《宗族》。

117

在于管理族人、使之服从尊长。这里"族"已超越以旗子作为标志的概念，而是以实践亲属关系进行"合聚"的群体。然而，这些群体是按照怎样的原则组织起来的？《尔雅·释亲》记载"父之党为宗族"，第一次按照父系继嗣原则系统地梳理出以"己"为中心上至高祖、下至玄孙的直系宗亲关系，明确指出"族人"以"父系"为主轴成为"宗"之延续。需要明确的是宗族并不只是具有亲属关系的一群人，而是将父系单边继嗣系统作为认定成员的首要准则。对此，陈其南指出：

> 宗族的"宗"字，用今天人类学的术语来说，就是 descent，而"族"即为具有共同认同指标（identity）的一群人之谓，实际上即是近日吾人所谓群体或团体。"宗族"之谓不过是说明以父系继嗣关系，即所谓"宗"所界定出来的群体。①

"宗"作为"族"的修饰语，将"族"的范围限定于"以父系继嗣关系"所界定的群体或团体。这一观点强调，宗族是以父系作为认定成员资格和确立行为规范的标准。宗族是以父系线索为传递方式，在古代常与"氏"称。② 今日之"姓氏"仍可瞥见痕迹。从"继嗣"一词亦可看出，宗族是基于血缘而构成的直系亲属团体。然而，宗族不仅仅包含血缘关系的直系亲属关系，还包括旁系亲属关系和姻亲关系（指男性配偶）。换言之，宗族是以"父系世系"为原则，涵盖"纵"（直系）与"横"（旁系、姻亲）两条线索的亲属系统。

历史上的宗族系统遵循"大宗世系学"和"小宗世系学"的类型标准。《礼记·大传》："别子为祖""继别为宗"是大宗世系的纲领，而"继祢者为小宗"，则是小宗世系的纲领。"别子为祖""继别为宗"是指在周代的层级分封制下，长子承袭父亲之君位（或侯位），未能继位的次子（或称公子、庶子、支子），除留居担任要职外，其余将受封并世代食

---

① 陈其南：《家族与社会——台湾与中国社会研究的基础理念》，联经出版事业股份有限公司 1990 年版，第 217 页。

② 冯尔康等：《中国宗族史》，上海人民出版社 2009 年版，第 62 页。

采于另地。在政治身份，在父系亲属集团的世系上，他们被其后裔尊奉为始迁于该地的"始祖"，因其有"别"于继承君位的长子，故称为"别子"。到了别子的第二代，其位亦由长子继承，遂成"继别"者，"继别"者为其后裔尊奉为"宗"。此即"祖""宗"两个字的由来和本意。① 由是可知，大宗是宗族的世系主干。《礼记·大传》载："人道，亲亲也。亲亲故尊祖、尊祖故敬宗，敬宗故收族"，以及"从宗合族属"之说。阐明了大宗对于宗族世系所具有的本体意义。②

这样，大宗与小宗的关系图就大致清楚了。《礼记·丧服小记》云："亲亲，以三为五，以五为九。上杀、下杀、旁杀。"分别体现大宗世系与小宗世系遵循的原则。大宗之"大"在于宗族成员包含以始封之祖的嫡长子所组成的全部男系后裔，在系谱上没有向下的限制。正如《礼记·大传》所云："别子之世长子为其族人为宗，所谓百世不迁宗。"大宗宗法产生于周代的层级分封制，为尊祖、敬宗、收族提供了理论依据和伦理基础。在层级分封制土崩瓦解之后，大宗宗法失去其存在的土壤，但宗法理念仍然对宗族的构建产生深远的影响。小宗世系之"小"在于对宗族的成员无论是直系还是旁系都进行严格的限制。"以三为五，以五为九"是宗族直系亲属范围，其中"三"指父、己、子三代，"五"指祖、父、己、子、孙五代，而"九"指高祖、曾祖、祖、父、己、子、孙、曾孙、玄孙九代。上杀、下杀、旁杀中"杀"为动词，释为"终止"之意。③ 小宗世系对宗族成员的直系亲属的上限和下限以及旁系亲属的范围做出严格要求，划分出"我族"与"他族"的界限。《礼记·丧服小记》载："五世则迁之宗者，谓之小宗。"小宗世系强调"五世迁宗"，即宗族世系限于五个世代之内，与大宗宗法"百世不迁"的原则有所不同。小宗世系原则是根据实际生活的需要对宗族成员进行限定，具有较强的操作性和实践性。由此可知，大宗世系和小宗世系原则是特定历史条件下的适应性选择，宗

119

---

① 钱杭：《血缘与地缘之间：中国历史上的联宗与联宗组织》，上海社会科学院出版社 2001年版，第 185—186 页。

② 同上书，第 189 页。

③ 钱杭：《中国古代世系学研究》，《历史研究》2001 年第 6 期。

族成员的范围既可以"无限延伸"也可以限定在"有限范围"。这说明对宗族成员范围的界定是"人为建构"的过程。

需要特别说明，宗族景观与宗族脉络同中有异，宗族景观讲求视觉性。也就是说，在乡土社会中，宗族如何以可视性建筑、祠堂、宅邸、门第、文本、器物、墓葬、称号、符号，比如宗祠建筑、祭祀遗址、宗族祖宅、宗族墓地、宗族族规、宗族礼仪、宗族牌位等，成为宗族的特有景观。作为景观要素，每一处景观，无论它有多么奇特，都包含我们一眼就能辨识和理解的要素。① 宗族景观尤其如此，"宗族"本身已经是乡土村落中最具景观特色部分，而宗族凭附于各种仪式、场景、建筑、祭祀等使得宗族景观仿佛成为一道明晰的"界线"，令人一眼便知。

就像我们每一个人都有自己的生物和文化上的 DNA，一看便能识别；比如中国人和日本人。这是由"支配性因素"——决定自我与他者的根本和基本差异的因素所决定的。在广大的乡村中，尤其是汉人社会，宗族属于支配因素，宗族景观也很自然成为乡土社会中的**支配性景观**。它有几个基本的特点：①具有显著的特征，仿佛一个孩子，总是很容易在其父母身上找到共同的、显著的特征（显示自我）；②这些特征也成为自我认同的依据（强调与他者的边界）；③支配性因素具有代代相承的特性（显示传承关系）；④在诸多因素中，支配性因素是统领性的（凸显权威性）。支配性景观由"支配符号"（dominant symbols），这个概念是象征人类学大师特纳提出的，旨在说明恩登布人仪式中与众不同之处，同时具有解释的意义。②

120　　　至今学界对于宗族的定义虽言人人殊，主体却基本一致，只是在强调主体的范围和外延方面不同。比如有强调"家"的、宗法的、传承继嗣的、首领的血缘共同体等；有把宗族分为不同的层次的；有强调姓氏关系和作用的。费孝通认为："家"成为一个宗族成员的资格，而族最重要的

---

① ［美］约翰·布林克霍夫·杰克逊：《发现乡土景观》，俞孔坚等译，商务印书馆 2015 年版，第 15 页。

② Turner, Victor, *The Forest of Symbols*: *Aspects of Ndembu Ritual*, Ithaca, N. Y. : Cornell University Press, 1967, p. 20.

功能在于控制婚姻规则。① 宗族的形制大致如下：即以同一"祖宗"的父系线索传递，以"五代"为基本的"族"群框架，以"家"为资格的栖居关系，以及以族对婚姻的制约与控制。冯尔康等人认为，宗族的基本要素包括：①父系血缘系统的人员关系；②家庭为单位；③聚族而居或相对稳定的居住区；④有组织原则、组织机构和领导人进行管理。② 钱杭在《宗族建构过程中的血缘与世系》一文中，给出一个相对全面的定义：

> 宗族一个父系世系集团。它以某一男性先祖作为始祖，以出自这位始祖的父系世系为成员身份的认定原则，所有的男性成员均包含其配偶。虽然在理论上，宗族的基本价值是对世系的延续和维系，但在实践上，其成员的范围则受到明确的限定。③

如上所述，宗族的概念既要体现以父系世系作为划分亲属的原则，又要包含直系、旁系和姻亲关系，同时亦突出了宗族的建构性，充分反映出宗族具有的本质性特征。研究表明，"宗族"所形成的一套体系会随着社会的变迁和需要而表现出极强的适应性和灵活性，已突破了宗族的传统建构。一些没有亲属关系的人群也往往为适应环境和现实的需要，冠以"宗族"这一名目，并利用"宗族"作为文化框架来实现特定的利益。④ 这些研究足以窥见宗族的复杂性及丰富性。在很多情况下，"宗族"的含义和指涉历时性的发生变化在不同的地区也会体现出地缘性特色。值得一说的是，在人类学研究领域，"宗族"在西语中的翻译也存在着差异，因为西方社会并没中国式的宗族发展线索。⑤

121

这也是西方的宗族情形与我国的不太相同的一个原因。在西方人的概念中，宗族、继嗣和居住规则具有同质性："继嗣群体和家庭不同，继嗣

---

① 费孝通：《江村经济》，上海人民出版社 2006 年版，第 62 页。
② 冯尔康等：《中国宗族史》，上海人民出版社 2009 年版，第 14—17 页。
③ 钱杭：《宗族建构过程中的血缘与世系》，《历史研究》2009 年第 4 期。
④ 郑振满：《明清福建家族组织与社会变迁》，中国人民大学出版社 2009 年版。
⑤ 有关情形参见刘旭临《"有形"与"无形"：和顺古镇之宗教景观》，《中南民族大学学报》2017 年第 5 期。

群体是一种永久的持久单位，每一代都有新的成员加入。成员们共享宗族的不动产，他们中的一些人必须生活在这些房产中，以管理这些代代相传的财产，并从中获利。将成员们留在家里的一个简单的做法就是制定一个规则，明确哪些人是该继嗣群体的成员，并规定他们在结婚之后的居住地。父系继嗣和母系继嗣以及相应的婚后居住地规定保证了每代人中有一半人将会在祖先留下的土地上生活。"① 西方的乡村与我国的乡村，从一开始创立时的情况就已不同，所以，西方的亲属制度的有些概念移植到我国时会出现差异。

在传统的乡土社会里，尤其是汉人社会，村落与"家"（家族）是原生的。"家"作为最根本的表述单位、落实单位。就字的构造来看，汉字取象构型为我们完整地保留着上古初民某种思维的活化石材料；"家"是一个意蕴丰厚的文化之象，其"从宀从豕"的意象造型，直观再现了农耕文化的生存方式。在中国的语言文化系统中，"家"是可分析性最强的语象之一，"家"字具象地保留下人类生存方式的历史记忆。家的甲骨文𠔼，即𠆢（宀，房屋）加上𤞞（豕，猪），造字本义是蓄养生猪的稳定居所。其实，这一图像符号承载着复杂的文化元素和亲属关系。

古文字学家中有一种意见认为，不应从后代世俗意义来看"家"字的起源，而应采取历史还原的视角，透视出家畜在上古宗教生活中的作用。陈梦家先生指出：

> 《尔雅·释宫》："牖户之间谓之房，其内谓之家。"家指门以内之居室。卜辞"某某家"当指先王庙中正室以内。②

唐兰先生认为，早在新石器时代的陶文中就可以辨认出"家"字，其结构与甲骨文的"家"字一样。③ "村落"作为"家—家庭—家族"的归

① ［美］康拉德·菲利普·科塔克：《简明文化人类学：人类之镜》（第五版），熊茜超译，上海社会科学院出版社 2011 年版，第 173 页。
② 陈梦家：《殷虚卜辞综述》，科学出版社 1958 年版，第 471 页。
③ 唐兰：《再论大汶口文化的社会性质和大汶口陶器文字》，《光明日报》1978 年 2 月 23 日。

属性所包含的东西和关系非常复杂：诸如时间、空间、方位、归属、居所、家庭构造、财产、环境、"神龛化"等。

这里的"家"主要指宗族规约和家族传承，它与村落是同构性的，只是指称的侧重有所不同，家更侧重于家族（同祖同宗）的亲属纽带及继嗣制度，而村更侧重于人群共同居住的情形。村落是最为基层的人群"共同体"（community）。在人类学的概念里，村落（village）是一个具有"公社"性质的单位，表述上二者常连用，即农村公社（village commune）。这个概念包含着在同一个人群共同体所属范围，曾经有过土地公有的经历。[①]在古文字中，村落原本并无特别意思，甲骨文、金文都无此字，"村"是"邨"的异体字。屯，既是声旁也是形旁，表示驻扎。邨，篆文𡘋，即𡘋（屯，驻扎），加𨙨（邑，人口聚集的地区），表示人口驻扎的聚居区。表示人口聚集的自然屯落。《说文解字》释："邨，地名。"字形采用"邑"作边旁，采用"屯"作声旁。说明，最早的"村落"是强调自然居落，分享着自然，特别是土地资源。

宗族作为亲属制度的重要一范，一直是人类学研究的传统课题，借以探寻社会结构和社会制度。宗族之于乡土社会的关系虽然是缘生性的，人类学的宗族研究亦可谓洋洋大观，但"开启"这一领域者却是西方的人类学家，并为成就"汉学"的重要一范。1925 年，美国学者库尔伯（D. H. Kulp）对广东凤凰村进行考察，从功能主义的观点将中国家族分为自然家族、经济家族、宗教家族和传统家族四种类型。库尔伯开创了西方人类学者对汉人宗族的研究。最具代表性的是，20 世纪五六十年代，弗里德曼先后出版了《中国东南的宗族组织》和《中国宗族与社会：福建与广东》两本著作，以福建和广东作为宗族研究的对象，系统地论述了宗族的裂变系统、宗族内部的社会分化和宗族内部的权力分配、宗族之间的关系、宗族与国家之间的关系等问题，并提出"共同财产"的维持是中国东南地区存在大规模地方宗族的原因。弗里德曼建立的宗族理论在学界产生了重要的影响，被视为"中国宗族模型"，具有"里程碑"的意义，尽管弗里德曼

---

①　参见陈国强主编《文化人类学词典》，浙江人民出版社 1990 年版，第 230 页。

的宗族民族志研究存在着诸多缺陷，但无论是理论还是方式上，[①] 都不妨碍其范式作用。

此后，西方学者开始了对中国汉人宗族社会的持续研究，成果丰硕，此不一一列举。国内人类学对宗族的研究继之也呈现繁荣景象，如从功能主义的视角对宗族进行讨论的早期代表性著作是林耀华对福建义序的田野调查基础上完成的《义序的宗族研究》。这本书中的亲属范围属于大规模的亲属团体，探讨了义序黄氏宗族的组织形式、组织功能、宗族与家庭的关系等问题，并提出了"宗族乡村"的研究范式。[②] 弗里德曼的宗族研究正是以林耀华等人的田野调查资料为基础而展开的论述。然而，林耀华的"宗族乡村"解说模式是建立于地缘团体和血缘团体相重合的单姓宗族村落，对多姓宗族村落的研究不具备解说力。与《义序的宗族研究》不同，林耀华的另外一本著作《金翼》以小说的叙事方式讲述了限定于五服—姻亲范围之内张、黄两个家族在辛亥革命之后的三十多年兴盛与衰落的故事，从而展现了农村社会生活的全貌及社会文化的变迁。[③] 透过两大家族的微观历史，能够观察更为广阔的中国乡村社会从农业到商业、从经济到文化乃至政治的变化。这两本著作深受西方功能主义的影响，因而被称为"中国世系学的西方化"。王铭铭、庄孔韶、景军等都对宗族进行过重要的研究。而港台人类学者对宗族的研究不啻为范。

一般认为族产、族谱、祠堂是观察宗族的三大要素，也是判断宗族兴衰的标准。而最有代表性的族产是"族田"。虽然有些学者从继嗣的角度给予强调，对弗里德曼关于"宗族是一个共同拥有祀产的功能性团体"的论断提出根本性的挑战，并在此基础上提出"房"与"家族"之宗祧观念才是观察汉人宗族的基本出发点。这些都涉及对宗族的本义与衍义，历史发展的变化，以及不同民族、地方的宗族景观的差异。

在传统的汉人社会，村落从"开基"到"扩大"主要遵循宗法制度下

---

① 参见濑川岛久《族谱：华南汉族的宗族·风水·移居》中的"译序"，钱杭译，上海书店出版社1999年版，第6页。

② 林耀华：《义序的宗族研究》，生活·读书·新知三联书店2000年版。

③ 林耀华：《金翼：一个中国家族的史记》，庄孔韶等译，生活·读书·新知三联书店2015年版。

的家族演化。最具代表性的村落形成，通常是因为家族的扩大，人口增长，原来聚居之处因资源不足无法承载、承受越来越大的家族规模和人口增长，在这种情况下，由原来的家族"分支"出去，到新的地方去生活。那个新的地方通常也就以特定开基祖的"姓氏"为标志，如黄村、曾村、李村等。这样的过程，一方面是宗族不断地扩大过程，也是村落建制的基本造型。这也是为什么在汉族村落宗族成为基本和根本的力量。因为"中国人的所谓宗族（lineage）、氏族（clan）就是由家的扩大或延伸而来"①。换言之，村落的主要历史形态是特定宗族不断扩大的过程。因此，村政的家族化控制手段也成为村落管理的一个重要特征。"从全国范围看，利用宗法制度的民间变形——家族制度——实施地方统治，是普遍现象。"②

村落是农业传统之自然选择的一种方式，特定人群（特别是有血缘、亲缘关系）选择一个自然的居处，固定下来。农耕需要土地，所以选择有土地的地方用于耕种，形成了固定的家园，这就是村落——相对稳定的居落。在这种关系中，**族群、土地、家庭**构成了村落相互关联的三个要件。而为了保证宗族的发展，**宗庙、族产和族谱**也构成了三个要件。在此基础上，人们根据自然所提供的条件生存、生计和生活。如果土地资源丰富、肥沃，人们自给自足，成为小农经济的生产方式；在山海交接地带，形成半渔半农的村落，如果在海边的居民，完全以捕鱼为生计方式，形成渔村。由此可知，村落与环境提供的资源形成了最重要的关系纽带，是人们在选择环境时所形成的自然协调的关系。

值得特别强调的是，宗族聚居的井田村落或采邑中，由于有血缘关系为纽带，加上前面已讨论过的宗子为大家长对族人的庇护及族人归属感的认同，因而使宗族具有一定的凝聚力。《礼仪·丧服》中的那种"有余则归之宗，不足则资之宗"，又增强了族人之间的亲善关系。另外，"以岁时合耕于锄，以治稼穑"（《周礼·地官·里宰》），这种互相协力，共同互

125

---

① 参见庄英章《家族与婚姻：台湾北部两个闽客村落之研究》，"中研院"民族学研究所1994 年版，第 6 页。
② 参见王铭铭《村落视野中的文化与权力：闽台三村五论》，生活·读书·新知三联书店1997 年版，第 40 页。

助耕作的生产方式也促进了族人在生产和生活中的互助精神。邻里关系就是一种互助关系，而且有一定的制度，这值得现今的社区建设借鉴。宗族聚居中的族人，和当时的职业军队不一样，他们平时务农，只有在作战的时候才被征当兵。每年在农闲期间还要进行操练（《周礼·夏官·大司马》），出征和防御是各级宗族聚族而居的聚落和城市的基本功能之一。从防御的角度讲，筑城墙挖沟壕围绕聚居地，特别是那些大邑是必要的。《诗·大雅·韩奕》中："实墉实壑，实亩实籍。"前一句的意思就是韩侯到了新的封地后，首先修城、挖城壕，完善防御。"周族奴隶主贵族，武装殖民时所营筑的城邑通常有两层城墙，内者曰城，外者曰郭。"这实际上先有了城市或聚落的范围。

中国宗族社会的各级城市都带有军事性、防御性，而且城界的划分和确定往往以军事防御的要求为重要的依据之一。因而，井田制作为当时的一种军事制度，影响着城市住居的性质和形态特征。殷墟甲骨文中有"疆"字。商承祚在其《殷墟文字类编》卷十三中说："《说文解字》：'畕'，比田也。'畺'，界也。从'畕'三，其界画也，畺或从彊、土，作'疆'。案此从弓，从'畕'。吴中丞曰《礼仪·乡射礼》疆：侯道五十弓。疏云：六尺为步，弓之古制六尺，与步相应，此古者以弓纪步之证。古金文亦均从弓，知许书从彊土之或作，非也。又此从'畕'，象二田相比，界画之谊已明，知'畕'与'畺'，为一字矣。"这就是说，疆为疆界之疆。古代黄河平原皆为方形井田，古文疆正象其形。字从弓者，其疆域之大小即以田猎所用之弓来做测量单位，弓作为古老的狩猎和射杀工具，较人类定居后才出现的农业工具要早，也说明了井田界划法的久远历史。[①]

宗族景观除了以宗祠的建筑方式予以视觉性认可、认同外，还有一些其他的建筑样式，比如牌坊，是中华特色建筑景观，也是历史上封建社会为表彰功勋、科第、德政以及忠孝节义所立的建筑物。牌坊是由棂星门衍变而来的，开始用于祭天。棂星原作灵星，灵星即天田星，为祈求丰年，汉高祖规定祭天先祭灵星。我国皖南徽州地区，牌坊、民居、祠堂并列，

126

---

① 张宏：《中国古代住居与住居文化》，湖北教育出版社 2006 年版，第 50、51 页。

被誉为古建"三绝"。现尚存有百余个，形态各异，有"牌坊之乡"之称。我国传统的乡里大都有牌坊建筑。安徽的棠樾牌坊群便为范例。为明清时期古徽州建筑艺术的代表作。棠樾的七连座牌坊群，体现了"忠、孝、节、义"伦理道德的概貌。棠樾牌坊群结构布局都采用严格的中轴对称手法，给人以稳重感，在视觉的焦点处加以强调，精心雕刻。牌坊群两侧保留了永久农田，四周没有构造物，七座牌坊就像从农田"拔地而起"，完全一派"乡土景观"。牌坊群位于棠樾村口，与周围的农田、树木、池塘、河流及人工环境（如古桥）等构成了完整的村落乡土特性，反映了古代村落选址、建设体现了人与自然的和谐关系。当然，牌坊的一般原则是以宗族为单位的。

安徽歙县郑村镇棠樾村是一座鲍氏家族聚居的血缘村落，自明代以后，乡人出外经商者多，形成了颇有实力的"徽商"。他们在外积累了财富荣归故里，在家乡建住宅、修祠堂、立牌坊，成为一种标志性建筑。棠樾村以牌坊群而闻名于世，牌坊群由7座牌坊组成，以忠、孝、节、义的顺序相向排列，分别建于明代和清代，都是旌表棠樾人的"忠孝节义"事迹。今天成为中国牌坊博物馆。棠樾村入村的七座牌坊成为我国村落著名之乡土景观。牌坊皆为纪念、表彰人物事迹而建：有鲍象贤尚书坊，鲍灿孝行坊，慈孝里坊，鲍文渊继妻节孝坊，乐善好施坊，等等。各有典故，各备表彰。① 在牌坊群旁，还有男女二祠，建筑规模宏大，砖木石雕特别精致，近年已修复如旧。棠樾村的牌坊也成了中国乡土社会以宗族为范的典型景观。

我们也需要同时指出，人类学家对宗族的研究趋向于将宗族作为一种地方和村落历史上亲缘性群体的存在和表述范式。这固然不错，但由于"范式"的类型化有时会将实际丰富多样的乡土性宗族样态"窄化"，特别是人类学研究喜欢以华南、东南及港台的宗族研究为范，而实际上比起中国其他地区，这种"宗族村"越来越像中国乡村结构的例外而非常态。②

127

---

① 参见楼庆西《乡土景观十讲》，生活·读书·新知三联书店2012年版，第49页。
② 劳格文、科大卫编：《中国乡村与墟镇神圣空间的建构》"序论"，社会科学文献出版社2014年版，第22页。

安徽歙县郑村镇棠樾村牌坊群（彭兆荣摄）

也就是说，村落宗族虽然扮演一个无处不在的角色，广泛而深入地介入地方各种物质的、制度的、精神的社会活动之中，并代代赓续，相沿成俗，但地方性的诸如"会祭"等组织化活动却在一定程度上超越了宗族。① 毕竟村落的宗族力量不是单一性的，即使是所谓的"单姓村"，其宗族也需要与其他宗族、其他村落、其他地区建立关系，宗族力量便可能被超越。

地方宗教和信仰也可能成为超越单一宗族形态的力量。日本学者田仲一成的研究认为，在南方"有势力的宗族开始支配着社庙祭祀戏剧的组织和财政，因为江南乡村是大姓垄断的同族村落。因此乡村的戏剧随着社会安定，被置于宗族统治之下，而小姓、杂姓村落较多的华北，不存在能够独立掌管乡村祭祀的宗族"②。这样的结论背后或许还存在另一种事实，即在多信仰的村落之中，不同的宗族掌控着不同的信仰，而这些杂姓的小宗族组织各自不断强化着本宗与庙宇的关系，将信仰的边界划分得相对清楚，并在一定程度上将其看作宗族的家庙。③ 这种情形并不是孤立的个案，而是具有相对的普遍性。如果我们相信宗族本身可能产生的信仰或信仰观

---

① 张小坡：《明清以来绩溪县竹里信仰空间的建构与民众祭祀生活》，见劳格文、科大卫编《中国乡村与墟镇神圣空间的建构》，社会科学文献出版社2014年版，第42页。

② ［日］田仲一成：《中国戏剧史》，云贵彬等译，北京广播学院出版社2002年版，第278页。

③ 吴欣：《村落空间与民间信仰——明清山东东阿县苫山村的民间信仰》，见劳格文、科大卫编《中国乡村与墟镇神圣空间的建构》，社会科学文献出版社2014年版，第61页。

念，那是本族（多以氏族为单位）的先祖（传说中的神话鼻祖、始祖，比如林姓始祖为《封神榜》中的比干，其身世半虚半实）和祖先（具体村落的开基祖和本宗的先辈）共同的祭祀传承范围。但在现实中，多姓氏、多宗族甚至多族群经常生活在同一区域，无论从资源的配置的角度，还是不同宗族间的协同关系，都会使得单一宗族的掌控力无法完全企及。这种情况下，地方宗教和信仰便成为超越宗族的力量。[①]

就传统的认知和表述而言，将宗族视为景观的较为鲜见。本书将宗族视为一种景观，并无刻意标新立异，只是认为，如果要留下乡土社会的景观，宗族必在其中，因为如果传统村落中消弭了宗族之主线，村落还能够持续存留吗？而实际上，宗族也并非只是停留内涵、定义的厘析和分辨的层面，也不只停留在计量宗族范畴和范围的关系远近及继嗣层面，宗族还包含着鲜明的形体性和视觉性，这些特点是特定族人刻意为之，使得族内和族外有着明显的标识性特征和界线，进而进行宗族认同。比如宗祠建筑、家族门第、闾门巷道等景观特色便非常鲜明。

129

---

① 参见韩朝建《"世宦之里"——山西定襄北村的士绅与祭祀空间》，载劳格文、科大卫编《中国乡村与墟镇神圣空间的建构》，社会科学文献出版社 2014 年版，第 84—113 页。

第三章

乡土景观之形势

水之景观

我国古代，景观（即地景）必包括水景，且人必观之，是故《周易·大传系辞》云："观于东流之水有九似，是故君子见大水必观之。"孔子以水之九景况比人伦、比德。"九似"者：似德、似义、似道、似勇、似法、似正、似察、似善化、似志。① 如是水景可谓尽善尽美矣。老子的《道德经》第八章："上善若水，水善利万物而不争。"② 说的是水的自然品性：滋养万物却不争。这是最高的**道德景观**。不过，道德之景难以言说周圆。如果有谁说能把"道"说清楚明白、周延完整，一定不要相信。胡适曾经这样说："道是无法证明的，只可以用比喻来形容它。世间有形象之物，只有水勉强可以比喻。《原道训》说：

> 天下之物，莫柔弱于水，然而大不可极，深不可测，脩（淮南王父名长，故长字皆作脩）极于无穷，远沦于无涯，息耗减益，通于不訾（不訾，无量也）。上天则为雨露，下地则为润泽。万物弗得不生，百事不得不成……无所私而无所公，靡滥振荡，与在鸿洞；无所左而

---

① 参见佟裕哲、刘晖《中国地景文化史纲图说》，中国建筑工业出版社 2013 年版，第 24 页。

② 《老子校释》，朱谦之撰，中华书局 2000 年版，第 31 页。

无所右，蟠委错紾，与万物终始，是谓至德。

我们试用此段说"水"的文字和上文说"道"的一段相比较，① 老子和后来的道家的大贡献在此，他们的大错也在此。贡献者，在于超出在天地万物之外，特别假设一个"独立而不改，周行而不殆"的道；错在忘记了万物各有异理的原理。知道而不知求理，故而错。②

"道"的哲学高深任由圣人、哲人们去讨论，那是水的抽象。具有代表性的表述是："智者乐水，仁者乐山。知者动，仁者静。知者乐，仁者寿。"③ 在中国的传统表述中，"水"之自然景观常常被用于比喻政治、统治，诸如："君者，舟也；庶人者，水也，水则载舟，水则覆舟。"④ 也用于比喻人性、品德："人性之善也，犹水之就下也。人无有不善，水无有不下。"⑤ "天下之物，莫柔弱于水。然而大不可极，深不可测，修极于无穷，远沦于无涯。上天则为雨露，下地则为润泽；万物弗得不生，百事不得不成；大包群生而无好憎，泽及蚑蛲，而不求报；富赡天下而不既；德施百姓而不费。……与万物始终，是谓至德。夫水所以能成其至德于天下者，以其淖溺润滑也。"⑥ 人们还把水比作女性。总之，水可以在哲学、道德、伦理等方面任意言说。在我国的传统论域中，道德大致属政治话题，故水为**政治景观**。

返回到日常，水却最为平常，也因为平常，因为朴素，故而"神"："天下之多者水也，浮天载地，高下无所不至，万物无所不润。及其气流界石，精薄肤存，不崇朝而泽合灵宇者，神莫与并矣。是以达者不能测其渊冲，而尽其鸿深也。"⑦ 水之贵者，还在于在宇宙中唯有地球才有水，只有地球上才有生命，生命的起源源于水，有人认为地球应该叫水球，因为

131

---

① 指《原道》，《庄子·大宗师》篇。
② 胡适：《中国中古思想史二种》，北京师范大学出版社 2014 年版，第 111 页。
③ 《论语译注》，杨伯峻，中华书局 2012 年版，第 87 页。
④ 《荀子》，方勇、李波译注，中华书局 2011 年版，第 118 页。
⑤ 《孟子》，杨伯峻、杨逢彬译注，岳麓书社 2000 年版，第 189 页。
⑥ 《淮南子集释》（上），何宁撰，中华书局 1998 年版，第 54 页。
⑦ 郦道元：《水经注·序》，商务印书馆 2010 年版，第 1 页。

地球从外太空看它 70% 的面积被水所覆盖，而人体的含水量也是 70%，人体细胞的重要成分是水，水占成人体重的 60%—70%，数据表明，人体的含水量与地球的含水量基本一致。水孕育了地球上的一切生命，水是生命之源，万物之始。因此，水的景观也可理解为**生命景观**。水的景观在中国乡土景观中占据着首要的位置。这么说，是因为人的居住首先必须靠着水。沙漠是很难长期居住的。所以，如果要追溯起始，水必为首先因素。

"水"始见于商代甲骨文，为汉隶所本，沿袭至今。以上诸情，可于本部字中详勘。甲骨刻辞中或用为洪水、水灾之义。《英国所藏甲骨集》2593："癸丑卜，贞：今岁亡（无）大水？"《合集》33356："壬子卜，亡（无）水。"文献亦有相同之义。《书·舜典》："帝曰：'俞！咨禹！汝平水土，惟时懋哉！'"孔传："治洪水有成功。"水之本义为河流。启尊："在洍水上。"《诗·卫风·竹竿》："泉源在左，淇水在右。"引申为江、河、湖、海的通称。又，又有游水、五行之一、水生动植物等义，不备举。[①] 概而言之，水之本位、本体、本性皆为自然，故为**自然景观**。

水的甲骨文 像峭壁上落下的液滴。有的甲骨文 像崎岖凹凸的岩壁 两边液体向下流泻飞溅 的样子。有的甲骨文 像山涧 。白川静认为，水为象形字，流水之形。中间为主流，两旁为细流。[②] 造字本义：从山岩或峭壁上飞溅而下的山泉。金文 承续甲骨文字形。有的金文 将甲骨文字形中崎岖岩壁的形象 淡化为流动的曲线 。篆文 承续金文字形。隶书 水 变形较大，将篆文表示岩壁的折线 简化成一竖 ，将篆文的四点液滴形状 连写成 ，泉流的象形特征由此消失。

132

在造字时代，水流的源头叫"泉"；石壁上飞溅的山泉叫"水"；由山泉汇成的水叫"涧"；山涧在地面汇成的清流叫"溪"；众多小溪汇成的水流叫"川"；众多川流汇成的大川叫"河"，最大的河叫"江"。《说文解字》："水，準也。北方之行。象众水并流，中有微阳之气也。凡水之属皆从水。"也是"平衡"的度量，特指古代测定水平面的器具。水静泽平，由此衍生出水准，用以测平之义。《周礼·考工记·轮人》："水之以眂

---

① 李学勤主编：《字源》（下），天津古籍出版社 2012 年版，第 955 页。
② ［日］白川静：《常用字解》，苏冰译，九州出版社 2010 年版，第 243 页。

（视）其平沈之均也。"规矩准绳［规画圆，矩画方，水（准）测平，绳定直］皆成**法度景观**。

水之于国家、民族重要，之于乡土景观同样重要。山西介休市洪山镇洪山村有一处源神庙，旁边有一牌匾，书写"天下水为贵"。

"天下水为贵"（彭兆荣摄）

不过，当人们奢谈了水、水系、河流与文明的关系，与政治的关系，与农耕的关系后，人们更加愿意将水的朴素道理返回到生活场景之中。水是可以作为镜子的，在很多的时间里，人们通过水面作镜面反观自己，或许远比人们照镜子的时间长得多。镜面既是反映，又是反思。桑内特为我们讲述这样一个简单的故事："花园池塘是人们可以照的镜子，是可以反射（反思）的表面。每条巴黎的街道都有井，建筑者将井墙拉到几英尺高，以避免街上的尿水、粪便以及垃圾流入污染水源。修道院里的花园水池是液体的镜子，人站在旁边，可以沉思。"① 这样的故事非常平凡，却往往被人类所忘记。今天，污染水源的事情频频曝光，足见人们连最为简单朴素的道理都忘记，或不顾。当然，如果水源干枯，遑论保护。事实上，

133

---

① 参见［美］理查·桑内特《肉体与石头：西方文明中的人类身体与城市》，黄煜文译，麦田出版有限公司 2008（2003）年版，第238页。

写有"天下水为贵"牌匾的洪山村，已经没有水了，河流干枯了，牌匾却还在。

我们在历史上说所的"水"，诸如黄河、长江，渭水、泾水等，皆有系统。中华文明若以"大禹治水"算起——这种"算法"是有道理的，因为"九州—中邦—五服"始雏形。"九州"实由水面成形。故水系从来都是政治地理学的写照。中国如此，世界其他文明古邦亦复如此。水系与古代国家有着千丝万缕的关系。古代国家的地理特征几乎与水结伴而成，它们既亲密无间又冤家路窄。历史学家们在研究古代国家的目的时得出一个很一致性的观点："为引水和治水而进行的斗争。"① 水系的自然形貌属于地理性，它的流向以及所形成的水系不以人的意志为转移。但以历史形貌观之，如果按照传统的中华文明"摇篮"说黄河，那么，中原的水系曾经是一个最具说明的**历史景观**。以帝国史论：

> 秦祚短促，刚刚建立起来统一的大帝国就被推翻。因此，虽然秦王朝建都咸阳，位于关中腹地，本应为适应都城的需要而在那里发展一定规模的航运事业，可是在统一后短短的十几年内，秦王朝还没来得及在这方面做出任何建树，就在关东六国就地的反叛浪潮中，土崩瓦解。代之而起的西汉王朝，依然在关中建都。出于政治、经济活动的需要，西汉二百多年间，在都城长安附近，特别是利用渭河，大力发展航运事业，把古代航运事业推向了有史以来的第一个高峰时期。②

水有"生命史"，以我国黄河流域和北方的自然环境而言，河曲和河道的变化形成了黄河流域的自然性格和特殊的生命史。北方平原河流的"发育"过程，特别是迁徙的河道，不仅反复造成"鬼无墓、人无庐，百万田产了无馀"的景象，③ 在这样的生态环境下，最好的方式是适应这样

---

① ［德］罗曼·赫尔佐克：《古代的国家》，赵蓉恒译，北京大学出版社1998年版，第90页。
② 辛德勇：《旧史舆地文录》，中华书局2014年版，第201页。
③ 同上书，第205页。

的形势。中国历史上，开凿河道、运河等几乎一直伴随着中华文明的河流史，其实，这在古代神话的叙事中早已埋下了伏笔。

鲧禹治水，即大禹治水，说的是子承父业治水的故事，父辈（父亲）鲧以"堵"的方式未成功，子承父业，大禹从鲧治水的失败中吸取教训，改"封堵"用"疏导"之法，建立"九州"，故，古代有把"中国"称作"禹域"。对于这一段兼具历史和神话的传说，《山海经·海内经》有："洪水滔天，鲧窃帝之息壤以堙洪水，不待帝命。帝令祝融杀鲧于羽郊。鲧复生禹，帝乃命禹卒布土以定九州。"《吕氏春秋》："禹娶涂山氏女，不以私害公，自辛至甲四日，复往治水。"《淮南子》："禹治洪水，通轘辕山，化为熊。谓涂山氏曰：'欲饷，闻鼓声乃来。'禹跳石，误中鼓，涂山氏往，见禹方坐熊，惭而去。至嵩高山下，化为石，方生启。禹曰：'归我子！'石破北方而启生。"这里除了讲述中国治水的传统谱系外，更为重要的是"顺应"自然；鲧禹治水中并有出现"人工开凿"河道的"智慧"和方式。其实，如何评价中国历史上人工开凿河道——让河流按照人的意愿的**"形势景观"**，需要谨慎言说。这里除了追求"水利"（水利于人）外，更要讲求"顺水"（讲究顺应水之自然规律），切不可"逆水"（违背自然规律）。

说到"运河"，无论在定义上有什么细微的差别，人工开凿是先决条件。中国的运河建设历史悠久，开凿于公元前506年的胥河，[①] 是世界上最古老的人工运河，亦是我国现有记载的最早的运河。秦始皇二十八年（公元前219），为沟通湘江和漓江之间的航运而修建了灵渠。中国有大运河已获得世界文化遗产名录，说明这一伟大工程作为人类文化遗产得到了充分的肯定。河道是"曲"的，运河是"直"的；运河类的流道或许用另一种故事的讲述，即不放在"适应自然"的角度来讲或许更好些：自然河流遵循的是"天意"，人工开凿河道讲述的是"人为"，"人定胜天"论是否成立，今天下定论还为时尚早。除非，将人工开凿置入"自然"的范畴，但，那有前提：首先必须尊重自然规律。我国古代文明的变迁，既是

135

---

① 胥河开凿于公元前506年（春秋时期），源出南京市高淳区固城湖。胥河是世界上最古老的人工运河，中国现有记载的最早的运河，也是世界上开凿最早的运河——引自百度

适应自然的河流的历史，也是人工改造和开凿河流的历史，二者不能并置同说，因为，"水"一样，"意"不同，**人造景观**也。

水系景观

如果从粗放的线索来看待文明的源起与发展，我们会发现，人类文明是写在水上的。从人类文化的历史形成来看，水可以说形成了文明的源头；这也正是为什么世界上的几个重要古代文明类型都以"水"来命名：尼罗河文明、两河文明、恒河文明和黄河文明。水成就**文明景观**。氏族部落时期的史前文明的代表性是"小水"，如水汊、河湖；世界古代四大文明，如上所述，是大河文明；殖民和资本主义的发展所表现出来的自然形态是所谓的"海洋文明"。所以，"水文"无疑是"人文"一条重要的线索。华夏文明从先秦就已经开始了对水的人工作用、灌溉、疏导、凿通等活动。关于水系，钱穆有一个观点值得重视，他认为中国文化发生在黄河流域，但人们所认识的黄河本身其实并不具有灌溉和交通的功能。在与世界上其他三个古代文明进行比较之后，他认为：

> 中国文化发生，精密言之，并不赖藉于黄河本身，他所依凭的是黄河的各条支流。每一支流之两岸和其流进黄河时两水相交的那一个角里，却是古代中国文化之摇篮。那一种两水相交而形成的三角地带，这是一个水桠杈，中国古代书里称之曰"汭"，汭是在两水环抱之内的意思。中国古书里常称渭汭，泾汭，洛汭，即指此等三角地带而言。我们若把中国古史上各个朝代的发源地和根据地分配在上述的地理形势上，则大略可作如下之推测……①

简言之，华夏文明的发生与水系的地域性支流直接联系。所以，华夏文明与交错纵横的水系统有着渊源关系。这是与世界上其他三大古代文明

---

① 钱穆：《中国文化史导论》，商务印书馆 1996 年版，第 2 页。

所区别的。

　　只有在中国，同时有许多河流与许多水系，而且是极大和极复杂的。那些水系，可照大小分成许多等级。如黄河、长江为第一级；汉水、淮水、济水、辽水等可为第二等级；渭水、泾水、洛水、汾水、漳水等则为第三等级；此下还有第四等级、第五等级等诸水系，如汾水相近的涑水，漳水相近的有淇水、濮水；入洛水者则有伊水，入渭水者有澧水等。此等小水在中国古代史上皆极著名。中国古代的农业文化，似乎先在此诸小水系上开始发展，渐渐扩大蔓延，弥漫及于整个大水系。我们只要把埃及、巴比伦、印度及中国的地图仔细对看，便知其间的不同。埃及和巴比伦的地形，是单一性的一个水系与单一性的一个平原。印度地形比较复杂，但其最早发展，亦只在印度北部的印度河流域与恒河流域，他的地形仍是比较单纯。只有中国文化，开始便在一个复杂而广大的地面上展开。有复杂的大水系，到处有堪作农耕凭借的灌溉区域，诸区域相互间都可隔离独立，使在这一个区域里面的居民，一面密集到理想适合的浓度，再一面又得四围的天然屏障而满足其安全要求。如此则极适合于古代社会文化之酝酿与成长。但一到其小区域内的文化发展到相当限度，又可借着小水系进到大水系，而相互间有亲密频繁的接触。①

这些自然水系在华夏文明的起源中扮演着重要角色。研究表明，我国的水系与国家的大一统格局有着某种关联，因为我国的水系的内部统一性十分明显。与欧洲相比，欧洲的水系从阿尔卑斯山分别流向四方：向东注入黑海，向南流入地中海，向北流入北海和波罗的海，分道扬镳的水系客观上促使国家和政治上的分裂。我国的两大河流黄河长江贯通全境，各地区的水系分布自然，平坦的地势同时也为人工南北沟通提供了地理上的便利，加强了一体化的趋势。公元前 214 年秦朝史禄开凿灵渠，引湘江入漓

---

　　①　钱穆：《中国文化史导论》，商务印书馆 1996 年版，第 4 页。

江，沟通长江与珠江两大水系。**水利景观**从来就是人类的重要实践型智慧的伟大成就。

人们也在与水的交流与交通中深刻认识到其攸关性，人们一代一代进行着顺从、适应和改造工作和工程。这些故事不仅在史前有大量的传说，进入国家阶段后更是有目标、有目的地进行着这些工作和工程。随着秦的统一，国家对水系的认识，以及在此基础上的工程设计、长时间的实施同样构成了帝国政治地理学的一个重要特征。其中著名的水利工程和水系改造设计有：秦昭王时蜀郡守李冰在今四川修筑的大型水利工程都江堰，陕西泾阳谷口的渠首等，① 换言之，对水的利用和改造促成了国家统国的方略。《史记·本纪》云："始皇初即位，穿治郦山。及并天下，天下徒送诣七十万人，穿三泉，下铜而致椁，宫观百官奇器珍怪徒藏满之。令匠作机弩矢，有所穿近者辄射之。以水银为百川江河大海，机相灌溉。上具天文，下具地理。"由此可见一斑。公元 612 年，隋朝修建南北运河，贯通了黄河、淮河、长江、钱塘江四大水系。自唐朝起建立了将各地田赋税收经水路到京师的体制，称为漕运。②

作为乡土社会的基层，村落与水的关系同样也是生存性的、生计性和生活性的。也就是说，没有水，生存、生产和生活都难以为继。费孝通的《江村经济》，以他自己的家乡开弦弓村为例进行了深度的民族志研究。"村庄是一个社区，其特征是，农户聚集在一个紧凑的居住区内……它是一个由各种形式的社会活动组成的群体，具有其特定的名称，而且是一个为人们所公认的事实上的社会单位。"③ 中国幅员辽阔，村落与村落之间的差别是很大的，江村是一个水系发达的村落，水不仅成为景观，也是最重要的资源并进行着"自治性管理"，"以航道或水路为例：每个人均能享用村里的河流，但不允许其在使用时做出对当地居民有害的事。夜间停止使用河流，除得到守夜人许可外，任何人不得通过。"④ 村落的水源、水系、

---

① 李学勤：《东周与秦代文明》，文物出版社 1984 年版，第 196 页。
② 胡兆量等：《中国文化地理概述》，北京大学出版社 2001 年版，第 49 页。
③ 费孝通：《江村经济》，上海人民出版社 2006 年版，第 12 页。
④ 同上书，第 45 页。

水田、水路、水运、水管等一体，使得江村成为一个经济开放、生活富裕的地方。而且地方的文化也由此呈现灵动的态势。

对于传统的农耕灌溉而言，河水流到下游是自然功能，所以其最具有合理性的是快速且没有障碍的流动，即为使之沿直线流淌。"水土"一直是相互依存的，故为"**水土景观**"。然而，在具体的农田"现代化"的过程中，曾经出现使用混凝土趋向，将曲折的河流改为"直的河流"，导致摩擦减少，水草难以生长，从而减少障碍。邻国日本对此有过反省，从景观的角度来看，现代社会正在不断地对平淡的第一阶段现代化进行着反省。对第一阶段的反省是，由于失去了人性化因素，而希望摆脱功能合理性。

人工的"曲化"（此图为鸟越皓之教授发言中所提供）

可是，事实并非如此简单。请看照片的河流，河流变成了曲线。为了掩盖混凝土河床，贴上了岩石风格的装饰瓷砖。葎草也是人工的。这样的机械式曲线究竟是什么呢？分明是用书桌上的设计图来制作的曲线。这里没有人类的生活气息。因此学者提醒：应该更加重视当地的文化个性、生活个性、河流个性。①

139

---

① 参见"农业技术与文化遗产国际学术研讨会"（2016 年 11 月 25—27 日），日本的大手前大学校长、早稻田大学名誉教授鸟越皓之的主题发言"农业水利技术持续发展所形成的景观"（未刊稿，特向鸟越皓之教授致谢——笔者）。

河流与水利景观

1993 年湖北荆门郭店楚墓出土一文《太一生水》，表明水与万物的创始关系。我国古代文明完全可以由水的传统线索来解说。从考古遗址的分布情况看，石器时代和商周遗址主要分布在渭、泾、沣、浐、灞、涝等河流沿岸。① 中华始祖炎黄凭水所生，《国语·晋语》载："昔少典氏娶于有蛟氏，生黄帝、炎帝。黄帝以姬水成，炎帝以姜水成。成而异德，故黄帝为姬，炎帝为姜。"说明在部落时代，作为部落首领的黄帝和炎帝都出生于黄河的支流渭河流域。"黄帝以姬水成"，即在姬水岸边长大而姓姬（氏族）。据地理资料的考据可知，姬水为古漆水，发源于今陕西麟游县西部偏北的杜林，在今武功县汇入渭河。姜水为渭河支流歧水下游的一段，即今之清姜河，在陕西宝鸡汇入渭河。"姬""姜"皆从女，学者倾向于认为此说为母系氏族之遗。虽然学术界对这一段记录的可信度见仁见智，甚至持质疑态度，② 但一致的观点是：他们都活动于黄河的支流渭河周围。

由是可知，中华文明的开基祖（三皇五帝）皆与水发生关系；另一方面，水的传统与城市形制在"英雄祖先"之创世伊始就已成契约，并早已在大禹治水（鲧禹治水）③ 的历史与传说中留下了深深印记。这种关系又与水的"利—害"相互照应。中国自古就有"水可为利，亦可为害"的古训。对于水的利害，处理不好，戕遗后代。钱穆以"水利与水害"为题考察了中国古地理水之"利害"的关系："上古洪水，其事渺茫，可以勿论。相传殷民族建都，屡遭水患，然汤居亳，地在河南商邱，距河尚远，而他的子孙却渐渐迁徙北去，渡河而都。据后代考定的禹河故道而言，则殷人迁居河北，恰是昵就黄河，而非畏避（详见《禹贡锥指》）。仲丁迁隞，河

---

① 见西安市文物局编《华夏文明故都　丝绸之路起点》，世界图书出版公司 2005 年版，第 9 页。

② 参见刘宝山《黄河流域史前考古与传说时代》，三秦出版社 2003 年版，第 63 页。

③ "大禹治水"又称为"鲧禹治水"，是中国古代神话传说故事。三皇五帝时期，黄河泛滥，鲧、禹父子受命于唐尧、虞舜二帝，分别任崇伯和夏伯，负责治水事宜。

亶甲居相，祖乙居耿，虽然《史记》说‘河数为败’，而殷都却始终近河。"① 这里涉及一个重要的水与城建历史问题：城郭建于"丘"，既因据水利，亦因防水患。据陈梦家考证，《尚书》和《殷本纪》中所述"祖乙圮于耿""迁于邢"，即邢丘，在沁水之滨。②

丘在甲骨文中是一座小山𝘀，《说文·丘部》释："丘，土之高也。从北从一。一，地也。人居在丘南，故从北。中邦之居在昆仑东南，一曰四方高中央下为丘，象形。"注："土高曰丘。"《山海经·海内经》：

> 有九丘，以水络之，名曰：陶唐之丘、（有）叔得之丘、孟盈之丘、昆吾之丘、黑白之丘、赤望之丘、参卫之丘、武夫之丘、神民之丘。

换言之，所谓城"丘"者，乃因近水之高地而建。可见，水的传统与城的形制是纽带性的；言说城市文明，需从水开始。

我国古代"城郭"（城与国）是一体性的；而"国（囗）"与"王"的关系又是相互的。《周礼》述之甚详，而开言便有"惟王建国，辨方正位"之谓。③ "建国"即营建城郭。城建与治水由此建立了历史的逻辑关联；传说鲧在治水中开创了城郭建制。这一说法出自《世本·作篇》之"鲧作城郭"。④ 由此可知，水与城的关系从一开始就是一门独特的政治学。今之学界在进行水文明溯源时，常将"水利/专制"的原点归于德裔美国人卡尔·魏特夫（Karl August Wittfogel）及其著述《东方专制主义》，即所

---

① 钱穆：《古史地理论丛》，生活·读书·新知三联书店 2005 年版，第 240 页。

② 参见陈梦家《殷虚卜辞综述》，中华书局 1988（2008）年版，第 251 页。

③ （汉）郑玄注，（唐）贾公彦疏：《周礼注疏·天官冢宰第一》，上海古籍出版社 2010 年版，第 2—3 页。

④ 虽然在筑城的创始人的传说版本中，还是黄帝，《尸子》："黄帝作合宫。"《白虎通》（佚文）："黄帝作宫室避寒暑，此宫屋之始也。"［参见雷从云、陈绍棣、林秀贞《中国宫殿史》（修订本），百花文艺出版社 2008 年版，第 5 页］。此外尚有黄帝"邑于涿鹿之阿，迁徙往来无常处，以师兵为营卫"。（《史记·五帝本纪》显然当时城郭未有成形。总体而言，对创建城郭的始祖，学术界共识性观点是鲧）。

谓"东方水利社会"与专制制度是一个互为关联的生成模式。① 魏氏提出了一个专门的术语"水利文明"（Hydraulic Civilization）以概括之。依笔者拙见，中国的"水利—专制"早已成型。《尚书·虞夏书·禹贡》和《尚书·周书·洪范》可注、可解。《禹贡》曰："九州攸同，四隩既宅，九山刊旅，九川涤源，九泽既陂。四海会同，六府孔修；庶士交正，厎慎财赋，咸则三壤，成赋中邦。"② 《洪范》："箕子乃言曰：'我闻在昔，鲧陻洪水，汨陈其无行。帝乃震怒，不畀洪范九畴，彝伦攸。鲧则殛死，禹乃嗣兴，天乃锡禹洪范九畴，彝伦攸叙。'"③ 《尚书》之"洪范九畴"已经包含了"水利—帝制"权力结构，有了"水利—专制"学说的雏形。④

但笔者所要特别强调的是，《禹贡》和《洪范》出现了一个特殊的关系：禹通河道，划九州，以州为单位，叙述其山川湖泊，土壤植被，矿产田赋，初具自然区划的端倪，是中国早期区域地理的杰作。书中载有岩矿约30种，各类土壤10种，提出了初具系统的地理概念。⑤ 说明《禹贡》的主干乃自然地理学，而主旨却是政治地理学——尤以先圣、帝王之业绩为线索，并形成规矩。众所周知，大禹构成古代名君序列中的一位，与尧、舜齐名。他因治水有功，受舜禅让继帝位。重要的是，他所定制中国国土为九州，开创了一个新的、大一统（"家天下"）的政治历史以及朝贡制度。他被认为是中国神话时代的最后一人，也是"国家历史"的第一人。

所以，《禹贡》本身是以自然地理为背景的政治地理学设计框架。虽然，我们用今日之学科分类的概念去衡量过去有不公之嫌，但我们所强调的是，治水传统从一开始就是政治性的。无怪乎钱穆在《古史地理论丛》之开场便列举帝王武功事迹："言周初地理者，无弗谓后稷封邰在武功，公刘居豳在邠县，太王迁岐在岐山，皆在今陕西西部泾渭上流。至文王、

142

① ［美］卡尔·魏特夫：《东方专制主义》，徐式谷等译，中国社会科学出版社1989年版。
② 屈万里：《尚书今注今译》，新世界出版社2011年版，第33—34页。
③ 同上书，第64页。
④ 参见彭兆荣《水传统与中国文化遗产的生命表达》，《百色学院学报》2014年第4期。
⑤ 卢嘉锡、席泽宗主编：《中国科学技术史》（彩色插图），中国科学技术出版社、祥云（美国）出版公司1997年版，第46页。

武王乃始于毕、程、丰、镐，周人势力自西东渐，实始于此。"① 这一份以帝王统治天下的政治地理学遗产，一直为中华文明所坚守。

域流——域流景观

流域，最简单的意思是：水流过的地方。但是，川流不息，水流不止，边界宽大；所以，水流到哪里，哪里就属于流域，比如黄河流域、长江流域，边界也宽大。然而，我国自古以来，区域是有边界、有区划的。区域有文化，且独特，景致很迷人。为了强调流域与区域的混淆，笔者生造一词"域流"，指河流流过的所在地区。② 中国虽然自古讲求政治上"大一统"，文化却是"地方的"。乡土景观不只是村落性的，虽然中国的广大农村，作为小农经济，"自给自足"是一个特色，但是，"自给自足"其实是限制性和限度性的。也就是说，这是一个不完全的修饰词。村落同样需要交换，需要互通有无，更需要采借——文化的、观念的、技术的、工具的等。仍以费孝通的"江村"为例，"江村是江苏靠太湖的一个村子，这里水运便利，很多农村社区早就脱离了自给自足的经济形式，江村的居民并不是全靠农田上的收入来维持生计的，他们有很发达的手工业。他们所生产的生丝和生丝原料，并不用来自己消费而是用来做向外运销的商品。这样，他们每家的经济情形多多少少受着都市工商业的支配。江村是附近都市的附庸，代表着受现代工商业影响较深的农村社区形式。"③

当然，我们也可以从城市的角度说，有些城市与乡村保持着紧密的关联，带有浓郁的乡土气息。如果说，乡土景观可以分为狭义和广义的话，那么，狭义的乡土景观指乡土社会中以村落为景观呈现的基本单位；广义的乡土景观则包含着区域特点，被所在地人民原创、认同和传承的类型化文化景观。例如，重庆就是一个乡土味很浓郁的城市，也是一个典型的有

143

---

① 钱穆：《古史地理论丛》，生活·读书·新知三联书店 2005 年版，第 7 页。

② 彭兆荣：《"流域"与"域流"：我国的水传统与城智慧》，《社会科学战线》2017 年第 2 期。

③ 费孝通：《江村经济》之"禄村农田"，上海人民出版社 2006 年版，第 273 页。

着"域流景观"的城市。"域流景观"的最大特点是：水的流动在一个地方积累下来各种各样的东西，它是广纳"上游"各地带来的积淀，也带了各种各样的人文荟萃，游动的乡土成为一景；这种情形自然造成了地缘认同上的特色，城不动，水动；每天都新鲜，认同是交织性的，即认同有固定的地理空间形制，又认可水流的游动特点。这种在"有边界"和"无边界"中形成了文明的活态性、集结性；有时呈现出悖论的形态，如"苦乐"交集形态。同时，这也是一座乡土城市的典型，自然因素的多样性，使"巴文化"具有包容中的豁达。

这座城市山环水绕，完全山水胜景之城。此地的人民被称为巴人，"巴"有不同的说法，其中之一，三国时代南充人谯周著《巴说》称，阆、白二水东南流，弯曲如"巴"字，故称。① 重庆因水而居，其如《华阳国志》所述："仪城江州"，"江州"即指重庆，"州"者，水中高地可居者。重庆地处两江之汇，如仪江州，街坊市井，居落建筑，依山傍水，风景独特。清代时，不少西人访问考察重庆，其中有这样评述者："重庆的姊妹城，② 就坐落在支流和大江汇合而形成的高高的沙岩半岛上……这三个城镇合在一起，是我迄今为止在中国见到的印象最深刻的城镇景观。"

作为流域景观的代表，除了山水相依的自然生态特性外，川流不息，人流不止，历史上四次大移民（秦汉、三国、明末清初、抗战），使得重庆的人文生态（"巴文化"）也具有了多重性。如重庆码头"九开八闭"，除了风水的因素之外，也是行业和人群的地盘划分。由于这样独特的地理环境，也使之成为历史上著名的军事重镇和政治重镇，同时，由于水路交流的便捷，也使得重庆自古便是重要的商贸集市集中之处，商业会馆发达，码头多而分布广，③ 形成了独特的"码头文化"，④ 重庆最著名的码头为朝天门码头，那里也是"棒棒军"集中的地方，构成了重庆最有代表性的地缘符号之一。"棒棒军"穿行游走于山城，全世界独一无二，不仅是

---

① 参见庄燕和、鲜述秀《重庆城的由来与发展》，《巴蜀论丛》1980 年第 2 期。

② 清朝时期的重庆城由三部分组成，它们是：重庆府城（今重庆市的市中区）、江北厅城（今重庆江北区）和长江南岸一线（今重庆市南岸区）。

③ 参见符必春《晚清西方人眼中的重庆城：基于游记视角》，《重庆社会科学》2009 年第 4 期。

④ 参见邓晓《老重庆的城门与码头文化》，《重庆师范大学学报》2005 年第 1 期。

山城一种游动的人文景观，更带有浓郁的乡土气息。"棒棒"一词完全属于民间表述，渊源何时，出处何在，均无可考。

其实，在许多情况下，民间产品不需要考证，活着、活态就够了。重庆这座城市的历史，失去"棒棒军"可以说便失去了地缘乡土。这也是域流景观。世界上有不少山城，也不少坐落于水边，"棒棒军"却只在重庆出现，"风景这里独好！"至于"棒棒军"群体需要不需要进行规范性管理等问题,① 或许都不重要的，更为重要的是，"棒棒军"作为重庆的城市景观如果消失，会给这座城市带来什么人文影响？我们打一个比方，如果我们的乡村以后没有种植农作物的田地，还会有什么乡土景观？重庆是一个古书上称"汭"的地方，就像树丫那样分支分叉之处，简单地说就是一个水丫杈，形成了自己的文化景观。

值得一说的是，我国的乡土景观不仅只是用于表述村落，有些时候亦可用于城镇，因为我国绝大多数城市和城镇与乡土社会存在着千丝万缕的联系，因而具有浓郁的乡土味。仍以重庆为例。自古巴人栖居在此，形成了灿烂的巴渝文化，特色鲜明；她不乏城市的格调和高度，又保持着乡土浓烈的乡土味。为人、是地、饮食，一如既往通透着麻辣的豪气、彻底。说这座大城市具有乡土味，一方面就传统而言，另一方面，兼糅着"乡土城市的景观"，形成了一种重庆人所记忆的乡土。当地艺术家是这样描绘自己的家乡的，它是"老照片"，是怀旧，是恋土，是认同，所包含的记忆并不是单一的"城市化"景观，却挥发着清新的乡土气息。

李有行先生水粉画中的"老重庆"具有浓郁的乡土味（张颖提供）②

① 参见汪瓒等《重庆"棒棒军"职业变化及其影响因素的初步探讨》，《重庆文理学院学报》2015 年第 7 期。

② 李有行先生是四川美术学院创始人之一，被尊为"东方色彩大师"——笔者注

在我国古代的文献、遗址和文物的诸多材料中，水之"利害"不仅反映在水灾（洪水）和旱灾（干旱）记忆的开端，逻辑性地，水传统也因此与特定"地方"联系在一起，而"流域"成了最好的注疏和最鲜明的照相。要之，水之于我国古代的文明关系是原生性的、肇始性和连续性的；而水流所及也必然形成相应的流域文明和区域文化。流域即特定的因水流而经过、形成的区域。这是学术界以往一直不太重视的地方：就政治地理学而论，"中国"自古讲究"天圆地方"（宇宙认知）和"一点四方"（行政区划），区域则是"方"的具体。在先秦时期，"方"就有多种意思，而"方国"必在其列。"方国"其实更多指的是流域性区域。傅斯年《夷夏东西说》考述了夏之区域，包括今山西省南部，即汾水流域；河南省西部中部，即伊洛一带，渭水下流。这些夏文化的重点地区，其实都是流域。① 而我国的"土方"之名，见于古文献，《诗经·商颂》："洪水茫茫，禹敷下土方。"说明大禹治水与"土方"的直接关系。故有不少学者认为夏即是土方。②

中国的区域研究是人类学一个具有特色的研究领域。对中国的区域研究或地方史研究最为著名的当数施坚雅（William Skinner），在他主编的《中华帝国晚期的城市》中所强调和突出的区域是城市为中心的所属地区。他认为，在帝国时期，地区之间的不同不仅表现在资源的天然性差异，也表现不同地区的发展情况和阶段不一致。③ 虽然，施坚雅的"区域"带有西方"城乡"二元模型的明显痕迹，但学术界公认其为区域研究的学术原点。葛兆光在评述西方学者和日本学者有关中国"区域研究"的情形时说，"中国研究确实在很长时间里忽略地方差异性而强调了整体的同一性"④。忽略了区域的基建单位"地方"的独立性，尤其是"地方性知识"难以进入正统序列和表述之中。

每一个"区域"都有一个具体的、确定的地点（site or place）——属

---

① 傅斯年：《夷夏东西说》1935 年版。转自胡厚宣、胡振宇《殷商史》，上海人民出版社 2008 年版，第 39 页。

② 参见胡厚宣、胡振宇《殷商史》，上海人民出版社 2008 年版，第 41—52 页。

③ 参见施坚雅《十九世纪中国的地区城市化》，载《中华帝国晚期的城市》，叶光庭等译，中华书局 2000 年版，第一编，第 242—252 页。

④ 葛兆光：《宅兹中国：重建"中国"的历史论述》，"绪说"，中华书局 2012 年版，第 7 页。

于某个具体的族群、村落、城市、国家。"文化地图"这个词在不同的语境里被赋予差别颇大的指喻：文化地图致力于用图画（graphical）的表达方式呈现非图画型（non-graphical）的信息。文化地图不仅表达了物理意义上的地形图，更重要的是呈现了精神和文化的"地形图"：记忆、愿望、焦虑和假说……文化地图呈现了很多未知的知识领域，在文化地图的空间里，包括了图像、表格和影像，以及任何一种可以表达抽象理念和无形感受的具体有形的表达手法。[①] 文化地图也是一种知识或观念视觉化的空间呈现。地图绘制的对象可以是某些人喜好的事物，可以是建筑、道路、花园、市场、公交车、商场、地铁等社区中任何事物。另外，文化地图还可以是人们对某个地方未来的规划蓝图，还可以是人们选择某个社区居住的原因等通过主观态度呈现出来的视觉化符号。

区域景观不仅有一个自然地理的地图概念，也有一个人文地理的地图概念。我们对文化地图的定义是：边界及其关系在空间的视觉化呈现。边界可以是具体有形物如行政区划、街区、山水地势等的边界，也可以是理念、知识、时间、族群、文化等无形（intangible）物间的边界。视觉化并不排斥文字，文字也是一种视觉化的符号，很多地图如果没有文字很难完整。视觉化甚至可以包括影像等多媒体符号。因为我们的文化地图不仅表现对象及其边界，同样重要的是要表现它们之间的关系。因此，我们的文化地图可能不仅仅是平面的，在条件允许的情况下还包括立体的文本，如超文本链接。

水是人类生命维继的**源泉**，是文明**源远流长**的肇端，是形势灵动**活泼**的景观，是文化形制和体貌的**渊薮**，是民间与地方知识的**滥觞**，是维持社会**活力**的能量……无意中发现，我们使用的语言中最有生气的词汇大都有"水"，是为"**水文—人文景观**"。

风水景观

"风水"的意思有多种，首要意思是"风和水""风和雨"。"风水"

[①] http：//xroads. virginia. edu.

147

一词，最早见于晋·郭璞所作的《葬经》，其云："气乘风则散，界水则止。古人聚之使不散，行之使有止，故谓之风水。风水之法，得水为上，藏风次之。"风水也称堪舆，东汉许慎注云："堪，天道也；舆，地道也。"可知堪舆的意思为天地之道。具体而言，"观天法地"。即便是到了汉代堪舆成为术数，亦主要采用五行法则的术数，是一门涉及天地万物的学问。①而具体的堪舆术主要指宅基地或坟地周围的风向、水流、山脉等形势。因此，"风水"从来就是中国传统的乡土社会中常见的景观，也是中国古代的一种认知自然的方式，它上至帝王，下达百姓。

风水是中华民族历史悠久的一门玄术，较为学术性的说法叫作堪舆。风水是自然界的力量，是宇宙的大磁场能量。风就是元气和场能，水就是流动和变化。风水的观念常常被一些西方学者称为"疑似科学"，但在其背后，存在着"宗教/科学"之西式二分法思维方式的桎梏。中式的思维从来就不以"非此即彼"的思维来思考问题，而是天人合一的"中和"方式。从某种意义上说，风水其实是这种思维模式的具体实践。风水之所以被置于官方的"否定"范围，乃是因为"科学"被抬到不可企及的崇高地位。然而，在乡土社会，风水才是人们最靠近的生活部分，人们生老病死，衣食住行，几乎都与阴阳五行、风水观念发生关系，因而是无法根本铲除的，这与他们的"命""运""祖""嗣""生""死"都有关系。在风水观念中，包含着与祖先的连接，对于风水，特别是墓地风水这一民俗性继嗣模式，和以"遗德"为中介的祖先—子孙之间的人格关系相联系。②这是乡土传统要义之重者、大者。

值得特别提示的是，历史上学者们根据风水观念和知识将其称为研究内容，这是学者们的"风水"，而百姓的风水观念和实践，尤其在不同区域、地方的村落情形可能完全"走样"，变成另外一种风水。重要的是，人们将追溯祖先、祭祀神灵与村落政治相结合，形成以风水为名、为实的知识脉络，即关于龙脉游走周围山脉的地理知识。"在这个知识脉络内，

---

① 参见关传友《风水景观——风水林的文化解读》，东南大学出版社 2012 年版，第 1—2 页。

② ［日］濑川岛久：《族谱：华南汉族的宗族·风水·移居》，钱杭译，上海书店出版社 1999 年版，第 182—183 页。

人们为了自己的利益，或单独行动，或集体行动，改造自然，讨好神灵，就像一出永不闭幕、充满张力的戏剧。"① 换言之，在传统的乡土村落里，风水既可以是一种具体的，与法术有关的专门技术，许多地方形成了地方业缘，由风水师处置，也可以是一种与人们观念相关连的，具有巨大张力的认知性知识，与祖先、神灵、庇护、利益等相结合。

在乡土社会，"风水"常常只是一个统称，是一种牢固的观念，并由民俗无形地坚持传承着。由于政府和政府行为在不断地发生变化，而政府所掌握的权力属于"横暴权力"，与民间的"同意权力"② 必现冲突，而那些与风水相关的观念——代表着民间传承下来的，又受到政府反对、排斥的那些观念和行为。费孝通在《江村经济》中记录了"历本"对于村民们的作用：

> 历本并非村民自己编排，他们只是从城镇买来的一红色小册子，根据出版的历本来进行活动。他们不懂其历法的原理，他们甚至不知道历本是哪里发行或批准的。因政府禁止传统历，出版这些小册子是非法的。我未能找到谁是负责出版者。然而政府的行动在任何意义上说，并未影响小册子的普及和声誉。在任何一家人的房屋中都可以找到这本册子，而且在绝大多数情况下，这往往是家里惟一的一本书。人们通常将它放在灶神爷前面，被当作一种护身符。不仅在安排工作时，而且在进行各种社会活动和私人事务的时候，农民都要查询这本历书。在历本中，每一天，每一栏，专门说明哪些事在这一天做吉利，哪些事不吉利……③

149

"历书"不是风水的专书，但"风水先生"离不开它。历书只是指导人们生活的点点滴滴，必然包含着风水的观念、习俗，二者在原则上有许

---

① 劳格文、科大卫编：《中国乡村与墟镇神圣空间的建构》"序论"，社会科学文献出版社2014年版，第2页。
② 费孝通：《乡土中国 生育制度》，北京大学出版社1998年版，第59—60页。
③ 费孝通：《江村经济》，上海人民出版社2006年版，第105—106页。

多一致性。比如时间、地点、生辰、阴阳、红白喜事、祭祀、破土、出门、地形、安葬等因素都被纳入。这就是乡土社会的传统。

风水作为一门技术，为相地之术，即临场校察地理的方法，古称堪舆术。它是一种研究环境与宇宙规律的哲学，人既然是自然的一部分，自然也是人的一部分，达到"天人合一"的境界是再平常不过的了。风水的核心思想是人与大自然的和谐，早期的风水主要关乎宫殿、住宅、村落、墓地的选址、坐向、建设等方法及原则，为选择合适的地方的一门学问。可见风水之术也即相地之术，核心即是人们对居住或者埋葬环境进行的选择和宇宙变化规律的处理，以达到趋吉避凶的目的。风水学又有阳宅和阴宅之分。比如在阳宅的选择中，《阳宅集成》中主张"阳宅须教择地形，背山面水称人心，山骨来龙昂秀发，水须围抱作环形，明堂宽大斯为福，水口收藏积万金。关煞二方无障碍，光明正在旺门庭"。① 即使在今天风水择址的观念和实践依然在乡土社会中盛行，比如我国徽州的村落选址和建筑即可为例。

徽州村落选址模式（彭兆荣摄）②

---

① （清）姚延銮：《阳宅集成》，武陵出版社 1999 年版。

② 展板解说：徽州地处山陵地带，群山环绕，溪水清澈，钟灵毓秀，景色如画。徽州村落的选址大多严格遵循中国传统风水规则进行，崇尚"天人合一"的和谐环境观，追求理想和村落人居环境和山水意境，同时满足人们趋吉避凶的心理需求。村落选址大多利用天然地形，依山傍水，枕山环水，背山面水，负阴抱阳，随坡就势，大都选择在山谷内相对开阔的阳坡或山侧南向缓坡上。遵循"阳宅须教择地形，背山面水称人心。山骨来龙昂秀发，水须围抱作环形"的模式。处于面南而居的坡地，村落可以获得充沛的自然日照和开阔的视野，又可避免洪涝和有利于排泄，近水可以获得灌溉、洗涤、防火和航运等便利。录自"安徽中国徽州文化博物馆"——笔者注

无论"风水"还是"堪舆",首先是中华民族的一种经验性认知和术数表述,是古代先祖与天地沟通的一门特殊的技术。以"堪舆"这一概念看,虽然存在着一个衍变过程,意义也随之发生巨大变化,但从来就是以"天地人"为主位的认知性表述。我国自古讲究"天象地形",而地形之势符合者,称为"形胜"。汉代《地理指蒙》将地势文化"形胜"理念赋予人居风水学内涵。在相土度地中,用"土会之法"以辨认五地——山林、川泽、丘陵、坟衍、①湿地。"土会之法"指计算的意思,以计算各种生物适应生活的环境。② 按今天的说法就是生态关系。

虽然"堪舆术"作为风水术,特别是阴宅的选测通常认晋代的郭璞为鼻祖,但"堪舆"本义与天象有关。据考证,"堪舆"之名最早出现在西汉初期的《淮南子·天文训》:"北斗之神有雌雄。十一月始于子,月徙一辰。雄左行,雌右行。五月合午谋刑,十一月合子谋德。太阴所居辰为厌日,厌日不可以举百事。堪舆徐行,雄以音知雌,故为奇辰。"在这里,"堪舆"是一个神名,指称北斗星辰。星命之术在春秋至两汉期间颇为盛行,古人相信天上星辰之运行变化,是与世间人事之吉凶祸福密切相关的。后来扬雄的《甘泉赋》有"属堪舆以壁垒兮"一句,说有正是汉武帝于甘泉宫之祭台上向"堪舆"神灵祈祷卜吉。在《史记·日者列传》中,开始出现"堪舆家"这一专有名词:

> 孝武帝时,聚会占家问之,某日可取妇乎?五行家曰可,堪舆家曰不可,建除家曰不吉,从辰家曰大凶,历家曰小凶,天人家曰小吉,太乙家曰大吉。辨认不休,以状闻。

151

可知当时天文地理人文之胜景。而古之"堪舆"被称作"天地之道"。③

如此风水,自然属于中国传统景观无疑。"风水是中国文化对不确定环境的适应方式,一种景观认知模式,包括对环境的解释系统,趋吉避凶

---

① 坟衍古称水边和低下平坦的土地。

② 佟裕哲、刘晖编著:《中国地景文化史纲图说》,中国建筑工业出版社2013年版,第34页。

③ 李城志、贾慧如:《中国古代堪舆》,九州出版社2008年版,第1页。

的控制和操作系统"①。在现实生活中，风水是一种玄术、技术。风水术所反映出来的空间观念中，水是山之外最重要的元素。"如有水无山，则不易察辨气从何处来；有山无水，则难以审定气于何处而止。"风水家认为"未看山时先看水，有山无水休寻地"，"风水之法，得水为上"。在风水术中，气随山势而走，水则用以止气。气凝聚在山水交合的地方，因此，山水"大交则大聚，小交则小聚，不交则不聚，也就没有什么风水宝地了"。②《管氏地理指蒙》说：

> 水随山而行，水界水而止。界分其域，止其逾越，具其气而施尔。水无山则气散而不附。山无水则气塞而不理。……山为宝气，水为虚气。土逾高其气逾厚水，逾深其气逾大。土薄则气微，水浅则气弱。③

"风水"其实也可理解为我国早期的地理。值得一说的是，"地理"就是我国古代风水的重要别称之一。景观与地理学关系密切。"地理"在中国古籍中很早就已出现，《周易·系辞》中有这样："仰以观于天文，俯以察于地理。"唐孔颖达释之："天有悬象而成文章，故称文也；地有山川原隰，各有条理，故称理也。"④ 比如"龙脉"就与之关系密切。龙脉即山脉，也指水的流向，是风水理论中最为重要的概念。古代风水理论常借龙的名称代表山川的走向、起伏、转折、变化。《管氏地理指蒙》说："指山为龙兮，象形势之腾伏。""借龙之全体，以喻夫山之形真。"成语"来龙去脉"即与风水有关。⑤

依据此说，地理是风水的一种异称，被赋予特殊的人文关怀。在风水术里，讨论流水的形状最重要的一个观念就是"有情"，所谓有情就是

---

① 俞孔坚：《回到土地》，生活·读书·新知三联书店 2016 年版，第 236 页。
② 叶春荣：《风水与空间——一个台湾农村的考察》，载黄应贵《空间、力与社会》，"中研院"民族学研究所 1995 年版，第 323 页。
③ （三国）管辂：《管氏地理指蒙》，齐鲁书社 2015 年版。
④ 关传友：《风水景观——风水林的文化解读》，东南大学出版社 2012 年版，第 2 页。
⑤ 同上书，第 46 页。

"来宜曲水向我，去宜盘旋顾恋"。《雪心赋》说，"水若屈曲有情，不合星辰亦吉"，也就是流水要弯绕宅基，依依不舍的样子。风水家把这种环绕回顾的流水成为"金城环抱"，又称"玉带水"，主大富大贵。《阳宅十书》说："门前若有玉带水，高官必定容易起；出人代代读书声，荣显富贵耀门闾。"相对地，直冲走窜，激湍陡泻或者反弓水都表示无情，是风水水法中的大忌。① 在现代风水的著作中，俞灏敏把风水中水势与凶吉的关系讲得最为具体：

> 至于吉象，如水之来朝，弯曲而不冲射；水之离去，盘桓而不倾泻；水之横过，绕抱而不反弓；水之汇聚，悠扬而不峻急。水远不欲其小，水近不欲其割，水大不遇其荡，水高不欲其跌，否则皆为凶象。②

至于风水景观，其实也是一种人化自然的景观，它遵循一个原则：自然固有神性，不可违背。人造景观必须服从。它隐约包含了"生态优先"的意思。而在具体的方法上，风水讲究因循地势。这其实是风水文化中至为重要的，比如相信河流的曲折蜿蜒和连续是"吉"的，而现代生态学研究表明，蜿蜒的河流有利于消减洪水能量，减弱自然灾害。③ 事实上，就自然形态而言，河流的蜿蜒原本即属于"势"，自古而来，因势利导既是对待治理洪水的方法（大禹治水），也是人们在自然面前的一种遵守规则。而现代的许多工程性景观，严重背离了这一规则，因生硬的"直"而让自然服从，由此的后果是：自然灾害大幅度增加。

"方位"对于风水来说很重要。按照方位和方向的风水学原理，离南、坎北、震东、兑西、艮东北、坤西南、巽东南、乾西北。按照这样的八卦方位，我国建筑中的"坐北朝南"即遵循"坐坎朝离"之原则，也是理想

153

---

① 叶春荣：《风水与空间——一个台湾农村的考察》，载黄应贵《空间、力与社会》，"中研院"民族学研究所 1995 年版，第 324 页。

② 俞灏敏、朱国照：《风水大全》，中州古籍出版社 1994 年版，第 96—97 页。

③ 俞孔坚：《回到土地》，生活·读书·新知三联书店 2016 年版，第 241 页。

的方位。因此，一般的民居会将正房建在北端，卦位为坎，宅门修在东南的巽或正南的离，方皆大吉。① "风水说主要目标是为阴阳宅选一最佳的环境，即所谓'好风水'。"② 以阴阳八卦和五行为基础的风水理论是在选择"阴宅"的基础上发展而来的。阳宅和阴宅的关系密切，瑞典考古学家安特生在《甘肃考古记》中追踪"仰韶文化"时，在"住址与葬地"一节中对远古村落的遗址的发掘中发现，葬地中的死者仰卧地中，头均北向。③他没有解释。风水理论从选择"阴宅"转向于"阳宅"的时间无从考据，但与个中"道理"或许存在关系。

在村落选址中，风水家称"龙、穴、砂、水、向"为"地理五诀"，有所谓"龙要真，穴要藏，砂要秀，水要抱，向要吉"之说，其强调"阳宅须教择地形，背山面水称人心。山骨来龙昂秀发，水须围抱作环形。明堂宽大斯为福，水口收藏积万金。关煞二方无障碍，光明正大旺门庭"④。从上面的论述中可以看出，风水理论就是根据阴阳法则，追求阴阳和平的大小环境，顺应天人合一，创造有利于生活、顺从自然规律的情境。

在乡土社会中，村落作为基层单位，其宅基建制一直受到风水观念的影响。史籍记载，村落的宅基风水林是渊源于上古时代的社神崇拜。《周礼·地官·大司徒》载："高其社稷之壝，而树之田主，各以其野之所宜木，遂以名其社与其野。"郑玄注："壝，坛与堳埒也……所宜木，谓若松、柏、栗也，若以松为社者，则名松社之野。"这说明树是社的标志。⑤少数民族的情况略有不同，有些少数民族属于迁徙民族，其中不少栖居于山上，未必有"社树"之谓，但村寨前有风水树是普遍的现象。他们常常会将与本民族、族群有着密切关系的树木栽种于村寨前，甚至与神认同。比如苗族认"枫树"为祖，故枫树常作为风水树，既敬祖先，又事风景。"吃鼓藏"是苗族传统祭典中最重要的一个活动，实为杀牛敬神。杀牛所

① 参见南喜涛《天水古民居》，甘肃人民出版社2007年版，第129—130页。
② 俞孔坚：《理想景观探源——风水的文化意义》，商务印书馆2016（1998）年版，第20页。
③ ［瑞典］安特生：《甘肃考古记》，乐森珥译，"住址与葬地"，文物出版社2011年版。
④ 高寿仙：《徽州文化》，辽宁教育出版社1998年版，第187页。
⑤ 关传友：《风水景观——风水林的文化解读》，东南大学出版社2012年版，第205页。

使用的木架正是枫木。①

　　风水因素一直是我国传统建筑中的不可或缺的因素，以客家土楼为例。风水活动之所以在乡土社会，尤其在中国的东南地区，包括港澳台呈现兴旺景观。客家人的风水理念表现在土楼的选址和土楼内部结构的布局上。土楼的选址必须经过风水师的觅龙、察砂、观水等步骤最终确定楼址。觅龙就是观察山脉的走向，求得阴阳之气和合之地，以期"万物不失，生气不竭，天地气交、万物华实"的理想风水之地；察砂是观察主体山脉四周的小山或护山，来风的一边为上砂，要求高大，能遮风挡暴；与上砂相对的就是下砂，要求低矮，能回风护气；观水是指观察水源与河川之走向，观水要"开天门，闭地户"。天门是来水处，去水处为地户，要求天门敞开，财源广进，地户缓出，留住财源，几乎所有早期开基的客家土楼村落都是临水而建。现在的客家土楼村落多数聚落在：坐北朝南、背山临水、负阴抱阳；上砂高耸、下砂低伏；天门开敞、地户幽闭等位置，如永定县的湖坑土楼群和南靖县的田螺坑土楼群。对于单座土楼来说，建造也是要按照风水的阴阳五行来建构。如永定县建于 1912 年的振成楼，按照《易经》的"八卦图"布局建造。卦与卦之间设有青砖防火隔墙，隔墙中有拱门，开则全楼相通，合为整体；关则各卦自成独立院落，互不干扰。站在厅前中心点上，可以看见左右的水井和侧门。两口井位于振成楼太极八卦图中阴阳鱼的鱼眼上，一阴一阳，水面高低差 2 米，水温差 2 摄氏度。全楼 1 厅、2 井、3 门、4 梯，八卦的对称布局，井然有序。② 我国政府将福建土楼作为我国 2008 年世界文化遗产唯一申报项目正式向联合国

---

　　① 参见彭兆荣《摆贝：一个西南边地苗族村寨》，生活·读书·新知三联书店 2004 年版，第 137 页。

　　② 振成楼位于永定县湖坑镇洪坑村，建于 1912 年，占地 5000 平方米，悬山顶抬梁式构架，分内外两圈，形成楼中有楼，楼外有楼的格局。前门是"巽卦"，而后门为"乾卦"。外楼圈 4 层，每层 48 间，每卦 6 间；每卦设一楼梯，为一单元；卦与卦之间以拱门相通。楼内有一厅、二井（暗合"八卦"中的阴阳两极）、三门（即正大门和两头边门，意合八卦中的天、地、人三才）和八个单元。卦与卦之间是隔火墙，一卦失火，不会殃及全楼；卦与卦之间还设卦门，关闭起来，自成一方，开启起来，各方都可以相通。祖堂似一个舞台，台前立有四根周长近 2 米、高近 7 米的大石柱，舞台两侧上下两层 30 个房圈成一个内圈，二层廊道精致的铸铁花格栏杆，是从上海运到此楼嵌制的。

申报，并获得成功。可以这样说，没有风水学，便无客家土楼。

风水与宗族之间的关系可谓密切。要乡土社会中，宗族是风水事业的主要发动、推动和行动者。而且，从中国不同的地区所反映出来的情形来看，传统的乡土文化保护得越好，宗族力量就越强大；宗族力量越强大，则风水观念就越密集。"至少在清代的广东、福建等中国东南部地区，风水知识及其相关实践在民间的普及程度极为广泛。这是因为该地区呈现着发达状态的父系宗族，积极地参与了本族祖先墓地风水活动的缘故。有关事实也可以从这一地区宗族族谱的记载内容中得知。"① 比如自明清以来，包括香港新界在内的中国东南地区，宗族这一拥有强烈的团体性色彩的父系亲族集团获得了显著的发展；由于这些宗族在其形成、发展过程中一般都对祖先墓地风水和祠堂风水极为重视，族谱也做了详细的记载。② 风水在民间的观念与实践活动非常广泛，几乎可以说无所不在。不过，在"白喜"中的择地建墓等活动可谓其重，这是因为它不仅关乎祖先传承之"脉"，关乎在世之辈的孝顺、名声、面子等重大事务，也关乎子孙后代的继嗣传承的发展与发达。

"风水"在近百年的遭遇，或许是反鉴我们自己最好的一面镜子。如果我们说，有"风水"的乡土就有传统的景观，或许说得过于绝对，但如果我们说，消除了"风水"的景观，是乡土性缺场的一个标志的话，这或许是确实的。对于传统的家园遗产而论，家园里的人与乡土的关系是一体的，无法须臾相隔，乡土就是"神"。所以，主人守护乡土，就像你守护你的家一样；因为你是主人；有主人翁的精神。而如果连祈求神灵保佑自己、家园趋吉避祸的希冀都失缺，那还能祈求乡土家园能够得以健康地存续吗？

风水在许多情况下，并不是单纯的技术，而是附着于具体的事物和事象，它包含着"庇护""庇荫"和"庇佑"。比如传统村落的风水树。"在东南中国之广大农村，缺少风水树和风水林几乎就不成为村落，树龄与村

---

① ［日］濑川岛久：《族谱：华南汉族的宗族·风水·移居》，钱杭译，上海书店出版社1999年版，第112页。

② 同上书，第147页。

落历史一样久远。"① 所谓风水树就是在村落宅基周围栽种的保护村落和人民的树木，无论是水口林（种植于村落的水口处）、龙座林（指种植在山脚、山腰等被称为"龙座"之处的树木）、垫脚林（种植于村落前面的河边、湖畔的风水林）以及宅基林（种植于宅基庭院的风水林）② 都是起到保护村落、氏族、家族等的作用，因为风水林有避凶趋吉之作用，自古人民就崇拜山林树木，视之为神。③ 从生态保育的角度，风水林起到了保护村落的屏障作用。此外还有防风、绿化、美化作用。但从我国风水树的基本情况看，多数风水林只是村寨前后的一小块面积的树木，将其提升到具有全面的生态作用，言过其实。风水林更多取其象征意义和意思，是对自己家园的一种执守与认同。

例如，苗族村寨有几处重要的，甚至是神圣的地方；其中风水林便是其中之一。苗族的风水树又称作保寨树，"det mangx（音：豆免）"，即护寨的枫树。枫树是苗家的神树，据说迁徙而来的祖先要想在一个地方定居，必先种下一棵枫树。枫树成活，表示祖先喜欢，那人们就可以安家落户；如果不活，则意味着祖宗不同意，那就另换地方。枫树所在之地，也就是村寨的龙脉所在，每年敬桥节、清明节，村民在树下或求子嗣，或祭祖先。贵州黔东南的西江苗寨的枫树林不止一处，因为一千多户苗寨本就不止一个村子。但相同的是，关于枫树林都有一些比较神秘的传说，诸如不懂事的小孩去掏鸟蛋被摔死、人们在树下有所不敬即有鸟粪淋头之类。西江镇控拜村的护寨神树据说有几百年的历史。然而比护寨的枫香树更历史悠久、更受村民崇敬的，是矗立于地鼓场上的千年老樟树——据说因天灾，树干已经空心，半边树冠也有残缺，但在村民心目中的地位依然很高。控拜村的知识分子在自己编撰的书上说，老樟树"就像控拜人性格一样刚强"。寨子里还有三百多年的杉树，传说是由一对美丽的姑娘仰金和扁耶变的，过苗年的时候，村民一定会到树下祭拜。④

157

---

① 俞孔坚：《理想景观探源——风水的文化意义》，商务印书馆 2016（1998）年版，第 91 页。
② 关传友：《风水景观——风水林的文化解读》，东南大学出版社 2012 年版，第 4 页。
③ 同上书，第 71 页。
④ 参见闫玉《银饰为媒：旅游情境中西江苗族的物化表述》，民族出版社 2018 年版。

然而，对于自古形成的风水林，在当代社会的城市景观的建造中，有些却可能面临着空前的灾难。俞孔坚教授诉说了这样一个故事，他在这个故事之前用了这样的表述："第一个景象，放弃祖宗的庇荫。"

> 在湖南乡下的一个村寨前面，几个老农正在从他们的祖坟上面挖掉一棵古树，因为村头有商人正在等着，他要出 60 块钱买这棵树，倒卖到城里去。于是，村民更连祖坟都不要了。这是风水树啊，连风水都不要了，连祖宗都不要了。挖掉这棵树的同时，他们挖掉了整个生态系统，树上的乌鸦窝没了，树上的喜鹊窝没了，树底下的蚯蚓没了，黄鼠狼没有了栖息之地。同时，水土流失又染黄了村边本来清澈的河流。我跟踪了这棵树很久，从挖出来开始，然后被运走，倒卖商把 60 块钱交到老农的手里，然后运到城边……①

风水树的种植是中华民族的传统生存智慧的表达，古人认为，家园居所周围要树来庇荫，四方都要有树，那是四神具足之处。神居之处，自然便是人居的纳福之处。正是这个原因，人们将风水树与村落的命脉相关联。在南方，包括少数民族村寨都有风水树（林），多种植樟、松、柏、楠等长青树。西南少数民族村寨前大都有风水树或风水林。人类学家弗雷泽在《金枝》中都提到这一点。对于风水树，当地的民众视之为神圣，外人不可轻易作碰它们，更别说砍伐。砍伐风水树无异于截断整个村落的命脉，甚至祖脉。上述苗族的村寨以枫香树为保寨树，传说与苗族始祖蚩尤有关，故称为"蚩血树"。② 由于风水树大都立于村头，因此也是风景树。

---

① 俞孔坚：《回到土地》，生活·读书·新知三联书店 2016 年版，第 137 页。
② 参见关传友《风水景观——风水树的文化解读》，东南大学出版社 2012 年版，第 145 页。

贵州务川县龙潭古镇之风水画（张颖提供）①

　　传统的村落和少数民族村寨，除了村头、寨口等处有风水树以外，村落的形制也依据风水学中的脉理而建。虽然许多风水景观伴随着近代历史上的一系列政治运动而受到重大摧残，但不少仍有踪可寻。风水景观属于传统乡土社会中的组成部分，属于"草根"范畴，是民众认知、经验和知识的构造部分。当我们明白了这些道理后，似乎多少能够改变一些我们简单地将风水学、风水观、风水树等归并于"封建迷信"的看法。在很多时候，我们似乎也明白，由西方舶来的"科学"，尤其是环境科学、生态学，都没能够阻止人们砍伐风水树。至少，"风水"让人们留下了"风水树"。

　　风水不是科学，风水中有科学的因子。它是人类认识自然过程的延续。"对于风水问题，我想亦和原始宗教相类似，它是原始文化的延续，既包括有朴素的合理的内涵，但亦混杂有非科学的、神秘的内容和外衣。因此，对待风水问题，关键在于从文化的历史发展观点，来取其精华，弃

159

　　① 这幅年历是张颖教授带领团队，根据贵州省务川县龙潭古镇当地民众口述、地方史志以及现场的遗址等复原的村落风水图。作为纪念，特以年历的方式，设计出 2017 年龙潭古镇年历，并分送到当地每一家户，得到了当地民众的充分肯定。当然，现在人们已经再也无法看到原来的乡土形貌——笔者注

其外衣。"① 这样的评述大抵不错，却包含了一种"科学的话语权力"。科学是一个渐进的、不断发展，又具有包容的过程，是探求规律的方法，同时还要有自我反省的品质。人类在任何时候，都有避凶趋吉的心理，风水正是积淀了人类这种集"认知—文化—技术"于一体的现象。对于"风水现象"，解释也是多层次的。②

我国古代与之相属的技术就包括了罗盘和指南针。指南针的雏形称为"司南"；也就是所谓的"立表"。在商代甲骨卜辞中，常用"立中"。据萧良琼的研究，"立中"即"立表以测影"，③ 为我国商周时期用以测量时间和方位的仪器，即日晷之类。众所周知，"立中"所包含的"中""致中"不啻为"天人合一"之核心概念；其与科学与占卜糅在一起，难分泾渭。器具亦多为巫师贞人所操纵，用于祭祀占卜之用。

司南在古代是一种用天然磁石琢成的勺形指向器。司南除了指勺形指向器外，还有指南车、指南舟和报时刻漏的代称，唐以后改称为"指南"。④ 作为我国古代科学的伟大发明，早已为世界所公认；作为一种具有科学性质器具，司南还被引申为"指导""准则"。⑤ 然而，在传统的认知和表述中，却常常为"仙人"所操使。1988 年，江西临川出土的墓葬中，有张仙人俑一式二件，此俑"眼观前方，炯炯有神，束发绾髻，身穿右衽长衫，左手抱一罗盘，置于右胸前，右手紧执左袖口。座底墨书"张仙人"。该俑俨然一位地理阴阳堪舆术家。他是"仙人""阴阳学家""地理学家"，未知"科学"在其中处于何等位置，如何厘辨？

160

---

① 王恩涌"序言"，见俞孔坚《理想景观探源——风水的文化意义》，商务印书馆 2016（1998）年版，第 3 页。

② 俞孔坚：《理想景观探源——风水的文化意义》，商务印书馆 2016（1998）年版，第 124 页。

③ 参见萧良琼《卜辞中的"立中"与商代的圭表测景》，载《科技史文集》第 10 辑，上海科学技术出版社 1983 年版，第 27—44 页。

④ 闻人军：《考工司南：中国古代科技名物集》，上海古籍出版社 2017 年版，第 203—204 页。

⑤ 同上书，第 244 页。

"张仙人"俑，现在临川县文物陈列室①

　　我国传统的乡土社会，千年悠久，积累了伟大的精神智慧，那些知识和智慧融化在日常的生活中。风水观念和风水术也融化在了老百姓的日常生活中，包含了独特的知识和智慧。

161

---

　　①　相关材料引自闻人军《考工司南：中国古代科技名物集》，上海古籍出版社 2017 年版，第 195—196 页。

第二部分

农耕·草根·家园·公园

第一章

乡土社会的草根性

乡土之"草根性"

乡土景观本义是"土地的集合体",是一组相互关联的土地,属于某个系统的一部分。一片土地是一块有边界的地表空间。[①] 在我们称之为景观尤其是乡土景观的空间模式中,最普遍、最基本的空间乃是供家庭生活和耕作的一小块土地。其他空间都只是修饰或延伸。在政治景观中,我们将其理解为原型的空间单元(minispace)。这种处于贵族和城市物产者之间的稳定生活方式,本质上反映出家庭道德的特征:维系一家人的生计,管理奴仆和劳力;自力更生、尊重传统、与邻为善。家庭就像一个小型国家。相对其存在的目的而言,不大也不小。它由清晰可见的墙或树阵环绕,离道路足够近,以便与整个社区联系,同时它又一直保持着明确的隔绝性。它是一处领地,有自己的家庭等级秩序,有自己的祖先,有自己在特定的时间特定的地点祭拜的神灵。一代又一代,他们强化了自己的行为准则和传统关系,同时也非常注重保持自己在外界眼中的荣耀崇高的形象。[②]

---

① [美] 约翰·布林克霍夫·杰克逊:《发现乡土景观》,俞孔坚等译,商务印书馆 2015 年版,第 195 页。

② 同上书,第 40—43 页。

就外在的视觉形态而言，乡土景观是人与环境相处的形象。《发现乡土景观》的作者杰克逊认为乡土景观有很多特点：动机性、暂时性、变化性，但最重要的，还是它的适应性。换言之，是人与自然的协作关系所形成的产物。乡土景观是生活在土地上的人们无意识地、不自觉地、无休止地、耐心地适应环境和冲突的产物……适应多变而复杂的自然环境，协调由于环境适应方式不同而产生的具有文化差异的人群。是当地人为了生活而采取的对自然过程、土地和土地上的空间格局的适应方式的表达，是此时此地人的生活方式在大地上的显现。乡土景观包含土地及土地的城镇、聚落、居民、庙宇等在内的地域综合体，记载着乡土经验，反映了人与自然、人与人及人与神之间的关系。①

我国传统乡土社会所根据的基础是农耕——与土地的结合。农耕只是一种农业文明带有普遍性的表述概念，并不足以详尽其中所包含的重要的、可能性的差异，而且即便都属于农耕文明范畴，差异仍然非常巨大。许倬云在《中国古代文化的特质》一书中，曾经谈到人口密集与农业精耕的问题，值得讨论：

中国在新石器时期的聚落分布密度，是同时期其他文化无法相比的。从现在已经发掘的考古资料来看，大约黄河中游一带有两三千个居住遗址，密集的程度和今天的现象相当相似。我也说过，在新石器时代中国文明形成的时候，人群的组织方式有两种：一是亲缘，一是地著。亲缘也包括类亲缘，即使不是真正的亲缘，也号称自己是一家人，所以我称之为类亲缘。地著就是居住在这片土地上不太移动。所以人口的大量移动是缓慢的，短距离的，先要布满附近的空地，然后才能发展长距离的移民，因此人口密度在中国历史上来看总是局部性的。移民不会往宽乡疏散人口，只会在窄乡附近住得越来越挤。中国的人口密集区就造成中国精耕农业最主要的条件。

精耕细作的农业以大量集中的劳力放在小农庄上，以大量的劳力

---

① ［美］约翰·布林克霍夫·杰克逊：《发现乡土景观》，俞孔坚等译，"译序"，商务印书馆2015年版，第1页。

来应付季节性的需求。使劳力平均分配，可以利用增加作物的种类，但是黄河流域及长江流域都有不短的霜冻期，在这段时间没法耕种，所以，精耕细作农业就只能和精舍工业结合在一起，使得农闲时节的过剩劳力可以化为农舍工业的人手。换句话说，农业的生产者即是手工业的生产者，手工业的产品成为市场里的商品……中国精耕细作的历史背景，则是政治力量毁掉城市，毁掉作坊工业、毁掉了私家经济。①

这样的评说并不准确，特别是他认为精耕细作的农业组织可以自己产生出手工业，并使产品变成了商品，进而毁掉城市、毁掉作坊工业，毁掉个体经济。事实上，中国的城市发展从来就有自己的脉络和逻辑，也难说不发达，只是与西方的生成模式不同而已。或许正是由于城市与乡村保持着亲密的关系，反而促进了手工业的发展。《考工记》中所述"百工之业"，说明古代中国城市的手工业发达的情景。至于私家经济，无论是家族性的（性质），还是作坊性的（形式），中国都不缺乏，只是具有特殊的"草根性"。反观今日之中国，如果经济发展可用"奇迹"概之，最"给力"都恰恰是那些"草根性"的个体经济，而这些个体经济也与农耕文明一样，有着悠久的历史传统。

在西文中，"乡土"（vernacular）一词，来源于拉丁语"verna"，可以理解为"本地的"，有别于"外地的"；或是"乡村的"，区别于"城市的"；抑或是"寻常的"，对应于"正统的"。乡土文化（vernacular culture）意指一种遵守传统和习惯的生活方式，完全与更宏大的政治和法律统治的世界隔离。② 总之，"乡土"一词通常意味着农家、自产和传统。③ 在视觉认知上，乡土是一种独特的景观；在拉丁语中，"景观"一词的对应词几乎都来自拉丁词"pagus"，后者意指一块界定的乡村区域。在法语

167

① 许倬云：《中国古代文化的特质》，联经出版事业股份有限公司 1988 年版，第 24—25 页。

② ［美］约翰·布林克霍夫·杰克逊：《发现乡土景观》，俞孔坚等译，商务印书馆 2015 年版，第 197 页。

③ 同上书，第 117 页。

中，"景观"一词事实上有几个对应词，每一个都不外乎这些词义：土地（terroir）、村庄（pays）、风景（paysage）、乡村（campagne）。在英语中，这些区别出现在两种景观形式之间：树林（woodland）和田野（champion），后者来自法语 campagne，意指一处乡间田野。① 从西文的词义演变的基本线索，可以清晰地发现，乡土是景观的原生土壤。

乡土一词与地方口语、地方艺术和装饰风格相联系，这种趋势使得我们能够用它来描述地方文化的其他方面。在乡土文化中，人们的身份、地位不是源于对土地的永久占有，而是来自从属的群体或者大家庭。乡土景观展现了一种界定和对待时间、空间的截然不同的方式。人们用传统方式来组织和使用空间，生活在由传统习惯约束的社区中，依靠邻里关系结合在一起。我们通过研究地形的、技术的和社会的要素来了解他们，因为这些要素决定了他们的经济模式和生活方式。但从长远来看，任意一种乡土的或是非乡土的景观，都只能够在这样的前提下被完全理解：把景观视为空间的组织，探究这些空间的所有者和使用者，以及他们创造和改变空间的过程。通常，法律层面的探索能让我们更清晰地认识景观，尤其是对于农民或村民与其耕作的土地的关系。

乡土景观空间通常很小，形状不规则，很容易受到用途、所有权、规模迅速变化的影响；房屋，甚至村庄本身，不断扩大、缩小、改变形态、改变位置；总是存在大量的公共用地，如荒地、牧场、林地，在这些地区自然资源以零碎方式被利用；其中的道路主要是小道或小巷，从来无人维护，也很少是永久性的；乡土景观是分散的小村庄，是田野的集合，是人烟稀少的海上的小岛，或者一代一代改变的废弃地，没有留下雄伟的纪念物，只有废墟或者少量更新的迹象。机动性和嬗变性是乡土景观的核心特征，却是在无意识的、不情愿的情况下发生的；不是浮躁不安和寻求改善的表现，而是无休止地、耐心地适应环境。②

杰克逊总结了"三种景观"（景观原型）：景观一指早期的中世纪景

① ［美］约翰·布林克霍夫·杰克逊：《发现乡土景观》，俞孔坚等译，商务印书馆 2015 年版，第 7 页。

② 同上书，第 197—199 页。

观，具有动机性和嬗变性的特点，在无意识、不自觉的情况下发生，无休止地、耐心地适应环境；景观二指贯穿文艺复兴时代的景观，它清晰地永恒地定义乡村或城市的空间，并通过城墙、树篱、开敞的绿带或草坪使边界可视化；景观三指当代美国的某些景观、继承了景观一的动机性、适应性、对短暂性的偏好，也有着景观二的稳定性、悠久的历史和既定的景观价值等特点。尽管这些特点真正被运用于实践的情形时，却是要根据特定的文化背景，即便是表面上同属性的景观，比如篱笆与住宅所形成的形态和形象，在不同的背景中被塑造的意义和意思是完全不同的。在西方，一般的篱笆只是表示某一个人或家庭的所属空间，以体现个体化个性。而在中国和村落，由于宗族所演绎出来的传统的"大家族式"的家庭，常常并无需要篱笆墙之类的"边界"，如果要有，那就是高大的围墙。客家围楼即为典型。所以，要寻找乡土景观，首先要了解特定的"乡土性"，因为乡土性将赋予景物以确定的意思和意义。

俞孔坚教授认为中国大地上的景观，可用杰克逊的"三种景观"来理解：景观一，传统的乡土景观，包括乡土村落、民居、农田、菜园、风水林、道路、桥梁、庙宇，甚至墓园等，是普通人的景观，是千百年来农业文明"生存的艺术"的结晶，是广大草根文化的载体，安全、丰产且美丽，是广大社会草根的归属与认同基础，也是民族认同的根本性元素，是和谐社会的根基。景观二，政治景观，古代的如京杭大运河、万里长城、遍布全国的道路邮驿系统、宏伟的古代都城、奢华的帝王陵墓、儒家文庙，当代的如城市景观大道、纪念性广场、行政中心和广场、展示型的文化中心、纪念性的体育中心、会议中心，甚至大学城，等等。此类景观贯穿整个封建社会，且一直延续至今。尽管在各个时期有不同的风格，但它们都具有明显的可视性、尺度恢宏而呆板，服务于政治统治，彰显大一统民族的身份，但与普通人不甚相干，于草根文化和信仰格格不入。景观三，当代中国正出现许多传统景观中所没有的新的景观要素：社区公园、加油站、街头小吃摊、城中村繁华的街道、杂乱的农贸市场、并不整齐划一的都市菜园，等等。这些景观有本土的，也有外来的，但它们都符合普通人的需求，适应环境并不断变化，是孕育中的中国新乡土景观。①

笔者部分认同这一观点。不过，笔者认为，杰克逊的三种景观属于历时性分类，它的好处在于"历史的全景"——人们可以通过历史地考察，看到乡土景观的变迁之"景"。然而，人们似乎并不能真切地了解到，为什么某一种新景观或新景观元素是如何成为景观或景观的有机部分。人们只有回到特定的村落，才有可能真正了解原因。比如，中国今天的乡村，"硬地"（特别以水泥铺设的道路、田埂等）成为村落景观或村落景观的一部分。人们可以追踪到历史上是什么时候开始铺设"硬地道路"，然而，人们难以了解到，是什么原因，什么价值观念，谁的主张导致了人们做出这样的选择。而要了解原因，势必要进行深度的田野作业。

笔者还要附加的是，总体上的中国乡土景观的原理是独一无二的；无论景观学研究出现什么样的变化，生长出多少新的概念和元素，回到中国，必须回到原乡中去寻找答案，因为中国文化的本质是"乡土中国"。文化是景观的"背景"，也是景观的"衬托"。中西方"乡土"的认知、知识、表述不同，许多地方差异甚大，要做出符合情理的解释，就要回到"地方性"，特别是，在我国的乡土景观中，反映出中式宇宙观完整形制和形态，西方则没有，尽管可能在乡土景观中有相同的构件，如道路、庙宇等，机理却可能完全不一样。

对照西方的"乡土景观"，我们首先需要对中国的"乡土性"做一个梳理，"乡土"在传统的中国文化与西方同中有异；首先，指代家乡、故土。《列子·天瑞》："有人去乡土，离六亲，废家业。"《南齐书·卷四十九·列传第三十》："祭我必以乡土所产，无用牲物。"《金史·卷六十四·列传第二》："乡土之念，人情所同。"次者，指地方、区域三国魏曹操《步出夏门行》："乡土不同，河朔隆寒。"东晋葛洪《抱朴子内篇·黄白》"彼乡土之人，作土釜以炊食，自多也。"《隋书·卷二十四·志第十九》："每岁春月，各依乡土早晚，课人农桑。"就使用的情形而言，"鄉土"连用，唐宋增多，以清末民国为最盛。清光绪令天下郡县编撰乡土志。仅光

---

① ［美］约翰·布林克霍夫·杰克逊：《发现乡土景观》，俞孔坚等译，"译序"，商务印书馆 2015 年版，第 2—3 页。

绪三十一年至宣统三年（1905—1911）7 年间，全国共修乡土志 481 种，其所及范围大至一省，小至一区一乡。朝廷颁布的乡土志例目分为：历史、政绩录、兵事录、耆旧录、人类、户口、民族、宗教、实业、地理、山、水、道路、物产、商务。与地方志相比，乡土志内容简易、语言通俗，在小学课堂上取代四书五经、三字经、百家姓、千字文等，与国文、算数、修身等构成必修科目。

　　我们也可以分别对关键词"土"和"乡"进行辨析。"土"的字形构造简单，意义却重大。土是个象形字，像地面突出的土堆，字下部之"一"表示地面。甲骨文因契刻不便肥笔，只勾画出土堆的轮廓，作◐形。盂鼎作⬆形，更为形象。所有与土相关的字，都采用"土"作边旁。①《象形字典》解释："一"是特殊指事字，代表混沌太初，也可以代表"天"，或代表"地"。土，甲骨文◐像是地平线一上高耸的立墩◐。有的甲骨文◐在立墩◐上加三点指事符号丷，表示溅泥灰尘。有的甲骨文⬆将立墩形象◐简化成一竖丨。《说文解字》："土，大地用以吐生物者也。"上下两横的"二"，象地之下、地之中，中间的一竖"丨"，像植物从地面长出的样子。

　　西周金文"土"字皆作⬆（盂鼎）、⬆（舀壶）等形，绝无作"土"形者（见容庚《金文编》882 页。按：《金文编》"土"字条中收有睽士父盉铭文"士"字作"土"形，非土字，乃士字），金文中士字凡作"土"形者，皆为春秋战国金文中的形体。两周金文中的"金"字形体结构左边所从的"⋝"（如利簋铭文金字所从），是青铜制品的原材料，像把青铜材料制成饼形，一般认为是"吕"字的初文。西周金文中正用"⋝"字表示青铜原料之意，如效父簋铭文："休，王易效父⋝（吕）三，用作氒（厥）宝彝。"据于省吾之说，甲骨文今字以▲（读若集）为声符，下加"一"以示与▲相区别，甲骨文不见以"▲"为今字，但在"今"字用于偏旁中往往省作"▲"。金字虽不见于甲骨文，但明显从"▲"，应该是以"▲"（读若集）或今为声符。金字的本义也不是《说文》所说的"五色

---

①　王平、李建廷编著：《说文解字标点整理本》，上海书店出版社 2016 年版，第 357 页。

金"，而是专指其中一种即赤金，就是青铜。

总之，从西周金文"金"字形体看，其结构应是从吕、从士（或从王）、▲（或今）声，吕表示青铜原料——金饼，士或王本是斧钺的象形字，表示青铜制品。西周金文中的"金"字皆用为青铜原料之意，如利簋铭文："赐有事利金，用作檀公宝彝。"丰尊铭文："大矩赐丰金、贝。"匜："牧牛辞誓成，罚金。"西周金文中最早的金字形体，当是利簋的 ▲金 字，其次叔卣、宅簋、麦盉、师同鼎的金字皆无大的变化，过伯簋、孚尊的金字明显从吕、从王、▲ 声。至于金字在西周晚期至春秋战国金文中从三点、四点，并写在金字形体之中，则是后来的变化，金字的形体早期从士或王，至中晚期变为从"土"形，也是后来的变化，绝不可以从西周晚期的金字形体来证明《说文》"象金在土中形"之说。①

故金石也常常并称，意义多种，主要指金和美石之属，常用以比喻事物的坚固、刚强，心志的坚定；也指古代镌刻文字、颂功纪事的钟鼎碑碣之属。"金石文字者，古载籍之权舆也"②。《穆天子传》卷二云："天子五日观于舂山之上，乃为铭迹于县圃之上，以诏后世。"郭璞注曰："谓勒石铭功德也。秦始皇、汉武帝巡守登名山所在，刻石立表，此之类也。"③"太山之上有刻石，凡千八百余处，而可识者七十有二"④。"三代而上，惟勒鼎彝，秦人始大其制而用石鼓，始皇欲祥其文而用丰碑。自秦迄今，惟用石刻"⑤。"书之于竹帛，镂之于金石，以为铭于钟鼎，传遗后世子孙"⑥。"故功绩铭乎金石，著于盘盂"⑦ 等。

中国传统中有"五色土"的形制。"五色土"通常与社稷以及祭土仪式有关。北京中山公园内有一座被称为"五色土"的大土坛，实为社稷坛，即祭祀社稷时所用。社指社神，即土地之神；稷是稷神，即五谷之

---

① 李学勤主编：《字源》，天津古籍出版社 2012 版，第 1214—1215 页。
② 吴大澂：《愙斋集古录》卷首罗振玉序，1918 年涵芬楼影印本。
③ 佚名撰，郭璞注，王根林点校：《穆天子传》，载《汉魏六朝笔记小说大观》，上海古籍出版社 1999 年版，第 11 页。
④ 桓谭：《新论》，上海人民出版社 1976 年版，第 45 页。
⑤ 郑樵：《通志》，中华书局 1987 年版，第 841 页。
⑥ 孙诒让：《墨子间诂》，中华书局 1954 年版，第 294 页。
⑦ 许维遹：《吕氏春秋集释》，文学古籍刊行社 1955 年版，第 1055 页。

神。社稷也成国家的代名词。"五色土"的社稷坛。① 黄土代表五行五色之中土。传统的"五方"空间观经常表现在建筑，特别是祭祀建筑上，比如东汉的灵台遗址，地处河南偃师岗上村和大郊寨之间，灵台的最高层与天际相接，廊房四周运用不同的色彩，壁北面饰黑色，南面饰朱色，东面饰青色，西面饰白色；意在表示东方青土，南方红土，西方白土，北方黑土。灵台中央起自大地，国黄土。五种颜色象征国土。灵台一方面祭祀社稷土地之神，另一方面表示稳固的皇权统治。② 同时，不同朝代也赋予其相应的内容，西汉儒生认为，黄帝代表了朝代的开端，金、木、水、火、土五行之中，"黄"色象征着"金"，其崛起对应着"土"，汉代再一次对应着"土"，标志着一个新的朝代的开始，以及合法性。③

在中国的五行中，金与土关系甚密。《说文解字新订》："金，五色金也，黄为之长。久薶不生衣，百炼不轻，从革不违。西方之行。生于土，从土。左右注，象金在土中形；今声。凡金之属皆从金。"④ 金为形声字。《说文》所说的金字本义为"五色金也，黄为之长"，即：白（白金，即银）、青（青金、即铅）、赤（赤金，即铜）、黑（黑金，即铁）、黄（即黄金），而黄金是其中最贵重的。近现代遵从《说文解字》关于"金"字形体结构分析的说法的学者很多，但从西周金文"金"字形体看，"金"字右下部绝不是"土"旁，而是"士"或"王"字，是斧钺的一种象形字，表示的是青铜制品。

"土"在中国传统文化中代表着"生产"，因此也有"母"的意思。丁山先生有过考释，认为"后（土）"实为"土母"。由卜辞、金文"后"字结构看，它是象征母亲生子的形，《诗经》所谓"载生载育"，即其本意。农神称为"后稷"，地神称"后土"，皆从生产、生殖神话而来，其原始的神性都应该属于妇女。⑤ "皇天后土""天父地母"原指示父从天，母

173

---

① 参见刘德谦《从"五色土"说起——古代社稷坛小史》，载文史知识编辑部编《古代礼制风俗漫谈》，中华书局1986年版，第1—2页。

② 黄雅峰：《汉画图像与艺术史学研究》，中国社会科学出版社2012年版，第198—199页。

③ 同上书，第144页。

④ （东汉）许慎撰，臧克和、王平校订：《说文解字新订》，中华书局2002年版，第923页。

⑤ 丁山：《中国古代宗教与神话考》，上海书店出版社2011年版，第19页。

司地。可是历代文献表述中，后稷都是男性，一种解释是"周代也有称先王为后的习惯"①。这样，"社—祖"也就成为阐释乡土中国的一把钥匙，这一结构是中国传统农业文明的基要。"社"，土也（《论衡·顺鼓》）。"土"为"正"——"政治"的基本。

山西介休后土庙的香火非常旺盛。每年农历三月十八，在介休市旧城西北隅庙底街的后土庙，会进行后土庙会。后土庙的建筑为五进院落，占地 5566 平方米，由三清楼，钟鼓楼，戏台等建筑构成，其中三清楼和三进戏台形成了前台后殿的形式，这种建筑格局在中国建筑中属独创性建筑，为后土庙所独有。后土庙主要供奉的是后土夫人，是掌管阴阳生育，大地、山河的女神，自秦汉以来，历代帝王多有祭祀，祭祀后土夫人和玉帝的祭祀规格同等，可见她在介休人文化信仰中的地位之重要。

又，"土"指土地、土壤、田地，与乡土直接相关。《尔雅》："土，田也。"《易·象传》："百谷草木丽乎土。"《书·禹贡》："（徐州）厥贡惟土五色。"引申为土地、疆土、土田等，又引申为乡土、本土，由乡土、本土引申为"洋"相对的土气、俗气等。"土"又是"社"的古文，甲骨文亳土、唐土等皆指其地之土地神，即社神。"土"又特指"水火木金土"五行之一。又特指古代埙类土制的乐器。"土"读"dù"，通"杜"。根。《诗·风·鸱鸮》："彻彼桑土，绸缪牖户。"毛传："桑土，桑根也。"陆德明释文："土，音杜。《韩诗》作'杜'，义同。"② 从"土"的字形和语义的演变线索观察之，"乡土本色"一直都在，它是传统的，民俗的，土气的；但，它是根本的。

174

今天，在所谓有"后现代农业"的概念中——后现代农业，"需要有一个全新的范式，要求彻底实现由还原论向生态学观点的转变"③。而在所谓的"生态学范式"中，对"土地的关怀"仍然是第一位的："未来的农业将会体现出关怀土地的精神，而对土地的这种关怀，不是来源于追求私

---

① 丁山：《中国古代宗教与神话考》，上海书店出版社 2011 年版，第 16 页。
② 李学勤主编：《字源》，天津古籍出版社 2015 年版，第 1177—1178 页。
③ 参见 C. 迪恩·弗罗伊登博格《后现代世界中的农业》，见大卫·雷·格里芬编《后现代精神》，王成兵译，中央编译出版社 2011 年版，第 187 页。

利的动机，而是来自于人们对生命的感恩之情。"① 当我们重新回观自古形成的中华文明的农耕智慧中，我们发现，对待土地像对"母亲"一样，"务实性生产"与"对母亲感恩"之情同时羼入"后土情结"中。"生产"与"福气"是同构性的，仿佛"多子多福"；但情势并非止步于此，"感恩"与"反哺"是前者的自然延续。对母亲如此，对土地亦然。

"井田"与"乡里"

中国的农耕传统决定了"家—田"不可分隔的关系，"井田"即是典型的表述。远古时代，人们耕作的方式最初并无疆界，后来则依家族之数，而将土地分配，即所谓井田制度。井田制度，是把一方里之地，分为九区，每区一百亩，中间一区为公田。一方里住八家，各受私田百亩。中间的公田，除去二十亩以作为八家的庐舍，一家得二亩半，还有八十亩，由八家公共耕作，其收入全归公家。私田的收入，就全归私家。②历史乡土社会的"里甲"制度也都是在此基础上产生的。"里"和"甲"皆从"田"。

井田制作为我国传统的"家—田"的分配和管理制度，历经不同时代的变化，虽各朝代有侧重和强调，却大致无妨其作为基本的管理制度。至于"公私"之分，历代也有不同。古代田地部分，沟洫阡陌，井井有条。后世则不然，土地变化私有，分裂为不同的形状。土地的私有，变成了私产，人民倍加爱护。③而根本上说，天下之田土"莫非王土"，并无今日之"公"的意思。笔者当过知青，做过农民，其时有一项工作，即"机械化"，具体的工作就是"平整土地"，将不同形状的田地尽可能地"平整"成为大的田块，以便机械耕作。

如果说中国传统的"乡土景观"的基本构成——包括土地所提供的农

175

---

① C. 迪恩·弗罗伊登博格：《后现代世界中的农业》，见大卫·雷·格里芬编《后现代精神》，王成兵译，中央编译出版社 2011 年版，第 187 页。

② 吕思勉：《中国文化史》，新世界出版社 2016 年版，第 70 页。

③ 参见吕思勉《中国文化史》，新世界出版社 2016 年版，第 178 页。

业生产，以及建立在农田之上的"家""井田""邻里"等的各种范畴的表述形态，"田"显然成为最需认真观察和分析的结构单位和对象。以"田"之"地方"形态不仅形成了乡土社会的美丽景观，也实践着社稷国家的政治，甚至上达天圆地方之宇宙观。简言之，田地阡陌将人居邻里镶嵌在一块特定的地方，每一个聚落都有自己的水井，成为家园的符号认同；人们就这样和土地捆绑在一起。这便是真正传统乡土社会的实景。

"乡土"最显要的视觉形态是"田"，它构成中国农耕最本真的形态与形象。"富甲天下"最早的形容对象便是农田。田地的重要性也自然成为"天人合一"的基本要理。对于一个拥有数千年农业伦理传统的国家，田地至为重要。人们常用"天府之国"来形容田地肥沃，物产丰富。今天，成都平原被称为"天府之国"。而古代的关中地区即是最早的"天府"，其景象："田肥美，民殷富，战车万乘，奋击百万，沃野千里，蓄积多饶。"《尚书·禹贡》中把全国各地的农田分为九等，而关中所在雍州属于"上上"等，为全国之冠。[1] 这也是历史上"中原"的侧影。

"田"在甲骨文中为田，在一大片垄亩口上画出三横三纵的九个方格，表示阡（竖线代表纵向田埂）陌（横线代表横向田埂）纵横无数的田垄（陇）。有的甲骨文田像畸形的地亩。有的甲骨文将阡陌简化为一纵一横"十"。造字本义为阡陌纵横的农耕之地。金文田、篆文田承续甲骨文字形。《说文解字》："田，陈也。树谷曰田。象四口。十，阡陌之制也。凡田之属皆从田。"《释名·释地》："已耕者曰田。"赵诚释："田，象田地之中有阡陌之形。甲骨文用作职官之名，则为借音字。"[2]

176

"田"，象形字，构造上既像田猎站阵之形，又像井田之形。甲骨文有繁简不同的形体，后世则主要继承简体的写法，历代只有笔势的变化，结构则古今不变。"田"的原义也指田猎，这个意义后来写作"畋"。《殷墟书契前编》2.29.3："壬申卜，贞：王田𢎨，往来亡灾，隻（获）白鹿一，狐三。"又指耕种的土地。由此引申作动词，指种地，后写作"佃"。又指古代统治者赏赐给亲属臣仆的封地、古代的地积单位和生产活动单位等。

---

① 辛德勇：《旧史舆地文录》，中华书局 2014 年版，第 288 页。

② 赵诚：《甲骨文简明词典》，中华书局 2009 年版，第 81 页。

还指蕴藏矿物的地带等。[①]

田在传统的文字造型中不是一个简单的单体字，它同时也是"田族"基础部件，比如"男"，甲骨文 ，即 （田，田野，庄稼地）加 （力，体力），表示种地的劳力，即在田间出力做事的劳动者。《说文解字》："男，丈夫也。从田，从力。言男用力于田也。凡男之属皆从男。"于省吾考察了"男"的各种语义及演变，认为："男字的造字起源，涉及古代劳动人民的从事农田耕作，关系重要。"[②] 只是"男"本该是左田右力，而不是上田下力的造字结构。"田"在造字上与里、甲、佃、亩、畋、甸、畿（王城周围的地方）、稷、苗、畕（即"疆界"之意）、畴、壨等相关联；也与田地、耕田、里甲、国家、边疆等历史和制度皆有关联。由田所构造的景观不啻为乡土景观之核心。

"田"在农耕文明的形成中，其景观形制非一蹴而就，而经过由零到整、由生到熟的田土化过程。钱穆说："我们莫错想为古代中国，已有了阡陌相连，农田相接，鸡犬相闻的境界，这须直到战国时代，在齐、魏境内开始的景况。古时的农耕区域，只如海洋中的岛屿，沙漠里的沃洲，一块隔绝分散，在广大的土地上。又如下棋般，开始是零零落落几颗子，下在棋盘的各处，互不相连，渐渐愈下愈密，遂造成整片的局势。中国古代的农耕事业，直到春秋时代，还是东一块，西一块，没有下成整片，依然是耕作与游牧两种社会到处错杂相间。"[③] 此间道理不难理解，田地是需要人工开垦的，人与土地的亲密关系，至少从狩猎时期转型至农耕时期，需要一个相当长的时期。其实，农耕文明讲述的道理是人依靠田地的密切程度，这与农耕之前的狩猎和其后的工业形态对田地的依赖程度不一样。与游牧文明也不一样。此外也与人口的增长有关。所以，从历史的视野看，田地景观是动态的——不仅表现出视觉中形态变化的风景，也呈现出田地特殊的"生长性"。

许多人只是单纯地将农田的耕作劳动视为农人的生计方式，其实不

---

① 李学勤主编：《字源》，天津古籍出版社 2015 年版，第 1200 页。

② 于省吾：《甲骨文字释林》，商务印书馆 2012（2000）年版，第 260 页。

③ 钱穆：《中国文化史导论》（修订本），商务印书馆 1996（1994）年版，第 56 页。

然。人与土地的协作、合作最为实在、踏实。田地的生产性像母亲，它不像"天"，独大而疏远，"天父"是威严、可怖的形象。土地却无异于最早的人类与大地母亲的亲近，最具亲和力。地母、后土，都是用来形容田地的。田地给予人真正的依靠。"田更是一种艺术"：田的形状与尺度就像衡量人力与自然力、投入与产出的天平。① 田的艺术为我们提供了新的生存机会与繁荣的希望。田的营造告诉我们如何用最少的投入获得最大的收益；田的灌溉技术告诉我们如何合理而巧妙地利用水资源；田的种植艺术告诉我们如何适应于自然的节律配置植物；田还在矿物能源面临枯竭的形势下，承担起生物能源生产的重担；田的形式、田野上的过程，告诉我们美的尺度韵律；田所反映的人地关系，告诉我们如何重建人与土地的精神联系，获得文化身份与认同。②

如果要讲述传统中国的乡土性，"田"必定是一个关键词。而"井田"结构出了一系列相关的社会关系——"田"相属的传统乡土社会中的"农户—家族—宗族"群体。"井"也成了"家"的代表，"背井离乡"被描绘成失去家园的凄惨情状。"井"是乡土景观至为重要的生活必需，久之，也变成了"家乡"的代表性符号。在现实生活中，它通常指代一个关系密切的人口聚居的村邑。《易·井》："改邑不改井"（改建城邑而不改水井），词义缩小，就仅指井栏。井栏不能随意越过，因此引申为法度、法则、惩罚，这些意义在周金文多有用例，而在典籍则写作"刑"或"型"。"井"由本义比喻引申，可指类似井的建筑，如盐井、矿井、天井等。

178　　甲骨文井像两纵两横构成的方形框架。造字本义：人工开凿的提取地下水、有方形护栏的水坑。金文井在方形框架井中加一点指事符号，表示坑中有水。篆文井承续金文字形。《说文解字》："井，八家一井。象构韩形罋之象也。古者伯益初作井。凡井之属皆从井。""井"为象形字。"构韩（井栏）形"指用四木交搭像井口围栏。"井"字早已行于商代，入西周后，或在中空处添加圆点为饰；"罋（汲瓶）之象也"，可备一说。而在民

---

① 俞孔坚：《回到土地》，生活·读书·新知三联书店2014年版，第221—225页。
② 同上书，第229页。

居建筑中，特别是四合院，中间的庭院被形象地称为"天井"，以示"四水归堂"。在南方，住宅重在防晒通风，故厅多为敞厅，在空间感上与"天井"连为一体。①

先秦用"井"之字形描述一种土地制度——井田制：把一里见方的土地划分成如"井"字形的九块，每块百亩，八家各分一块，中间一块为公田，所以《说文》说"八家一井"。② 在中国，井田制起初就是部落所有制，是一种公有土地制度，进入宗族社会以后，由于中国特殊的社会形态，土地讲起来归国王代表的国家所有，但实际上归各级宗子所有，"周天子把王畿以外的土地分封给诸侯后，诸侯也就成了自己封国土地和人民的最高所有者"③。而"邻里"又构成了"若干'家'联合在一起形成较大的地域群体"。"邻里，就是一组户的联合，他们日常有着最亲密的接触并且相互帮助"④。

说到"邻里"，自然涉及"乡"，人们常说"乡里乡亲"，二者并置连用。从字源考，"鄉"与"卿"同源。卿，甲骨文𗊤像主宾𗊥、𗊦围着餐桌的食物𗊧相向而坐，一同进餐。金文𗊨省去"口"。金文作"𗊩"，即"卿"字。"卿"古音为溪纽、阳部字，与"鄉"声音接近。当"卿"的"亲密共餐"本义消失后，篆文𗊪在两个"人"𗊫再加"口"𗊬变成两个"邑"𗊭（村镇）另造"鄉"代替。"鄉"是一个会意字。它是"饗"（飨）字的象形初文，偶尔也用为"方向"的"嚮"。如"戊其宿辽于西方东鄉（嚮）"（《合集》28190）。在金文中多用作"饗"或"嚮"（向）字。七年趞曹鼎："趞曹立中廷，北鄉（向）。……用作宝鼎，用鄉（飨）朋友。"（《集成》5.2783）《说文解字》："鄉，国离邑，民所封鄉也。啬夫别治封圻之内六鄉。六鄉治之。"字形与词义的演变，传达出了一个值得注意的信息："邑"与"鄉"在文字上同源。当然，更为重要的认识是：我们可以得出中国古代的"城邑"与西方的"城市"在发生形制上完全不

179

---

① 傅熹年：《中国古代建筑概说》，北京出版集团公司、北京出版社 2016 年版，第 48 页。
② 李学勤主编：《字源》，天津古籍出版社 2015 年版，第 450 页。
③ 徐喜辰：《井田制度研究》，吉林人民出版社 1982 年版，第 126 页。
④ 费孝通：《江村经济》，上海人民出版社 2006 年版，第 69—70 页。

同，我国的城邑是从乡土社会中生长、生产出来，延续、延伸出来的，而不是像西方的城市模型源于海洋文明。

"乡"字形讹变为从"𨞚"，故其训"乡"为"国离邑"，也即秦汉时"乡亭"之"乡"，一万两千五百家为"乡"。《论语·雍也》："以与尔邻里乡党乎？"春秋时期齐国则以二千家为一"乡"。《国语·齐语》："五家为轨，轨为之长。十轨为里，里有司。四里为连，连为之长。十连为乡，乡有良人焉。"而《管子·小匡》则以三千家为一乡："制五家为轨，轨有长。六轨为邑，邑有司。十邑为率，率有长。十率为乡，乡有良人。"《广雅》："十邑为乡，是三千六百家为一乡。"楚国也以二千家为一"乡"。《鹖冠子·王鈇》"五家为伍，伍为之长。十伍为里，里置有司。四里为扁，扁为之长。十扁为乡，乡置师。"也泛指居住地。《孟子·告子上》"出入无时，莫知其乡。"注："乡，犹里也。以喻居也。"也引申为"家乡""故乡"等义。也泛指"地方""处所"。《诗·小雅·殷武》"于此中乡。"毛传："乡，所也。"也可指人。《礼记·缁衣》"故君子之朋友有乡，其恶有方。"郑玄注："乡、方，喻辈类也。"也假借为"曏"（嚮、向），表示过去、以前之义。"鄉"今简化为"乡"。[1] 由是可知，我国传统的"乡"一方面是因土地而形成的自然单位；又指在特定空间的人群共同体的社会关系。费孝通先生以"乡土中国"概括之，极为准确。

"乡土"历来为国家之本。《管子·权修》故有："国者，乡之本也。""乡土"之"土"是核心。在中国，就宇宙观而言，与"中土"契合。"中土"与"中原""中国"的早期含义相近。也与"四方"相对应而言，[2] 呼应"一点四方"的政治空间格局。在殷商时代，大地由"五方"组成，殷商地"中"，故有"中商"。"中华""中原""中国"即追此义。《说文解字》释："中，和也。"为什么"中"译为"和"？《说文解字》接着说："和，相应也。"《广雅》："和，谐也。"《老子》："音声相和。"说明"中"从"口"。这是一个中国古老的认知形制，即"天人合一"。从

---

① 李学勤主编：《字源》，天津古籍出版社 2015 年版，第 598 页。
② 参见王子今《上古地理意识中的"中原"与"四海"》，《中原文化研究》2014 年第 1 期。

这样的意思追溯，人们相信，所谓"中（国）""中和""和谐"的根基原都在乡土之上。所以在中国，如果离开了"乡土性"，任何乡土景观、城邑景观、政治景观等，皆是无源之水，无本之木。纵然我们今天所说的"和谐"也失去了根基。

在西文中，"乡土"（vernacular）一词，来源于拉丁语"verna"，可以理解为"本地的"，有别于"外地的"，或是"乡村的"，区别于"城市的"；抑或是"寻常的"，对应于"正统的"。乡土景观（vernacular landscape）一词是当地人为了生活而采取的对自然过程、土地和土地上的空间格局的适应方式的表达，是此时此地人的生活方式在大地上的显现。[①] 在拉丁语中，其本义是在主人房屋中出生的奴隶，在古典时代它的意思扩大到本地人，即生活局限于某个村庄或庄园中，且从事日常工作的人。乡土文化（vernacular culture）意指一种遵守传统和习惯的生活方式，完全与更广大的政治和法律统治的世界隔离。[②] 总之，"乡土"一词通常意味着农家、自产和传统。[③] 而在拉丁语中，"景观"一词的对应词几乎都来自拉丁词"pagus"，后者意指一块界定的乡村区域。在法语中，"景观"一词事实上有几个对应词，每一个都不外乎这些词义：土地（terroir）、村庄（pays）、风景（paysage）、乡村（campagne）。在英语中，这些区别出现在两种景观形式之间：树林（woodland）和田野（champion），后者来自法语campagne，意指一处乡间田野。[④]

从西文的词义演变的基本线索，可以清晰地发现，景观的原生形态就是"乡土"。换言之，"乡土"便是一种特指的景观本义。只是西方没有我国农耕文明中的以田为社会单位的特殊计量。

181

---

① 俞孔坚：《译序——回归乡土》，见［美］约翰·布林克霍夫·杰克逊《发现乡土景观》，俞孔坚等译，商务印书馆 2015 年版，第 i 页。

② ［美］约翰·布林克霍夫·杰克逊：《发现乡土景观》，俞孔坚等译，商务印书馆 2015 年版，第 197 页。

③ 同上书，第 117 页。

④ 同上书，第 7 页。

水田的自我性

虽然在乡土景观中"田"是如此重要，却往往为人所忽略，因为"种田"是农民的事情，简单而平凡，不值得重视。这种漠然不独忽略了伟大智慧生产于平凡生活的道理，更重要的是，忘却了"乡土中国"农本、农正的"自我性"。比如对于稻作文明而言，"水是农田最重要的东西"，所以灌溉也就成了稻作依靠。也是农田安排的重要因素。① 在日本人眼里，稻作文化被隐喻为神圣对象。稻米和稻田是日本人"自我隐喻"的依据："作为自我的隐喻，稻田是**我们**祖先的土地，是**我们**村庄的土地，是**我们**地区的土地，最后是**我们**日本的土地。它们也象征我们原初的未被现代和外国污染的过去。因此，稻田体现了日本的空间和时间，即日本的土地和历史。"② 所以，对于日本人来说，经营好稻米、稻田便不只是简单的"农活—农作—农耕"的问题，而是日本人"自我"存在和认同的问题。

日本的大手前大学校长，早稻田大学名誉教授鸟越皓之曾经在一次国际会议③上做了题为"农业水利技术持续发展所形成的景观"的主题发言，兹将文章的主体部分介绍于兹：

> 水稻作为外来物种传入日本，自国家形成以来，其作物稻米就成为主要的年贡。因此，几乎所有能够种水稻的空间都被不断地改造成为水田。这种改造用了 2000 多年的时间。
>
> 水稻从插秧时开始，在相当一段时间内需要大量的水，而日本的水资源不足成了水田农业的一项痼疾。为了应对这种水资源不足的状况，水利技术和有关水的地方信仰（祈雨等）变得发达起来。
>
> 从研究的角度，技术和信仰是完全不同的概念，但是如果站在农

---

① 参见费孝通《江村经济》，上海人民出版社 2006 年版，第 109 页。

② ［美］大贯惠美子：《作为自我的稻米：日本人穿越时间的身份认同》，石峰译，浙江大学出版社 2015 年版，第 11 页。

③ 笔者曾经参加在上海大学召开的"农业技术与文化遗产国际学术研讨会"（2016 年 11 月 25—27 日）。

民的立场，技术和信仰却是具有同样功能的概念，常常无法明确地加以区分。也就说，如果不跳出狭义的技术，将信仰纳入视野，就无法对景观进行充分认识。

在日本提到水田，由于水源不足的问题，因此，第一块水田都被精心呵护。其中垒田埂是一件重要事情："垒起田埂这一步骤，在被称为'粗耕'的第一次耕地和耕地的第二次之间进行，用四齿锹在被充分揉和得像粘糖一样的土壤上敲打出田埂的人，主用平锹将其压扁后麻利整平的人，大家彼此齐心合力，配合着节奏，将一块一块的水田宛如装入镜框中一样，一望无际的水田稻田，被无数泛着黝黑亮光的田埂所隔断，由此形成稻田的形状，其景象非常壮观。"

到了插秧季节，为了将水引导到水田里，建成了河川的堤堰和非常曲折的水路，这些都可以说是农业水利技术。在考虑景观问题时，水路成了一个大问题。因为作为水田地带的水边空间，是给景观加分的风景，而且一部分已经成为观光资源。

现在有些地方的田边用直线的混凝土建造堤岸，令水乡风情不在。半个世纪左右时间里，现代化在各地不断地破坏着具有魅力的景观。

人们在现阶段（第二阶段）不断地反省现代化的第一阶段所带来的问题，即用书桌上的设计图纸制作的曲线，失去了人类的生活气息，失去了文化个性。现在人们开始重新使用水车，用圆木掩盖了水泥河堤和田埂。①

183

依据鸟越皓之的介绍，日本水稻田的耕种是一个景观系统——创造出来的一种完全独立的稻田景观。日本稻米不仅是农田的耕作对象，也不仅是日常食物的扮演者，更重要的是，稻米被神化。稻米在日本的膳食中占据了一个特别的位置。虽然稻米从没有在数量上成为所有日本人的主食，但总是仪式场合使用的食物。柳田指出在所有作物中只有稻米被相信具有

---

① 鸟越皓之教授的文章尚未发表，笔者根据他在会议上提供给代表的材料简写，特向鸟越皓之教授致谢——笔者注

水池的堤防和水神（原文所附插图）

灵魂，需要单独的仪式表演。相反，非稻米作物被看作"杂粮"，被放到了剩余的范畴。之所以稻米被神化，据学者研究，乃是因为在日本古代的文化制度中，稻米被用作特殊的象征符号。其至高地位的最初发展是与它的象征等同于神以及与古代皇室制度的紧密关系相关。① 这或许也是我们可以在水田边看到水神的缘故。其实，这种情形在中国南方的稻作文化系统中也具有同样的效力，"科学"与"巫术"是难以绝然区隔的。②

作为水利灌溉系统，水田是一个相互流动和交通的网络，靠水流动和灌溉的协作，田具有分隔独立又相互协同的系统，这种自然与人的协作正是通过田地而变得合理和优美。有些因素人们肉眼无法看到，却是可以真切感受到的亲和力。而现代化的一些设施和手段有些时候反而破坏了这种几千年形成的人与自然的亲和力。对于田间作业，现代设施常常不是在加分，而是在减分。日本的稻田故事告诉人们一个道理，或许水田的个性并不是诸如水泥石块可以改变的。

这两幅照片是笔者在广西靖西县旧州村落调研时看到的两个项目标牌：一个日本援建的水利灌区园田化工程，一个是广西当地建设的"道路硬化"的建设工程。二者排列在一起，中间只隔着一个田间小道，却是相

---

① ［美］大贯惠美子：《作为自我的稻米：日本人穿越时间的身份认同》，石峰译，浙江大学出版社 2015 年版，第 49 页。

② 参见费孝通《江村经济》，上海人民出版社 2006 年版，第 114—115 页。

日本援建的水利灌区项目（左）　　广西建设的"道路硬化"（右）

（彭兆荣、黄玲摄）

互隔离的水泥"硬化"道路。这两幅图景让人联想到鸟越皓之教授所说的
日本乡村景观建设的两个阶段。显然，在田间进行道路硬化建设似乎是
"现代化"的一个标志，与传统的田间地头的那些土路、田埂、湿地截然
不同。而当人们看到，今天日本乡村的农民，要么开始拆除水泥田埂、要
么以木质材料掩盖水泥道路和河堤的时候，人们似乎明白了，土质的、原
生的、湿地的田间景观远比那些人工的、"现代化"的钢筋水泥筑的田埂、
河堤美观得多。因为它是田地本真的"自我性"。我国的乡土景观或许也
会经历这样的"阶段"，或许只是需要一点时间；任何景观都有一个语境
化背景，"短时段"的事件或价值与"长时段"的经验与智慧不足以同置
同畴。"乡土景观"永远要以田园、水土为背景才有景观的活力。失去柔
软的土地，丰润的农田，"乡土"的生命令人堪忧。

185

　　中国没有把稻米的地位抬得那么高，我国南北地区在粮食生产和生计
活动的情形不一样，北方的麦作文明与"中原"相属，曾经作为中国古代
农耕政治的首要事务。我国的地理构造决定了粮食种类的多样性。但无论
差异多大，我国的农耕传统一直将粮食作为国家之头等大事。农作和粮食
包含多层次的表述语义，其重要价值包括：1. **指代国家**。《管子》曰：
"后稷为田。"后稷为周代始祖，亦为农神。我国自古便将"社**稷**"作为
"国家"的代称，其中"社"表示以"土地"（祭土）的农业伦理，构成
了中国封建社会政治中的至高事务。"稷"为古代一种粮食作物，指粟或

黍属，为百谷之长，帝王奉祀为谷神，故有社稷之称。2. **礼制统治**。礼在社会中起到了重要的统治作用。《说文解字·示部》："禮，履也，所以事神致福也。从示从豊，豊亦声。"《礼记·礼运》："夫禮之初，始诸饮食"。形成了以土地、粮食为根本的礼化制度。3. **和谐秩序**。"和谐"一直是中国传统社会追求的最高境界。"和"由禾与口组合而成，与食物有关；传统文化从来也以和平、和睦、和谐的"致中和"为最高境界。4. **自然本性**。欲乃人之本，为自然本性。孔子有"饮食男女，人之大欲存焉"（《礼记》）。"欲"为会意字，从欠，人张口，表示不足，从谷，表示贪于不足。《说文·欠部》："欲，贪也。从欠，谷声。"5. **民俗事象**。"民以食为天"不啻为民事民俗中既神圣又世俗的概括。"俗"的文字构造是"人依靠谷"的造型与照相。《说文·人部》释："俗，习也。从人，谷声。"本义为长期形成的风尚和习惯。所谓"甘其食，美其服，安其居，乐其俗"为太平之象。①

我国古代与田土相关的道理同样复杂，包括重要的宇宙观（天圆地方）、政治制度（井田制）、都城形制（城邑—国）、管理制度（里甲制度）、乡村聚落（邻里关系），都城街区（里坊区划）等，都与"田"有着千丝万缕的交织。以"里"为例，里，金文🔲即🔲（田，田畴）加🔲（土，墙，代表民居），表示赖以生存的住宅与田地。造字本义：田园，居住、耕种、生活的地方。篆文里承续金文字形。"里"作为居住区，与外部世界相对，也有"内部"的意思，《汉字简化方案》用"里"合并"裹"。《说文解字》："里，居也。从田从土。凡里之属皆从里。"《尔雅》："里，邑也。"《汉书·食货志》："在野曰庐，在邑曰里。"由此可知，在中国古代，"里"也是行政单位，也是计量单位。虽不同时代、不同地方、不同记录中有所出入，通常所知一里八十户。《公羊传·宣公十五年》："一里八十户。"《论语·譔考文》："古者七十二家为里。"《管子·度地》："百家为里。"一家一户以田为界，故"里"也成了以田为邻的计量转喻——"邻里"。《尚书·大传》："八家为邻，三邻为朋，三朋为里。"简言之，"邻里"也是由"田"为单位所构成的农户联系，是与"田"互为你我的

① 参见彭兆荣《饮食人类学》，"食物之格物求本"，北京大学出版社 2013 年版。

共同体景观。

田地的划分以及规整形式与田间水利系统有一定关系。今本《考工记》畎作田"从田、从甽","畎"即是古代的田的一种形态,即田地、田野的泛称。《国语·周语下》:"天所崇之子孙,或在畎亩,由欲乱民也。"韦昭注:"下曰畎,高曰亩。亩,垄也。"《吕氏春秋·辩土》中的"大畎小亩""亩欲广以平,甽欲山以深"的"大畎"相同,指的是田间的沟和垄,即田间水道系统。说明作为井田划分方式之一的田间水道系统的规整有序。所以井田制的土地界划方法,从小的地块一直扩展到大的地域,都是由窄到宽,由浅到深的不同等级的道路和水道共同形成。一定宽、深的水道就能行船,以利运输交通,同陆道一起构成联系众多城邑的通道,同时陆道和水道又是井田分割界划的标志,而且陆道和水道常常是水平紧靠并行的。①

欣欣向荣

言及乡土景观,草木必在景中。至少,农作物的繁荣与丰收是连带的景观。"荣"草木相属,《说文解字》:"荣,桐木也。从木荧省声。一曰屋梠之两头起者为荣。"本义为丛生的植物繁花绽放。《尔雅》:"木谓之华,草谓之荣,不荣而实者谓之秀,荣而不实者谓之英。"故欣欣向荣。形容繁茂、兴盛,陶渊明《归去来兮辞》:"木欣欣以向荣。"也指喻家室,《荀子·大略》:"室宫荣与。"这里涉及以下几种基本景观:1. 如植物欣欣向荣;2. 家族人兴与住宅景观;3. 传统建筑上的"木文化"特点。

木,甲骨文像上有枝干、下有根系的一棵树。本义为根植于土地上的树木。金文、篆文承续甲骨文字形。隶书淡去篆文的树枝形象。为象形字。上像树枝,下像树根。又为"五行"之一,引申指质朴。《论语·子路》:"子曰:刚毅木讷近仁。"何晏注:"王曰:'木,质朴也。'"从木的字,本义多与树木或木制品有关(冀小军)。② 木,冒也。其势冒

① 张宏:《中国古代住居与住居文化》,湖北教育出版社2006年版,第52页。

② 李学勤主编:《字源》,天津古籍出版社2015年版,第490页。

地而生。东方之行。从中，下象其根。凡木之屬皆从木。徐鍇曰："中者，木始甲拆，万物皆始于微。故木从中。"莫卜切。①《说文解字》释："木，冒突。冒地而生。五行之中，东方属木，从草。"在五行中，"木之为言触也。阳气动跃，触地而出也"（《白虎通》）。木为农之本，《春秋繁露》曰："木者，春生之性。农之本也。"也就是说，木如植物生长，破土而出，欣欣向荣，生机勃勃。是为农耕之胜景。

木之繁茂形成林。乡土与林地的"景观"是相互的、一体的。这几乎在全世界都是相通的。在欧洲中世纪传统的宇宙观中，整个世界也分为三种空间。第一种是人类生活和自我创造的空间——园林和耕地。第二种是畜养牲口或没有围栏的开放空间。第三种是除上述两种空间之外的一切空间。在拉丁语，它们分别成为"农地"（ager）、"牧地"（saltus）和"丛林"（silva），如塔西佗（Tacitus）就曾提到"多刺的丛林"（horrid silva）。即使在远古时代，森林就明确区分成几种：一种是位于原始森林的中央地带，与神话和神灵有关的"崇高"之林；一种是日常之林或曰民众之林，是每个社区的三重景观中必需的要素。有一个词专门指代这种相对不那么重要的林地——"march"。这个词现在很少使用，意指边缘地带或者边界。而在哥特时期，它似乎兼具边界和林地之意，这种含义不难理解。当聚落还如同绿洲般点缀于北部荒野林地之间时，围合社区边缘的林地被视为社区边境。林地是一种地标，神圣不可侵犯，所以"march"或者"mark"的愿意便是林地，尤其指代人类干扰下的、进行放牧的边缘地带。该词很明显与"margin""merge"，甚至"murky"有关。②

林地这个词对普通英国人来说，几乎完全陌生。它始现于公元 9 世纪的围场，指圈定的一部分用于国王狩猎的荒地。达比（H. C. Dardy）告诉我们，该词"既不是植物学上的也不是地理学上的术语，而是一个法律术语。它意味着一片特殊的土地，凌驾于普通法律之外，由国王狩猎特别法专门保护。于是，林地（forest）和树林（woodland）不是同义词，因为林区

---

① 王平、李建廷编著：《说文解字标点整理本》，上海书店出版社 2016 年版，第 139 页。

② ［美］约翰·布林克霍夫·杰克逊：《发现乡土景观》，俞孔坚等译，商务印书馆 2015 年版，第 65—67 页。

（forested area）包含了那些既非树林（wood）也非废弃地的地方，有时包括了整个县域。尽管如此，林区通常会包含一部分甚至是一大片林地"①。

在林地被发现或创造为一种独特生态系统的过程中，它便成为生活的一部分——社会的、经济的、生态的和精神的——每一个泛大西洋景观的一部分。这一发现的历史是景观中独立的一部分，但目前尚无人涉猎。它始于千年前的一种法律上的定义，将林地视为一种政治空间，一种有自己的专门法律的空间。早期人们创造了三到四种林地，每一种都有自己的特殊法律地位：皇家林地、狩猎林地、公园林地，还有野生鸟兽狩猎特许地（warren）。②

从林地的发展演变来看，史前时代开始笼罩在原始林地的神秘迷雾开始逐渐消散，人们明白环绕栖居地的周围世界是无尽而恐怖的荒野，并有了更为清晰的空间界定——荒野由连绵山林覆盖的山野组成，山野将空间与外界的混乱隔离开来。最后人们开始开发林地边缘地带，蓄养牲口，伐木建房，储备薪柴。到了12世纪，已经有了迹象表明，荒野地已不再被定义为边境或者"march"，而是被定义为村庄领地的一部分。伴随着林缘地带的日渐退化，村庄逐渐扩大。大概三个世纪之后，人们开始以一种新的视角来看待荒野，即借用林地一次建立边界，简言之，使这片生长树木的空间更加驯服、更加人性化，结果它变成村庄景观的一部分，本质上与田地、公地的地位没什么区别。

花卉是乡土景观的一个重要植物景，杰克·古德是一位研究过世界上绝大多数文化中——东方与西方、过去与现在——花的作用的英国人类学家，根据他的研究，对花的热爱几乎是普遍性的，虽然并不是完全的。这个"并不完全"指的是非洲。古德在《花的文化》中写道，在非洲，花在宗教仪式或日常习俗中几乎不起什么作用。③ 这也从另外一个方面印证了

189

---

① Darby, H. C. (ed.), *A New Historical Geography of England*, Cambridge: Cambridge University Press, 1973, p. 55.

② ［美］约翰·布林克霍夫·杰克逊：《发现乡土景观》，俞孔坚等译，商务印书馆 2015 年版，第 68—69 页。

③ ［美］迈克尔·波伦：《植物的欲望：植物眼中的世界》，王毅译，上海世纪出版集团 2005 年版，第 81 页。

人类对花卉热爱的普遍性。因为对于花无动于衷是很困难的事情。但是，花与花是不一样的，在城市里到处都可能遇到它，却难以有心动的感觉，有乡村景观中，花，哪怕不那么名贵，哪怕不那么娇艳，那是时常可能震撼到心灵的深处，也因此是无可替代的。

油菜花开了！（彭兆荣摄）

林木景观也与栖居保持着友好的关系，居住中仅有的永久性墙体（经常用林木围栏）存在与特殊、特定的所属空间区域：是神圣不受侵犯的领地。换言之，栖居的"范围"通常是以各种材料建筑的围墙，而林木亦常为之。边界很像政治景观中的要素，很像是在试图定义一种恒久的空间，无论是村庄还是公地，它们都具有其政治性的一面。但是在这一多少有些死板的边界网络中，还存在大量较小的空间，形状和大小都经常变化，包括村民耕种的地块、林中临时的圈地或牧场，甚至是宅基地——它们组成了绝大部分的村庄及其耕地。由此可见，我们所在的栖居景观中，变化和移动是基本法则。天地被普遍定义为，"一大片耕作的土地，通常只在种一种庄稼"。它是栖居景观中的一处自然空间。该词来源于印欧语系中的词根"pele"，意思是一处平坦开阔的空间；它出现在相关的词语中，例如平原（plain）、手掌（palm）和波兰（Poland）。在中世纪早期，"feld"一词意思是"没有林地的土地，位于山丘或荒野，有时位于林间空地"。

　　开阔地作为一种自然空间，是社区的公共财产，围有栅栏或树篱。它有时被划分为数百个单独的地块，由村里各家庭使用（而非拥有）。但由于一些易于理解的原因，每一个地块的组合模式都在不断变化：有时是因为遗产划分，有时是因为合并，有时是因为邻人无意间多犁了一道而导致边界的渐变。经过几代人的变性和混合后，总是需要重新划分地块空间。但是任何情况下，这一变迁背后都有着经济上和技术上的原因。[①] 布罗代尔论述过中世纪后期"村庄的相对机动性"。"它们发展、扩张、收缩，也迁移。有时被最终地、彻底地废弃……更常见的情况是，文化中心专业，于是，所有一切——家具、人、动物和工具都搬出废弃的村落，迁至几公里之外。这种兴衰变迁过程中，村落的形态不断变化"[②]。

　　在中国，林木与树木在许多少数民族的文化中，不仅是生活、生计的方式、来源和依靠的重要资源，也常常嵌入在他们的其他生活事象中。比如在傣族的生活中，选择中柱是一件严肃而隆重的事，要由老人去选。选好后，由家中年长男子用两对蜡烛、一串槟榔、一杯酒祭之。意为请选中的树木充当"绍岩"，然后由家中年老的男子砍第一刀，其他同去的人才能砍。做"绍岩"的树木需要笔直，还要树干生有小枝丫，象征男性的生殖器。中柱从山上返回村寨时，大家都要去迎接，并泼水祝福，立柱时要先立中柱，并给 8 棵中柱分别穿上男女不同的衣服（各半）。中柱的楼下部分不得拴牛马，中柱的楼上部分是老人去世时靠着穿衣服的地方，上边贴有彩色纸，插有蜡条，平时不得触动或倚靠，也不得在上面挂东西。这样的中柱，实际上已被赋予了家神的意义，它与自身的物理性特征和在住屋中的工程价值已经完全失去了联系。[③]

191

　　中柱崇拜的根源在于"树"崇拜，虽然树从它被砍伐用来做柱的那一刻起，它的生命过程就已结束了，存在的形式也已根本改变了。但是，中柱崇拜者们并不这么看待，他们虔诚地相信："树"的生命还在"柱"中

---

　　① ［美］约翰·布林克霍夫·杰克逊：《发现乡土景观》，俞孔坚等译，商务印书馆 2015 年版，第 70—72 页。

　　② Braudel, F., *The Structures of Ereryday Life*, New York: Fontana, 1985 (1981), p. 276.

　　③ 蒋高辰：《云南民族住屋文化》，云南大学出版社 1997 年版，第 112 页。

延续，而且，是家庭兴旺发达、永远生命不息的标志。这就导致了一项建屋的重大风俗出现，即：建屋立柱时，务需遵守根部在下、枝部在上的规矩，维持着自然状态下的生长状况，这样，柱子才不会"死"，家庭才有发达希望，要做到这点，对于以往自己伐木、自己建房的人来说并不困难，只是难着了现时向木材公司购买木料建房的那些人。①

当然，这也造就了中华民族在建筑上"木文化"的特点。我们所说的"材料"即以"木"为基本。中国古代建筑的主要特点之一是房屋多为木构架建筑，木构架主要形式有三种：柱梁式、穿斗式和密梁平顶式，无论另一种方式，"木构"是基本。② 关于"木文化"的讨论上面已经详述。在此所特别强调的是，"木"不独是五行之一，更重要的是，它与农耕文明的生活、生产和生计从一开始就是缘生性的。

火之"伙伴"

在人类文明的历史发展中，较为共识性地认为，"火的发明"在文明进程中是一个重要的转折点。在中国传统认知的世界和生命的构造中，比如"五行"，火为其中之一。火在甲骨文字中的字形、，与"山"相似。它是个象形字，像物体燃烧时发出的光、焰之形；又，像地面上的三（多）股腾腾热焰。有的甲骨文简化了两侧的焰苗，并将火堆主焰写成"人"形，字形与篆文的"山"相似。金文火焰间的两点，似是迸出的火星。小篆字形线条化而失去象形性。"像火焰迸射之形"。从小楷书作火。③ 本义为物体燃烧时产生的光焰、火焰。《合集》2874："丙寅卜，𣪘贞：其有火？"（丙寅日占卜，𣪘贞：会有火？）《合集》11503："有新大晶（星）並火。"甲骨文字形像物体燃烧时光、焰射之形；战国文字将火形拆成了四笔，但还保留了一点光、焰上冒的样子；其后的字形与战

---

① 蒋高辰：《云南民族住屋文化》，云南大学出版社 1997 年版，第 112—114 页。

② 参见傅熹年《中国古代建筑概说》，北京出版集团、北京出版社 2016 年版，第 17—28 页。

③ 吕景和编著：《汉子解形释义字典》，华语教学出版社 2016 年版，第 741 页。

国文字一脉相承。①《说文解字》："火，燬也。南方之行，炎而上。象形。凡火之属皆从火。"意为火可以烧毁一切的东西。五行之中，火代表南方属性，火光熊熊气势向上。《诗·豳风·七月》："七月流火。"《论衡·诘术》："火，日气也。"《左传·宣公十六年》："人火曰火，天火曰灾。"

"火"与文明的关系，历史上学者讨论了很多，此不赘述。但在中国，"火"与天象存在着关系。中国的农耕文明与天象配合，确立"天地人"的合作。二十八星宿也成了我国农耕文明重要的根据，通过天象与时节的观察和经验以确立两个"分"点（春分和秋分）和两个"至"点（夏至和冬至），而红色的大火（中国的火星）用于固定春分。当代科学家竺可桢在《二十八宿的起源》中说，当公元前二至三千年时，天蝎座的中央部分，包括心宿——中国的火星（此星古名"火"或"大火"）约于春分时黄昏可见，这造成了一个大的时节，一个特任的官吏守望着这个星宿在东方地平线出现。它预报着温暖的春天、耕种的季节来临。②

火作为"人类的文明"代表性因素，在不同的族群文化中呈现出丰富多彩的"火文化"。火在不同的民族和族群中有着各自不同的理解，形成了不同的表述。比如彝族，是一个以火为族源认同的民族。藏族的"煨桑"作为一种宗教习俗，在藏民的日常生活中占有十分重要的地位。"煨桑"又称"烟祭"，俗称"烧烟烟"。"煨"是小火燃烧的意思，"桑"是"祭礼烟火"的意思。藏传佛教意义上的"煨桑"，是指藏民和僧侣在神山白塔龙潭等圣域、庭院居室、寺院庙宇、用于修行的圣地神湖等可供奉神佛的场所，在诵经的同时，通过在特殊的焚烧炉内熏烧特定种类的植物体、植物制品、某些食品药品和矿物（矿物并非普遍使用），以产生浓烟，来供拜天地诸神的宗教仪轨。③

拉萨藏族的煨桑是一个重要的仪式。空间上，在私人领域，自家院子里或屋顶处有煨桑炉。凡是有藏民居住的地方，几乎都有煨桑炉的存在。

193

① 李学勤主编：《字源》，天津古籍出版社 2015 年版，第 885 页。
② 参见郑重《中国古文明探源》，东方出版中心、中国出版社 2016 年版，第 259 页。
③ 李茂林、许建初：《云南藏族家庭的煨桑习俗以迪庆藏族自治州的两个藏族社区为例》，载《民族研究》2007 年第 5 期。

煨桑炉被主人设立在最洁净的地方，或院子中央或屋顶上，它是藏族民居不可缺少的一部分。在公共领域，寺庙前的煨桑炉。神山上和圣湖边上的煨桑炉。煨桑一般是在桑烟台上，如果在野外举行煨桑仪式的话，就选择在高处或者洁净的地方。时间上，每天清早、傍晚各煨桑一次，早上人们起床后的第一件重要的事就是煨桑，傍晚时分再煨桑一次，宣告一天的结束。每逢藏历新年，大年初一，人们起得很早，第一件事就是煨桑祭神，素以第一个去煨桑的人为荣。藏历除夕晚上，"驱鬼"仪式前也得进行煨桑。婚丧嫁娶、外出远行的时候，男女双方家庭会在出嫁和迎娶的当天早上在自己家的桑烟台上煨桑，祈祷儿女平安幸福，未来的生活美满快乐；家里有人外出时也要煨桑，预祝家人旅程顺利，平安归来。每年夏季五、六月举行的煨桑节是藏族特有的祭祀节日，拉萨的人来到寺院顶上，或者到山头、河边、圣湖畔、田间地头煨桑，祭祀神灵，通过煨桑祈祷五谷丰登，国泰民安，旅途安全，祛病延年等。

火之所以重要，首先是因为其于人类的生计、生活方式改变。灶的产生是人类长期用火煮食的必然。最早的"灶"可追溯到原始初民们为了取暖烤食，驱兽避邪而在野外燃起的一堆堆经久不熄的长明火，这是灶的最初形式。当人类社会向前发展，原始人由游徙生活走向定居生活，并有了固定的生活起居所——房屋——时，这最初的灶——"长明火"便也由室外转入室内，出现了更接近现代意义上的灶——火塘，并随着人类文明的进步最终产生了真正意义上的灶。灶对于人类关系重大。最初的灶主要是用来保存火种的，因此它是火神居处的象征，祭灶的对象是作为氏族保护神之一的火神，但是随着社会的分工、家庭的出现，每家每户都有了各自的灶，在灶被神化之后就已经出现的灶神遂取代了火神，并以家庭保护神的面目出现，灶之象征也从"一族之长"转化为"一家之长"甚至成为祖先神的象征。

在我国的许多少数民族中，对火的崇拜不仅有多种含义，也表现在各种不同的生活场景中。首先，它表现为一种实体崇拜。① 相关的禁忌也很

194

---

① 蒋高辰：《云南民族住屋文化》，云南大学出版社 1997 年版，第 115 页。

多，比如有关住居行为的禁忌，傣族的禁忌有：火塘上的三脚架不许移动。① 除了炊事之外，取暖是火塘的另一重要功能。对尚无任何有效御寒手段的人们来说，借火取暖是最简便有效的措施。史书载："……不论寒暑，晚则架柴火为一炉，男妇围而卧之。"② 傣族人认为，火塘要用四根上好的条木做成方正的木框，要求放在竹楼堂屋内的两棵"神柱"之间，用粗而圆的木柱支撑好。新火塘安好后要祭火塘神，希望新民居的一切得到火塘神的保护。③ 彝族是一个以火为神圣族源的民族，祭火成为他们最重要的仪典。

易中天认为，在一切非生命的自然物和自然现象中，第一个被人类看作生命体或者生命现象的可能就是火。④ 虽然这样的判断并无普通的历史证据来支持，因为"火"是被"发现"，或"发明"的，被认为是"文明"的开始，这几乎成了早期进化论的常识。而诸如水、土，则与人类的进化一并前行，是与生命的关联更为远久、更具攸关的元素。虽然，在世界民族志中，确有一些民族与"火"具有缘生性、原生性的关系，并将其神化，比如我国许多少数民族的家中也有不分冬夏、昼夜永不熄灭的"火塘"，庙宇神像前也供奉着"长明灯"。这种习俗和礼仪无疑来源于社会生产实践：由于火来之不易，最早只能取之于自然（如雷击森林造成的火灾），以后才有钻木和敲击燧石的极为困难的方法，因此火种的留存是极为重要的。但当火成为生命的象征时，它就由实践的需要变成宗教的需要和精神的需要："火塘"意味着家族的延续，"长明灯"意味着神性的永恒。我国汉族的习俗，婚礼上新人必须跨过一盆火而入洞房（祝愿新家庭日子过得红红火火），葬礼上要燃烧纸钱和焚烧花圈，也都反映了这种观念。⑤

195

火与舞蹈之间，存在着某种心理上和艺术上的联系，即它们作为审美

---

① 蒋高辰：《云南民族住屋文化》，云南大学出版社 1997 年版，第 130 页。

② 《新平县志》，载《云南通志》卷一八四。

③ 杨大禹、朱良文：《中国民居建筑丛书：云南民居》，中国建筑工业出版社 2009 年版，第 234 页。

④ 易中天：《易中天文集》第三卷"艺术人类学"，上海文艺出版社 2011 年版，第 81 页。

⑤ 同上书，第 82 页。

对象，都体现和凝聚着人类对自己生命活力的情感体验。在原始艺术中，处处表现出原始"艺术家"们对生命的真切体验。由于这个原因，红色成了原始艺术中最重要的色彩。原始艺术的这种色彩偏好无疑表现了人类的一种原始冲动。之所以说这种冲动是"原始的"，不仅因为它可能是最早的，而且因为其中可能有着某种动物本能的成分。因此，与其说红色因其性感或者说因为是性特征和性信号而使原始人类觉得美，毋宁说在于其为生命的象征。①

不同的民族也赋予火以特殊的表述，在民族的表述习惯中，一个典型的表述是所谓的"火候"。先民们在对火的使用中发现：用火之时，关键在火候。比如我们生活中的饮食烹饪，最讲火候，火候决定"美味"。《周礼·天官·烹人》说厨者"掌其鼎镬，以给水火之齐"。先秦时期，"火候"称为"火齐（剂）"。除了烹饪讲究火候外，我国古代的铸造优质青铜器物，火候也是关键技术。火候的独特性表现在我国的炼丹术中，并成为专门术语。后来，人们也将火候引申至道德、学问、技艺等修养功夫。②这也是中国人民在生活、技艺、经验中悟出的"用火之道"。

---

① 易中天：《易中天文集》第三卷"艺术人类学"，上海文艺出版社 2011 年版，第 84—86 页。

② 闻人军：《考工司南：中国古代科技名物论集》，上海古籍出版社 2017 年版，第 103 页。

第二章

乡土社会之家园遗产

　　我国正在进行城镇化工程建设，这种"大工程"的推进方式具有高效、快速的特点，却可能带来高昂代价的负面后果。今日我国之雾霾便是一个前车之鉴：快速的经济增长，且这种增长的一个重要特征是以过多地消耗能源、破坏环境为代价。为此，中央在城镇化工作会议上提出，城镇化要"让居民望得见山、看得见水、记得住乡愁"。

　　当下的一些工程项目存在的问题包括：城镇化过程（包括"新农村建设"）模仿城市形制，简单地把传统的农村按照工程项目"建设"为城市。乡村房屋被推毁，农民被以"迁村并点"的方式集中起来，本来形态丰富的各地乡村景观变成了千村一面的"新景观"。这里出现了一个需要辨析的观念，我们通常所说的"村落"——作为人群聚居的一种方式，几乎与"人类"共生，区别只是以什么原则和方式聚集而居。为此，不少学者提出了批评和建议，认为乡村记忆是人们认知家园空间、乡土历史与传统礼仪的主要载体，只有留住这些乡村记忆，才能留住乡愁。因此，城镇化要做到"既实现物质空间的现代化，又让人的情感得以安放，使家园空间具有高度的人文品质和良好的生态环境"[①]。

　　以我国传统的村落形制来看，主要的原生型方式是以宗族为原则聚集的"自然村"，尤其在南方。然而，历史一旦发生什么大的政治运动、政

---

① 参见陆邵明《留住乡愁》，《人民日报》2016年7月24日第5版。

治迫害、政治事件、政治工程项目等，国家便会动用强大的国家权力迫使原住民离开自己的家园。比如美国历史上的国家公园，就曾经迫使印第安部落搬迁自己的家园，集中居住到政府指定的"新区"，美国著名的国家公园优胜美地（Yosenmite National Park）就是一例。游客今天仍然可以看到当年印第安原住民居住的遗址。国家公园后来纠正了这种做法。

在我国的"遗产运动"中，也发生过和正在发生这样的事件，武夷山"新村"的遭遇便是一个典型的案例。"新村"其实没有"新"的意思，若回溯历史，新村自1912年建制以来（其实"新村"的居民世代居住在武夷山，只是"新村"作为20世纪初的建制而被命名），已有百年历史。而武夷山景区管委会成立于1990年。① 1998年新村因武夷山申报"世遗"进行整体搬迁，之后被安置于景区附近的居住小区。② 在这里，以自治性乡土政治的"同意权力"是无法与国家政治的"横暴权力"相抗衡的。③就世界遗产的申报内容来看，并没有要求人民与文化、自然遗产相分离，人们今天之所以认为所申报者具有申报"世遗"的品质，原本就包含了祖祖辈辈在那里生活的人民。他们已经构成了"遗产"的一部分。今天的"城镇化"又遇到了新一轮的强大的"横暴权力"，而且当代的"工程师"也无意中成为这一权力实施的助力。对此，乡土社会是无力抵抗的。我们能够期待和希望的是：设计师们、规划师们、工程师们更有良知一些，更考虑国情一些，更有国学基础和乡土知识一些。

需要特别厘清：乡土景观是以地方性人群共同体长期以来与自然的适应和协作为前提的景观，基本上属于一种自然景观；类似的工程项目所产生的景观被称为"工程师景观"。在今天，特别是城镇化的进程中，如果有人说要彻底排斥"工程师景观"，那一定是幼稚的，但是，如果一味放纵工程师的自以为是，却是愚笨的。对于工程师的作为，学者也进行了批评："工程师不仅仅改变了环境，也彻底改变了全美人民的生活和思想。十九世纪末期，美国的大部分人口已经居住在城镇中。多数美国人已经与

198

---

① 龚坚：《喧嚣的新村：遗产运动与村落政治》，北京大学出版社2013年版，第58页。
② 同上书，第60页。
③ 参见费孝通《乡土中国　生育制度》，北京大学出版社1998年版，第59—63页。

乡村决裂，他们已经忘记了乡村景观在他们的个性和身份塑造中的印象。"而现代的人们"无论是接受工程师的景观，还是接受自然景观，我们都表达了一种对环境相同的态度"①。如果说，在美国这样历史相对较短的民族而言，人们忘却乡土景观，情形或许还没有那么严重，而在中国，如果工程师景观根本改变或者彻底覆盖了乡土景观，那不仅意味着数典忘祖，而且历史必将证明其是一种对中华文明无以弥补的戕害。

面对这样的情形，尽管善意的批评声不断，但总体上说，许多的批评要么停留于"高空作业"，要么未能切中其要。主要原因在于缺乏对"乡土社会"结构的深度认识和准确把握，即我们究竟要在乡土社会中继承什么，留住什么，并不明了，因此，隔靴搔痒式批评者众。依笔者之见，当下所说的"留住乡愁"其实包含着一个完整的形制：**以中国传统文明为底色的"乡土社会"；以地缘性文化多样为依据的"家园遗产"；以宗法关系为纽带所形成自然景观的"村落公园"**。三者共同构成一个层次分明的"倒三角"。"城镇化"和"留住乡愁"都需要对这个结构有完整的认识。这里都涉及具体的"单位"的表述问题，也有学者根据《史记·五帝本纪》所说："一年而所居成聚，二年成邑，三年成都"而选择"聚落"为代表性表述。② 最具共识性的表述是"村落"。

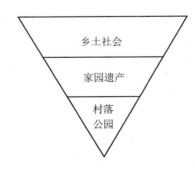

家园遗产理想关系图

① ［美］约翰·布林克霍夫·杰克逊：《发现乡土景观》，俞孔坚等译，商务印书馆2015年版，第89页。

② 参见刘沛林《家园的景观与基因：传统聚落景观基因图谱的深层解读》，商务印书馆2014年版，第3页。

乡 土

中国传统社会的本相是"农本"，今天我们所说"三农"（农村、农业、农民）不啻为农本的现代版。中国的乡土社会建立在"以农为本"的根本属性之上。那么，农业之"本"是什么呢？是土地。费孝通准确地概括"乡土中国"，逻辑性的，"社"为核心。"社"的本义就是土——以土地为根本，以土地为神。白川静认为"社"的古代读法是"土"，"土"是"社"的初文，而"土"表示将土垒成馒头形的圆土堆，放到台上，为土主（土地神）之形。"示"表示祭祀时用的祭桌，表示祭祀土地神。于是"示"加"土"造出了"社"字，用来表示原有的神社概念。古人相信，山川丛林都居住着神，所以在土主所在地植树，进行祭拜；后来，建造成建筑物，称为"神社"，在那里祭神；再后来，以社为中心结成各种集团，有了"结社""会社"之类的语汇，意指某种社会集团。①《说文解字》释："社，地主也。从示土。"简言之，"土—社"同义同源；以"社"为主干，社稷、社会、社群、社火等皆从之。所以，要理解我国的乡土社会，"社"是一个关键词。而"祖—社"同构成一个稳定的结构。

"社"与"地方"存在认知上的关系——与"天圆"对应"地方"的结构。"四方"自然成了"社"的维度范畴，四方神与社神为不同的神祇，二者皆重要。《诗经·小雅》："以我齐明，与我牺羊，以社以方。"《诗经·大雅》有："祈年孔夙，方社不莫，昊天上帝，则不我虞。"丁山因此认为，"后土为社"，应祀于社坛之上，不必再祭于"四坎坛"。②"以四方之神合祭于邦社，恰与《左传·昭公二十九年》中的'五行之官，祀为贵神，社稷五祀，是尊是奉'，祀四方于社稷之典相合；足见四方之神，在商、周王朝的祭典里，本属地界，不隶天空……当是祭四方于社稷的遗制，与天神无涉"③。四方之神在《国语·越语下》中亦称"四乡地主"，

200

---

① ［日］白川静：《常用字解》，苏冰译，九州出版社 2010 年版，第 185—186 页。
② 丁山：《中国古代宗教与神话考》，上海辞书出版社 2011 年版，第 101 页。
③ 同上书，第 169—170 页。

云："（王命）环会稽三百里者为范蠡地……皇天后土，四乡地主正之。"注解："乡，方也。"四方神主，见于盟誓。① 概之，乡土的本义为神主地方之土地。

"社"原本是土地伦理的产物，是以土地为核心的社会和文化的建构。这也构成了"传统—正统"的社会关系；其根植于中国农耕文明土壤的儒教式（农商、儒商、儒农）"耕读"文化的价值体系和理念。② 所以，中国的乡土，以及由乡土联结起来的"社"文化也一直与正统的社会伦理相联系。它与西方社会不同，西式的文明源头基本上不在"乡土社会"中，而在早先的"城邦社会"中。也因此，西方的远古英雄、圣王基本上土地无关，而与海洋有关。我国则不同，几乎所在的先祖、圣王都与土地沾边。

我国古代"圣王"在"正名"其为"英雄祖先"时常常采借其义；比如陶，《说文解字》释："陶，再成丘也，在济阴。从阜，匋声。"《夏书》曰："'东至于陶丘。'陶丘有尧城，尧尝所居，故尧号陶唐氏。"说明尧帝曾经居住在陶丘，因此尧帝也被称为"陶唐氏"。尧帝既是土之圣，又同陶之祖。古人称主天者为"神"，称主地者为"圣"。《说文解字》："圣，汝颍之间致力于地曰圣。从又土。"于省吾相信许说有所本，却过于笼统；以其考释，"圣"与"田""垦"有关。③ 显然，这是中国农本传统的缩影。说明古代以"神农"为本，以土地为本。人们也可以理解为何尧、舜、神农等先祖皆为"圣土"之王。"圣"的合并字为"聖"，即"圣—聖"的并转。甲骨文𦔻像长着大耳𦕀的人𠂊，表示耳聪大慧者。中国远古祖先认识到，善听是内心宁静敏感者的超凡能力，能在自然环境中辨音识相者，是大觉悟的成道者。由此可知，"神圣"原先圣土而后圣王。

我国的"乡土性"早在创世神话中就有了原型表述，最有代表性的是女娲造人和补天的神话故事。女娲是创世女神，华夏民族人文先始。相传女娲抟土造人，并化生万物，开世造物，被称为大地之母。女娲造人与补

201

---

① 丁山：《中国古代宗教与神话考》，上海辞书出版社 2011 年版，第 157 页。

② 周星：《乡土生活的逻辑：人类学视野中的民俗研究》，北京大学出版社 2011 年版，第 250 页。

③ 于省吾：《甲骨文字释林》"释工"条，商务印书馆 2010 年版，第 232—242 页。

天都与"土"有关。对此，古代典籍《列子》《淮南子》《山海经》《太平御览》等皆有言及。《太平御览》：女娲在造人之前，与正月初一创造出鸡，初二创造出狗，初三创造出羊，初四创造出猪，初六创造出马，到初七，女娲用黄土和水，仿照自己的样子创造出了一个个小泥人，她造了一批又一批，觉得太慢，于是用一根藤条，蘸满泥浆，挥舞起来，一点一点的泥浆洒在地上，都变成了人。而补天之说，亦与陶土有关。

女娲时代也是陶器发明并被广泛使用的时代。陶器的发明源于房屋建造中的涂泥技术，首先被用来防止透风，以后又逐渐发现涂泥还具有防火防漏等重要作用，先民们把这一技术应用到葫芦上，在葫芦底部涂泥防漏并防止葫芦被火烧毁，以便烧煮食物，结果泥层被烧结成坚硬如石的陶质，而发明了陶器。先民发现，经过烧制的陶器完全不会漏水。屋顶漏雨时，由此得到启发，烧制专门用来覆盖屋顶的陶片，以解决屋顶漏雨问题，从而发明了瓦。瓦坚硬如石，不同土质烧制的瓦颜色各有不同，被称为"五色石"；屋顶漏雨是因为屋顶有缺陷，先民因此认为，天上雨水也是从云盖缝隙中漏下。因此，当阴雨连绵，给人们的生产生活带来不便时，先民会设想像用瓦覆盖屋顶那样，炼五色石以补破漏的苍天。这样的事业非人力所能及，只有神人才能做到，这个神人自然就是女娲，神话就这样诞生了。当世界以 China 称我国为"中国"时，人们首先联想到的是"陶土"。它既是乡土之根本，也是"中国"的最正确的解读。它也成了"中国形象"的一幅难以替代的景观。2012 年 11 月 21 日，中国艺术家袁熙坤创作并捐赠的"女娲补天"雕塑正式进驻维也纳联合国中心。

就认知而言，中国传统的宇宙观为"天人合一"。具体而论，即天地人"三才"和谐一体。"天父"（祖）"地母"（社）有天地阴阳和谐之义。"土"具有生产、生殖的意味和功能，即以土地为崇拜的具体对象。封土为社，故变名谓之"社"，利于众土也（《白虎通·社稷》）。我国传统以土地为本，将"自然崇拜"与"人神崇拜"合二为一，"社以地言，后土以神言"[1]。后土神由此成为影响农业生产与地域安危的决定性力量。在社

202

---

[1] 陈垣编纂：《道家金石略》，载《重修大宁宫记》，文物出版社 1988 年版，第 1221—1222 页。

会行为上，后土信仰构建了一系列特定的礼仪制度和民间习俗。"后土"信仰、制度、行为的载体延伸出巨大的文化空间，我国广大的农村地区，无论是历史上的还是遗留至今的，存在着无以计数的后土庙，山西介休后土庙的历史衍变和衍化，可以为范。[①] 现存的介休后土庙是一座规模宏大、体系完整的古建筑群，包括后土庙、三清观、太宁寺（娘娘庙）、吕祖阁、关帝庙和土地庙六组建筑，是全国重点文物保护单位。整个建筑群位于旧城西北隅，共有五进院落，两条并列的中轴线，坐北向南。其南北长 120 余米，东西宽近 100 米，总占地面积 9196 平方米。[②]

介休后土庙建筑群全景[③]

"后土"，以土为神，以土为母，以土为祀，以土为命，这便是"乡土本色"。[④] 在中国的传统语境里，离开了"土地"，便失去了"社会"之根。费孝通说，我们的民族是和泥土分不开的，是从土里长出来的光荣历

---

①　参见彭兆荣等《天下一点：人类学"我者"研究之尝试》，中国社会科学出版社 2016 年版。

②　张荣：《以介休后土庙为例探讨文物保护规划中历史环境保护的研究》，《建筑学报》2009 年 3 月，第 88 页。

③　图片资料来源：清华大学文化遗产保护研究所编：《山西省介休市后土庙文物保护规划》 2005 年。从后土庙碑记可知，这一整体布局其实是一个新生与旧在不断重构的过程。介休后土庙始建早于南北朝时期，由于历朝历代屡毁屡建，其早期形制格局已无从考证。目前我们所看到的建筑乃是清道光十二年至十三年（1832—1833）重建，后土正殿与东西两侧的朵殿真武殿、三官殿一起，构成了一座通面阔十一间、通进深四间的联体建筑。

④　费孝通：《乡土中国　生育制度》，北京大学出版社 1998 年版，第 6 页。

史，自然也会受到土的束缚。土是我们的命根，土地是最近于人性的神。①"中国人的生活是靠土地，传统的中国文化是土地里长出来的"②。虽然我们不能绝然地说，我国的城市来自乡土农村，城市有其自行创生、生长和变化的情形和逻辑，但是，中国的任何类型的城市、城邑、城镇无不与乡土社会有着"亲缘"和"地缘"关系。这与西方的城市来源和类型完全不一样，而如果城镇化建设不顾及这数千年养育和传承下来的乡土伦理，这种城镇化最终将被摒弃。

家　园

如果说中国传统的根本属性是"乡土"，那么，"家园"就是乡土的归属，即有一个具体的地方范畴和空间形制，同时有着独特的、成型的地方知识。"家园遗产"以自然形成的地方性价值为认同依据，不完全以行政区划为标准，在表述上较为接近人们所认的"家乡"那个地方，也是成为文化遗产可以或可能最终成型和落地之处。

一般而言，农业社会的家族继嗣制度的原则是父系制，正如费孝通所说，在中国的乡土社会里，家并没有团体界限。这社群里的分子可以依需要，沿亲属差序向外扩大。而扩大的路线，是以父系为原则，中国人所谓的宗族、氏族就是由家的扩大或延伸而来的。与此同时，他又将家庭分为大小两类，所谓"小家庭"，指"家族在结构上包括家庭；最小的家族也可以等于家庭。因为亲属的结构的基础是亲子关系，父母子的三角。家族是从家庭基础上推出来的"③。所谓"大家庭"，指"乡土社会中的基本社群"。"社群是一切有组织的人群。"家庭的大小并不取决于规模的大与小，不是在这社群所包括的人数上，而是在结构上。与"小家庭"的结构相反，"大家庭"有严格的团体界限。④ 费孝通先生的"大家庭—社群"即

---

① 费孝通：《乡土中国》，载《费孝通文集》第五卷，群言出版社1999年版，第316—317页。

② 费孝通：《土地里长出来的文化》，载《费孝通文集》第四卷，群言出版社1999年版，第176页。

③ 费孝通：《乡土中国　生育制度》，北京大学出版社1998年版，第37—39页。

④ 同上。

为一种关系模型。

"家园"有一个具体的可计量范围和要素，比如共同生活在一个地方，有共同的传统，有共同的利益等。在这个意义上，它与"社区"近似。在现代的社会人类学研究领域，"社区"是最广泛使用的概念之一。虽然不同的学者对它有不同的定义，但比较有影响的是雷德菲尔德对"社区"四个特点的界定：小规模的范围，内部成员具有思想和行为的共性，在确定的时间和范围内的自给自足，对共同特质的认识。① 传统的人类学大致确定社区有以下几个特点：1. 拥有共同的利益；2. 共同居住在一个生态和地理上的地方；3. 具有共同的社会体系或结构。② 所以，传统的以"家庭"为基础和作为社会人类学的基本概念，"家园"需要有一个稳定的物理维度和与"原始社区"相符的地理空间和时间延续。③ 其实，在中文语义中，"园"本身就有空间和时间上的维度规定。也是人类学民族志进行田野调查的确认依据。

另外，"家园"的边界并不是唯一的，它在不同的语境中和背景下会出现多条边界的重叠和套用，因为"家园"与认同有着密切的关系，而人们在认同上也不是单一性的。首先，我们可以在"国家"层面上确定"家园"："国家就是'家园'。"④ 在这个意义上，国家为所属的社会群体承担和提供安全保障和利益需求。与此同时，这种国家的"家园"也可能构成民族主义的"形体逻辑"。换言之，当国家所属的社会群体将他们的意愿投入其中，将他们的利益关系引入其中，这个"家园"就有了形体上的依附性，而当这个"家园"出现了与其他民族国家的冲突、矛盾、角力、抗争、紧张、友好、争取、释善、结盟等各种阶段性、事件性、战略性的关系时，"家园"中的成员会出现相对一致的力量集合；民族主义遂成一种

205

① Redfield, R., *The Little Community and Peasant Society and Culture*, Chicago: Chicago University Press, 1960, p.4.

② Rapport, N. and Overing, J., *Social and Cultural Anthropology: The Key Concepts*, New York: Routledge, 2000, p.61.

③ Douglas, M., The Idea of Home: A Kind of Space, *Social Research*, 1991, Vol.58, No.1, pp. 289-290.

④ ［英］戴维·莫利等：《认同的空间》，司艳译，南京大学出版社2001年版，第248—249页。

习惯性的表述。"它是一种正式的、抽象的关系，一种社会契约。"①

人类学对"地方研究"素有传统，最著名的当属 20 世纪 50—60 年代的"农民研究"，并确立了"大传统"（great tradition）与"小传统"（little tradition）的基本分类，将"小传统"属性依据落实在"小地方"（little locality）。② 在这一条脉络上，后来者（如埃里克斯的《小地方与大事物》，③ 吉尔兹的《地方性知识》，④ 霍米·巴巴《地方的文化》⑤ 等）虽然各自言表，但论议都围绕着"地方"。

"家园"已不再是"乡土中国"的抽象化表述，而是具有实体性。首先它有一个空间范畴：一方面，它可以具有地理学意义上的指示，另一方面，它通常又凭附于一个地方传统文化之上。大体上与人们所说的"一方水土养一方人"相契合。家园的空间形制通常是人们所说的"地方"。换句话说，"家"总是要坐落于某一个地方。因此，"地方"常常被人们作为"家园"来对称。但是，"家"与"地方"虽然相携，所指却迥异。"家"是一个可以完全"做自己"的地方，而人们所说的"地方"——"就此意义而言，家通常充当地方的一种隐喻"⑥。具体而言，我国的"家"是以血缘、亲缘为纽带的连接，"地方"则以地缘为纽带的关联，而"家园"则是将二者并置、并存的联合体。

人们所说的"地方文化"不只是一个既定遗产，更重要的是，它具有生产和再生产的能力。所以，以地方文化为依托的"家园遗产"不仅是一个表述的概念，而且具有生产性和传承性的实在感，是特定地方的民众在历史的进程中"生产"（productive）出的一种产品的"呈现"（present）；同时，这种地方性具有"再生产"（reproductive）的能力，生产出具有可

---

① ［英］戴维·莫利等：《认同的空间》，司艳译，南京大学出版社 2001 年版，第 247 页。

② Redfield, R., *Peasant Society and Culture*, Chicago: University of Chicago Press, 1989 (1956).

③ Eriksen, T. H., Small Places, *Large Issues: An Introduction to Social and Cultural Anthropology*, London, Chicago: Pluto Press, 1995.

④ ［美］克利福德·吉尔兹：《地方性知识》，王海龙等译，中央编译出版社 2000 年版。

⑤ Homi K. Bhabha, *The Location of Culture*, London and New York: Routledge, 1994.

⑥ ［英］Tim Cresswell：《地方：记忆、想象与认同》，徐苔玲等译，群学出版有限公司 2006 年版，第 42 页。

承袭性产品"代表"（represent），尤其在文化遗产的"生产"和"继承"方面，"地方特色"更是家园的重要注脚。这两个字母 P 和 R 简约地勾勒出家园遗产的特性。

家园遗产自然会与特定的人群相关联，特别对于那些"原乡"和"迁移"关系的人群、族群。他们不仅生活在一起，而且创造了一种属于特定群体的文化遗产。比如在北美、澳大利亚、新西兰等，原住民将"地方—地点"作为身份的标志。在加拿大，印第安人称自己"第一公民"（the First Citizen），以区别外来族群。他们会称自己是"某地"的印第安人，以区别于其他地方的印第安"兄弟"。在澳大利亚，国家的遗产体系特色所强调的就是遗产的地方性，突出"有意义的地方"（the place of significance）价值，建立了符合国情，凝聚国力的有形和无形的文化遗产体系，也成为国家对外宣传上的重要形象。而在这样的遗产表述中，"有意义的地方"也因此变得具有非凡的价值。

既是"家园遗产"，就被认定为"财产"（遗产），就有创造、归属、认同和传承的问题。"财"在中国传统的认知中主要指实物，《说文解字》释："财，人所宝也。"《康熙字典》择录"财"之多义："可入用者"，包括食谷、货、赂、资物、贿、地财、土地之物、裁（《尔雅·释言疏》裁、财音义同）、祠（《史记·封禅书》民里社各自财以祠）。"产"即"生"，包括人的生产和万物的生产。

综合而论，它有两个基本的意思。其一，参与、平衡与成就。在古代，"财"通"裁"，裁成、参与之意，杜预《左传注》卷四十："製（制），裁也。"今日之"制裁"即由此而出。尤为重要的是，"财"有"参"之意，"参"可意为"三"，天地人也（我们通常也把"天地人"说成"三才"）。《周易·泰·象传》有："天地交泰，后以财成天地人道，辅相天地之宜，以左右民。"这里的"财"即剪裁、参与以合天地之道。《荀子·天论》："天有其时，地有其财，人有其治，夫是谓能参。""财"的"与天地参"的意义其实涉及了天人合一的核心价值，并演化为礼义之道。① 其二，珍

207

---

① 参见李申《道与气的哲学：中国哲学的内容提纯和逻辑进程》，中华书局 2012 年版，第54—55 页。

宝。"宝"即"财",但意义比"财"丰富。《说文解字》释"宝,珍也"。甲骨文宝(寶)的字形🅱,即∩(宀,房屋),🅱(贝,珠贝),🅱(朋,玉串),造字本义:藏在家里的珠贝玉石等奇珍。庙中贡献玉、贝(子安贝,属于财宝)、缶(陶制酒具、容器),谓"寶",意味着贡献之物均为宝物。① "宝",原指"家中有玉",即"传家宝",并延伸到了各种不同价值。

需要特别阐释,"传家宝"中的"家"包含着"家—国"复杂意义。作为"家国天下"的体性,自古即从整体上界定了"家"的边界范畴。所以,"家、国、天下"贯穿着家庭性原则而形成三位一体的结构。② 这里需要特别注意:我国的"家"是一个立体构造,上接"国"(即"家国"),中接家园,即地缘性实体,下接家庭,指具体家户。而"传家宝"的所指也因对象的差异而有所不同。在现代遗产学范畴,如果其指国家,则是"公产";如果指家庭,则是"私产";如果指家园,则指地方文化。我国当下的非物质文化遗产之大部皆在"家园遗产"之中。今日的城镇化之所以令人有一种担心,主要原因是强大的"国家"力量替代、冲淡了其他两位"家"的价值,久而久之,人们的家园主人翁意识或将日趋淡化,将一切事务推给国家。

家园景观

"景观"是人们形成初步印象的视觉感受,它就像人的表情一样:互视与交流。③ 虽然"景观"的意义范畴在当代变得越来越宽泛,却不妨碍其视觉性主客互视的关系结构。在景观的各种类型中,政治景观和家园景观被作为两种基本的景观类型。人是两种动物性的混合物。作为社会动物,政治性通常处在最为重要的位置上;这也决定了景观的要素。每个社

---

① [日]白川静:《常用字解》,苏冰译,九州出版社2010年版,第400页。
② 参见赵汀阳《天下体系:世界制度哲学导论》,中国人民大学出版社2011年版,第43—44页。
③ 参见彭兆荣《现代旅游景观中的"互视结构"》,《广东社会科学》2012年第5期。

会都会珍惜诸如政治景观，因为无论什么社会景观机制，都或多或少地包含一些政治景观的要素；更不用说某些历史文化景观，涵盖了大量政治景观的要素。公元前5世纪的希腊是政治景观最知名的范例。就像每一位去雅典的人都会去卫城（Acropolis）一样，那是雅典的代表性景观。古代中国、古代日本都创造了令人惊奇的政治景观。①

另一种景观——"家园景观"是一个最为实在、落地的景观。人类有着家园生存、生活和生计的基本需求，因此它是一种能让人们怡然自得地栖居于家园的景观。政治景观和家园景观的区别很明显：作为政治动物的人，认为政治景观是他一手创造出来的，是属于他的，并且景观被视为一种界定清晰的领地，有明确的边界，能够赋予其完全不同于其他物种的地位。而作为栖居动物的人，则把家园景观看作一种远在他之前便久已存在的栖息地。他将自己视为景观的一部分，是景观的产物。② 由于生存的需要，人们的生活是群体性的。这类似于蜜蜂的巢，群体共建的"家园"何尝不是一种景观？按照这样的观点，或从宽泛的意义上，"人的本性"也构成了景观的要件，而且是融会了"自然—文化"的复合性景观。

对于乡土景观而言，它比政治景观中复杂的社会意识形态相对单纯、朴素。当人们到达一个特定的村落，该村的居落景观通常是"第一印象"——有一群人居住在一些具有特色的居式住宅中，与大自然相适应、协同，形成特殊的"人居环境"。对于当地的百姓而言，栖居是至为重要的生存和生活的部分，聚落除了强调群体生活外，居住成为人类至为重要的生命保障和延续的根本，也是"家园"的根据地。与此同时，居式除了满足人们的基本生存和生活需求之外，也集中地体现了地方特色。它是一个地方特定的产物，所以，能够反映该地方的文化和变迁的情况。它甚至是该地区的标志。③ 居式也因此是人们的地方认同和精神家园。

家园景观或许并非语言表达的那样平常和平凡，事实上，它是人们最

---

① ［美］约翰·布林克霍夫·杰克逊：《发现乡土景观》，俞孔坚等译，商务印书馆2015年版，第17—18页。

② 同上书，第57页。

③ Melissa M. Bel, Unconscious Landscapes: Identifying with a Changing Vernacular in Kinnaur Himachal Pradesh, India, *Material Culture*, 2013, Vol. 45, No. 2, p. 2.

为真实的"家"的实体，是人们的生活、生长、生产、生计最落实的地方，也因此成为人们文化认同的最后根据。乡土景观虽然只是日常生活的场景，与自然协调的风景，却体现了一个特定地方的精神，体现了文化的多样性。所以，乡土性的家园的历史在创造和确立地方感、创造家园遗产等方面都扮演着重要的角色。① 乡土景观也因此成为人们生活和生命中记忆最为深刻的部分。我们每个人倘若在自己的记忆中搜索最为真实的部分，呈现最为鲜明的形象，感受最为亲切的经历，"家乡"的场景、风景、景观必在其中。我们也可以这样说，家园是人们最初生长的地方，也是人们记忆归属永远伴随的"祖地"，尽管"他（她）"后来可能侨居海外，客死他乡，但"故乡"仿佛是"胎记"，永远伴随着他（她）。

也因此，在乡土景观的整体形制中，"故乡"成了一个人们依恋的地方："地方有不同的规模。在一种极端的情况下，一把受人喜爱的扶手椅是一个地方；在另一种极端的情况下，整个地球是一个地方。故乡是一种中等规模的地方。它是一个足够大的区域（城市或者乡村），能够支撑一个人的生计。对故乡的依恋可能是强烈的，这种情感的特征是什么？什么经验和条件可以促进这种情感？几乎每个地方的人都倾向于认为他们自己的故乡是世界的中心。一个相信他们的位置处于世界中心的民族隐含地认为他们的位置具有无可比拟的价值。"② 在这里，故乡意味着对过去的乡土性的生命记忆与认同。"故"的时间形制极其复杂。《说文解字》："故，使为之也。"意思是说有意使它变成这样。《广韵》："故，旧也。"它既有神圣的祭祀祈祷之义，又有故意、原故之义。③

当人们怀念故乡的时候，通常某些景物最能够唤起儿时的记忆。对于族群而言，家园的某些景物、器物、符号、仪式等，也都可能成为族人记忆、认同和忠诚的对象。作为家园的故乡，"有它的地标，这些地标可能是具有高可见性和公共意义的吸引物，例如纪念碑、神殿、一处神圣化的

---

① Jackson, John B. , Many Mansions: Introducing Three Essays on Architecture, *Landscape Winter*, 1952, Vol. 1, No. 3, pp. 10 – 31.

② ［美］段义孚:《空间与地方：经验的视角》，王志标译，中国人民大学出版社 2017 年版，第 122 页。

③ ［日］白川静:《常用字解》，苏冰译，九州出版社 2010 年版，第 124 页。

战场或者墓地。这些可见的标志物可以使一个民族更有意义，它们可以提高地方意识和对于地方的忠诚度。但是，对于故乡的强烈的依恋可能十分不同于任何明确的神圣性概念，即使忘却了英雄史诗般或胜或负的战争，即便不存在对于其他人的恐惧情结或优越情结，它照样能够形成"①。这就是说，家园景观有两种"碑"：一种是作为地标性、视觉性的具象物；另一种是深藏于、永存于内心的依恋和忠诚。

乡土景观，从根本上说，就是家园景观——一种属于自己的景观，也是笔者所推导的"家园遗产"。② 它是任何其他类型的遗产都无法替代的。遗产事业作为联合国教科文组织（UNESCO）推动的"全球战略"，已经历了近半个世纪。我国以文化遗产为"主打"的遗产运动也有了二十多年的历程。然而，"谁的遗产"问题却一直未能明确，导致遗产的"边界"不断出现重复、重叠，跨越、僭越的现象。特别是作为"活态"的家园遗产、乡土景观，主体性被淡化、漠视甚至盲视。现在的"新农村"建设，侧重的是工程性特质基础建设，而真正的乡土景观的保护，除了物化的建筑和遗存，那些环绕古村镇的文化景观，居民的生活方式、在他们中间传承的各种各样的民俗传统，都需要引起重视，得到保护。"新农村建设运动不仅需要保护古村镇的价值及其'文化景观'，某种程度上，还需关照到古村镇里民俗文化的传承，这是因为民俗文化不仅是古村镇民众的生活方式，它同时也能够在特定条件下成为古村镇乃至地方发展的源泉和基础"③。

这样，"家园景观"也就有了基本的存在要件。这也就是现在人们最常说的所谓"社区"。在非物质文化遗产公约中，社区与地点被置于同畴，对此，专家对公约有特别说明：

211

　　大多数传统的存在都与那些它们发展演变并赋予它们意义的地点

---

① ［美］段义孚：《空间与地方：经验的视角》，王志标译，中国人民大学出版社 2017 年版，第 130 页。

② 参见彭兆荣《家园遗产：现代遗产学的人类学解释》，《徐州工程学院学报》2013 年第 5 期。

③ 周星：《乡土生活的逻辑：人类学视野中的民俗研究》，北京大学出版社 2011 年版，第 255 页。

有关系。一些传统和地点有着错综复杂的关系，离开这些地点他们不能存在，例如圣地。一些传统可以随着人们一起离开他们传统的土地并改变，有一些则消失了。公约鼓励基于社区的记录应该发生在社区内或是在他们的遗产传统上被继承和再创造的地方进行。活的传统和地点这种方法避免了去情境化。保护活动应该在传统被实践、再创造、传承的地方进行。在他们习惯的背景下工作，这样还可以给他们身份意识和延续意识。①

在我国，社区与地点的贴切表述为"家园"。言及"家园"，需从"家"说起，我国的"家国"常常连缀，与来自西方的现代国家体制迥异，限于篇幅，本文不论及"家国—国家"之制。今天，"家"是一个理解性、阐发性的复合形制，也是一个实践性时空概念。它不仅是传统意义上的依存实体，也是现代意义上的延伸概念，这决定了"家—家园"一直处于变化之中，其内涵和外延的"边界"不稳定。"家"（family）在西文中的使用经历过一个历时性的变化，早先主要指特定的人群，包括具有血亲关系的人群和奴仆、用人等共处的居所，称为"家户"（household），即一个相关人群的容纳。15世纪以降，它的意思发生了变化，从"家户"改变成了"家庭"（house），即由一群扩大的、拥有共同祖先并有着继嗣关系的世系（lineage）、亲族集团（kin-group）所组成。17世纪以后，家的意义更为具体，也更为缩小，包括诸如核心家庭、主干家庭等。②

当下，"地球村"的出现，③ 以及联合国所推动的"遗产事业"，必

① 《保护非物质文化遗产公约》中国师资培训履约班（2016.11）培训文件"社区参与"，Suzanne Ogge 讲义内容。Suzanne Ogge-Milou（French and Australian）联合国教科文组织培训师，非物质文化遗产专家。

② Williams, R., *Keywords: A Vocabulary of Culture and Society*, New York: Oxford University Press, 1983, pp. 131 – 134.

③ 2016年11月30日，联合国第一个世界地球村经过多年的选址考察和评估工作，并在联合国世界地球村倡导者婆罗洲佳燕皇朝五世梁田国王陛下的鼎力推动下，落地马来西亚峇莱地区。第一个联合国世界地球村占地面积7000平方公里，相当于一个新加坡另加一个上海的总面积，设计常驻人口200万。地球村将以"改善地球自然环境，造福世界各族人民"为宗旨，聚世界智慧和人才，专注绿色、低碳、环保和可持续发展，把它建设成为世界未来城市之样板（新闻综合报道）。——笔者注

然将传统的家园包容其中；"家园遗产"也因此有了表述的逻辑。"家园遗产"的核心在于她的完整性和原生性、认同感和归属感。完整和原生，强调家园遗产是一个不可分割的整体。同时，确立"家园遗产"的依据，是基于家园群体与所属环境、居处所具有的原初纽带（primordial tie）。虽然在联合国教科文组织的定义中，遗产已经从地缘、世系（lineage）、宗教等范围上升到更高的层面，但这并不妨碍任何具体遗产地的发生形态和存续传统的历史过程，以及归属上的正当性。特别是，全球化的加速到来，带给了"文化物种"多样性存续的巨大威胁，即全球化的重要特征**同质性**可能伤害到文化遗产多样性的生存，所以，强调"家园遗产"，在某种意义上说，是保护文化多样性，保持文化**异质性**的可持续性发展。

"家园"包含着不同指喻和指示上的多种面向，比如"家园"与"家乡"同中有异：前者强调作为人们祖辈或长久居住（包括世居、迁徙后长久定居、移居等）的居所，而后者则主要指离家在外所指称的"原居地"，即祖籍、原乡等。"近年来人类学研究提出的最深刻的问题之一就是差异的空间化问题。'家乡'是文化雷同之地以及'国外'才能发现文化差异等不言自明的看法，长期以来都是人类学常识的一部分内容"①。我国正面临着城镇化的加速时期，"家园"与"家乡"往往成为一个现实的身体归属和心理的情感归属关系的新型结构。而且，"家"也随着全球化、经济发展而出现了"四海为家"的常态。"常回家看看"成了"老家"和"新居"之间的新型构造。

今天，移动性所带动的诸如群体的流动性、金融的流动性、信息的流动性、观念的流动性、文化的流动性等加速着社会的变迁，传统的"麻雀性社区"已经越来越少，越来越丧失特色，越来越没有代表性，而那些不断变化的人群、不断移动的社区、不断外出的旅游者、不断加入城市的农村流动人口、不断扩大的社会行业的群体、中产阶级和社会休闲阶层，这一切使传统的社会学研究对现代社会的"家"在定义上

213

---

① ［美］古塔·弗格森：《人类学定位——田野科学的界限与基础》，骆建建等译，华夏出版社2005年版，第40页。

出现了空前困难和困境。然而，越是在这样的移动社会中，"家园"也越来越显得其不可替代的作用和作为；**身**的"漂泊"却越发渴望**心**的"归宿"。

在社会人类学的研究视野里，"家园"具有建构的意义和意思，同时，"家园建构"也存在着悖论：首先，随着世界性的迁移性的加剧和扩大，既往"家园"的固定边界正在逐渐淡化，人们对"家园"的记忆、怀念和怀旧正在被许多移动性所带来的特殊化现象所融合。其次，以往那种认为通过个人的短暂的生活方式以获得对家的归属感已经被一种更大、更广阔意义上的"家园"所替代，"我"的个人化归属已经融会了"我们"的意义和价值。再次，现代旅行使得"家"的线性和循环的回归和超越成为一种非单一性关系。① 以往具有相对单一社会结构的、具有稳定的地理空间的、具有相对一致的族群集体记忆的、具有确定的人群共同体的、具有个体生活化的体认等对"家—家园"的认识和认同在当今社会已经累加了许多与之相矛盾的特点和品质，更加上了"穿着西装的社区"，使"家—家园"产生更复杂多样的意味。

或许正是在这样的背景下，人们对家园这一份"遗产"有着特殊的眷念，因而更加渴望，也弥足珍贵。而那些原来不成问题的事务都成了今天人们反躬自问的纠结，诸如："我是谁？""我来自哪里？""我属于哪里？"，而这些问题的背后潜伏着人类在新的语境中对丧失家园从未有过的焦虑，也表现出对家园遗产从未有过的珍惜。人们试图重新寻觅自己的"家园感"，以找回对自己根源和归属的认知和认同。人们明白，如果失去了家园感，其实是自我的迷失。

现实中，存在着假定、假设由国家"主管—托管—代管—监管"的预设和方式，潜匿着双重矛盾：一方面，在非物质文化遗产的形制中，国家事实上是不可能托管的，这与像长城、故宫、泰山等文化与自然遗产类型不同。除了"公产/私产"的属权差异外，文化—自然遗产与非物质文化遗产的最大差异在于：前者的主体形式主要由国家实现，后者的主体形式

---

① Rapport, N. and Overing, J., *Social and Cultural Anthropology: The Key Concepts*, New York: Routledge, 2000, p. 161.

主要在民间。另一方面，如果非物质文化遗产的主体缺失或渐失，那么，遗产主体的主人翁意识也将逐渐淡化。后果是：原来属于个人、家族、社群、族群（包括宗教群体）等非物质文化遗产事业、事务、事情都"推给"了国家和政府。以往那些家族企业、民营团体、民间组织、地方精英等相关、相属者也与之保持距离，或渐行渐远。这种情形非我们所乐见，但在现实中具有一定的代表性。

出于同样的原因，联合国教科文组织《保护非物质文化遗产公约》（2003）第十五条："社区、群体和个人的参与"（Participation of communities，groups and individuals）中规定：

> 缔约国在开展保护非物质文化遗产活动时，应努力确保创造、延续和传承这种遗产的社区、群体，有时候是个人的最大限度的参与，并吸收他们积极地参与有关的管理。[1]

根据公约精神，非物质文化遗产的"社区参与"应该由创造、维护和传承他们的社区、全体民众或个人来确认和定义，而不是由行政管理部门，也不是研究人员或专家——不能代表社区和管理人对非物质文化遗产进行确认和定义。奇怪的是，社区、群体和个人在公约中没有定义。根据第2.1和15条款，"相关社区、群体和个人"是指直接或间接参加一个（或一组）非遗项目的实践和传承，并（或）把他认为是他们文化遗产一部分的那些人。根据公约前言，"承认各社区，尤其是原住民，各群体，有时是个人，在非物质文化遗产的生产、保护、延续和再创造方面发挥着重要作用，从而为丰富文化多样性和人类的创造性做出贡献"[2]。公约也没有明确指出是否需要或如何区分"社区"和"群体"。有些解释把"群体"作为社区中的一群人（如从业者、监护人或传统持有人），或对于某一非遗项目有特别的知识的跨社区的一群人，或是在非物质文化遗产实践和传承中发挥特别作用的

215

---

[1]　《联合国教科文组织保护世界文化公约》，法律出版社 2006 年版，第 26 页。

[2]　同上书，第 22 页。

一群人。①

　　由此我们可以确认以下几点。1. "社区参与"作为非物质文化遗产的一种主要方式，一直为联合国教科文组织所倡导，尤其在近年的实践中又做了特别的强调。2. 联合国非物质文化遗产的公约并没有对"社区"做出明确定义。我们相信，并不是联合国相关机构和专家的疏忽，而是考虑各缔约国必将自己的文化附会于"社区"所产生的各说各话的可能性，纵然是联合国也无法对此做出"裁决"。因为，"文化"的最终裁决者是文化的创造者和所属者。另外，也考虑到"国家作用"与"社区权利"之间的关系，即公约是一种国家间的协议，它不对社区提出义务条款。所以，公约和操作指南要求缔约国吸收和帮助社区（在他们同意的情况下）参与管理和保护他们的非物质文化遗产［条款11（b）和条款15］。3. "社区"是一个舶来品，其内涵和外延与我国的传统存在差异。如果不进行辨析，不对社区的"本土化"进行评估，其结果只能是：要么照搬国外的概念而无法落地；要么停留在宣传口号的层面。

　　如果我们把家园景观视为一种类似的"文化景观"，那么，它便成为联合国教科文组织（UNESCO）"文化遗产"中的一种类型。我们相信，作为一种特殊的遗产，文化景观具有自己的"生命体征"。正因为如此，人们才需要去特别养护它。文化遗产有一种特殊的生命现象——累叠现象，它类似于地层，② 随着历史的演化和积累，文化景观也会出现不断地"累叠"过程。而我们所说的乡土景观有几个基本的指示。1. 它是历史积淀的文化遗产。在历史的演化过程中，传统的有些景观元素消失了，衰亡了；一些新的景观元素加入进来，叠加在传统的乡土土壤之上。2. 任何历史的演化对于乡土景观而言，都是特定土地上的人民的选择与放弃。一般来说，选择什么、放弃什么主要由"家园"的主人做出决定。被动或被迫的选择与放弃都是不理想的。所以，我们无论在乡土社会做什么，都要倾

216

---

　　① 《保护非物质文化遗产公约》中国师资培训履约班（2016.11）培训文件第3单元"公约中的主要概念"，第4页。

　　② 地层是地质学专业术语，指地质历史上某一时代形成的成层的岩石和堆积物，通常以地质年代表示地壳演化历史的时间与顺序。

听家园主人的意见。3. 在特定的时代语境中，传统的乡土社会无论面临多么大的变迁力量：政治变革、朝代更替等，作为乡土社会的"草根力量"，有的时候难以承受冲击，会极大地改变传统的乡土景观。但是，只要人们没有离开自己的家园，乡土景观的重要景观元素就会得以保存，比如神庙、宗祠、水源、古厝（祖宅）、祖坟、风水树（保寨树）等。因为这是祖先创造、营造的家园，也是子孙后代要继续生活的地方。厦门的曾厝垵（曾村）在城市化过程中成为远近闻名的城中村（百度介绍其为"中国最文艺的渔村"）：

厦门渔村曾厝垵村落景观累叠组照（彭兆荣摄）

在这幅传统村落景观的叠加图中，人们可以看到古老的建筑、神庙、祖祠、古厝等，它们的景观风格非常有特点，其中"渔村时光空间"是一个村史馆。游客可以通过观看了解这个渔村的历史。在"曾厝垵闽台文化馆"里，进驻了当代流行的歌队。在以"福海宫"为标志的设计牌上，赫然出现了"中国首个 AR 村"的字样；而"福海宫"的传统模样正安详的坐落在后面。而另一幅红标牌"朵拉号"这样讲述自己的村落历史：

　　这里曾经属于一个美丽港湾，沧海桑田，它也曾经为了一块荒地，留着大海退去时的叹息。当家园建起，今天的城市渔人把它变成了船型的花园，依偎在灯塔旁边，承着梦想，载着美丽。

　　这是一个厦门人自发改造居住环境，共同缔造美丽城市的故事。在这里，我们提供健康、实惠的本地家常美食，展示厦门城市渔人载酒长歌，乘风破浪的人生情怀。

　　曾厝垵作为"城中村"，快速的变迁在所难免。传统以渔为主、以农为辅的渔村，今天已经成为城市的一个部分，原来渔民、农民，现在多出了一个城市居民身份。但是"厝"的村名是永远不会改变的，即便以后成为城市中的某一个区名，它也都在。"厝"是老屋、祖宅的意思，闽南方言中的"家"与"厝"谐音。它在闽南还有"村"的语义，诸如曾厝（曾村）、黄厝（黄村）、林厝（林村）等，老宅屋不独是居所，也是传统的标志，更是文化的认同。① 如果"厝"没有了那个特定的人群共同体也就消失了。就像人有自己的名字，村落也有名字，烙在自己的乡土上，无论它发生什么样的变化，面朝大海的"福海宫"都在。

　　这种"城中村"现象虽然艰难地反映出中国几千年都没有发生过的巨大变革，却在静静地迎接这场震动。对此有学者甚至认为这是中国"村落的终结"："人们原来以为，村落的终结与农民的终结是同一个过程，就是非农化、工业化或户籍制度的变更过程，但在现实中，村落作为一种生活制度和社会关系网络，其终结过程要比作为职业身份的农民更加延迟和艰难，城市化并非仅仅是工业化的伴随曲，它展现出自身不同于工业化的发展轨迹。"② "我们试图在研究中建立一种关于中国村落终结的具有普遍解释力的理想类型（Ideal Type）"③ 这种从社会学的角度——以城市为中心的视角，是否足以解释广大的乡土社会，这涉及学科上的分野问题。"城中村"的出现，或许只是中国自己的命题，"因为在其他国家的城市化过程中，这种'城中村'现象还几乎从未出现过。所以，'城中村'现象的

---

① 参见彭兆荣等《渔村叙事——东南沿海三个渔村的变迁》，浙江人民出版社1998年版。
② 李培林：《巨变：村落的终结——都市里的村庄研究》，《中国社会科学》2002年第1期。
③ 同上。

产生，一定与中国的比较独特的因素关联"①。

对此，笔者有不同的见解：如果所讨论的命题是"中国的城中村"，当然唯中国独有。但如果说在城市化过程中，城市"吞食"周边的村落，使之城市化的现象却非中国所独有。而且，以"城中村"现象判定中国"村落的终结"显然太过武断。毕竟，在人类历史的发展过程中，农业是文明进程中的一个长时段的历史，除了少数因自然条件的限制，特别是缺少大面积的、适合于农业生产的耕作土地，农业都呈现出一个历史的普遍性。而工业革命以后，城市的拓展加快，都存在着在城郊"蚕食"广大乡村的现象。"城市农村"的过渡现象在全世界都是存在的。只不过，中国有自己的特色，比如中国特色的户籍制度。不过，以笔者之见，中国的国情确实有自己的特点，那就是：乡村是"土壤"，城市是"作物"，这是中国历史决定的，与西方的以城市为中心、城市自主发生、发展的情形完全不同。"农村包围城市"的故事仅仅发生在半个多世纪之前，何以一个短时段、小范围的"城中村"现象，便宣告"村落的终结"？即便是欧洲的法国迄今仍然是农业国。在美国，农业不仅是国家重要的组成部分，许多地方仍然保持着发达的农业技术和农业生产，保留着传统的乡村景观，而且这些乡村景观成为他们早期移民时期文化与族群认同的依据。②

现代城市的人造景观无论多么时尚，多么的"话语化"，但它永远是在乡土的草根土壤中长出来的，草根与乡土的关系是永久性的。我们不相信中国城镇化能够使"村落终结"，就像无论全球化到什么地步，人总是要"家"、要"厝"的。动物尚且如此，哪怕是候鸟也有自己的"路线"和"栖息地"。人总有一个"老家"，因为，人在任何时候总要问一个"你是谁？"，"城市渔人"中的"城市"只是修饰语，传统的渔村也会在城镇化的过程中改换景色，但所有变幻的景色中，都不过是大海的"作品"而已。人们也有理由相信，"城市化"的雾霾、噪声、拥挤、快节奏、陌生感、食品安全问题、交通阻塞问题等，与传统乡土家园的湛蓝的天空、洁

① 李培林：《巨变：村落的终结——都市里的村庄研究》，《中国社会科学》2002年第1期。
② Buckley, James M. and W. Littmann, Viewpoint: a Contemporary VernacularLatino Landscapes in California's Central Valley, *Buildings & Landscapes*, 2010, Fall 17, No. 2, pp. 2 – 12.

净的空气、多样的地势、开阔的空间、安全的食品、多样的文化、淳朴的情感等相比，村落完全没有"终结"之虞。对于曾厝垵的百姓而言，"我家就在岸上住"。

村　落

与"家园"最为契合、具体的，"家—家族"共同生活的基层共同体是村落。人们分享着小范围的公共资源，土地，水流、山林等，形成了"公社"的居住方式，满足族人生存需求，有着共同的生计模式，形成并分享着公共文化。村落实际上成为真正意义上的，具有中国传统特色的"公园"（公共家园）——实行**公社**式居住，分享公共资源，执行**公信**"同意权力"①，实行"**公摊**"方式，认同**公共**文化，还有"**公田**"（通常指族田），有的还有"**公墓**"（宗族坟地）。可见，此"公园"非彼"公园"（park），是具有中国特色的、本土化的村落景观。

在学术界，传统的村落常常被外来词汇所替换，诸如社区、社群等，以适应当下学术话语的表述范式。其实，这种各自表述和各自定义都不妨碍村落的原生形态，只是内涵和外延有些微差异。比如吴文藻先生对传统社区（实为村落）的界定为："社区即指一地人民的实际生活而言，至少包括下列三个要素：（一）人民，（二）人民所居处的地域，（三）人民生活的方式，或是文化。"这是吴先生为王同惠、费孝通所著《花篮瑶社会组织》而写的导言中所做的总结。② 瑶族是一个迁徙性山地民族，与汉族村落的情形有所不同。王铭铭将这个定义置于中国东南地区，以溪村为例，将汉族村落定格为"家族社区"，因为它的人民、居住和生活方式全受家族制度的约定，社区是由血缘和婚缘关系为原则组成的。③ 这里的所谓"社区"其实就是村落。只是社会学（社会人类学）偏爱使用"社

---

① 费孝通：《乡土中国　生育制度》，北京大学出版社 1998 年版，第 60 页。

② 吴文藻："导言"，载王同惠、费孝通《花篮瑶社会组织》，江苏人民出版社 1985 年版，第 5 页。

③ 王铭铭：《社区的历程：溪村汉人家族的个案研究》，天津人民出版社 1996 年版，第 6 页。

区"。但实际上，社区的类型比村落多得多，比如街道办也称为"社区"。

目前，我国的城镇化建设首先面临一些需要反思的问题。

我国城镇化是否必须毁损乡土根基？

回答是否定的。任何传统都是文明的累叠，中国自古就有城市化的问题，并形成了独特的城市智慧。[①] 重要的是，中国的"城邑文明"[②] 与乡土文明并置同辉，相辅相成。也就是说，中国并非只在今天才有"城镇化"的问题，更不需要以毁损乡土社会的根基为代价。如果我们上面的表述逻辑可以成立，那么，"乡土—家园—村落"便是一个历经数千年所形成的历史性社会结构，仿佛地形地貌的形成一样，破坏这种结构，其后果是不难设想的。

农耕文明必然会成为工业化的阻碍？

回答是否定的。农业传统与城镇化发展未必不相见容，也不见得农耕文明必然成为工业化的阻力和阻碍。以法国为例，法国今天仍是"农业国家"，是欧盟最大的农业生产国，也是世界主要农副产品出口国，农产品出口仅次于美国居世界第二位。法国保持农业大国的原因主要如下。1. 地理原因：法国拥有欧洲最富饶的土地，气候好，水源充沛，利于灌溉。2. 历史原因：法国的农业是其立国根基，国家强大的理由就是因为农业的鼎盛——从封建国家到现代国家一直如此。3. 民生原因：法国是欧洲的人口大国，没有强力的农业支持无法维持其人口增长和国力强盛。今天，法国是一个工业大国，也是一个农业大国。

有的学者认为："曾几何时，西方是以彻底抛弃乡村为代价而完成了他们的城市化的现代发展之路，但无疑他们为整个人类造下了太多的遗憾，在他们的忏悔声中，我们需要一种文化自觉，这种自觉便是我们并不需要那么快的走向单一化的拥挤的现代之路，我们为此而保留下了一份乡村自我发展的氛围宽松的文化遗产，即我们没有完全抛弃乡村，更没有把

221

---

① 参见彭兆荣《城与国：中国特色的城市遗产》，《北方民族大学学报》2016 年第 1 期。

② 李学勤等人认为，中国古代早期的城邑具有政治、宗教、文化和权力的中心功能，而商品集散地的功能不显著，故可称为城邑国家或都邑国家文明。参见李学勤主编《中国古代文明与国家形成研究》，云南人民出版社 1997 年版，第 8 页。

乡村看成一种问题之所，我们尝试着让乡村里面的人去发展出来一条自己改造自己以适应现代发展的道路。"① 这里出现两个层面的问题需要加以辨析：1. 中国的学者，尤其是人类学者到乡土社会，到村落中去做民族志研究，这已经成为一种人类学"本土化"值得赞赏的范式；2. 但这并不以西方社会"抛弃乡村"为反衬，因为西方的历史构造与中国完全不一样，而事实上，西方的城市发展之"果"也难以追究是"抛弃乡村"的"因"。一方面，二者并无关联；另一方面，西方并没有"抛弃乡村"。法国的例子便可为证。

城镇化是否为经济发展的必然形式？

回答是否定的。经济发展与城镇化并不构成逻辑关系。费孝通有一个重要的观点，认为我国传统农村向城镇转变，农村人口向城镇流动是不自在的，不自愿的，是"被迫"的"逼上梁山"。② 他以近代苏南为例做了这样的论述："乡镇工业不仅与农业之间有着历史的内在的联系，而且与大中城市的经济体系之间存在着日益密切的连结。在旧中国，自从上海成为通商口岸的上百年间，外国资本和官僚买办资本就从这个商埠出发，沿着沪宁铁路把吸血管一直插到苏南的农村。首先被摧毁的是农民的家庭手工业；接着农业也独木难支；最后农民忍痛出卖土地，到上海去做工——走上西方资本主义工业化的道路，还要加上半殖民地的性质。"③

我国城镇化是否必须采取大工程形式？

回答是否定的。如果城镇化是代表一种历史过程中的表现形式（这也需要存疑），那么，按历史的自然规律演进，人们只需配合演进的规律，这既是自然的，又是智慧的。人为的、主观的改变，特别是主导性的大工程介入和进入的"加速"，其结果是：在很短的时间里同时出现成群的**高楼大厦、高速公路和高空雾霾**。事实上，在当今我国的城镇化"工程"中，走在前面的是"工程师"。巨大的工程在满足拉动高速经济的同时，

---

① 赵旭东：《八十年后的江村重访——王莎莎博士所著〈江村八十年〉书序》，《原生态民族文化学刊》2016 年第 4 期。

② 费孝通：《行行重行行：乡镇发展论述》，宁夏人民出版社 1992 年版，第 51 页。

③ 同上书，第 52—53 页。

还转化成了完成地方的任务指标和行政"业绩"。然而，这种城镇化工程的"**有形性**"却深深地伤害到乡土传统的"**无形性**"。

我国的城镇化是否找到了自己的模式？

回答是否定的。我们之所以这么说，是基于两个理由。第一，中华文明的历史从来没有经历这样"疑似"以工业取代农业、以城镇取代农村的突变性"转型"，我们在传统的价值认知、知识体制和历史经验等方面都没有做好准备。第二，工程化的"图纸—模版—程序"一体化方式，没有事先解决"本土化"的问题。意大利的佛罗伦萨、日本的京都等未必不经历现代的"城镇化"，可是，那种凝古、固古、存古、续古，没有高楼，不靠工程项目的"城镇化"不也是一种模式吗？窃以为，目前我国所进行的城镇化工程仍未找到"中国模式"，缺乏整体认知、深入调研、尊重民意、综合评估、学科协同等。然而，工程却已在快速地进展中。因此亟须补救这些工程。

对于我国所面临的城镇化建设和发展，几个重要的理念值得提醒和反思。1. 我国城郭制与水（患、利）存在着密切的关系，德国学者威特福格尔早就提出了中国"水利型社会"的概念，认为是完备的水利系统造就了中国几千年的中央集权统治模式，① 并在此基础上提出了"东方专制主义假说"。中国正是这种东方专制主义的集中反映。② 虽然威氏的观点受到不断的质疑，但并不妨碍"水"与"城郭"制之间的原生性关系。"鲧筑建城郭制"可为据。水也必将在未来的城镇化发展中成为一个至高的原则。2. 我国有自己的城市（城市、城邑）设计理念、建设模式和发展道路，自《考工记》到中国最后一个都城北京城都一脉相随。比如"面朝后市""左祖右社"③ 的营造理念，即贯彻了"天人合一"的崇高理念，又实现了

223

---

① Karl A. Wittfogel, *Wirtschaft und Gesellschaft Chinas*: *Versuch der Wissenschaftlichen Analyse Einer großen Asiatischen Agrargesellschaft*, Hirschfeld, Leipzig, 1931.

② Karl A. Wittfogel, *Oriental Despotism*: *A Comparative Study of Total Power*, New Haven: Yale University Press, 1957.

③ 早期"朝"（朝堂）、"市"（宫市），后随着商业的发展，"市"逐渐的摆脱"宫市"的定位，逐渐向着商业集市的方向的发展。"祖"（宗祠）、"社"（社稷），也包含"天圆地方"的认知原则，以及祭祀天、地的仪式。

"家国天下"的景观形制。3. 在中西方城市文明交会中，我国的城镇化建设应持"中式为体，西式为用"的原则。4. 要认真吸取过往的经验教训。值得提醒的是，中华人民共和国成立初期北京城的建设保护方案中最为有名的"梁陈方案"的历史遭遇，[①] 今日当作为警示。5. 要认识到我国当下的"城镇化"充其量只是历史进程中一个短时段事件，也是人们价值观念变化中的一个"驿站"，一定要为未来留下足够大的空间和余地。十年、二十年后的我们，或者我们的下一代要致力建设"乡村化"亦未可知。事实上，现在欧美许多人（特别是富人、知识精英和中产阶级）都愿意居且事实上住在乡村，只是工作在城里。因此，我们要避免这样事情发生，即今天以数百亿、千亿计的经费用于项目建设，明日又以数百亿、千亿计的经费用于项目拆迁。6. 要克服以"城镇化发展"为强势性话语的问题，乡村的发展要同步进行。为此，笔者提出乡村的"乡土家园""农村公园"的概念。7. 城镇化必然引发"城市/农村"户籍制度和户政工作的变革。因为"城市/农村"户籍制度的二元结构是解放后一系列政治运动特殊语境的产物，和对苏联户籍制度错误移植的结果。[②] 而今日之城镇化原本是全球化"移动"属性的一种反映，"城市/农村"户籍制度的二元结构必须被打破，因为此结构的一个重要功能就是"限制移动"。8. 目前在我国城镇建设的发展模式中存在着三种"暴力"：行政、资本和专业。具体表现为由带有明显计划性的行政为主导，以资本为后盾和支撑，以规划设计为专业话语。这样的三位一体，几乎使其他的思想、价值、观念没有插足的空间。更令人担忧的是，万一出现问题，没有责任的真正承担者。就像今天北京城所出现的问题，没有历史责任的承担者。

---

① 1950 年，我国著名建筑学者梁思成、陈占祥提出了《关于中央人民政府中心位置的建议》，即"梁陈方案"，是一个融合了当时世界上的先进理念的北京城市规划设计建议书，主张北京旧城保护与新城建设分开，未被采纳。不少学者认为这是我国历史上城市建设上的一个重大的历史错误。张辛可在改编《早知今日何必当初——如果听梁思成的》一文中说："如果他（梁思成）的所有建议都被采纳，北京城会成为世界上保存最完好的古都和建筑博物馆。"参见"维基百科"。日本的京都、奈良等城市都保存了古代城市的遗制，获得联合国教科文组织世界遗产机构的高度认可。

② 参见王海光《城乡二元户籍制度的形成》，《东方历史评论》2014 年 8 月。原文刊载于《中国当代史研究》第二辑。

每一座城镇，每一个历史语境下的"城市文本"都不是"搞运动"或"数据化"或"设计院"的产物，尤其像中国这样具有悠久历史的"城郭""城邑""家国"的城市智慧和传统，如何融入、注入、羼入传统和现代的因素，需要集结多学科优势，找到一条更加具有经验、智慧，具有民族、地方特色的城镇化发展道路。我国传统沉淀于城市建设中的认知价值、天地人和、国城建制等体现了中华民族在城市建设模式中的经验和智慧，也是一笔难得的无形文化遗产，当倍加珍视。

华夏文明之乡土性，留下了一份弥足珍贵的家园遗产，在这份历史遗产中，村落是人群聚集的公社，三者历史性地形成了一个完整的结构形制。我们的宇宙观认知、价值观伦理、知识性表述、经验的积累、身体的惯习等，早已融会到了这一个大的结构框架之中。这一稳定的结构并非没有经历嬗变和变迁，却从未改变其"乡土本色"；我们也同时相信，这一稳定的结构，有能力抵御"短时段"的震荡。今天的城镇化建设面临有史以来最具挑战性的考验，令人担忧的是，在城镇化"工程计划图"中缺乏对这个"倒三角"的了解和认识，这势必加剧挑战的风险。以笔者观之，无论是城镇化还是传统村落的保护，都需要全面考虑和考察这一完整形制，继承自己的"乡土—家园—村落"遗产，并在此基础上进行创新；而这样的"蓝图"是不可能在现代工程师的工作室中完成的。

栖居景观

栖居是人类生活中至关重要的部分。它虽然日常、平常，却在视觉上最直观地呈现乡土景观中的基本形貌。人要生存，栖住事务，至为攸关；它是"家"的落实。在我国，"家居"首先是一个**"生命单位"**。"家"是一个会意字，甲骨文𤠔，表示房子里有猪而成家居的标志。《说文解字》："家，居也。""家"的本义即屋内、住所，且有多种生命形式。其次，"家"是一个**"空间单位"**。它也是空间形制中"地方"的最基层部分。《正志通》："家，居其地曰家。"家居表现为具体的地方性处所。人类学史上所谓的"聚落"表明一个群体的聚集空间格局和由此建立的社会关系。

再次，"家"是一个"**亲属单位**"。它是一个家庭、家族血缘群体代际传承的具体实施，由血亲与姻亲为主要线索，并向外、向下不断地传递。又次，"家"是一个"**社会单位**"。它是构成与其他社会关系进行交往与联络的中心，也是"内"与"外"的礼制社会的缩影。最后，"家"是一个"**政治单位**"。在特定的政治伦理中，可指"国""天下"，"家国天下"即指这层意义。《礼记·礼运》："今大道既隐，天下为家。"

居处是一个地方特定的产物，所以，它能够反映该地方的文化和变迁的情况。它甚至是该地区的标识。① 就研究而言，栖居构成了"人居学"的组织构造。"人居（human settlement）是指包括乡村、集镇、城市、区域等在内的所有人类聚落及其环境。人居由两个大部分组成：一是人，包括个体的人和由人组成的社会；二是由自然的或人工的元素所组成的有形聚落及周围环境。如果细分的话，人居包括自然、社会、人、居住和支撑网络五个要素。广义地讲，人居是人类为了自身的生活而利用或营建的任何类型场所，只要是人生活的地方，就有人居。"② 今天，"人居"环境、条件依然是考察人民生活水平的最重要指标。人的生存需依靠群体。由于人类早期生存力量微弱，结群而居，无论是因血缘关系还是结盟关系。于是，"居落""集落""部落""村落"等便为古来常态——都无例外地强调群体居住的情形。"鲁宾孙漂流"与其说表现了个人独自生存的场景，毋宁说是资本主义发展的"话语欺骗"。

中国在栖居的总体论述上，窃以为以《宅经》序言中说得最完整：

夫宅者，乃是阴阳枢纽、人伦之轨模。非夫博物明贤，未能悟斯道也。就此五种，③ 其最要者，唯有宅法为真秘术。

凡人所居，无不在宅。虽只大小不等，阴阳有殊；纵然客居一室之中，亦有善恶。大者大说，小者小论。犯者有灾，镇而祸止，犹药

---

① Melissa M. Bel, Unconscious Landscapes: Identifyingwith a Changing Vernacular in Kinnaur Himachal Pradesh, India, *Material Culture*, 2013, Vol. 45, 2013, No. 2, p. 2.

② 吴良镛：《中国人居史》，中国建筑工业出版社 2014 年版，第 3 页。

③ 指五种术数方法——笔者注

病之效也。

　　故宅者，人之本。人以宅为家。居若安，即家代昌吉。若不安，即门族衰微。坟墓川岗，并同兹说。上之军国，次及州郡县邑，下之村坊署栅，乃至山居，但人所处，皆其例焉。目见耳闻，古制非一。①

在汉语的构词方面，《象形字典》释："居"与"育"原本同源，后来分化。居，甲骨文𠈇，其中𤕟（人，指妇女）加上𠙹（倒写的"子"𡿧，表示刚降生的婴儿），即妇女生子。造字本义为妇女在家生育，休养生息。《说文解字》："居，蹲也。从尸古者，居从古。踞，俗居从足。"《榖梁传·僖公二十四年》："居者，居其所也。"日本的白川静则另有一番解释："居"原为"尸"与"几"的组合。"尸"乃祭祀先祖时，代表先祖之灵领受祭祀的巫师。"几"乃凳子。表示参加仪式时要取蹲踞（蹲坐）的姿势。"居"有处在、蹲坐的意思，后来逐渐衍化出日常居所、邻居之义。②《汉字源流字典》则将二者意思糅合。③ 无论学者对其做何训诂，"居"之"家"是恒定的。居之所依者，宅也。《说文解字》释："宅，所托也。"

　　从历史传说上分析，我国原始聚落的起源或与神话表述中的两种古老的居式有关，即穴居与巢居。前者以土为主，后者以木为主。两种居式在中国都有传统。二者经过长期的融合，即穴居从地下往上升，巢居从树上往下降，"升上来的是土，降下去的是木"，形成了中国居式建筑的"土木"传统。④ 也就是说，栖居景观是文明演化的产物，即在伴随人类试图与自然环境和谐共处的过程中不断演化。传统的栖居景观在达到和谐与稳定之前，不知经历了多少代人的摸索和改变。吴良镛教授根据我国史籍中所讲述的栖居线索做了描述：传说人文初祖黄帝（约公元前2700年），"迁徙往来无常处，以师兵为营卫"（《史记·五帝本纪》）。这显示黄帝时代尚处于迁徙阶段，居无常处。《礼记》生动地记载了当时凿穴为居、构

227

---

① 王玉德、王锐编著：《宅经》，中华书局2011年版，第9页。
② ［日］白川静：《常用字解》，苏冰译，九州出版社2010年版，第81页。
③ 谷衍奎：《汉字源流字典》，语文出版社2008年版，第744—745页。
④ 南喜涛：《天水古民居》，甘肃人民出版社2007年版，第1页。

木为巢的居住形态："冬则居营窟，夏则居橧巢"。到了帝舜（公元前2300—前2200年）时期，早期的居住地开始形成规模，成为聚落。《史记·五帝本纪》记载：

> 舜耕历山，历山之人皆让畔；渔雷泽，雷泽上人皆让居；陶河滨，河滨器皆不苦窳。一年而所居成聚，二年成邑，三年成都。尧乃赐舜缔衣，与琴，为筑仓廪，予牛羊。

这段史料记载了聚落的发展，它表明早在帝舜时代中国就已经进入耕稼社会，并且随着农业的产生和发展，聚落规模不断扩大，中心功能逐步显现，由"聚"而"邑"而"都"。①只是笔者需要特别强调的是，如果这样的评述成立，那么，中国的乡土社会从一开始就是以农耕文明为背景的生长原理，也就是说，中国传统的栖居以农耕为基础。"以农业生产为根基建立起来的华夏民族，从一开始就具有一种安土重迁的乡土情结和家园情结。他们耕耘撒播、辛勤劳作，在与天地万物的迎送往来中得到了身心归附和安顿。其眷念的是和平安适的田园生活，醉心于那浓情馨意的家园春梦"②。

还有一个重要的节点需要强调，乡土社会的栖居以适应、配合自然环境为原则，而其中水是一个基本的要素。"中邦"（中国）的形成传说于"大禹治水"，降丘宅土。远古时代，洪水泛滥，人们"择丘陵而处之"（《禹贡》）。水是人类栖居的最重要的条件。"河流是大自然恩赐给人类的交通向导。河流可以帮助人类克服山脉等地形对交通构成的障碍，人往往沿着河流而行，长此以往而形成道路。在某种程度上，河流既决定了人居分布的空间格局，也往往决定了文化的区域特点，甚至成为文化区域之边界"③。我国传统的住宅大都建筑在水边高处，此模式具有相当的普遍性。人类的居住需与水结伴，如果没有水，人类的生活难以为继。但是，水流

---

① 吴良镛：《中国人居史》，中国建筑工业出版社2014年版，第16—17页。
② 同上书，第31页。
③ 同上书，第44页。

通常会有"旱涝"的问题，所以人类选择居处也会高出平地，我国古代的丘、京等皆有"高地"的意思。择居除了高处外，最好选择"上游"。古代的都城选址就有这样一条："古之帝者必居上游"，就是指国都要能够起到高屋建瓴的作用。①　而"井"作为乡土家园从实用到象征，都与水有关。因为"井"是定居、安居的标志。

逻辑性的，"人居"与"环境"相携与共。按照人文地理学家杰克逊的观点，栖居景观乃是不断地适应和冲突的产物：适应新奇而复杂的自然环境，并协调对环境适应模式持迥异观点的人群，特别是对政治性相左的平衡。政治景观虽然是人工的，却是对某个原型的实现，是受到哲学或宗教理念激发的连贯设计，有其视觉上独特的目的。而栖居景观，用一个常被曲解的词来形容，是存在主义的景观：在存在的过程中确定自我的身份。只有当它停止演化，我们才能说清它到底是什么。早先的移民或定居者首要寻找的空间总是放牧的土地和耕作的土地。事实上，他们关注四种空间：村庄选址、耕地、牧场，最后是林地。②　也就是说，人们在历史的演化中选择什么样的居式，大半是环境帮助人们做出的选择。"人居环境"本身就是人与自然的协作的描述。

人类的居住景观，不言而喻，是将人群集结在一起的自然条件。所以，选择栖居景观一方面是依据自然条件、环境因素所做出的适应性选择；另一方面，也考虑特定人类群体生活、生计、生产的条件；同时，又是群体文化最重要的存续地。栖居景观视自己为世界的中心，是一片混乱中孕育秩序的绿洲，是人类的栖居地。自主自立是它的本性；规模、财富和美丽与之毫无关系；它自我约束，遵循自己独特的法律。事实上它遵循的也并不是法律，而是一系列经过数世纪累积而来的风俗和习惯，它们都是对栖息地缓慢适应的结果——当地的地形、气候、土壤和人文，以及世世代代生活在那里的家庭。他们的方言、着装、庆典、舞蹈和节日，这些如诗如画的风土人情成为旅游者津津乐道的民俗景观；还有一些暗语、手

229

---

① 辛德勇：《旧史舆地文录》，中华书局 2014 年版，第 287 页。
② ［美］约翰·布林克霍夫·杰克逊：《发现乡土景观》，俞孔坚等译，商务印书馆 2015 年版，第 60—63 页。

势、禁忌、秘密——神秘场所和神秘事物，远比任何边界都能更加有效地排外。① 简而言之，栖居文化同时表明了"人居环境"中形成了独特的"文化领地"。日本世界遗产地"五箇山"村落是一个没有"领土"范畴却有着"明确"边界的地方，其边界所属主体：大家—家园——属于我们的地方。

　　村落不是永久不变的，村落的"地界"会随着村落规模的扩大而发生变化。在许多地方，村落的地界由"石头"承担，而那些承担过去村落的边界区隔的石头，成为旧有景观的一部分，并嵌入了族群的集体记忆。随着人口的增加，原来的村落空间被突破是一件自然的事情。比如在云南的箐口村，随着的村寨的扩大，"现在标志边界的任务由其他石头来担任。村寨周围与梯田相邻的路边的石头成了界石。一些村民遇到不顺的事情的时候，有可能将原因归结于丢魂，于是他们有时会请'摩批'选好时间在村子与梯田交界处的石头旁做相应的仪式"②。在那里，石头与村落的"边界"构成了相应的选择、记忆、认同甚至忠诚关系。村落的"边界"通常可以根据自然，比如山、水的"形势"；也可以建筑相应的围墙、围构加以区隔，借以区分"我村（家）"与"他村（家）"的范围。

日本世界遗产地合掌村落（彭兆荣摄）

---

　　① ［美］约翰·布林克霍夫·杰克逊：《发现乡土景观》，俞孔坚等译，商务印书馆 2015 年版，第 77—78 页。
　　② 参见马翀伟《遭遇石头：民俗旅游村的纯然物、使用物与消费符号》，《思想战线》2017 年第 5 期。

风土人情

把栖居与自然环境相协作的描述，"风土"为常用词语。"风土"是一个包括地形、气候、植被、土质、地质、水系等诸多自然环境在内的综合概念。栖居的风土论早见于日本哲学家和辻哲郎的著作《风土》一书。和辻哲郎从"风土性是人类生存结构的契机"的观点出发，对各种风土人情以及民族居住的区域特征进行了分析，归纳出三种类型：在温润的风土中居住的属于"容忍顺从"的季风型；在干燥风土中居住的是富有"对抗性、战斗性"的沙漠型；而在温润和干燥混合风土中居住的属于追求"合理性"的牧场型。在他看来，作为"人类自我认识的方式"的风土概念，与单纯的自然环境不同，具有时空的结构；同时可以将风土看作文艺、美术、宗教、风俗等所有人类生活的表现。从这个观点出发，考察各民族的居住方式，就会发现住居的样式决定了建造方法。具体地说，从居住方式的选择到营造方式的确立与风土皆存有关系。结论是：固定的建造方式就是人们自我认识的表现。考察文化的根基需要追溯到民族的历史之始，而人类历史越在初期越受自然的左右，其民族特征也必然受所居住的土地制约。风土是人类抵御外界自然而形成的生活习惯及民族精神的烙印，因此也成为人类自我了解的一个契机。①

所谓"自我认识方式"的风土性，应解释为针对包括时间、空间在内的世界，通过把自己放在相对的立场上而获得认知的方式。和辻哲郎所论述的风土是意识形态的风土，多是观念上的东西，比现实中聚落空间类型化的风土复杂得多，而却有着多样性。不过，风土虽然是决定聚落和住居样式极为重要的因素，但并不是决定一切的因素，还是有相当的弹性。在构思住居时，风土限定了可以使用的乡土材料，规定了必要的环境性能，但这仅仅是必要条件，绝不是充分条件。在这样的情况下，满足必要条件的答案不一定是唯一的，可能同时存在几种可能性。如果风土是住居形式

231

① 参见胡慧琴《世界住居与居住文化》，中国建筑工业出版社 2008 年版，第 25—26 页。

的唯一决定因子，那么某种风土必然存在着适应它的最佳方案，其地区所有的住居都自然按照这个标准建造房屋。然而，在现实中，同一个地区有不同居式并存的例子很多。另一种情形是：在并非相同风土的、相隔遥远的地区却出现了极类似的住居形式。也就是说，如果"风土"可以作为区域性标准范式的话，那么，特定区域内的居式就是相同的。但事实并非如此。这说明，风土并不是唯一的解释。当然，我们或许也可以采取另一种解释方式，即风土的多样性——风土与居式不是谁决定谁，而是相互证明。

类似的例子有很多。比如同一地域多种住居样式并存的例子：从地板的高度来看，是普通标高的地床式，还是抬高了的高床式，不仅是结构的制约条件，而且其生成的空间环境性能、地板上与地板下的空间意义完全不同。印尼的风土由横跨龙目岛海峡至望加锡海峡的华莱士线分成东边的奥斯特洛地区和西边的印度马来地区。龙目岛属于东侧地区，这个岛居住的萨萨克族的住居沿着丘陵的坡度呈三层阶梯状构成，地床式的只有吊钟式样的米仓。①

与此相对的，位于偏东的华莱士岛的住居以高床式的住居为主流，其中也有像阿罗尔岛的阿布伊族（Abui）那样的高床式 4 层住居，这些岛屿除了根据信风②的强弱，在干燥程度上有一些差异外，是极相似的气候条件，然而住宅的形态和平面构成完全不同。

同一地域不同住宅形态并存的更典型的例子是由西班牙安达鲁西亚地方的穴居——库耶巴斯（Cuevas③）。在西班牙，相对于库耶巴斯，一般带有中庭的地上住宅形式称作"卡萨"（Casa）。

---

① 胡慧琴：《世界住居与居住文化》，中国建筑工业出版社 2008 年版，第 26—27 页。

② 信风，也叫贸易风，随季节而来的方向固定的风。

③ Cuevas，西班牙语，洞窟的意思。

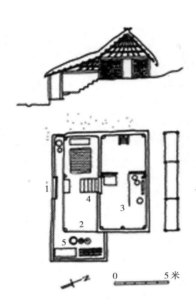

龙目岛萨萨克族（印尼）的住居平面、剖面

1—入口；2—客厅兼次卧室；3—主卧室；4—楼梯；5—厨房

来源：本间博文，「初見学・住計画論」，东京：放送大学振興会 2003 年版，第 7 页。

233

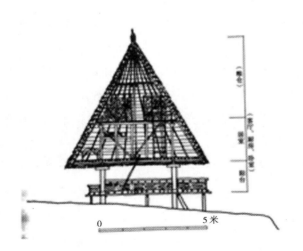

阿布伊族住居剖面

来源：藤井明「東アジア・東南アジアの住文化」，東京：放送大学振興会 2003 年版，

第 248 页。

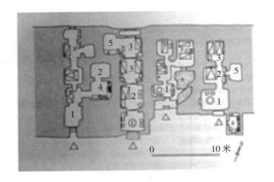

西班牙的穴住居平面

1—客厅；2—卧室；3—儿童房；4—厨房；5—仓库；6—家畜

来源：本間博文，「初見学・住計画論」，东京：放送大学振兴会 2003 年版，第 9 页。

世界上的穴居遍布各地，例如中国黄土地带的窑洞、几内亚的马托马塔、土耳其的卡帕多西亚、西班牙大规模的地下社区等，现在世界上仍有数百万人居住在穴居中。穴居的成立也需要条件，最重要的是气候干燥。多雨温润的地区，因水面高而无法在地下居住。还有土质要有适当的硬度，太硬挖不动，太软易塌陷，硬度适中的土的垂直坡面不会崩塌。此外，合适的建筑材料难以获得，也是建造穴居的背景。穴居有阴暗潮湿的问题，所以在住居内部涂白的墙壁反射光线，格外明亮，土的隔热性能好的地下终年温度变化小，造就出冬暖夏凉的住居，可以说从住居环境角度上是极合理的形式。但是，即便满足了以上条件，也不见得一定要建穴居。库耶巴斯是有着不得已的历史，它位于离城镇很远的崖地，旁边是带有庭院的房屋，从远处望去，其社会阶层性一目了然，差别性显而易见。居住在库耶巴斯的居民据说是来自吉普赛，不了解这个背景就很难理解库耶巴斯的文化。[①]

带有中庭的居式分布在世界各地。从近东到马格里布，伊斯兰文化圈的口字形住居作为城市型、田园型住居获得广泛使用。中庭型住居在低层高密度的均质居住环境中是不可缺少的，其优势如下：1. 对外部封闭，而内

---

① 胡慧琴：《世界住居与居住文化》，中国建筑工业出版社 2008 年版，第 27 页。

部可以面对中庭布置开放的房间，又有防御性，是私密性高的住居；2. 可以借助中庭采光、通风，白天任何一个时间段都确保中庭有阴凉的地方；3. 通过将中庭的角度倾斜的手法可以获得较高的得房率；4. 可以规划迷宫状的道路，在防御上有优势。由于以上的优势，这种住居形式在伊斯兰国家旧城区里被广泛使用。

居式无疑是乡土景观中最具视觉性的部分，它可以说是人类最为日常又最具传统的部分。以乡土社会而论，其与游牧民族的外在景观上形成的最大差别是：乡土社会是"静止"居所，游牧社会则是"移动"居所。其实，"村落"这一概念本身就包含着"群体共同居住"的意思，即"聚落"——聚集而居的群体。也就是说，居式除了与自然的相互观照以外，通过居落可以清晰地看出人们与自然相处的原则、观念、态度以及时空价值等。其中族群的"自我性"也是一个明显的特征，即在居住样式中融入了族群的特性。这样，居式便不仅作为特定人群的实际居住方式，也是文化表达的外在形貌。因此，在乡土景观中，居所的建筑特色是对族群特性的形象诠释。在我国，不同的民族大都有自己的居式。

另外，居式的营造无疑是体现不同文化的技艺保证。依照我国古代《营造法式》中的居住样式制度，包括："壕寨制度"，说基础城寨等做法。"石作制度"，指石作之结构和雕饰。"大木作制度"，指木构架方法，柱、梁、枋、额、斗拱、椽等。"小木作制度"，指门、窗、隔扇、藻井，乃至佛龛、道帐之形制。"瓦作制度"，指用瓦及瓦饰之法。"彩画作制度"，指各级各色彩画等。[①] 依据这样的营造技艺建设的居住样式，一看便能瞥见其类型归属。特殊的居式建筑样式使特定的族群和区域特色展露无遗。我国南方少数民族的居式建筑多为干栏式，亦极具特色。

235

庭院深深

中庭形式在中国通称为"院子"，比如汉族的四合院。四合院取"方

---

① 梁思成：《中国建筑史》，生活·读书·新知三联书店 2011 年版，第 12 页。

形"为主,暗合着"天圆地方"之形制。中国的院落建筑有"尚中"的传统,沿着中轴线围着中庭北面布置正房,东西面为厢房,南面为倒座,院子通过中门——垂花门进一步分成前院、内院。前院为共用的,内院为私用的,以中庭为界区分公与私的领域。在韩国,中庭称作"马丹",其住居深受儒教的影响,男女严格隔离。以中庭为界,前面的建筑为男栋(萨兰奇),后面的建筑为女栋(安启),这也和印度一样,中庭依照性别成为隔离的媒介。① 我国古代庭院民居中常常有"影壁",它非常有特点。"影壁"又称"照壁",按照风水学的原理,影壁是针对"冲煞"而设置的。《水龙经》云:"直来直去损人丁"。故我国传统的建筑有设计时大都忌讳直来直去,而"影壁"就是依照这一原理设置的。"影壁"的门内一侧称为"隐",门外一侧称为"避",与"影壁"相谐。②

墙在中式建筑中除了其基本的保护和防卫功能外,还有与自然相协、族群认同、伦理(比如"男女授受不亲"的礼制)和美饰等重要功能。以什么方式筑墙,用什么建材筑墙都是人们与自然环境相适应的结果。我国的夯土筑墙其实是"黄土文明"的一个景观缩影。从我国新石器考古遗址的类型看,无论是城邑还是聚落,显示出以土墙为代表。这当然与北方的自然环境有关。就地取材既是积极的,也是消极的适应。北方主要筑土坯墙,而南方的代表性特点是土木结构。有石头的地方,当然也会用石材来筑墙。而人们生活在一个地方久了,形成了传统,也形成了文化和族群认同,坚守的认同便是一种美。对于民居,比如合院形式,墙之"屏"其实原是一种隔离与退避,《说文解字》释:"屏,屏蔽也。"后逐渐衍化成为房屋内部的隔离和美饰。

围墙所呈现的意义非常丰富,同时也成就了我国民居的建筑特点。在这方面,汉族客家族群的土楼有着外封闭内开放的特点,特别是土楼天井将光和风引入巨大的建筑物的内侧,给予内部以开放感;外部四周砌有要塞式的坚固围墙。天井是对宅院中房与房之间,或房与围墙之间所围成的露天空地的称谓。四面有房屋、三面有房屋另一面有围墙,或两面有房屋

236

---

① 胡慧琴:《世界住居与居住文化》,中国建筑工业出版社 2008 年版,第 28—29 页。

② 南喜涛:《天水古民居》,甘肃人民出版社 2007 年版,第 54 页。

另两面有围墙时中间的空地。南方房屋结构中的组成部分，一般为单进或多进房屋中前后正间中，两边为厢房包围，宽与正间同，进深与厢房等长，地面用青砖嵌铺的空地，因面积较小，光线为高屋围堵显得较暗，状如深井，故名。不同于院子。其实南方的天井院作为"合院"形式，它们的基本形式是由四面两层楼或三面楼房一面院墙围合成院。前者为四合院，后者为三合院，四面楼房紧密相连不留空隙，中间围合成的院落很小，如同井底望天的天井，故称天井院。①

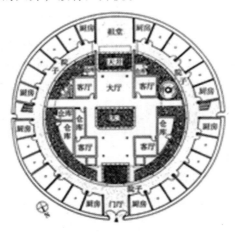

福建客家土楼住居平面②

　　要之，中庭式作为一种住居形式在世界各地广泛分布，形态各异，其功能强烈依赖于地域的风土。同样分布在世界各地的住居形式也各种各样，这表明了公有的空间概念是超越地域、民族、部族存在的。因此世界史应给不同风土的各国民族留出他们各自风土景观的位置。③ 而中式庭院却在同类建筑样式中体现我国传统文明与文化的因子。

　　中国古代自汉代以后，除个别少数民族地区外，主要采取以单层房屋为主的封闭式院落布置。房屋以间为单位，若干间并联成一座房屋，几座

---

①　楼庆西：《乡土景观十讲》，生活·读书·新知三联书店 2012 年版，第 61 页。

②　侯幼彬、李婉贞：《中国古代建筑历史图说》，中国建筑工业出版社 2002 年版，第 207 页。

③　胡慧琴：《世界住居与居住文化》，中国建筑工业出版社 2008 年版，第 29—30 页。

房屋沿地基周边布置，共同围成庭院。庭院因此既是家庭，也可以是家族，甚至是更复杂的社会关系。庭院重要建筑虽在院落中心，但四周被建筑和墙包围。院落大都取南北向，主建筑在中轴线上，面南，称正房；正房前方东、西外侧建东、西厢房；南面又建面向北的南房，共同围成四合院；除大门向街巷开门外，其余都向庭院开门窗。庭院是各房屋间的交通枢纽。① 正因为这样的格局，决定了中式庭院中"门"的重要性。从建筑角度概括：1. 门与堂的分立是中国建筑主要的特点；2. 门制成为中国建筑平面组织的中心环节；3. 中国民居的门担负着引导和带领的任务；4. 中国的门代表着结构的段落与层次；5. 中国的门是一门特殊的艺术。② 从社会的角度，中式的"门"是中国传统"面"，"门面"形成了栖居住宅的重要外观；而由"门"引申出来的概念大都与之有关，比如"门第"，包含着"家世"，指喻显贵之家；"门当户对"等。概而言之，我国的乡土社会不独言说乡村野外，也讲述城邑居住，原因是：我国的"城乡"不是分隔势若泾渭，而是互相通融、通洽。

中式的传统乡土建筑景观需要特别加以言说，单从建筑景观来谈居式显然不够。首先，中国的乡土村落脱不了田邑、井田的形制，人民的居住必然也在其中。"井田"与"四合院"是否存在渊源和原生关系，由于我国在建筑方面留下来的文字著述相对少，要对此做绝对的判断或有难度，不过人们可以从"地方—井田—城口—四合"的形貌看到一些眉目。张宏认为，住居学对井田制的研究侧重于井田制对住居和城市空间形态的影响和作用的研究。其次，井田制远非只是指田地。根据某些古代文献记载可知，井田制不仅仅是一种土地制度，它还与当时的经济制度、军事制度、祭祀制度、赋税制度、宅居制度、土地界划和划分制度密切相关，甚至就是这些制度的一部分。从某种程度上说，井田制与上述各种制度是统一的整体，无法截然分开。再次，古代城市空间形态受这些制度的影响是必然的。但这些制度对住居和城市空间形态的影响却各有侧重，其中，作为军事制度、宅居制度、土地界划和划分制度的井田制，对早期城市形态的影

---

① 傅熹年：《中国古代建筑概说》，北京出版集团公司、北京出版社 2016 年版，第 28—29 页。

② 南喜涛：《天水古民居》，甘肃人民出版社 2007 年版，第 35 页。

响较大，因为城防的城墙壕沟和城内整齐的里坊划分形式，构成了中国古代城市的基本空间特征。

宅居制度在两个方面对后世产生影响。一方面是等级居住的产生和发展；另一方面是与井田制生产相适应的庐室制。井田制时代的住居特性影响到住房空间的特性、建造材料和构造的选择，进而影响到住居的形式特征。聚族而居的生活方式对邻里关系有重要影响，现在的所谓社区建设，在某种程度上也是建立住区内人与人、家与家之间的新型的友善关系。祭祀制度更多地体现出观念意识的作用，不但形成了诸多礼制建筑类型，而且其中的礼制思想，影响到城市的布局和住居的空间构成，知道装饰细部。所以，应该说井田制对中国古代住居和城市的影响深远、作用重大。①虽然笔者不完全认同以西方的"社区"替代我国传统的"村社"，但认可上述的逻辑。也就是说，如果这样的评述可以成立，就意味着我国古代的城邑建筑居式，从某种意义上说，亦可视为广义的"乡土栖居景观"。

即使井田制与人居的关系在历史上也呈现较大的变迁。两周时期的土地以每年"均田"一次、"到三年换土易居"的制度，进一步促进了井田界划制度的发展，同时作为一种方法渗透到其他领域中，如与礼制思想结合，形成了"匠人营国"制度，从而又渗透到都城及一般城市的建设之中，影响到中国古代城市的空间结构形态，进而又在外部条件方面限制着作为城市细胞的住居的空间和形式特征。从住居学的角度看，有几点值得注意。一是从城市与农村的关系上看，中国早期城市仍然是农业城市，是从农业聚落演化而来的，与城外有一种天然的联系。这种现象一直延续到后代。在中国人的心目中以农为本的思想根深蒂固，总体上造成重土轻迁、流动性差的状况。但在夏商周时期的传说、史籍和铭文记录中，"迁居"的例子较多。说明在那个历史时期，人与土地的"捆绑"还没有那么紧密。二是居住的对象有"国人"和"野人"之分，居住在城邑之内的称"国人"，他们以各级宗子为中心，聚合有血统关系的族人和仆人，形成共居形态；"野人"也称"鄙人""庶人"，居于郊外，由被征服的部族的人

239

---

① 　张宏：《中国古代住居与住居文化》，湖北教育出版社 2006 年版，第 48—49 页。

员组成，一般隶属于"国"，或隶属于采邑即"都"和"邑"。三是上述国中和野中的宅居制度和方式有明显的区别：野中的整个住居都是临时的，这可能同防止被征服部族人聚居，形成新的政治势力的统治意图有关；国中分室和庐，在田中的庐有临时性，所以国中实行固定与临时相结合的住居方式。① 当然，如果笔者有什么意见，那就是强调历史"语境"与乡土栖居的关系。

从样式看，中国传统的栖居景观有一个特点，即聚落与院落的关系。聚落景观的宏观识别大致从如下几个方面进行：1. 识别民居特征（如四合院系列、土楼系列、干栏系列等）；2. 了解布局形态（如八卦形、文房四宝形、丰字形等）；3. 识别主体性公共形态（如宗祠、鼓楼、石拱桥等）；4. 参照环境因子（如大榕树、芭蕉林、凤尾竹、水网地、山地、临湖地等）。② 比如建筑上以中轴对称的院落式布局，"中轴对称"被有的学者确定为中式建筑的"基因"：中国传统聚落景观基因原型，除了其他因素外，还有一个中轴对称基因，这与《周易》中的"尚正中"原则相符。古之时，"王者必居土中"的观念非常强烈。③ 而这个基因长久地落实在我国的栖居建筑景观之中。如果"基因说"可以成立，那么，我国的乡土居式便成了传统农耕文明的"基因"，失去居式的基因，也就失去了乡土社会的基因，也就失去了文化的基因，进而失去了"我们"的基因。

栖居是人们生活中最为紧要的事务，却从不妨碍将田园栖居作理想化的追求。自陶渊明归隐田园、留下《桃花源记》以后，"桃花源情景交融，所描述的农村风光与田园生活清新、自然、和谐、宁静，成了后世一代又一代文人和老百姓共同的人居理想与精神的家园"④。今天，当城镇化的进程如轰然列车向我们急驶而来的时候，它已经无情地碾轧着传统的乡土景观。能否为我们的子孙留下传统乡土社会"桃花源"的田园景观，不仅考验着我们这一代人的智慧，也炙烤着我们的良知。"乡愁"何非"中国梦"?!

---

① 张宏：《中国古代住居与住居文化》，湖北教育出版社 2006 年版，第 53—55 页。

② 刘沛林：《家园的景观与基因：传统聚落景观基因图谱的深层解读》，商务印书馆 2014 年版，第 112 页。

③ 同上书，第 140 页。

④ 吴良镛：《中国人居史》，中国建筑工业出版社 2014 年版，第 143 页。

作为政治景观的广场

政治景观一般指在特定的场所和空间讨论公共事务的场景、遗址，形成或产生政治权力（公权力）的特定形制。广场被公认为政治性典型景观，比如天安门广场。广场何以成为政治景观？从本质上说，广场就是讨论公共事务的地方，或公众集中的地方。这一特定的公共空间与政治有着不解之缘。古代希腊的所谓"民主"的原始形态，指的就是人民在广场集会，就公共事务发表看法。

"共和"（republic）的原始意思指在公共空间（也就是广场），讨论公共事务所具有的"公正""公开""公平"特性，以强调"公民""公众""公权"，这"广场—民主"的形制——来自城市中心景观设计的政治叙事也一直被继承下来。这种原始的中心价值被运用于城市的规划、设计与建筑。比如欧洲城市在防御工事环绕的王宫周围形成了城市的中心，它是"公众集会广场"，是公共空间，是讨论大家共同关心的事务的场所。城市本身反倒被城墙围了起来，保护并限定组成它的全体市民。在过去耸立着国王城堡（即享有特权的私人住宅）的地方建起了为公共祭祀而开放的神庙……城市一旦以公众集会广场为中心，它就已经成了严格意义上的"城邦"，[①] 城邦的中心正是广场，从而建构了典型的政治景观的完整形制。

一般而言，政治景观产生于一个整体形制，任意的、孤立的、新辟的一块空地不能成为具有政治含义的"广场"，因为它不具备整体的形制，没有纪念性质，缺乏公众集会传统。换言之，广场作为政治景观需由一些各自独立又相互配套的部分共同建构。西方古代的国家形态将**神圣—宗教—高处—权力—中心—广场—共和—议会—民主—市集—戏剧—狂欢**等串联在一起。具体地说，西方的政治景观与古代城邦国家的政治空间有着渊源。以希腊雅典卫城为原型，人们可以清晰地瞥见政治景观与特定空间

241

---

① ［法］让－皮埃尔·韦尔南：《希腊的思想起源》，秦海鹰译，生活·读书·新知三联书店1996年版，第33—34页。

形制的关系。这个空间形制包括**神圣信仰、城邦政治**和**世俗表达**的结构整体。在这个整体结构中，必然、必定也必须有公认的权威。而在古代社会，借助"神圣"以突出权威极为普遍，比如远古社会的所谓"神—王"（Gods-King）制度。①

古希腊社会属于典型的父系制社会；政治景观需有权威。在远古时期，这个至高的权威由"人化之神"充当，宙斯为"众神之父"。赫西俄德的《农作与日子》传递了希腊神谱的一些线索：一些人是由宙斯创造的，还有一些比宙斯更早的神，即克洛罗斯（Chronos）时代的神所创造。这些"神"都是男性，他们占据着神圣空间的中心位置。在原始的亲属制度中，父系制占据共同空间并被加以神话化。事实上，像宙斯这样的神原本是一个超越了简单地理空间的产物，是一个不同地域和族群交流的"希腊化"神圣符号。宙斯这个词根与印欧语根有关，拉丁文 dies-deus、梵文 dyeus 同样有印欧语根，与印度的特尤斯天父（Dyaus Pita）、罗马主神朱庇特（Jupiter）一样，Zeus Pater，即宙斯天父（Zeus Pere）直接继承的是上天伟大的印欧神。② 这种父系制度的神圣化和拟人化成了原始信仰的历史背景和社会基础。

公共权威的"公认"就像今天的"认证"一样。"中心"通常具有景观符号学意义的"认证"。在中国"一点四方"之"一点"即中心，中国、中原，包括今天的"中央"皆属之。古希腊的广场作为中心的政治学被规定。这样，在政治景观的空间形制中，神圣的空间表达便有了"话语"性质。以神为"中心"的空间认知早在人类远古时代就已形成，并在历史的城邦制的空间形制中打上了烙印。根据古希腊的神话传说，"世界中心"的希腊语为"欧姆发罗斯"（Omphalos），意为"脐石"（navel-stone）。围绕它有一个古老的创世神话：天神由混沌创世，混沌为"元"，为"空无"；既无秩序，亦无中心。为了确定"中心"，天神派两位天使向

①　Frazer, J. G., *The Golden Bough: A Study in Magic and Religion*, New York: The Macmillan Company, 1947.

②　［法］让－皮埃尔·韦尔南：《古希腊的宗教与神话》，杜小真译，生活·读书·新知三联书店 2001 年版，第 28 页。

两极相反的方向飞行，最后在底尔菲（Delphi）会合，那个会合点即是"天下中心"。上帝在那个点上打造了一块"脐石"（navel-stone），即现陈列在希腊底尔菲博物馆内一块蜂窝状石头，形成政治权力"中心"的空间景观表述，这也就是政治性的"一点"。

广场作为政治景观首先具有地理空间的规定，这一特殊的空间形制在古希腊很具有代表性，雅典卫城便是一个难得的例证。古希腊的原始城邦大都有一个至高点，即"中心"。这种以城市为核心所建立的国家政治体制，先以确立神位和信仰中心，进而权力中心，地域中心，结构中心。现存的雅典卫城遗址 Acropolis 不失为西方古代国家形态的标准模型。"Acro"意为地理上的"高点"，延伸意义为神性、信仰、崇高和权力。这样的模型首先彰显出宗教的崇高性、神圣性，其次是在神面前的公共性和民主性。从空间形制来看，"高点"是从广场凸显出来的。

以上的考证已然说明，原来的一块空旷地（public），当它被嵌入特殊和特定的政治形制，被赋予特定的语义时并施行特殊的公共场域，商议公共事务时，就成"共和"（republic）——现代国家的"共和"制即沿袭古希腊城邦国家的形制。民众可以在公共广场讨论公共事务便是所谓的"民主"。西方国家的诸多重要的政治议会场景皆与之有关。政治景观中的理想公共广场有着鲜明的建筑特质。它占据了中心城镇最显赫的位置，周围环绕着极富政治意义的建筑物：法庭、档案馆、财政厅、立法院，有时还会有军事机构和监狱。广场本身还装饰有当地的英雄和神明的雕像，以及重大历史事件的纪念碑，所有重要仪式都在这里举行。这一地带不仅有对边界的政治强调，还有明确的界限标记，以及自己的法令和官员。[①] 它们的确是不同的，不仅表现在表象上或者（由于缺乏更好的词汇笔者暂且称为）空间结构上，而且表现在它们的内在目的上。政治景观是刻意创造的，以使人们生活在公平的社会中。[②]

这种用于公开辩论和公共活动的空间的起源是什么呢？维尔南

243

---

① ［美］约翰·布林克霍夫·杰克逊：《发现乡土景观》，俞孔坚等译，商务印书馆 2015 年版，第 27—28 页。

② 同上书，第 60 页。

（Jean—Pierre Vernant）在他的历史心理学研究中，描绘了雅典集市的演变历程；最初，它是古希腊特殊的武士阶层定期集训列队的地方，他们排列圆形队列讨论共同关注的问题。战士们一个接一个地站到圆形队列中央，自由表达想法。一个结束后，站回圆形队列中；另一个继续。于是这种圆形队列就成为一种自由演讲和辩论的形式。随着时间的推演，这种"集市"（agora，该词的本意是"集合"）逐渐变为所有资格的公民聚会的地方，他们也辩论涉及公共利益的事务。维尔南评论道："人类群体创造一种自我形象——在私人居所之中有一处讨论公众事务的中心，这一中心代表了所有的'公共事务'，例如代表了'全体公众'。在这个中心里，人人平等，不分贵贱……于是我们看到了一个平等社会的诞生，人与人之间的关系被视为相同的、对称的、可互换的……可以这样说，通过获许加入这种后来被称作集市的圆形空间，市民得以称为平等的、对称的、互惠的政治体系中的一部分。"①

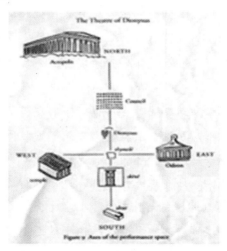

古希腊雅典卫城的主体空间形制构造图

资料来源：Wiles，D.，*Tragedy in Athens：Performance Space and Theatrical Meaning*，Cambridge：Cambridge University Press，1997，p. 57.

---

① ［美］约翰·布林克霍夫·杰克逊：《发现乡土景观》，俞孔坚等译，商务印书馆 2015 年版，第 28 页。

[Acropolis（城邦主殿）、Council（议会广场）、Dionysus（酒神剧场）、Temple（祭祀庙宇）、Odeon（音乐会堂）、Skene（祭堂之门）、Altar（神圣祭堂）][①]

从雅典卫城的空间形制的遗址考察，人们可以清晰地看到议会广场与神圣的信仰和祭祀的整体关系。我们在雅典卫城遗址中看到三个不同意义和隐喻的空间制度：

神圣空间—政治空间（广场中心）—世俗空间

神圣空间为著名的帕特农神殿，它坐落在雅典卫城最高处，也是整个雅典城的至高点，而广场就在神庙的台阶下面的一个公共空地，后演变为西方的议会。这一空间结构表现为城邦民主共和的雏形。世俗空间则地处山地的底层，包括酒神圆形剧场。

从词源的线索看，西方的政治学来自上述完整的空间体系。在特定的空间形制中，"空间政治不仅由国家的权力和资本所决定，也由神话、巫术思维和各种想象性表述"。[②] 实现"政治空间"的结构是政治权力。它通过与政治空间的连接，支撑着政治性公共制度与文化惯习。"波里斯"（polis）既是古希腊城邦制的原始形貌，也是政治学（politics）的词根；而"波里斯"首先是空间概念，它将自然空间和城邦空间融为一体。同时，海洋神话系统，特别是爱琴海神话也深刻地羼入城邦建制。

古希腊城邦的建制有一个特点，即选择所属范围内自然高地作为城邦"首脑"来建设。所以，作为"波里斯"的一部分，即"在神的面前"讨论、商议各种重大公共事务，因此有了正统性和公正性。城邦的"中心""中间"也有"公共"的延伸意味；比如希腊语说：某些决议或某些重要决定应该"放在中间（中心）"——这种权力关系必须展现和展示在"公

245

----

① 具体空间要素及构件元素，可参见彭兆荣《文学与仪式——酒神及祭祀仪式的发生学原理》，北京大学出版社 2004 年版，第 238—239 页。

② Blash，J.，Anthropologies of Urbanization：New Spatial Politics and Imaginaries，*Urban Anthropology and Studies of Cultural Systems and World Economic Development*，2006，Vol. 35，No. 4，*Anthropologies of Urbanization*，Published by：The Institute，Inc.，p. 350.

共场域"。近来有学者在对希腊古典学进行研究时发现，柏拉图的"理想国"是按照"波里斯"的原型设计的；旨在描绘人类在失去神性之前的那个黄金时代理想城邦的蓝图。他所构拟的理想"波里斯"是人体的缩影，由两个部分、两种性质所构成：头为人的灵魂居所，因而处于政治权力的中心位置，另一部分则处于从属位置和地位。他认为，所谓的"共和"（The Republic）就是提供一个空间来容纳诸神所发表的意见。依据他的世界空间格局的模型，神只负责"头脑"和"灵魂"部分，处于权力的中心控制枢纽。

雅典的民主制度也影响了城市的外在景观与建筑，从人们在市集移动的方式可以看出市集对民主参与所产生的效果。人们从一个群体走到另一个群体，倾听不同群体所发出的声音，了解人民在关心什么事情，发现城里最近发生了什么事情，而且可以拿出来与大家一起讨论。开放的空间也让人可以任意地参与法院的案件审理。民主时代的雅典人以热爱法律辩论而著名。① 同时，雅典民众喜欢戏剧，也是这个原因，古代希腊的戏剧奠定了整个西方戏剧的基础。戏剧也是从城市发展起来的，与城市建设融合为一体。从某种意义上说，剧场也有广场的一些性质。戏剧通常讨论的主题是人民最为关切的事情。

广场的政治性质也需要特定和特殊的仪式配合。仪式有一个特性，即突出权威，这是其他社会形式难以具备和企及的。② 仪式性的空间实践成为凸显政治权势、荣耀感的实现形式，并通过时间、空间、程式、人物、器具等加以实现。仪式和戏剧一样，都可以成为政治权力、观念价值等建构政治空间的伦理秩序，进而操控权力和资源配置。仪式叙事和戏剧情节在这方面非常相似：即预先设计出时间、地点、气氛、主次等的差别。在一个特别的社会公共场合里面，某一个"位置"、某一段时间、某一种道具在某一个空间领域被提示出来，表现出来，凭附其上的便可能是一个公众认可的伟人，一种公众认同的崇高，一桩公众认识的事件，确立相应的

---

① 参见［美］理查·桑内特《肉体与石头：西方文明中的人类身体与城市》，黄煜文译，麦田出版公司 2008（2003）年版，第 68 页。

② 参见彭兆荣《人类学仪式的理论与实践》，民族出版社 2007 年版。

空间范畴。需要特别指出的是，任何政治权力和权威本质上说都是少数人与多数人的关系。如果说"波里斯"表现中心，那么，德莫索伊斯（Demosios）代表的是民主，他们来自乡土社会。

西方的"民主"与公共广场的关系与戏剧存在着缘生的关系。古希腊的戏剧起源于酒神狄奥尼索斯，[①] 他有一个别名叫德莫特里斯（Demoteles），意即"民主""公众"，德莫索伊斯（Demosios）与"公民"，与"民主"（Democracy）同根。在这层意义之中，酒神所要表达的事实上是古希腊社会制度和民主道德的理想。我们从这一特殊的双面体中可以洞悉古代希腊城邦制度的民主基型、社会秩序和空间形制。古希腊的社会结构和社会秩序展示出的社会模式大致以一个确定的"城市（城邦）"为基础。每一个独立的城市各自享受着同一个地域共同体的民主。所以，每一个城邦都根据自然形貌形成了各自的空间格局。每一个独立的"地方城邦"仿佛社会有机体的细胞：各自独立却又彼此相关。这种特殊的"独立—联合"的地理空间形制也表现为一个社会制度和公民价值。

古希腊的政治景观与原始戏剧空间的乡土形态存在关系。古希腊的戏剧与酒神狄奥尼索斯祭祀仪式有着不解之缘，在现存的希腊悲剧中，大部分是为雅典的狄奥尼索斯·埃洛色勒斯（Eleutherus）而写。[②] 酒神在神谱中的地位非常奇特，他事实上是一个"乡村代表"，以一种草根形象和方式参与民主政治，具有明显的"乡土性"：1. 从地理空间和位置来判断，许多考古发掘的资料表明和推断，现在所发现的狄奥尼索斯祭祷仪式和希腊的"圆形剧场"遗墟都不在城市的中心位置，即所有的酒神剧场的遗址或地处城市的郊区，或卫城的边缘，或祭祀遗墟的角落。2. 以酒神狄奥尼索斯同名典出的历史上被称作"乡村的狄奥尼西亚"（rural Dionysia），一直作为一个专属性指谓。3. 从"城邦国家"的政治体制和与之发生关系的酒神祭祀活动的组成形式来看，戏剧表演并非头等重要的事情。在与广场

247

---

① 参见彭兆荣《文学与仪式：文学人类学的一个文化视野——酒神及其祭祀仪式的发生学原理》，北京大学出版社 2004 年版。

② Robertson, N., *Festivals and Legends: the Formation of Greek Cities in the Light of Public Ritual*, Toronto: University of Toronto Press, 1992, p. 12.

相伴的系列活动中，"戏剧"的位置是殿后的。即使在"乡村的狄奥尼西亚"广场活动里面，戏剧表演亦为附加节目。①

雅典的民主制度也影响了城市的外在景观与建筑，从人们在市集移动的方式可以看出市集对民主参与所产生的效果。人们从一个群体走到另一个群体，可以发现城里最近发生了什么事情，而且可以拿出来与大家一起讨论。开放的空间也让人可以任意地参与法院的案件审理。民主时代的雅典人以热爱法律辩论而著名。② 同时，雅典民众喜欢戏剧，也是这个原因，古代希腊的戏剧奠定了整个西方戏剧的基础。戏剧也是从城市发展起来的，也与城市建设融合为一体。

根据考证，早先的城区和戏剧并置一畴、融于一体的称作"城剧"（deme theatres）③，有不少考古材料和历史遗址支持这个论断。④ 我们设想当时那些观众就坐在城墙上观看城剧。也就是说，戏剧从一开始就具备"公共空间"的人群集体活动形式。学者们认为希腊戏剧其实与"广场"（agora—集合）的原始指称有关。⑤ 大量历史证据和考古资料为我们理解古代希腊戏剧提供了基本思路：首先是广场空间指喻，即古希腊的广场首先是政治集会，其次才是商贸中心。此外，广场的基本功能之一用于民众的货物交换。广场可以容纳各式各样的人物和货物。人们利用这样的空间接受演出的可能性相对的大。

政治景观的原始形态契合着自然的时序节律和地理形成的空间关系。底尔菲的阿波罗和狄奥尼索斯祭祀遗址迄今为止仍然是人们复原和考索人类早期文明类型、宗教信仰和原始剧场的一个不可多得的实物模型。根据底尔菲地方的祭祀仪式行为的解释，阿波罗主持着"夏季"六个月时段

---

① Whitehead, D., *The Demes of Attica 510 – 250 B. C.*, Princeton：Princeton University Press, 1986, p. 213.

② 参见［美］理查·桑内特《肉体与石头：西方文明中的人类身体与城市》，黄煜文译，麦田出版公司 2008（2003）年版，第 68 页。

③ deme，指古希腊 Attica 的市区，系希腊城邦制度下的一个特殊的行政区划。

④ Pouilloux, J., La Forteresse de Rhamnonte, Paris, See Wiles, D., 1997, *Tragedy in Athens：Performance Space and Theatrical Meaning*, Cambridge University Press, 1954, pp. 72 – 78.

⑤ Wycherley, R. E., How the Greeks Built their Cities, London, See Wiles, D., 1997, *Tragedy in Athens：Performance Space and Theatrical Meaning*, Cambridge University Press, 1962, p. 163.

（实指春、夏两季），而狄奥尼索斯主管冬天时节（实指秋、冬两季）。两个神祇共同完成一年四季的完整轮回。而酒神所主持的冬季时节被称作"乡村的狄奥尼西亚时间"（the time of the rural Dionysia）。① 他所掌管的社会空间被认为属于民间大众的范畴。太阳神与酒神并置为一个完整的象征体系和空间制度。在这个空间关系中，太阳神和酒神形成了一个冲突性的空间对立：阿波罗神殿是长方形的，代表着理性、冷静、规矩、界限和秩序；狄奥尼索斯神殿是圆形的，代表着野性、狂欢、化解、超界和无序。② 而阿波罗神庙是长方形的，代表着神圣、理性和秩序。这两种空间交织在一起，事实上一直贯彻在整个西方历史，甚至世界历史的脉络之中。这也是西方的政治家、哲学家之所以不厌其烦地以"阿波罗式"和"狄奥尼索斯式"的分类来讨论社会历史的原因。

底尔菲遗址（下方为"阿式"，上方为"狄式"）（彭兆荣摄）③

　　上述对西方的知识考古足以说明广场与政治景观的关联性。对此，中国的广场作为政治景观亦无异议，只是情形同中有异。首先，我国的广场与"天圆地方"的认知存在关系，"中国古人从经验论出发认识天地形状，认为天是圆形的，地是方形的，长期盛行'天圆地方'的天地观，始终把

249

---

　　① Farnell，L. R.，*The Cults of the Greek States*（5 Vols.），Oxford：Oxford University Press，1909，p. 106.

　　② ［美］迈克尔·波伦：《植物的欲望》，王毅译，上海人民出版社2005年版，第53—54页。

　　③ 狄奥尼索斯圆形剧场位于阿波罗祭殿遗址的最高位置，下面长方形遗墟为太阳神祭祀的正殿——笔者注

大地看成是四方形的，且中国在大地中央，四周环绕着的是四夷，所以中国古代一切与人相关的文化观、方位观都是以方形为出发点的，房屋是方形，广场是方形，餐桌是方形，等等①。当然，都城、王城也都是方形的，甚至我们所有地方，无论实际形状是什么样，都被称作"地方"——地是方形的。

中国有一个以农耕文明为背景的传统，其最具说明的是乡土性。在我国的汉族村落政治格局中，由于宗族政治是村落最具权力化的形态，而宗族性的"公共活动"（诸如"房"等）大都在宗祠里进行，那是产生宗族范围内"公共权利"的地方；非"同祖同宗"的民众并不参与特定宗族内部的事务商讨。而村落或附近相邻村落的广大民众活动，则主要将民俗与民事活动（有些区域和地方的民间宗教作为重要的事项和纽带）自成一体。庙会、地方戏剧、戏台等大都具有"广场"形制，却未必是产生"民主"的地方。不过，这些地方仍然具有政治景观的某些特色和特点，比如庙会一般是民间信仰和祭祀神祖的地方，形成了中国乡土村落的政治景观。也就是说，我国的村落政治主要由宗族或宗族联盟主导；在广场形制中未必讨论村落的公共事务，所以不生产以"共和""民主"为原型的广场形制。

不过，在我国的乡土性政治景观中，广场政治有自己的业务和表述。我们以山西介休"神庙—广场—剧场"空间形制为例加以说明。神庙剧场空间指各类庙宇，特别是在庙会期间所呈现的，以广场和戏台为核心的观演空间。该空间中的文化遗产形态主要包括戏台建筑、庙会民俗和地方戏曲等。神庙剧场空间以戏台建筑为核心，人们在特定的时间里聚集在该空间中，举行祭祀仪式、上演娱乐表演、进行商品交易，因而庙堂剧场和集市空间兼具神圣性和世俗性。神庙剧场空间中的活动围绕着戏台的献祭、表演功能而展开，戏台建筑本身则暗合着中国传统的思想观念，其建筑形制和功能随着宗教信仰及戏剧的发展而演变。戏台、宗教信仰与戏剧三要素的紧密互动形成了神庙剧场广场空间的生成和演变过程，呈现了文化与

250

---

① 韩光辉"序二"，参见刘沛林《家园的景观与基因：传统聚落景观基因图谱的深层解读》，商务印书馆 2014 年版。

社会历史景观的变化。

与古希腊相似之处，戏剧在特定的广场形制中的作用很重要，而且它与乡土社会建立着广泛的联系。其中戏台是作为广场政治的一个组成部分而存在。"台"在中国古代建筑中被赋予特别的政治含义；古作"臺"，《说文解字》释为"观四方而高者"，本义是用土筑成的方形的高而平的建筑物。以垒土高起的平台为基础还发展出台榭、台阁、台观、台门等建筑形制。戏台也由台这一建筑形制发展演变而来。台兼有供馔和献艺两种功能，后来这两种功能分别归属于献殿和戏台。① 我国的古戏台多依附于祠庙等宗教或礼制建筑，这与台的礼制建筑性质相符合。而戏曲起源于宗教祭祀活动，② 酬神敬佛的戏曲在神庙中的戏台上表演也就合"礼"而顺"理"了。以戏台为核心的神庙剧场空间，其形成与发展的过程，也是戏剧伴随宗教信仰活动而产生，并从宗教祭祀向娱乐功能转变的过程。

神庙是举行祭祀活动的重要场所。古人建庙"以供皇天上帝名山大川四方之神，以祀宗庙社稷之灵"③。庙最早是用来供祀祖先的地方。《说文解字》释"庙"为"尊先祖貌也"。清人段玉裁注释道"古者庙以祀先祖，凡神不为庙也。为神立庙者，始三代以后"④。随着道教的传播，各类庙宇也随着庙祀对象的不断扩大而兴盛起来。作为酬神献戏的功能性礼制建筑，戏台是神庙建筑中重要的组成部分。神庙中山门、戏台、献亭、正殿在中轴线上一字排开，戏台一般位于寺庙南端，坐南朝北，台口对着正殿，以表示对神的恭敬。中轴线的东西两侧一般有庑殿或看廊，与正殿和戏台一起合围成一个神人共聚的观演空间。

神庙中的祭祀活动不仅催生了戏剧，而且由祭祀活动发展而来的庙会、庙市、神诞节日等更促成了戏剧与神庙戏台的结合，使高台教化、集市贸易、烧香还愿都集中于神庙剧场空间，使其具有了神圣与世俗的双重文化属性。庙会萌芽于魏晋南北朝时期，形成于唐代，成熟定型于宋代。

251

---

① 曹飞：《关于中国古代戏台主流的辨析——对"中国大百科全书·戏曲曲艺卷"有关论断的思考》，《上海戏剧学院学报》2007 年第 4 期。

② 高琦华：《祭祀乐舞与神庙戏台》，《中国戏曲学院学报》2009 年第 8 期。

③ 吕不韦撰：《吕氏春秋》卷六，《六月纪》。

④ 许慎著，段玉裁注：《说文解字注》，上海古籍出版社 1981 年版，第 446 页。

在先秦至汉代，迎神赛社的表演场所除了礼制性的坛庙外，多无固定场所。[①] 北魏以后，佛寺、道观中始设戏场，以行伎乐供养，并吸收中国坛庙祭祀和民间迎神赛社的传统通过俗讲和庙会活动吸引教众、募集财资，以扩大宗教势力。庙会依托佛、道的寺院宫观逐渐形成，同时又伴随着民间信仰活动的开展而发展、完善和普及。特别是宋代以降，庙会、庙市已大盛于民间，而戏台也在这一时期产生，依附于神庙或祠堂等宗教或礼制建筑，经金元时期的发展至明清两代，神庙戏台已遍布于城乡各地。[②] 虽然庙台形制在历史上的各个时期有着各种变异，却无妨其初衷。

戏台形制的发展演变又与戏曲剧种的发展有直接关系。我国唐代以前的"戏"或"百戏"，主要指杂技、幻术、歌舞、杂剧、评话、鼓书、散乐、傀儡戏、皮影戏等。介休后土庙戏楼，据碑文记载，在清道光年间重修时就为了扩大表演区，向前凸伸二米，增建了歇山抱厦台。戏台按其所依附的主建筑类型不同可分为神庙戏台、会馆戏台、祠堂戏台、茶楼酒馆戏台、宫廷戏台等类型。介休的古戏台大多分布佛、道教的庙宇中，现存戏台多为明、清两代修建。介休历史上庙宇众多，据介休第三次文物普查资料统计，介休现存古建筑类文物390处，其中庙宇类241处，分为道教庙宇、佛教庙宇和本地神庙宇。古戏台按形制可分为镜框式、伸出式和品字式；建筑样式主要有独体戏台、依附式戏台、三连戏台；按台口可分为一面观戏台和三面观戏台。

独体式戏台：介休城　　依附式戏台：介休后土庙戏楼　　三连台：介休后土庙中的
隍庙乐楼（彭兆荣摄）　　　（彭兆荣摄）　　　　　　　三连台（彭兆荣摄）

---

① 傅崇兰、白晨曦、曹文明等：《中国城市发展史》，社会科学文献出版社2009年版，第694—695页。

② 罗德胤、秦佑国：《古戏台：戏曲文化的建筑遗存》，《聚焦》2013年第5期。

神庙戏台上酬神献戏演出的同时一般伴有庙会活动。《山西旧志》有载："春祈秋报，其来古矣然其弊则流于靡。晋俗勤俭，信鬼神而惜钱力，虽沿习俗，尚从简略，盖有为商农互市者，有为商工联络者。会场所在，百货毕陈，藉以通有无、资取给，非第求福已也。"① 由于介休自古"商贾云集，民物浩穰"，为庙会发展出专门的集市提出了条件。如在张兰镇每年农历九月下旬古庙会，届时有文水皮货、沁州麻货、浑源挽具、上党药材、内蒙古骡马上市交易，自古以来从未中断。据《介休县志·民国版》记载，西关逢农历四、八日大集，二、六、十日小集，张兰镇逢二、六、九日有集。而各地的庙会多达 24 个，有一年一次，也有一年两次的。会期短则一天，多则十天，城隍庙庙会则长达一个月。② "每于春秋迎神赛会，届期演剧张乐，官绅均至拈香，名曰醮神"③。这些庙会、集市主要集中在正月至十月间，这几个月也成为戏剧演出活动最为集中的时期。④ 这说明在中国乡土社会的庙会广场形制中，农正（政）—庙会广场—集市贸易—民俗活动是一体性的。

至此我们盘点中西方广场形制和特点。1. 广场是政治景观中典型的代表类型，但中西方差异甚殊。如果说西方的政治景观奠基于城市，中国的农业伦理是庙会"政治"（农正）之渊薮。所以，西方的"政治"渊源于城市，而我国的政治却肇端于乡土。2. 西方的广场原型与早期的民主政治存在着发生学的关系，我国的庙会虽无这些特点，却成就了最为广泛的民间、民俗、民众的基础。3. 中西方的广场都具有乡土性，但西方的乡土性在广场形制中是属于边缘的，而在我国的庙会"广场"活动中，乡土性为主导。4. 广场的政治形制都与戏剧存在着渊源关系。

253

道路景观

在古希腊俄狄浦斯神话中，怪兽斯芬克斯让所有通往忒拜城的过路人

---

① 冯济川纂，任根珠点校：《山西旧志二种·山西风土志》，中华书局 2006 年版，第 138 页。

② 侯柏清编：《介休县志·民国版》，山西人民出版社 2012 年版，第 206 页。

③ 石荣暲纂，任根珠点校：《山西旧志二种·山西风土记》，中华书局 2006 年版，第 139 页。

④ 参见彭兆荣《天下一点：人类学"我者"研究之尝试》，中国社会科学出版社 2016 年版，第 165—200 页（郭颖执笔）。

猜一个谜语：

> 是什么早晨用四条腿走路，中午用两条腿走路，晚上用三条腿走路？

这一典故出自"命运悲剧大师"索福克勒斯悲剧《俄狄浦斯王》。无数人对"斯芬克斯之谜"的隐喻意义给出了自己的答案，虽然正确的答案是"人"，但似乎还有深度的隐喻意思。事实上，在这一谜语中，"道路"作为一个"通向"，无论是神谕、冒险、求索、还是命运，都是实现所有政治意图的路径。因此，道路也常常被作为政治景观看待。有意思的是，无论中国还是西方，"道"都延伸出"道""道理""方法"等意思。中国的"道"、西方的 way 皆然。

"道路学"（odology）这个词源于希腊语"hodos"，意指道路或旅途。所以"道路学"便是关于道路（road）的学问或研究，而道（way）则是通过特定方式达到某种目标的途径。这一公认的用法可以解释为何宗教信仰及宗教行为频繁使用"道"一词。① 赫尔墨斯（Hermes）是古希腊道路与旅行之神，他身上的许多特征阐述了乡村道路的重要功能。人们把赫尔墨斯理解为两个世界相见的联系人：生者的世界与死者的世界，乡村的世界与城市的世界，公共的世界与私密的世界等。也许我们可以说他是乡村道路之神——那些道路走向不定，但最终通往神庙或集市。这些**向心**的道路是农夫和牧民去往市场的道路，也是朝觐者、商人和小贩之类的徒步旅行者前往目的地的道路。赫尔墨斯作为仲裁之神和契约之神，将道路符号隐喻为一种达到特定目的地的方式。

杰克逊认为，若要推测政治景观中道路的本质须区分两种道路系统：一种是尺度较小的、孤立的向心道路系统，它不断变化，在地图上很少标示；另一种则是令人叹为观止的、广泛延伸的、长久不变的**离心**道路系统，如联系古罗马及其他帝国的交通干道网。两种系统都服务于几乎相同

① ［美］约翰·布林克霍夫·杰克逊：《发现乡土景观》，俞孔坚等译，商务印书馆 2015 年版，第 30—31 页。

的目的：强化和维系社会秩序，联系社会区域或国土的组成空间，使其紧密环绕在一处中央地带周围，但两者之间又存在明显差异，不仅表现在尺度上，还表现在方向和意图上。传统的道路学，几乎只关注筑路工程技术和经济功能，崇尚笔直、宽阔和长远，好大喜功，不计成本地修筑驿站和邮路，以此保证军令、政令、消息等得以顺畅地从罗马都城抵达遥远的高卢、西班牙及小亚细亚等地。但道路学的确切含义不仅限于工程方面，它还暗示了几乎随处可见的两种并列的道路系统：一种是当地的、向心的；另一种是跨区域或国家的、离心的。我们必须明确二者的不同角色。

离心的国家干道系统有三个最显著的特征，首先是尺度巨大；其次是无视乡土景观要素彻底改造地形；最后是一贯地强调军事与商业功能。"条条大路通罗马"这当然只是一句夸耀罗马作为最终目的地的属性。但事实上，离心的干道系统总是从首都出发，向外延伸并控制着边陲及重要的战略点，同时扶助远洋贸易。从这点来看，应该说成"条条大路出罗马"，一切都是用于延伸和巩固帝国的力量。罗马干道的修筑拒绝向地形妥协，并为了获得更笔直的线路而绕开村庄甚至城镇。这些重要的干道主要服务于掌权者，维持日常事务和帝国秩序。这一观念在美国继续传承。

当离心的国家干道的使用被限制，或使用这些道路不方便时，当地的行人会转而使用另一种通向村庄的路。这种路多是乡间小路，当地人走出来的，与地形、土质高度适应，因时因地而变化。于是逐渐演化出一种我们可称为乡土路网的系统：灵活多变，未经规划，但毫无疑问是向心的。这一系统相对独立，无须维护，但它们是远途旅行者最大的困扰，对想派出军事武装或官方贸易团队的政府来说，也是一种桎梏。因此，这些乡土路网系统迟早会被并入和结合到国家交通网络中，而对与之相关联的小型社区来说，这种转接通常都会是莫大的不幸。

古罗马也许是第一个规划新型乡村道路系统的国家，结果形成了一种影响深远的人造政治景观，至今都还是许多现代规划的范式。[①] 经历了共

255

① ［美］约翰·布林克霍夫·杰克逊：《发现乡土景观》，俞孔坚等译，商务印书馆 2015 年版，第 35 页。

和国及其后的帝国时期的扩张，罗马开始向新开拓的领土或无人区移民，并建立了小农场主的社区。通常的程序是将公有土地划分为若干地块（centuriae）每个约 120 英亩，即 0.5 英里见方。农场需要一种道路系统，既可以通往田地和果园，并将农产品运往市场，又构成永久性的大型灌区系统的框架。这些道路看似精心建造并按宽度和功能加以分类："iter"，用于步行，宽 2 英尺；"actus"，蓄力车专用道，宽 4 英尺；"via"，车辆专用道，宽 8 英尺。景观的焦点是两条干道的交点——东西向（decumanus maximus）与南北向（cardo maximus）——这里通常会形成一座城镇。

在远古时期，这种地点的选择可是一件庄重的大事。"对于伊特拉斯坎人而言，［轴线体系］考虑了疆域界限和天堂的关系。天堂就像一个圆周，被两条轴线切分成四份。城市规划中①的东西向干道和南北向干道乃是天堂模式在大地上的呈现。"德国的民间传说中，十字路口也同样被赋予了极其重要的宗教含义，它是仲裁和惩戒的场所。卡斯塔格洛里（Castagnoli）评述道，"古罗马的城市规划师对于天文观测并不感兴趣，他们之所以采用轴线对称原则，只是因为它很符合罗马人的口味……再者，轴线对称蕴涵了军事纪律和中央集权的理念，城市聚集于一点，在此行政官可以发号施令。"整个土地分配系统有两个特点，这两点区分了古罗马的景观和美国的景观，首先，古罗马的景观聚焦于中心城镇，而美国的方格网系统体系从未考虑城市聚落用地；其次，古罗马的土地所有方式是基于传统的稳定的农业（或园艺）生产方式，其尺寸正好与一个家庭使用一轭公牛的能开垦的耕地量的上限相符，而美国的土地所有方式则恰好相反，只明确规定了一个人可持有的最少量，并与任何一种特定的农业形式均无关。

道路系统还与宗教存在有关系。朝圣之道（The Sacred Way，包括许多其他变体）既是一种精神节律的方法，也是引领人们进入圣地或神庙的道路（road）或路径（path）。在神话时代的希腊，符号之道和现实生活之

---

① ［美］约翰·布林克霍夫·杰克逊：《发现乡土景观》，俞孔坚等译，商务印书馆 2015 年版，第 37 页。

道往往难以区分。筑路工作被看成一项神圣的使命，因而由神父资助和主持。依据希腊人的信仰，众神亲自划定了道路的排布方式。作为阿波罗崇拜中心的德尔斐城，也从未被看作阿波罗的住所，而是他经历的所有道（ways）的终点与目标。通往圣地之道是神圣的，在圣道上从未有任何人被侵犯。即使是圣道的边缘，也有某种神性，并被选用作殡葬地。伯萨尼斯（Pausanians，古希腊旅行家和地理学家）记录了公元 2 世纪的希腊旅行，他多次提到在城市及乡镇的路边见到的坟墓。①

　　道路系统具有明显的政治景观的含义——虽然道路作为政治事务在所有国家都表现出相当高的一致性，但中西方呈现出巨大的历史差异。秦始皇统一中国后，立即在他新的庞大的帝国边陲做了两件事，即所谓的"北阻南疏"。具体地说，秦始皇在帝国边陲进行了两个大工程——在北方修筑长城；在南方修建灵渠，贯通湘江与漓江以及修筑岭南古道——在水陆两路打通中原与边疆，河流与海洋的通道。这中华第一帝国的一"阻"一"疏"，都在交通道路上做文章。在北方，游牧民族的骑马驰骋，广阔的草原和平原无不成为通达的畅道。历史上"五胡乱华"已为成语故说。修长城成为历史上的一个伟大"事迹"。反之，开通南岭通道的作用，作为帝国扩展的疆界同样重要，只不过采取的手段不一样而已。有意思的是，这"堵路"与"通道"的两个古代遗址都成了中华民族重要的文化遗产景观。②

　　我国历史上各朝代都城的建制都与交通有关。周代的丰、镐两京虽然分别命名，但后世往往将二者相提并论，理由之一在于二者距离较近，水路、道路便捷，关中平原土地肥沃。一个聚落和交通道路之间的关系往往是交互影响，互相促进发展的，但是一个大都市的兴起，一般说来必然要有充分的交通地理条件为基础。丰镐或咸阳、长安地区的交通结构便符合这些帝国都城的建立和运作。

257

---

① ［美］约翰·布林克霍夫·杰克逊：《发现乡土景观》，俞孔坚、陈义勇译，商务印书馆2015 年版，第 31—32 页。

② 参见彭兆荣等《岭南走廊：帝国边缘的政治和地理》，云南教育出版社 2009 年版。

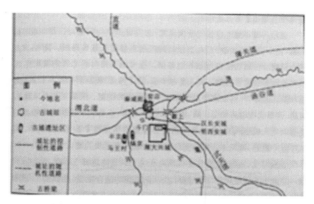

西安历代城址变迁及城址与交通关系（西汉）示意图①

"由此可见，函谷道、渭北道和武关道这三条道路的组合关系是确立丰镐、咸阳、长安、这一系列城市城址的控制性道路，这三条道路的组合关系，是促使古代都城在今西安附近地区得以高度发展并超越于其他中小聚邑之上的基本交通条件"②。人们通行在某一条道路上时，似乎看不出道路具有明显的政治性，然而，当它与国家功能相结合，特别是帝国、都市、王城等政治权力中心发生关系时，便毫无疑义地具有了政治景观的特点。

政治景观中道路的重要性提醒了我们一个不易为人接受的事实：作为政治动物的人总会倾向于不受束缚，为了寻求更新鲜和刺激的地方尝试离开家庭和住所。一方面，作为土地上的栖居者，我们习惯在某个地方扎根并"归属"那里，安土重迁；道路或干道成为一种威胁。而另一方面，我们身上的政治特性又怂恿我们外出，去寻找福地，努力工作，或传经布道。③ 在政治景观中，自然环境已丧失其内在的特征，成为满足人类某种需求的媒介。

对道理的研究所形成的"路学"，旨在探讨道理作为特定的区域的社

---

① 辛德勇：《旧史舆文录》，中华书局 2014 年版，第 292—293 页。
② 同上书，第 294 页。
③ ［美］约翰·布林克霍夫·杰克逊：《发现乡土景观》，俞孔坚等译，商务印书馆 2015 年版，第 32—39 页。

会、经济、文化和生态的影响，衬托着道路作为"连接"的特殊性质。①
道路的这一特点因其"日常"而显得"非常"。

城市与道路

"城市"的交通决定了其具有便捷"市"的性质，即进行交换、买卖
和商贸的地方。《说文解字》："市，买卖所之也。市有垣，从门，从一，
一，古文及，象物相及也。之省声。"这与乡土社会不同。相对而言，城市
的形制是开放的，而村落则不必，虽然坐落于平原的村落也是通达的，那
是由于地形所决定。城市的通达则由"市"的性质所决定。城市的性质也
决定了道路、广场等性质的迥异。古希腊的城市形制虽在不同的城邦之间
会出现些许的差异，性质则大致相同。在伯里克里时代，修建的中心大道
被称为驰道（Dromos）或泛雅典道（Panathenaic Way），当人们沿着泛雅
典道走下去，地势不断下降，行人将会跨越艾里达诺斯河（Eridanos），这
是一条流经城市北部的小河；道路绕着科罗诺斯·阿哥莱欧斯（Kolonos
Agoraios）丘陵而行，一直通到雅典中央广场，即开放市集所在地。那里有
一块十英里大的长菱形广场，雅典人就是在这个市集的开放空间中做生
意、聚会、讨论政治以及敬拜诸神的。雅典城墙的长度有 4 英里，15 座城
门。② 由此可知，西方的城市模型在古希腊的城邦建制中就已经定性：即
城市独立创建与发展，政治的中心，民主的性质，防御的功能，遵从自然
形势，道路和广场构成城市的网络景观。

　　我国的情势同中有异：城市作为一个地区的政治中心，交通自然被纳
入政治景观的行列。如果我们今天去了解一下我国的道路网，那些诸如
"国道""省道"等，就会明了其中的政治道理。根据建筑设计专家的分
析，典型的中国传统式城市道路网络是"棋盘式"的，这也是根据我国都
城的形状方形，准确地说，长方形而建制的。笔者认为，这不啻为"天圆

259

---

　　①　参见周永明《道路研究与"路学"》，《二十一世纪》2010 年 8 月号，总第 120 期。
　　②　［美］理查·桑内特：《肉体与石头：西方文明中的人类身体与城市》，黄煜文译，麦田出
版公司 2008（2003）年版，第 46 页。

地方"在道路交通上的呼应。道路和道路之间很多时候等距，不但纵横互相垂直，而且原则上尽量争取构成正南北向以及与之垂直的东西向。这是自古以来的一种"制式"或者说"传统"，但是，这个传统能够一直坚持下来，并不单纯是一种形式上的主观的要求，更主要的原因是当中包括着一个非常合理的技术内容。① 对于房屋的"朝向"问题在中国古典建筑中是非常重视的，这不能只看作一种制度，而是在中国的地理环境中正南的朝向构成室内最佳的"气候"环境。

因此，"取正"（确定南北方位）是营造工作首先要进行的事情（因为古代未能建立一个测量标准点来控制城市建筑物，利用"天象"准确地定线不能不说是一个很合理、很科学的办法）。道路网的计划必须和建筑群的基址以至建筑物相配合，因此道路网的规划同样非常重视或者说非依靠"取正"来定线不可。城市的规划布局就尽量坚持保留这一原则。《周礼·地官·司徒》中的"唯王建国，辨方正位"就是说建设都城的时候，首先进行的工作就是测定方位朝向，以朝向定出城市构图的骨架。"建国"或者"营国"都是作为建设都城的意思，和我们今日所理解的"建国"含义大不相同，而都市的道路也就自然而然地根据这样的布局进行。值得特别重视的是，天文学在古代很早就有发展，和建筑及城市规划构成一定的关系是很必然的。同时，也是古代测量学的基本依据，《诗经》的"定之方中……揆之以日"（方中，昏正四方也；揆，度也）所说的就是这一问题。

至于古代城市的道路为什么最好能够"中规矩，中准绳"，相信除了与布局形式以及街区房屋建筑的地段切割有关外，铺设"车轨"也是其中一个考虑因素，对于"铺轨"工程来说，最好的就是平直的街道。《冬官·考工记》中的"九经九纬，经涂（途）九轨"就是说标准的"王城"应有九条互相垂直的道路，路宽为"九轨"。周代的轨宽为八尺，九轨就是七十二尺，七十二"周尺"大概是今日的 15 米或者 50 英尺左右。这种"三道九轨"之制自周至唐的一千多年间都一直在历代的王城中存在，汉

---

① 李允鉌：《华夏意匠——中国古典建筑设计原理分析》，天津大学出版社 2014 年版，第 402 页。

的长安、魏晋的洛阳、隋的大兴都是由这类干道所构成的城市。

中国科学院考古研究所有关 20 世纪 50 年代的考古工作总结说："发掘证实，汉长安城的城门各有三个门道，每个门道各宽 8 米，减去两侧立柱所占的 2 米，实宽 6 米。在霸城门内的大街，以三条并列的道路组成，宽度与门道，可容车十二。由城门通往城门内的大街，以三条并列的道路组成，宽度与门道相同。"[①] 此外，北魏杨衒之的《洛阳伽蓝记》也有有关洛阳城的"一门有三道，所谓九轨"的记载，[②] 可见魏晋洛阳城的干道也是同一的制式。至于唐长安城的情况在《唐代长安城明德门遗址发掘简报》一文中也有有关记载："唐长安城的交通制度，从门址的遗迹也可窥见一斑。在五个门道中，只有东西两端的两个门道有车辙，有的车辙是从中间三个门道的前面绕至两端的门道通行的，可见当时中间的三门是不准停车的。"[③]

宋聂崇义的《三礼图》对王城中的"三涂"是这样解释的："车从中央，男子从左，女子从右。"相信这是指古代仪仗的行进排列方式，并不大可能是正常的交通情况。而陆机的《洛阳记》则说："宫门及城中大道皆分作三。中央御道，两边筑土墙，高四尺余，外分之。唯公卿尚书章服道从中道，凡人皆从左右，左入右出。夹道种榆槐树。"《大唐六典》也有"凡宫殿门及城门，皆左入，右出"，可见唐代也把这种道路形式和交通制度继承了下来。因为城市必然是区域性的道路网交会点，会带来不少"过境性"的交通量，因此对干道就有以直线穿越相对的城门的要求。古代重要的城市交通也是繁忙的，对道路所负担的交通流量是要研究的，有直通的过境性道路和干道支路之分就表示对此问题已经有了充分的认识。我们不能孤立地看城市之中的道路网的构成，它们是要和整个地区的交通网同时构成一个有机的整体。各个城门就是交通流量的"内聚"或者"外延"的一个起点或者终点，例如周城《宋东京考一》有："卞之外城门名，各

261

---

① 中国科学院考古研究所：《新中国的考古收获》，文物出版社 1961 年版，第 80—81 页。

② （北魏）杨衒之：《洛阳伽蓝记》，香港中华书局 1976 年版，第 15 页。

③ 中国科学院考古研究所西安工作队：《唐代长安城明德门遗址发掘简报》，《考古》1974 年第 1 期。

有意义，如云郑门，以其通往郑州也，酸枣门以其通往延津，即旧酸枣县也……"由此可见，城门的设置并不是单纯地取决于制式，更主要还基于地区性交通的组织要求。基于这一点，我们对古代城市城门的位置和数量的变化就会更容易清楚地理解了。①

为什么中国城市种互相垂直的经纬式道路网经历了那么长远的历史仍然不产生变化呢？古希腊和罗马也曾经有过"棋盘式"的城市规划，为什么欧洲其后却产生"放射式"的道路网呢？这是和二者城市中心性质不同有关。中国城市一般都以"宫城""皇城"或者"府衙"为中心，这些地方不但不是城市生活种交通汇集的中心，加之它们有宫殿或者城墙、围墙，反而成为一个交通上的阻塞点，因此，即使它们是城市设计的一个高潮也没有必要使交通向这个地区辐合。西方城市的市中心虽然同样是由重大的建筑物构成，但是，它们面前必然构成一个"广场"，广场是交通流通的一个转接点，它们是"市"，和人民的生活密切相关，因此就要求将交通量以最便捷的方法带到这里来。于是，一种"放射式"的道路网就在这样的要求下产生。这种方式的道路网不但在有计划的城市规划下出现，在自发式的市区发展过程中也会自然产生这种布局。②

本来，中国古代的"市"和西方的"市"在起点上是没有太大的差异的。《史记》张守节"正义"云："古人未有市，若朝聚井汲水，便将货物于井边货卖，故言市井也。""市"和"井"之所以发生关系以及"市井"之称就是由此而来。古代城市是首先采用集中供水方式的，于是"井"或者其他方式取水的地方就成了居民每日必到之处，买卖就趁机在此地做起来了。古罗马城市广场很喜欢设置"泉池"或者"喷泉"，最早的时候，这就是他们的"井"——利用泉水为公共用水的供水方式。其后，市就随着"井"而来，于是就成了"广场"，成了四方人流汇聚的焦点。今日城市广场中好些时候也没有这些遗意的"喷泉"作为装饰，而事实上，它们本来并不是为了景色而来的，在历史的早期，它们曾经是市民生活的必要

262

---

① 李允鉌：《华夏意匠——中国古典建筑设计原理分析》，天津大学出版社2014年版，第403—404页。

② 同上书，第404—405页。

的公众设施。

中国的"市井"本来也是一个广场，为什么没有继续发展成为街道网的一个构成部分呢？主要是中国很快就把"市"集中管理起来，不让它们自由发展。为了管理方便或者防卫的要求，作为市的广场就用围墙围起来，这一围就破坏了广场的存在和在道路网中作为交通聚合点的性质。广场和围墙是对立的东西，要围墙自然就不要广场了。"天安门广场"在古代是一个用围墙环绕起来的非公共性质的封闭空间，大概，在古代甚少没有围墙的开放空间。因为任何空间似乎都必有所属，既然有所属就必须用墙围绕起来，即使是市政官员大概也不惯于管理毫无范围和规限的地方。

《东京梦华录》对宋汴京城的"御街"有过细致的景象描述，它不但成为城市构图的主干，而且是城市设计上的焦点。"坊巷御街自宣德楼（宋宫城的正门）一直南去，约阔二百余步，两边乃御廊，旧许市人买卖于其间。自政和间官司禁止，各安立黑漆权子，路心又按朱漆权子两行。中心御道，不得人马行往，行人皆在廊外朱权子之外。权子里有砖石甃砌御沟水两道，宣和间尽植莲荷，近岸植桃李梨杏，杂花相间，春夏之间，望之如绣"[①]。通过这些文字描述，我们可以想象当时的皇宫正面的大道在设计上是何等考究，并且还引来"御沟水两道"，遍植莲荷，再加上岸边的桃李梨杏，简直就是一条风光如画、美不胜收的"花园街道"了。

明清时代同样也继承了这种强调宫前御道的设计传统，而且对这个意念做出更大、更新的发展。宫前的"御道"发展成为一组组的封闭空间，使视域变得更为广阔，拜托道路的单一景色。更主要的成就还是将"脊椎"的意念做出了更大的伸延，构成了一条无比丰富变化的中轴线。明清北京城比历代都城在设计上更为成功的地方就在于轴线的规划更进一步往"多向"方面发展，使城门—御道—宫城这一条线延展成为可见或不可见的"面"，将整个城市不论在空间组织上、体量的安排上都完全连贯起来。并且，在宫城之后还不断延续，越过了一座"景山"而至钟鼓楼才作收

263

----

① （宋）孟元老撰，邓之成注：《东京梦华录注》，香港商务印书馆1961年版，第52页。

束，不论在平面上还是在立面上都呈现出一种极为完整的节奏感。它所得到的高度的艺术效果就完全不是过去的"铜驼大街"① "朱雀大街" 所能及了。② 虽然我们也可以根据地形的不同——比如南北城市道路之间的差异，瞥见道路学中的文明和文化的差异，但并不妨碍人们得出中国古代的城市道路所包含的"一点四方"的政治格局和"天人合一"宇宙观认知中天象与城市道路的关系。

就景观的形制而言，有路景——包括陆路与水路，而有水路必有桥，故 "路桥" 大抵是分不开的。作为桥梁景观，通常也会和建筑艺术相提并论。中国的桥梁工程是否应该看作一种"建筑艺术"？李约瑟的一些话可以看作从另外一个角度做出的解释。他论述中国的桥梁时一开始就说："当建筑师弗罗丁诺斯（Frontinus，35—104 年）写及 1 世纪时罗马的引水渠的时候，他描述完了之后加上了这样的话：'带来大量水的那一种必要的结构的模样，如果你愿意，可比之为无聊的金字塔，或者有名无实的希腊作品。'中国的同类作品就会在这个论点背后的思想态度有某些意识上的调协，但是他们的文化中的才能无一不是来自于巧妙地将理性和浪漫主义相结合，这就是结构工程所取得的结果。中国的桥梁无一不美，大多数的桥都极为美观。"③

建筑和结构、结构和建筑在中国是从来没有分离的。"城"我们不可能将其列为结构工程，"桥"自然也不例外。"桥梁"二字为什么合成为复词呢？在最早的时候，"梁"字最早的含义就是"桥"，《说文》称："梁，水桥也"；"桥，水梁也，从木乔声"；"乔，高而曲也"；"桥之为言趫，娇然也"。大概，简支梁在桥梁上应用比在房屋上应用得更早一些。相信，房屋还处于用树枝和草泥弄成半地穴式"壳体"构造或者在"雷"式结构的时代，在河溪上架设的一些行人的"梁"却被应用到房屋结构

---

① 魏明帝迁都洛阳时将汉长安城的金人、骆驼等搬了过来，放在主干道两侧，故宣阳门内干道称为"铜驼街"。

② 李允鉌：《华夏意匠——中国古典建筑设计原理分析》，天津大学出版社 2014 年版，第 406 页。

③ Joseph Needham, *Science & Civilisation in China*, Vol. Ⅳ：3, Cambridge：Cambridge University Press，1971，p. 145.

中去了。除了"桥墩"的建造是基于另一种技术基础外，桥身和房屋的构造在"思想态度"上表现完全一致，大部分的桥被视为组成城市或建筑群的元素。①

在文献记载上，"列石为步"称为"矼"的"跳墩"早于"桥"和"梁"，于是有人便说桥的发展是由"矼"而"桥"的。其实，矼可理解为跳墩，也可以解释为"桥墩"，因为在矼上架设一些木梁并非困难的事，它们的发展不一定分成两个阶段，当然，在施工的时候它们事先分为两个阶段。②"高而曲"的拱桥是一种功能的形状，并非单纯是一种结构或者构造的形状，目的就是希望架了桥的河道上仍然不妨碍船只的通行。大概，拱桥是由木结构开始继而发展应用砖石法券，法券的构造形状和桥的功能形状恰好一致。于是，砖石法券的应用大大提高了桥梁的结构技术，桥梁的建造也大大促进了砖石法券技术的发展。

以结构技术的进步和精巧而论，中国在历史上有两座桥很著名。一座就是建于隋大业年间（605—617年）的河北赵县的"安济桥"，这是世界上第一座"空撞券桥"，就是大券之上每端还有两个小券，单券净跨达132英尺。这座桥是由隋代工程师李春设计的，工程师和桥的故事一直为人所传颂。以建筑砖石拱券而著称的欧洲人到了14世纪才造出超过这个跨度的拱券桥。以这一点而言，中国在技术上就领先了欧洲达7个世纪之多。这座桥直到现在仍然存在，不但还好好地为人民服务，它的结构方式还被十分广泛地推广应用。③

另一座就是北宋汴京（开封）城中的"虹桥"。这类桥早已不存在了，但是它曾经出现过却是无可置疑的事实。"虹桥"并不是某一座桥的专有名称，而是当时的一种桥梁的类型。据宋代孟元老《东京梦华录》的记载就是："从东水门外七里曰虹桥，其桥无柱，皆以巨木虚架，饰以丹，宛

265

---

① 李允鉌：《华夏意匠——中国古典建筑设计原理分析》，天津大学出版社2014年版，第351页。

② 《孟子》中有"岁十一月徒杠成，十二月舆梁成"。有人理解为分别完成"徒杠"与"舆梁"两项工程，如将杠理解为桥墩，则恰为说明两个不同的施工阶段。

③ 李允鉌：《华夏意匠——中国古典建筑设计原理分析》，天津大学出版社2014年版，第351页。

如飞虹,其上下土桥亦如之。"① 又,《渑水燕谈录》称:"庆历中(1041—1048 年),陈希亮守宿(今安徽宿县),以汴桥坏,率赏损官舟害人,乃命法青州所作飞桥。至今汾汴皆飞桥,为往来之利,俗曰虹桥。"单靠文字的记载我们是无法清楚这种桥的结构和形状,幸而宋代的名画家张择端在他的名作《清明上河图》中将它颇为详尽地描绘出来,因而才得清楚它的形式和构造。虽然,中外有关著作提及这座桥的文字不少,但是都仅作为一种古代的"奇迹"来谈论。②

不论"安济桥"还是"虹桥",它们除了结构和功能上的形状之外,同时还充满了建筑学的"美"的意匠。例如安济桥,桥面本身同时形成一条十分柔和的弧线,再配上有节奏的"玉带"石栏杆,它的整个形象无论如何都是一件动人的艺术作品。我们对"虹桥"的印象来自一幅伟大的绘画艺术作品,它是《清明上河图》最吸引人的一个部分,原因可能是这座桥的形象十分有趣,是"现实主义"和"浪漫主义"高度成功地结合的一个实例。桥和房屋建筑综合起来也是中国的桥的一个很大特色,这就是指廊桥、楼桥、亭桥以及屋桥。③

唐代杜牧有一篇著名的《阿房宫赋》,其中有"长桥卧波,未云何龙?"之句,所指的是咸阳连接渭水两岸的大桥。杜牧没有见过这座桥,有关阿房宫和秦都的描写只是出于想象或者根据文献的记载。据说:渭水大桥桥长三百六十步,宽六十尺,由六十八座石拱券筑成,凡百五十柱,二百一十二梁,以石为墩,刻有力士孟贲等之像。这是见于记载的最大、最早的连接市区的大桥。古代的城市除了市区本身分布于河流的两岸之外,没有河流的也必然开运河引水入市区,除了供给城市用水之外还把它看作一条交通动脉。因此,跨越河道的桥梁就成为城市中街道连接的主要手段。例如北宋汴京城,据《东京梦华录》的记载城中就有大小桥梁凡三十四座之多了。市区中的桥自然被看作城市的重要组成元素,

266

---

① (宋)孟元老撰,邓之成注:《东京梦华录注》,香港商务印书馆 1961 年版,第 27 页"河道"。

② 杜连生:《清明上河图虹桥建筑的研究》,《文物》1975 年第 4 期。

③ 李允鉌:《华夏意匠——中国古典建筑设计原理分析》,天津大学出版社 2014 年版,第 354 页。

它们的设计自然就和道路及房屋等联系起来，它们要和周围的环境相协调。

宋代汴京的河桥一度发展成了"购物街道"（shopping street）。《宋会要辑稿·方城》中有"仁宗天圣三年正月，巡护惠民河田承说言·河桥上多是开铺贩鬻，妨碍会籥，及人马车乘往来，兼坏损桥道，望令禁止"的记载，可见当时的河桥曾经成为"摊贩区"。《清明上河图》中的"虹桥"桥面上是摆有售物摊档的，图文两相对照，证实此乃实情。清院本的《清明上河图》大概对文献的记载作过一些考证，索性就把桥的两旁全部绘成了小店铺，桥却变成了石拱桥，当然是完全出于想象。这类"购物街道桥"不但出现于宋的汴京，在其后的日子还在各地有了真正的发展，有些桥因为兼具"市集"的用途而全部架设了屋顶，成为河上一座长廊式的市场。①

添加更多其他用途是中国各地桥梁建设的另一个发展方向，这一来就使"桥梁"和"房屋"二者综合成一体。"庑廊"在中国建筑上有很长远的历史，它作为每一单座建筑之间的连接体，在起伏的地形上发展为"阁道""飞升"，很早就显示出了一种有屋顶的桥梁的意念。"廊桥"就是跨越水上的阁道而已，它们是建筑群当中传统的重要组成元素。亭桥、屋桥等就是这种设计概念的一些变化，桥身被看作一个"台基"，在上面是可以添加任何建筑物的。添加了建筑物的桥梁就使桥的外貌产生了重大的改变，桥和屋的比重在构图上差不多相等，看起来桥就差不多像一座房屋，在印象上自然和房屋建筑等同了起来。

亭桥、榭桥、廊桥、屋桥等是房屋建筑和桥梁建筑技术发展的一个交会点，二者似乎都各不从属，亭桥、楼桥等亦可称为"桥亭""桥楼"，也可视为亭或楼的一种。这样的"交会"并不是出于一种偶然，它们来自中国古典建筑设计的基本体制。假如，中国建筑设计并不是采用分部组合方式，桥和"屋"就不容易那么顺乎自然地并合起来；假如，桥和"屋"没有共同的美学和技术的基础，即使并合起来也不会立刻就成为一件完整及

267

---

① 李允鉌：《华夏意匠——中国古典建筑设计原理分析》，天津大学出版社 2014 年版，第354 页。

和谐的建筑作品。

桥和"屋"还常常使用共同的附属性元素和完全相同的细部构件，由此使桥和"屋"之间产生非常紧密的有机的关系。桥的两端很多时候都立有标志性华表，或者由华表发展而成的牌坊或者牌楼，附有"碑亭"或"碑楼"，作为"敕建"的纪念。桥身的栏杆就是建筑物上使用的钩阑，木桥用木栏杆，石桥用石栏杆，望柱和桥身水平方向伸延的线条组合起来形成一种十分有趣的节奏，也许这也是造成"无一不美"的一个重要元素。建于 12 世纪的著名的卢沟桥，望柱上每一只石狮子都雕刻成不同的姿态，就此大大增加了桥的艺术价值[①]，在总的形象来说，"卢沟晓月"是著名的燕京景色。不论大桥和小桥，它们和房屋建筑风格不但协调，而且是常常相一致的，因为它们使用相同的构件，使用着同一的"视觉语言"（visual language）。[②]

桥梁是道路的一部分，也是独立的技术景观。近代以降，西方的桥梁技术也在我国留下了遗产。笔者曾经率领一个团队在法国建筑的滇越铁路沿线进行长时间的调查。见过不少路桥景观，最为著名的是云南屏边的"人字桥"。据说中国历史上只有两座载入史册的桥梁，一座是国人引以为豪的安济桥；另一座就是人字桥了。任何一位对滇越铁路有所了解的人，都知道在云南的屏边段有一座人字桥——一个典型的殖民遗产景观。人字桥横悬两岸绝壁间，长 67 米，宽 4.2 米，距谷底深 100 米。为了修建这座桥梁，约有 800 名中国劳工牺牲。[③] 人字桥是滇越铁路上的桥梁奇迹，也是世界建筑的奇迹，与法国巴黎的埃菲尔铁塔建筑时间相近，由法国工程师鲍尔·波丁设计。

在昆明的铁路博物馆里，存放着人字桥的设计图复件。法国人用钢梁为材料修建工程很是闻名。埃菲尔铁塔即是一个铁证。一百多年前，法国工程师埃菲尔设计、修建那个铁塔的时候曾经引起民众的不满甚至愤怒，

---

① 望柱上刻石狮子是"宋氏钩阑"的标准形制。

② 李允鉌：《华夏意匠——中国古典建筑设计原理分析》，天津大学出版社 2014 年版，第 356 页。

③ 参见彭兆荣等《三国演绎 百年米轨——滇越铁路的历史图像》，云南出版集团公司、云南教育出版社 2010 年版。

人字桥（左一是老照片，摄于 1908 年，中、右一是课题组的现场拍摄）

后来成了巴黎的象征性景观。人字桥却静静地架在云南屏边的深山峭壁上。这一特殊的政治景观，仿佛殖民主义历史，成为一个无言的遗产。这一绝美的景观诉说的故事却很凄凉。

当人们明白道路除了方便人们生活的作用外，还与政治存在着巨大的权力话语和网络隐喻关系，国道、省道、乡村道路原来并非那么简单。国道是"霸道"，排山倒海，所有"阻碍"皆为之让路。乡土小道是平和的，灵活的，人性的，温暖的，走在乡村小道上有回家的感觉。

今天，道路作为"连接"各种各样的政治、宗教、族群、区域对象，其技术被不断地组合成为各种不同的景观：政治、经济、军事、商贸、文化交通。"一带一路"作为线路遗产的无与伦比的语义扩大和能量扩张，已经成为全球经济合作新的政治景观。

道路与线路遗产

"线路遗产"（heritage route）是联合国教科文组织文化遗产分类中的一个种类。中国是世界上线路遗产资源最为丰富的国家之一，然而，迟至 2014 年，我国才获得线路遗产名录，[①] 并成为同时拥有现存世界上最长人工运河与世界最长遗产线路的国家。可谓实至名归。"丝绸之路"起始于中国，是一条连接亚洲、非洲和欧洲的古代商贸线路，分为陆地丝绸之路

---

① 2014 年 6 月 22 日，第 38 届世界遗产大会于卡塔尔首都多哈举行，此次大会上中国大运河，中国与哈萨克斯坦、吉尔吉斯斯坦联合申报的丝绸之路作为"线路遗产"同时被列入《世界遗产名录》。

和海上丝绸之路。作为东方与西方在经济、政治、文化交流的主要通道。德国地理学家李希霍芬（Ferdinand Freiherr von Richthofen）最早在 19 世纪 70 年代将这条通道命名为"丝绸之路"。当今，"一带一路"已然成为国家倡议的有机部分，即"丝绸之路经济带"和"21 世纪海上丝绸之路"经济带，① 将历史遗产资源配合当代经济发展和区域合作而进行的设计——根据国际相关规则，结合我国独特历史资源而进行的创新性和尝试性实践。这无疑是一个创举，受到全世界的广泛关注。

"线路遗产"的生成在遗产学和遗产实践中有着自己的历史脉络。自 1972 年联合国教科文组织通过《保护世界文化和自然遗产公约》以来，人们对遗产的认识和认定越来越宽广。② 文化是交流和互动的，这是文化人类学的基本观念，也是历史颠扑不破的真理。随着人们对世界遗产理念的加深和拓宽，人们认识到：历史的关联性和事物的连续性是体现文化遗产"整体性""真实性"两个原则不可或缺的类型。于是，像线性遗产（linear heritage，呈线性的走廊、古道、运河等遗产）、"序列性世界遗产"（Serial World Heritage Properties，也译作系列遗产、关联遗产）③ 等新的遗产类型——特别是那些大型的、跨境跨地区的文化遗产进入了世界遗产体系的"视野"。④ 1984 年有人建议在评判某个遗产地是否列入世界遗产名录时，文化互动应当是考虑因素之一。按照当时的文化遗产定义和分类，世

---

① 习近平主席在 2013 年 9 月访问哈萨克斯坦时首次提出构建"丝绸之路经济带"的设想。2013 年 10 月，习主席在出席 APEC 领导人非正式会议期间提出了中国愿同东盟国家加强海上合作，共同建设"21 世纪海上丝绸之路"的倡议。

② 《保护世界文化和自然遗产公约》中的"文化遗产"分类仅有三种：文物、建筑群和遗址。参见《联合国教科文组织保护世界文化公约选编》，法律出版社 2006 年版，第 36 页。

③ 指由一些独特且空间上不连续的地区组成，这些区域可能靠得比较近，也可能分散得很开，这些区域之间有些共同之处：属于同一历史文化群体，具有某一地理地带之共性，属于同样的地质、地形样式，或者同样的生物地理群系或生态系统类型。资料来源：UNESCO, Operational Guidelines for the Implementation of the World Heritage Convention, 2005, p. 137, http://whc. unesco. org/archive/opguide05-en. pdf。

④ 美国人是最早分出这种遗产类型的，美国国家公园管理局在整合其自然和文化遗产资源时，精心设计了"串烧"各遗产地的线路供人们更好体验国家公园，后来逐渐发展为廊道遗产（heritage corridor），1980 年将伊利诺斯和密歇根运河（Illinois and Michigan Canal）确认为"国家廊道遗产"（National Heritage Corridor）。资料来源：http://en. wikipedia. org/wiki/Illinois_ and_ Michigan_ Canal-37k。

界名录变成为一个由众多单一形态的遗产地构成的冗长细目列表,这很难让人们去理解其背后的合理性,① 文化之间的交流与互动难以呈现。这大抵是线路遗产的观念准备期。但后来文化互动本身成为一种遗产类型,更为具体地强调线路的遗产类型就此被搁置。

直到 1993 年的世界遗产委员会第 17 次大会上,西班牙圣地亚哥·德·孔波斯特拉朝圣之路(The Route of Santiago de Compostela)被列入世界遗产名录。由于之前这条路线上的圣地亚哥·德·孔波斯特拉(Santiago de Compostela)和布尔戈斯大教堂(Burgos Cathedral)已分别于 1985 年和 1984 年被列入世界遗产名录,西班牙表示鉴于其独立性和独特性,仍将保持名录中这两个遗产地。法国代表团告知委员会,法国正与西班牙讨论联合申报跨越两个境内的圣地亚哥朝圣之路(the Route of Santiago),对西班牙单独申报成功,法国表示祝贺,并宣布法国部分将在恰当的时候申报。美国代表借此提醒将历史走廊列入世界遗产加以保护的重要性。这次会议上委员会还同意接受西班牙、加拿大和日本政府的邀请,于 1994 年分别于三国召开有关"文化线路"(cultural itineraries,即像圣地亚哥·德·孔波斯特拉朝圣之路这样的线路),"世界运河遗产"(World Heritage Canals)和"真实性评选标准"(Authenticity)的专家会。②

1994 年西班牙"作为文化遗产的线路"专家会总结了近年来有关文化线路作为文化遗产的思路和实践,提出了将线路作为一个世界文化遗产类型的提议,并草拟了线路遗产(heritage route)的定义:

> 线路遗产由一些有形的要素组成,其文化重要性来自跨国和跨地区的交换和多维度对话,表明沿线不同时空中的互动。③

271

---

① Anne Raidl, quoted from Cleere, Henry 1993b: *The World Heritage Convention 1972: Framework for a Global Study (Cultural Properties)*, Government of Canada, Department of the Secretary of State, Contract No. K7072-3-0134, Paris, ICOMOS, p. 13.

② Report of The Rapporteur on the Seventeenth Session of the World Heritage Committee, Session, Cartagena, Colombia, 6 – 11 December 1995, 资料来源: http://whc.unesco.org/archive/。

③ Report on the Expert Meeting on Routes as a Part of our Cultural Heritage (Madrid, Spain, November 1994), 资料来源: http://whc.unesco.org/archive/routes94.htm#annex3。

　　1995 年世界遗产委员会根据专家报告决定将两种线性文化遗产类型：运河遗产和线路遗产纳入公约操作指南第 40 段，并将这两个术语及其定义作为操作指南的附件。

　　1998 年，纪念性建筑和遗址国际委员会（ICOMOS）① 在西班牙召开国际科学会议，会上成立了该组织文化线路科学委员会（The ICOMOS International Scientific Committee on Cultural Routes，CIIC），标志着国际文化遗产保护界认同文化线路作为一种新的文化遗产类型。之后为文化线路又召开了几次专家会，世界遗产委员会的大会也多次专门讨论文化线路列入世界遗产行列的具体措施，从定义、评选标准、普查登入预备名单、申报程序、保护措施到缔约国相关人员的培训等繁杂事务。

　　2005 年最新版的公约操作指南在"文化景观"的概念旁附注了附件三"特殊类型遗产提名的指南"（Annex 3：Guidelines on the inscription of specific types of properties on the World Heritage List），提出了四种特殊的可列入世界遗产名录的遗产类型：

　　　　文化景观（Cultural Landscapes）
　　　　历史城镇及城镇中心（Historic Towns and Town Centres）
　　　　运河遗产（Heritage Canals）
　　　　线路遗产（Heritage Routes）②

　　至此，线路遗产这一文化遗产类型基本定型。线路遗产可以说是世界系统模式（world-system models）的延续，③ 考虑到人们在历史过程中的文化联系和互动，将文化看作跨越时空的整体。观念上，人们早就认识到文化互动是综合性文化遗产不可少的部分，1982 年联合国教科文组织关

272

---

　　① 此翻译采用北京大学世界遗产中心编《世界遗产相关文件选编》的翻译，北京大学出版社 2004 年版，第 364 页。

　　② UNESCO，*Operational Guidelines for the Implementation of the World Heritage Convention*，2005，p. 83，资料来源：http：//whc. unesco. org/archive/opguide05 – en. pdf。

　　③ Wallerstein，Immanuel 1974：*The Modern World-system*，London，Academic Press，Wolf，Eric R.，1982：*Europe and the People Without History*，London，University of California Press.

于文化政策的国际会议就申明，"在文化间的互惠影响中，所有的文化构成了公共继承遗产的一部分"。① 但将其作为文化遗产类型列入世界遗产迟至 20 世纪 90 年代初期才开始，它也就此成为世界遗产全球战略的重要组成部分。

"线路遗产"的核心在于"线路文化"，它突出地表现为文化遗产已经从"点面的""静态的""历史的""有形的""经典的"扩大到点线面结合、静态与动态结合、古代与近代结合、有形与无形结合、经典与日常结合的类型范围。文化的核心在于互惠交流，人类通过各种方式的"线路"进行文化交流，强调的正是"文化线路"。② 具有启发性的是，非物质文化遗产中的许多类型，特别对于那些民间的、民俗的、民族的非文字传承，或技艺，其传承方式与不同地理、区域、民族、族群之间的交流存在关联，而且这种交流、采借、流传通过不同的地理、地域、地缘连续性地流传，既一方面结合本地区、本民族的生态环境和文化取舍，在原来的基础上产生变形，甚至出现新的表现形式；它又成为其相邻地区、民族的传承源，即被交流和采借的对象形式。文化遗产的传承线路就这样历史性的形成。

"文化线路"是全球性的，自古迄今，永不停歇。这一历史现象受到人类学研究的特别关注，人类学家克利福德（James Clifford）在其著作《线路：20 世纪晚期的旅行与移动》（*Routes：Travel and Translation in the Late Twentieth Century*）中，以历史上的线路为关节、关键和关系，讨论近代人类通过线路所建立、建构的社会关系和社会秩序；线路使得各种社会实践成为空间的置换（practice of displacement），并成为文化意义的主要构建方式。③ 他认为这种现代性的"空间实践"（spatial practices）④ 将逐渐

273

---

① 1982 年联合国教科文组织（UNESCO）在墨西哥城召开"世界文化政策大会"。会议明确把人文—文化发展纳入全球经济、政治和社会的一体化进程。UNESCO 1982：17。

② ［英］阿尔弗雷德·C. 哈登：《艺术的进化——图案的生命史解析》，阿嘎佐诗译，广西师范大学出版社 2010 年版，第 54—56 页。

③ Clifford, J., *Routes：Travel and Translation in the Late Twentieth Century*, Massachusetts：Harvard University Press, 1997, p. 2.

④ Ibid., pp. 52 – 91.

取代传统以地方为中心的空间叙事方式。在后殖民语境中，西方理论的时空结构已经面临瓦解，行动（包括移动、置换、旅行等）理论的去中心特征和新的空间定位（混合性空间）已经成为元理论批评的核心。这一空间形制"既非一种流放，亦非批评的'距离'，而是一个中间场域——由各种不同，又与历史有着复杂的纠缠的、混合化的后殖民空间形态"①。方法上，**跨域文化**（translocal culture）② 由此被充实到其文化线路理论之中：当边界（borders）获得一种似是而非的中心地位，发生于边际（margin or edge）或线路上（lines）的交流构成一幅复杂的地图与历史，这一新的范式既不同于涵化所指涉的线性轨道（从文化 A 到文化 B），亦不同于混合（syncretism）所暗含的两个文化系统的叠加，而是起始于一种历史性接触，交织着宗教、民族、国家甚至超越国家的边界范畴。这种联系性的方法论突破以往考量整个社会文化如何一步步进入一种关系性网络的过程，而是将社会文化本身视为一种联系性系统以及这一体系如何在移动的历史进程中又进入一个新的关系网络的过程。③ 随着全球化程度加深，这一文化现象会更加凸显。

任何文化线路都有其起始、过程的理由和逻辑。中华民族的历史中曾经以"丝绸之路"而为世界所瞩目，也为与之关联的国家、地区和民族所互惠。因此，中国线路遗产的资源不仅极为丰富，线路文化的表现也极为丰沛，且逻辑自备。大致上说，有以下诸点。1. 万物之"理"取之于"道"。"线路"之要在于"道路"。《说文解字》："路，道也。从足，从各。"本义为道路上的出发、抵达和返回。亦可比喻追求。屈原《离骚》"路漫漫其修远兮，吾将上下而求索"堪为典范。2. "理（道理）"为哲学的渊薮，且与"德（道德）"同化，而以"道"为名的哲学，寰宇之内唯中国的道家。"道可道，非常道；名可名，非常名。"（《道德经》）"可

---

① Clifford，J.，Notes on Travel and Theory，*Inxcription*，1989，Vol. 5，University of California，Santa Cruz，p. 9.

② Clifford，J.，*Routes：Travel and Translation in the Late Twentieth Century*，Harvard University Press，1997，p. 41.

③ 参见郑向春《线路遗产》，《民族艺术》2015 年第 2 期。

道"与"可名"成为中国经学史上阐释不尽的"名学"。① "道教"以"道"为最高信仰，视"道"为化生万物之本原。为中国传统中"名—实"的智慧结晶。3. 中国自古有"天道—人道"之说，《左传·昭公十八年》："天道远，人道迩，非所及也"。以"天道"命"人道"一直为政治地理学上的依据。认知性的"一点四方"，围绕着"中心"（中土、中原、中央，甚至中国，皆由此意在衍出）而进行的"华夷之辨"，朝贡也由此成了帝国政治的空间结构，这一切的政治意图都由"道路"通达"天下"。4. 依据这样的道理，历史上的行政区划，"道""路"也都成为特殊的指代化入区域政治的形制之中，以"道（伦理教化）"治理"道（行政单位）"，也由此转化为权威指喻，如"当道"。伦理上以诸如道德、道义、道行等彰以示范。5. 历史上的各类古道丰富多样：单是"丝绸之路"之谓就有（陆路、海上、南方等），此外还有诸如"宗教传播""民族走廊"（西北走廊、南岭走廊、藏彝走廊）、② 茶马古道、茶叶万里路、华人华侨移民线路等。6. 近代以降，我国传统意义上的线路遗产与世界历史上的"地理大发现"所形成的世界新格局，特别是殖民主义扩张所形成的线路遗产遭遇，产生了各种各样的冲突、抵触、合作、融合等混合性线路遗产，为我国线路遗产增加了特色，如历史上的"鸦片贸易""滇越铁路"等。③

线路遗产之要在于"文化线路"。线路遗产有一个特点，即文化之无形凭附于物质流通之有形——文化附着于经济之上。正因为如此，历史的线路遗产大多以特定的"物"为标识而命名之。④ "货物"成为线路景观

275

---

　① "名"在中国古代的传统中语义非常复杂，广义上的"名学"可指"正名"涉及的关于正统性"证明"；狭义的"名学"指古代哲学中演绎法，如荀子的名学等。参见胡适《哲学的盛宴》，新世界出版社 2014 年版，第 264 页。

　② "民族走廊"的概念是我国著名人类学家费孝通先生于 20 世纪 80 年代提出并逐渐完善。参见秦永章《费孝通与西北民族走廊》，《青海民族研究》2011 年第 3 期。

　③ 参见彭兆荣等《三国演绎　百年米轨——滇越铁路的历史图像》，云南出版集团公司、云南教育出版社 2010 年版。

　④ 除了"丝绸之路"以外，还有诸如"丝瓷之路""香料之路""陶瓷之路""香瓷之路"等不同的称说。参见王边茂、丁毓玲《福建海上丝绸之路研究的思考》，载《海上丝绸之路研究》(1)，福建教育出版社 1997 年版，第 206 页。

的命名符号，不仅还原了"物"作为商品的流通意义，还加入了景观的行列："丝绸之路""茶马古道""香料之路"等。"物"的交流与交换除了利益和利润的商品交易原则外，文化的互惠也至为重要，这也是"物"作为"财产"，即可物化、可交换、可增值的存续理由，符合人类学"礼物"研究之原理。这种"互惠式"的流通，使物成了"礼物"，变成了一种流动的景观。物的经济交换原则今天被人们当作衡量某一种物质的价值依据。但是，这种互通有无、互惠互利的经济法则自古而然，大量的世界民族志材料为此提供了"普世性原则"，比如在新石器文明遗迹中的一些现象仍可在现代社会的某些生活习俗中反映出来。① 而人类社会普遍存在的礼物"整体馈赠"制度，即"氏族、个人以及群体相互间的交换关系，是我们可想象和观察到的古老经济和法律制度的原型，这才是产生交换关系的基础"② 。换言之，经济与文化"联袂出演"从来就是历史表演的圭臬，线路遗产其实就是历史上文化交流、货物交换的实景场所。

岭南走廊潇贺段古道景观

秦始皇统一中国后，在他新的庞大的帝国边陲做了两件事，即所谓的"北堵南通"。具体地说，秦始皇在帝国边陲进行了两个大工程——在北方修筑长城，在南方修建灵渠，开通南岭通道。作为帝国扩展的疆界同样是重要的，二者都与"道路"有关，只不过采取的手段不一样而已。有意思的是，这"堵路"与"通道"的两个古代遗址都成了中华民族重要的文化景观。

许多时候，乡土社会并不是一个完全自我建构的社会，"大历史"时常会凭附于斯。"岭南走道即可为例。岭南是一个很大的区域，广义的岭南，泛指五岭以南，史称百越诸国地的区域，包括今天的粤、港、澳、桂、琼等省（区）。狭义的五岭，具体指横亘在南中国的东西走向，绵延

276

---

① Mauss, M., *The Gift*, Trans. by W. D. Halls, New York and London：Routledge, 1990, p. 72.

② Ibid., p. 70.

1000 多里、宽在 200—300 里之间的南岭山脉中五座著名的山岭：即大庾岭（位于今江西大余县、广东南雄县交界处）、骑田岭（位于今湖南宜章县、郴州市交界处）、都庞岭（位于今湖南省永州市道县、江永县交界处）、萌渚岭（在今湖南江华县西南与广西贺县交界处）及越城岭（在今湖南新宁、东安县与广西全州县交界处）。"南岭山脉东西横亘于今湖南、江西与两广的交界处，向东延伸至闽南。群山之中，或形成低谷走廊，或形成构造断裂盆地，或分水岭较为低矮而不难翻越，遂成为南北交往的天然孔道。这些通道旁边的山岭历来为世人所重，秦汉'时有五处'，五岭因以得名"①。再加上地处南方，所以人们也称它们为南岭。人们更是经常以"五岭"作为南岭的代称。虽然学术界对"五岭"的看法并不一致，但对道的认识却相对一致，即所谓的"新道"。

"这些'新道'具有如下特点：（一）均利用早期过岭道路重新修筑而成，四条新道是秦军南进的路线；（二）过岭道路为南岭山脉的隘口，即所谓的'五岭峤道'②；（三）道路经过的分水岭两侧均有江河连接，是以水道为主的水陆交通线。新道筑成后，从关中经汉水顺流下长江，分别转赣江和湘江，逾岭南后可直取番禺。汉、唐、宋、明时期越岭之道一再整修"。③ 李孝聪认为"五岭"道路共有五条。

越城岭道（湘桂道、灵渠）： 此道由汉水、长江入湘江，溯湘江至全州；湘桂走廊的北面是五岭之越城岭，全州至兴安段地势较低，只有兴安严关乡一段十几里长的旱路。秦耗时三年使监禄开凿灵渠，沟通湘江与漓江，"北水南合，北舟逾岭"，经兴安县灵渠入漓江，顺流南下，入西江，沟通了中原与岭南。越城岭道自秦汉以来一直是湖广与广西联系的过岭南

---

① 李孝聪 "北京大学历史系课程《中国区域历史地理》课件"，第六章 "岭南地区：粤、桂、海南"第二节 "中原下岭南之路：珠玑巷与客家，移民迁移的路线"的第一小点 "五岭与过岭的交通" 2005 年 4 月下载网站，http：//www.history.pku.edu.cn/Article_Show2.asp？ArticleID = 627。

② 《尔雅注疏》卷七："锐而高，峤"；《释名》卷一《释山》"山锐而长曰峤"。

③ 李孝聪 "北京大学历史系课程《中国区域历史地理》课件"，第六章 "岭南地区：粤、桂、海南"第二节 "中原下岭南之路：珠玑巷与客家，移民迁移的路线"的第一小点 "五岭与过岭的交通"，2005 年 4 月下载网站，http：//www.history.pku.edu.cn/Article_Show2.asp？ArticleID = 627。

北交通干线。全长 5040 里。该线沿途，没有大的险阻，又尽可能地利用水路，所以在五岭西路交通中保持着最重要的地位，是岭南漕运的主干道。由灵渠维系的湘漓水道，后代屡有修缮。

萌渚岭道（桂岭道、谢沐关道）：此道沿湘江上溯至湖南永州（零陵）后，与越城岭道分途，再沿潇水上溯，经湖南道县、江永，越过萌渚岭隘口，到达广西的贺县。秦朝设置临贺县，遗址在今贺县东南。由此沿贺江顺流而下，至广东省西江沿岸的封开县江口镇，便可以顺西江而至广州。此路从广州出发，沿西江至封州，北上贺州，改陆行，越萌渚岭至道州，可以与桂阳峤道相会。至长安，全程 4215 里。

骑田岭道（新道、湟溪关、阳山关道）：此道自湖南衡阳沿耒水上溯，经秦耒阳县，至郴县（今湖南省郴州），由郴县转旱路，西南行，经兰山县，南至汉桂阳县（今广东连州市），或南下坪石，再西南行，经星子也可至广东连县。这段陆路没有崇山峻岭，进入广东连州后，可利用湟水（今连江）、北江水路直下广州。这段道路稍有险阻的地方是九嶷山和骑田岭，《淮南子·人间训》载秦"一军守九疑之塞"，九嶷山在今湖南宁远县。东汉以后这条"新道"又做过局部改造。东汉章帝建初八年（83），大司农郑弘奏事请开"零陵、桂阳峤道。于是夷通，至今遂成常路"①。

零陵、桂阳峤道：此道即东汉郑弘奏事所开，北段与桂岭道相同。从湖南永州（零陵）沿湘江枝流潇水上溯，至道县，与萌渚岭道分途，在萌渚岭与九嶷山之间穿行，东至汉桂阳县（今广东连州市），再由连江顺流而下，沿北江而抵广州。实际上等于把"桂岭道"的北段与"新道"的南段连起来。唐以前这条路使用最多，因为岭南可以凭借北江、连江水途，岭北也可利用潇水、湘江、洞庭、长江、汉水水路而与荆襄之间的南北通道相连，然后经武关、商山、兰田路直入关中。

大庾岭道（横浦关、梅岭关道）：此道由南昌、吉安、赣州，越大庾岭至南雄、韶关，是维系赣粤的常用通道。江西境内有赣江所资，广东境内有北江水道可以利用，沿途没有大的险阻，唯赣江上游章水与北江上游

---

① 《后汉书·郑弘传》，峤，亦指岭；夷，平也。

潢水之间被大庾岭分隔。大庾岭，古称"塞上"，汉武帝时，南越人击败韩千秋"使人函封汉使节，置塞上"，即将汉使的头颅装在盒子里，放置在岭口分界处。前文曾提到秦末有梅氏筑城扼岭口，称"梅将军城"，秦代改称为"横浦关"，宋代置"梅关"，所以大庾岭又称"梅岭"。为东北—西南走向的花岗岩断块山，平均海拔 1000 米左右，山体不宽，分水岭长仅 40 余里，所以大余县西南的"梅关"隘口早就是一条沟通赣南粤北的重要通道。大庾岭道在唐玄宗开元四载（716）冬十一月，又经张九龄重修。唐、宋皆以广州为市舶开放口岸，重点修整梅岭关道路，说明赣粤之间的这条过岭通道是最重要的路线。

另外，**潇贺古道**是一条极其重要的历史古道，政治意义非常明显。史料记载：**潇贺古道的修筑年代**：秦始皇三十四年（公元前 213 年）；**线路**：新道起于湖南道县双屋凉亭，经江永县进入富川境内，经麦岭、青山口、黄龙至古城接贺江航道，为中原进岭南地一条捷径，也是富川北通湖南道县，南通贺江、封开、广州的主要通道；**古道形制**：陆路全程为 170 千米，境内 65 千米，路宽 1—1.5 米，多为鹅卵石铺面，也有用青石块铺成的。是一条水陆兼程，以水陆为主的秦通"新道"；**古道功能**：并联潇水、湘江，南结富江、贺江和西江，使长江水系和珠江水系通过新道紧密相连，为楚越交往打开通道。

史实求证：一条秦皇开通的古道，拥有千年的历史，沟通了中原与南方，大陆与海洋。就史实而言，早已有之，且从未中断。具有两千多年历史的古道不仅在中国，就是在世界上也是极其罕见的。河北东天门"秦皇驰道"既有确切的历史记载，更有深达一尺的车辙痕昭示着它的历史。对此，地方文化精英们作了很多的文章，其中比较具有代表性的是唐玉文先生的论说：

279

关于潇贺古道的修建年代，说它是秦建"新道"，不少专家、学者都已认可，只是缺乏令人信服的史证。其实这些史证、新证如明珠般闪烁、散落于浩瀚的史志及现代专家的文、著之中，尚未被人找到和发现。今年以来，笔者为了响应上级部门宣传、研究潇贺古道的号召，查阅了大量的史志和今人著作，亦写了不少这方面的文章在报刊上发表，引起有关方面的关注。下面我就潇贺古道确是秦建"新道"论证如下。

1. 宋人范之晔编《秦史拾遗》（商务印刷馆民国二十八年版，第26页）说秦有"道于潇永临封，为秦尉屠睢督帅征骆越所辟也。"这里的"潇"即潇水，"永"即永州，就是现在的湖南零陵，"临"即临水，就是现在的富江，"封"即封水，就是现在的贺江。范之晔的这句话，不但指明了潇贺古道的走向，而且还说明了它为谁所辟（修建）、因何而辟等问题。后人将该道称为"潇贺古道"，会不会有其中的原因呢？

2. 宋人周去非在《岭南代答》卷一《地理门》中说：入岭南之途有五，"自道（道州）入广西之贺（临贺）四也"。它不但说明了道州至贺州的这条"潇贺古道"属于五道中的第四条，而且还可以与同朝人范之晔的话相印证。

3. 《富川瑶族自治县概况》（广西民族出版社 1986 年版，第 166页）的《秦通"道州—富川—临贺"新道》一节，更是对潇贺古道的修建、走向、名称的来源及军事、经济、文化等方面的作用及意义作了详细的论证和说明，笔者在这儿就不再详加引用和评述了。

4. 广东著名学者陈乃良先生在《潇贺沟通越五岭——漫话"封中"之二》（见《羊城晚报》1998 年 2 月 25 日）一文中写道：广西富川县有心人王国政，花了廿年时间，用两条腿跑遍湘南与粤桂边界，历尽艰险，弄清秦修"新道"的位置，澄清过去的误载，写成论文发表，于是《富川瑶族自治县县志》采纳了他的论点，记载如下："新道"起于湖南道县双屋凉亭，经江永县进入富川境内，经麦岭、青山口、黄龙至古城止。陆路全程为 170 公里，境内约 65 公里。路宽 1—1.5 米，多为鹅卵石铺面，也有青石块铺成的。道路蜿蜒于萌渚岭、都庞岭山脉丘陵间，并联潇水、湘江，南接富江、贺江和西江，使长江水系和珠江水系通过"新道"紧密相连，为楚粤交往打开通道。

5. 富川学者、专家王国政先生为了证明潇贺古道是秦建"新道"，他除写文在报刊上发表、论证之外，还专门跑到秦朝都城西安秦始皇兵马俑管理处找专家要来秦朝"商鞅尺"，对潇贺古道与西安秦古道的路形、路宽、用石、车辙、设桥过水等方面进行测量、对比和考证，查阅了大量的史料做了大量的研究工作，终于得出令人信服的结论：潇贺古道就是秦建"新道"。①

费孝通先生以"民族走廊"为题，对我国的三大走廊做了大致的描述。"走廊"实为道路景观丛，即以更大的空间、重叠的历史、纵横交错的"路"（包括陆路、水路、桥梁、关隘、边界）将不同的区域、族群、文化等连接起来。岭南走廊值得我们更加深入地进行研究，这不仅仅是"道路"所连接的"一带一路"新话题，更是一个中华帝国的老话题。②

---

① 唐玉文：《试论潇贺古道就是秦建"新道"及其与富川经济、文化的联系》，贺州文联网站，http：//www.gxhzwl.com/PRIVATE/GDWH/GDWH2.HTM。

② 参见彭兆荣、李春霞《岭南走廊：帝国边陲的地理与政治》，云南教育出版社 2008 年版。

第三章

两种公园遗产景观

公园景观

"景观"一词与公园、园林、花园等关系密切。从景观的类型学角度看，许多类型的景观与历史上的最伟大的花园、公园诞生在同一时期，特别是那些人工景观的综合体。景观的历史过程将那些独立的景观，如自然景观、河流景观等依照人们的需求，整合成为新的人工景观，形成一种综合的空间——一个叠加在地表上的、人造的空间系统，其功能和演化不完全是遵循自然法则，而是服务于一个人类群体（community），因为景观的共有特性是由世世代代的所有观点一致认可。于是，景观成为一种特定的人造空间，用于加快和减慢自然过程，从而创造人类历史。[①] 而享誉全球的自然遗产的保护类型"国家公园"（National Park）由联合国向全球推广，属于最有代表性的景观遗产，包括出于美学原因建造的园林和公园景观，和与之相关属的其他概念性建筑物或建筑群。随着"公园"的声名鹊起，其适用和应用效益越来越宽广。

要为"公园"下准确的定义是一件很困难的事情。"公园"（park、garden）为纯粹的西方概念，我国古代实无今日所谓的"公园"。就名称而

---

① ［美］约翰·布林克霍夫·杰克逊：《发现乡土景观》，俞孔坚等译，商务印书馆2015年版，第10—11页。

言，今天人们所说的"公园"，甚至"庭园"等概念皆与传统的中国园林形制无关。"中国古代绝未使用过庭园和公园这两个词"①。可想而知，在"家国天下"的传统中，很难产生现代"公"的概念。勉强附会，大约相当于"公（官）家的园子"。古代的小说、戏曲中偶有用之。在中国，被称为的"第一个公园"创建于1905年，由一些名流士绅倡议并集资，在无锡城中心原有几个私家小花园的基础上建立起来。公园始终坚持一个原则：不收门票，也不针对任何人设立门槛。在"城中公园"建立后不久，无锡市民按照自己的习惯给予其另一个昵称："公花园"。该公园被园林界公认为我国第一个公园，也是第一个真正意义上的公众之园——模仿西方公园形制所设立。

虽然我们没有西方"公园"的渊源、历史和制度，但如果说中国历史上没有与"公园"景观性质相似、相符者，便大谬也。"园林"即可谓之。"园林"在我国古代是一个名目繁多、形制复杂的体系。与之存在关系或同质异称的，有园、囿、苑等。早期的园林与皇家宫殿，特别是"台"存在着关联。因为祭祀神灵的需要，古代最著名的"鹿台"，《水经注》中鹿台的别名为"南单之台"。"单"的甲骨文为\Y、\Y，在武器"干"、\Y、\Y的末端各加一个菱形圈◆，表示置于机械装置、用于发射的石球或石块。有的甲骨文\Y、\Y将"戈"表示手柄的一横指事符号写成"口"、⬭，或"日"、⊟，表示装石头的套子。有学者认为"单"的甲骨文为竿，是古代天文学测景所用的器物，所谓"立竿见影"。所以我国古城的建筑有"单"的形制（比如北京城有"东单""西单"等），目的是用于观察日影，测量时间、方位和定节气。由此，历史上的"台"与"囿"的结合，成了中国古典园林最初的缘起。②

我国园林的历史演化大体是沿着这样一个线索：商周时期多称"囿""苑"，两者的意思大致相同。《说文》："苑，所以养禽兽囿也。""园"在古时虽然与"囿""苑"相似，细节却是不同的，《说文》释园，"所以树果也"。按照许慎的意见，"囿""苑"是圈养禽兽的，而"园"是种植林

_____

① ［日］冈大路：《中国宫苑园林史考》，瀛生译，学苑出版社2008年版，第7页。

② 储兆文：《中国园林史》，东方出版中心2008年版，第4—5页。

283

果的。当然，在现实中，有林木便会有禽兽，表明自然景色优美。所以，中国古代把那些有果木花卉繁茂、野兽飞禽活跃，供帝王游玩、狩猎的地方叫游囿，也就是后来所说的"游园"。古时天子、诸侯都有囿，只是范围和规格等级上的差别。汉代以后更广泛地使用"苑""园"等。就表述看，"园林"一词见于西晋，西晋诗人张翰《杂诗》句："暮春和气应，白日照园林。"唐代以后，"园林"词义扩大，主要指嬉游场景。这些不同时代与园林相关的不同名称译成英文皆可作 Landscape Garden。其共同特点是：在一定的地段范围内，利用并改造天然山水地貌或者人为地开辟山水地貌、结合植物的栽植和建筑。"中国传统的园林建筑多以水景为主，秀美的桥梁为园中不可缺少之景。梁式石桥低压水面，栱式石桥高起如虹，与水中倒影相映，遂使'小桥流水'一词近于园林之代表，而桥梁之建筑艺术美也得到充分的表现"①。

中国的园林文化传统自成定制，它萌发于商周，定型于汉，成熟于唐、宋，发达于明、清。经历了不同的发展阶段：商周时期，帝王粗辟原始的自然山水丛林，以狩猎为主，兼供游赏，称为"苑""囿"。春秋战国至秦汉，帝王和贵戚富豪模拟自然美景和神话仙境，以自然环境为基础，又大量增加人造景物，铺张华丽，讲求气派。帝王园林与宫殿结合，称为宫苑。汉代是造园史上承前启后的一个重要时期，中国自然景象园林体系就是在此时定型的。汉代的上林苑在《史记》《汉旧仪》《西都赋》等中都有记述。上林苑原是秦代阿房宫的一大苑囿，汉武帝加以扩建，建筑了许多宫殿台榭，收集奇树异草，饲养百兽，成为帝王游猎场所，常损坏百姓庄稼，百姓受害甚苦。东方朔曾提出谏言，秦因建阿房宫而天下大乱，应当注意水利和农业。② 这说明我国的园林从雏形就定格于皇家苑囿，与百姓和乡土不是一回事。

后来，园林的范围扩大，及至文人大户人家，特别到了南北朝至隋唐五代，文人参与造园，以诗画意境作为造园主题，讲求诗意。两宋至明初，以山水写意园林为主，注重发掘自然山水中的精华，加以提炼，

---

① 傅熹年：《中国古代建筑概说》，北京出版集团公司、北京出版社 2016 年版，第 66 页。
② ［日］冈大路：《中国宫苑园林史考》，瀛生译，学苑出版社 2008 年版，第 27 页。

园景主题鲜明，富有性格，同时大量经营邑郊园林和名胜风景区，将私家园林的艺术手法运用到尺度比较大、公共性比较强的风景区中。明中叶至清中叶，园林数量骤增，造园成为独立的技艺，园林成为独立的艺术门类。私家园林（主要在江南）数量骤增，皇家园林仿效私家园林，成为私家园林的集锦。造园法则成熟，出现了许多造园理论著作和造园艺术家。到了清末，造园理论探索停滞不前，加之社会由于外来侵略，西方文化的冲击，国民经济的崩溃等原因，使园林创作由全盛转向衰落。中国园林的成就已达到了它历史的巅峰，其造园手法已被西方国家所推崇和模仿，在西方国家掀起了一股"中国园林热"。中国园林艺术从东方到西方，成了被全世界所公认的园林典范，世界艺术之奇观。

园林景观最难得的在于因地制宜，根据自然而化人工于其中，实难以书传。明代计成在《园冶》"题记"中曾经这样说：

古人百艺，皆传之于书，独无传造园者何？曰："园有异家，无成法。不可得而传也。"

作者明知不能为而为之，即既然造园之术本质上不可书传，然则，书传可传之处总比没有书写传承的好些，至少可供人参照，故其曰：

宇内不少名流韵士，小筑卧游，何可不问途无否？但恐未能分身四应，庶几以《园冶》一编代之。然予终恨无否之智巧不可传，而所传者只其成法，犹之乎未传也。但变而通，通已有其本，则无传，终不如有传之足述。今日之园能，即他日之规矩，安知不与《考工记》并为脍炙乎？①

园林原属自然之人工景观，故以自然造化为上，所谓"凡结林园，无

285

---

① （明）计成著，李世葵、刘金鹏编著：《园冶》，中华书局 2011 年版，第 8 页。

分村郭，地偏为胜，开林择剪蓬蒿；景到随机，在涧共修兰芷，径缘三益，① 业似千秋。"②

西方的"公园"谱系

杰克逊对西方的公园有一个粗线条的梳理：《大英百科全书》中"公园和游乐场"一节较为简洁地诠释了公园的历史。这个阐释，偶然地由一位游乐场专家所撰写，因而导致了对公园精华的误解。"最早的公园是皇家为人民的游乐而授予的土地"，它说道："现代的公园是人民给予自己的礼物。"皇家公园或者公园的角色的演化大致如下：最早的经过设计的公园可以追溯到16世纪，是为宫廷的享乐而正式和精心制作的花园并伴有小片的林地，分散布置着娱乐的庭院，偶尔对有限的公众开放。早期的皇家公园或花园是极其正式的，甚至在设计上符合建筑的设计法则，强调不为享乐语义者赞同的被动娱乐。但正是这些所谓"风景如画"的景观公园，这些18到19世纪的英格兰产物，启发了美国和欧洲公共公园的设计。19世纪后半叶，公园运动的出现促使全美的大小镇建立了无数人工设计的公园。③

以世界公园史观之，一种说法认为，最早的公园可以追溯到传说中的古巴比伦王尼布甲尼撒（Nebuchadnezzar）为取悦他思乡的米甸（Midian）妻子而模仿其家乡景象修建的"空中花园"〔希腊语 paradeisos，直译"梯形高台"，所谓"空中花园"实际上就是建筑在"梯形高台"上的花园。paradeisos 后来蜕变为英文 paradise（天堂）。在英文中人们常用"Hanging Gardens"来指空中花园〕。据说空中花园于公元前600年建成，是一个四角锥体的、以拱顶石柱支承的、用沥青和砖块建成的建筑物，台阶种有全年翠绿的树木，河水从空中花园旁边的人工河流下，因其供

286

---

① "三益"指松、竹、梅（石）合称"三益之友"。
② （明）计成著，李世葵、刘金鹏编著：《园冶》，中华书局2011年版，第27页。
③ ［美］约翰·布林克霍夫·杰克逊：《发现乡土景观》，俞孔坚等译，商务印书馆2015年版，第167—170页。

水系统设计独特而被誉为世界七大奇迹之一。也有学者将公园的原始模型定格在《圣经》中的"伊甸园"。① 在古代文明的早期花园原型中，古代埃及还有所谓的"神苑"，即法老崇拜祭祀诸神而在神庙周围修建的花园。②

人们通常忽略了花园作为一个公园雏形的意义，甚至公园（花园）的雏形大致都含有对当时社会形态的某种隐喻和象征。这里有一个指称上的意义变迁：即早期的所谓空中花园不是"公"园，而是皇家的，私有的园。古希腊学者色诺芬（Xenophon，公元前 427—前 355）曾提到过波斯（Persians）的皇家花园，据说那是个庞大的园子，种满奇花异果，树木葱郁，还有各种鸟和动物，但也不是普通人可以去的地方。在罗马，穷人家通常在一个比院子更小的墙面绘满了图，让它看起来像显赫人家宏伟别墅苍翠的花园，这些图像表达的是一个理想中的美景和完美的愉悦之地。换言之，即使是西方的"公园"，早期并无 public，即"公共"的意思，无论作为文化遗产还是花园形制，都存在由私而公的过程。其情势与文化遗产的历史国家化颇为相似。

欧洲的情况虽有差异，本质上却有共通之处。具体地说，现在的国家公园原先大都是皇家和贵族的"私人财产"，即它存在着一个皇家私人遗产国有化的过程。以上提到的所有花园原先都是私人的，有钱人的，而不是人人都可以享用的。法国延续了这种皇家传统，诺曼园林（Norman parcs）是供封建领主、贵族们打猎的地产（hunting estates）。从这里开始，野外财产（wild property）的概念得到了强调。后来英国也出现了这种狩猎公园（hunting park），公园的主人把公园建在过去属于撒克逊国王的森林里，后来，还建于公共土地（common lands）的附近。随着法国大革命的国体变化，出现了共和国"国有化"的历史过程。

撒克逊时期英国的生活方式是建立在乡村社区制度之上的，当时的民

287

① ［日］针之谷钟吉：《西方造园变迁史：从伊甸园到天然公园》，邹洪灿译，中国建筑工业出版社 2016 年版，第 3 页。

② 同上书，第 22—23 页。

间法（folk-law）支持乡村社区拥有公有土地，供群体使用。后来，绝大多数可耕种的土地渐渐私有，只剩下很少一部分镇属公有土地，其共有性仍得到坚持，大家都可以去放牧、打柴，获取建筑材料。英国人并没有将"禁猎保护区"（game preserves）和"土地公有"（common holding of land）的概念合二为一，发展出为所有人服务的"公园"来。据1236年梅顿法令（the Statute of Merton），诺曼的律师发展出一条原则：公有地是"领主的原野"（the Lord's waste），随其所愿处理。也就是说，公有地其实就是领主私有的荒野地。在半个世纪后的威斯敏斯特法令第二版（the Second Statute of Westminster）中，允许领主将公有地圈起来。于是很多公有地变成了鹿苑（deer parks），这成为一种潮流，不论是浪漫主义者还是工业主义者，都无法扭转这股潮流。这种英国模式一直将禁猎保护区延续到19世纪末。

在英国，"公有地"这一理念并没有导致"公园"的出现，但是在美国，这个理念至关重要。英国人大都对公共持有土地表示认可，也熟悉这种模式，因此他们在殖民新英格兰时，也建立了这种土地持有制度。1634年"波士顿公地"（Boston Common）建立。17世纪30年代，几户人家把这里变成牛场，但因为过度放牧，牧场仅维持了几年。在独立战争之前，英国人把这里当成营地，战后一直到1817年这里又是公共绞刑场，1713年5月19日，两百多名市民因食物短缺聚在这里暴动。1965年这里成为多次大规模暴乱的场所。今天"波士顿公地"是市民们聚会的公园，人们在这里开音乐会，举行抗议，举办垒球和溜冰比赛，不少名人还在这里演讲。公园边商铺林立，是波士顿市民喜欢去消磨时间的地方。2006年10月21日，公地成为一项新的世界纪录的诞生地，30128个南瓜灯同时在公园里点亮。①

同类型的绿地也在绝大多数新英格兰城镇出现。但是其功能跟英国不同，这片自然资源极其丰富的地方极少用于放牧，更不是用于取柴薪或取建筑材料，而是自卫队训练日的操练场地，收获季节的公共场地，

---

① http：//en. wikipedia. org/wiki/Boston_ Common.

还是各种巡演的表演场地，约会的好地方，有时候甚至是公民们闹事的聚集地。简言之，它们是殖民时期出现的非正式的"村落公园"（informal village parks），这给老英国"公用"理念一个新的方向：公共园区的使用模式。

美国殖民时期，宾夕法尼亚的费城也有类似的情况，在城镇规划时专门分配了些公共区域，留作城镇内树林掩映的"绿岛"。这可以说是美国的"城镇公园"。接下来，公园的理念在新英格兰产生的、美国特有的浪漫主义氛围中得到了进一步发展，超出了镇一级的公共场地在 1825 年诞生。波士顿的比杰罗（Jacob Bigelow）提议在城外修建一座公墓，他的观点得到一些有权人的认同，很快，人们在离波士顿 4 英里的奥本山（Mount Auburn）上找到一块合适的地方，1831 年 9 月 24 日，第一个国家"景观墓园"（scenic cemetery）诞生了。

一个跟奥本山风景公墓类似的建议导致了另一类公园：（作为自然保护区的）国家公园的诞生。乔治·卡特林（George Catlin，美国历史上最著名的艺术家之一）1832 年沿着密苏里河（Missouri River）上游写生，不仅带回了印第安人的肖像，还带回一个宏伟的规划，他想在从墨西哥到温尼伯湖（Lake Winnepeg）的西部平原上建立一个巨大的保护区，以便将来在这个壮观的公园内，人们可以见到野牛和印第安人，看到这里原始的美和野性。虽然斗转星移，但世界将看到，这里土生土长的印第安人仍身着传统服饰，骑着野马，背着结实的弓，拿着盾牌和长矛，在成群的麋鹿和野牛中敏捷地捕获猎物。这将是一幅多么美丽和令人惊叹的标本，这是美国人为未来的美国人和世界文雅公民（refined citizens）保存下来的景观！一个有人类、有野兽的国家公园（nation's park），它们的自然之美原始而新鲜！

289

如果能成为这样一个机构的创始人，身后我不再追求任何其他形式的纪念，也不在乎自己的名字是否出现在著名亡人名单中。

保护这样的景观应该很容易，在西部大平原上仍然可行，因为它几乎不会损害国家及其边境。野牛聚集地一律都是很贫瘠的，对农人

（cultivating man）而言没有用。①

卡特林的建议有些不切实际，没有引起更大的影响，但它可能刺激亨利·梭罗（Henry Thoreau）提出惊人相似的话题：

> 早期英国国王保存他们的森林是为了国王的游戏，为了运动或食物，有时为了创建或扩建皇家猎场将村落毁掉。我想这是他们受本能推动所为。那么为什么抛弃了国王的我们不能有我们自己的国家保护区（national preserves）呢？在这里我们不用毁掉村庄，在这里还有熊和美洲豹……我们的森林不是为了国王的游戏而保存，不是为了慵懒的运动或食物，而是为了灵感和我们自然真正的休闲。②

虽然欧洲人，特别是英国人把他们的概念形制带到了美国，但真正在"公园"理念和价值之下成就的"美国经验"并不是诸如皇家花园模型，而是野地公园（wilderness parks）的理念和模式，后来又"返销"到了英国，对英国产生了一定的影响。

特别值得说的是有关"荒野景观"。荒野（wilderness）被认为是一种"神圣之地"。"荒野的核心就是野性事物，一种无形物，是野性事物存在的地方。"③ 荒野同时又是一种"见证者形象"（wildness figure），虽然，

---

① 据 Aubrey L. Haines 注释，该建议 1833 年首次发表于《纽约日报》"商业广告人"（*New York Daily Commercial Advertizer*），但这里这段引文则出自《北美印第安人习惯、风俗和状况的信函和笔记 1》（*Letters and Notes on the Manners，Customs and Conditions of the North American Indians* 1，New York，1842.）一书，p. 262. 转引自 Aubrey L. Haines，*Yellowstone National Park：Its Exploration and Establishment*，U. S. Department of the Interior National Park Service Washington，1974，Introduction：http：//www. nps. gov/history/history/online_ books/haines1/iee0. htm。

② "车桑库克"（Chesuncook），《大西洋月刊》（*Atlantic Monthly*）2（August 1858）：317，转引自 Aubrey L. Haines，*Yellowstone National Park：Its Exploration and Establishment*，U. S. Department of the Interior National Park Service Washington，1974，Introduction：http：//www. nps. gov/history/history/online_ books/haines1/iee0. htm.

③ ［美］W. J. T. 米切尔：《风景与权力》（*Landscape and Power*），杨丽等译，译林出版社 2014 年版，第 317 页。

在西方，所谓的"荒野"（wilderness）与"野性"（wildness）有差异，[①]却不妨碍其作为"见证形象"：它既是自然的演化的一部分，同时又包含着人类主观意识的"附加"含义。特别是，当其与公园发生关系时，便延伸出了一种特殊的自然景观类型——国家公园。

当今全球最具影响力的美国"国家公园"（National Park）正是在这些穿插纠缠的历史、经验、知识与实践中成就了自己的模式。这些历史性记忆与方案只是为了表明，西方的公园思想和理念的来源与变迁，以及公园相关制度确立的历史与依据。如果说美国的国家公园与历史上其他公园的思想、观念和主导价值有什么不同的话，那就是：它并不以"公众游乐"为主，恰恰相反，以"荒野"（wilderness）作为存留和保护目标。这与"新大陆"的历史与价值有关：新大陆的欧洲发现者和居民们在横越大西洋之前就已经熟悉荒野了，而荒野代表了一种原始人的价值体系，是一种自然状态，同时又具有重新开始建构的意思。[②]而"国家公园"其原型正是"荒野"作为"自然遗产"主旨的一种保护类别。

这些历史表明美国人已经为公园理念发展作了很好的思想与模式上的准备：1. 西方的公园形制从"皇家私产"（私家花园）到"公产"，再到国家遗产，并以黄石国家公园为榜样，在全美建立了国家公园制度和形式，进而成为全世界的一种自然遗产人保护方式。2. "公园"在西方的历史变迁中，两种"公园"既融合又分离。融合者，"公园"成了一个集约的概念，慷慨地接纳各种各样的思想、观念、方案甚至制度；公园的管理又是一整套行业技术非常专业化的体制和体系。3. "国家公园"今天成为全球的一种自然遗产的保护方式。4. "公园"与各种商业资本、设计行业相结合，成为各式各样不同的"主题公园"（theme park）。主题公园，指具有特定主题的公园——由人创造而组成的舞台化的休闲娱乐的活动空

291

---

① ［美］W. J. T. 米切尔：《风景与权力》（*Landscape and Power*），杨丽等译，译林出版社 2014年版，第 317 页。

② ［美］罗德里克·费雷泽·纳什：《荒野与美国思想》，侯文蕙等译，中国环境科学出版社2012 年版，第 7—9 页。

间，属于休闲娱乐产业。①

现在世界上所使用的"公园"，特别是为了迎合大众游客的需要，各式各样的主题公园层出不穷。作为一种景观的理念、形制，"公园"几乎到了被"滥用"的地步——不仅仅只是一个语词借用，而且将公园的内涵肆意扩大、扩张。比如，我国的房地产开发，各式住宅小区使用频率最高的必定是"花园"，游乐性建设工程使用最多的大抵是"主题公园"。

国家公园理念与景观：以黄石为代表

公园的理念在建立黄石国家公园时达到了顶峰。1872 年 3 月 1 日格兰特总统签署了黄石国家公园保护法案，世界上第一家国家公园诞生了。黄石国家公园不仅是第一个由联邦政府管理的、以休闲为目的而保护起来的野地，更是一个完美管理的先锋模式。在黄石国家公园建立二十多年后，它的经验催生了其他国家公园的建立，促进了国家公园制度的成长。国家公园制度因此致力于保护，以及如何智慧地利用这些不可替代的国家遗产。

国家公园的概念是国家对公共区域责任新视野的一部分。在 19 世纪末，很多有远见的人认为，第一个抢占并宣布拥有某块荒野是不公平的，它们应该属于所有人，包括未来世代。除了国家公园，还有其他大片的区域被列为国家森林、保护区，以便国家的自然财富——木材、牧场、矿产和休闲场所——不因少数人的贪婪而快速消耗掉，而是为所有人的利益永久地保存下去。保护的理念，在黄石诞生，散布到全球。

捕猎的法裔加拿大人（French-Canadian）穿过今天蒙大拿州东部时，向 Minnetaree 部落的人打听一条大河的名字，Minnetaree 人说叫 "Mi tse a-

---

① 现代主题公园的概念缘起于 1955 年 7 月 17 日在美国安纳海姆（Anaheim）开业的迪斯尼乐园（Disneyland）。尽管有不少学者认为主题公园的物质和文化原型可以追溯至中世纪的市集 fair，但真正使主题公园成为一种成功的商业模式和文化形态，并被世界传扬、模仿的是迪斯尼乐园。迪斯尼乐园赋予了主题公园新的定义，并与早期的市集和游乐园（amusement park）相区别。参见保继刚等《主题公园研究》，科学出版社 2015 年版，第 1 页。

da-zi"，意思是"黄石河"（Rock Yellow River，历史学家并不知道 Minne-taree 人为什么这样命名这条河流）。捕猎者们将其翻译成法语："Roche Jaune"或"Pierre Jaune"。1797 年探险家、地理学家汤姆生（David Thomson）将其翻译成英语"Yellow Stone"（黄石），后来人们习惯性地将两个词合并为一个：Yellowstone。黄石国家公园是随黄石河命名的，黄石河的源头在 Younts 峰的东南边。

根据美国国家公园管理局的资料编制了黄石国家公园大事记，通过这条简史线索我们可以看到黄石国家公园的诞生和发展过程。

黄石国家公园大事记

（据 *Yellowstone Resources & Issues 2007*，National Park Service）

·古印第安时期（Paleoindian period，13500 B. P.）：在黄石附近发现一个克罗维斯文化遗址（Clovis point）。

·古印第安文化（Archaic Period）：

·10000 B. P.：Folsom 人早在 10900 B. P. 时期就居住在黄石的大部分地区。

·9350 B. P.：在黄石湖边发现一个遗址，发现了兔子、狗、鹿和洛矶山羊（bighorn）的血。

·7000 B. P.：类似今天的植物种类出现。

·3000 B. P.：赛利西族（Salish）的口传历史说他们的祖先在黄石地区。

·1500 B. P.：标枪替代了弓箭，洛矶山区域出现了捕获羊和野牛的陷阱（sheep traps and bison corrals）。

·1400 年代：基奥瓦族（Kiowa）口传历史说他们的祖先在黄石地区直到 1700 年。

·1600 年代：Crow 族的祖先进入黄石。

·1700 年代：Lakota Sioux 人开发黄石。后期毛皮商人沿河流在黄石地区游走。黄石地区的部落开始使用马匹。

·1804—1806 年：Lewis 和 Clark 探险，路过黄石。

293

- 1807—1808 年：John Colter 在黄石的部分地区探险。

- 1812 年：战争。

- 1820 年代：猎人们（trappers）返回黄石地区。

- 1834—1835 年：猎人 Osborne Russell 在 Lamar 山谷遭遇 Sheep Eaters 族。

- 1840 年代：猎人时代结束。

- 1850 年代：气候转暖。

- 1860 年：首次有组织的探险活动意欲进入黄石高原，但没有成功。

- 1861—1865 年：内战。

- 1869 年：Folsom—Cook—Perterson 探险。

- 1870 年：Washburn—Langford—Doane 探险，老忠实喷泉（Old Faithful Geyser）得名。

- 1871 年：Hayden 首次探险。

- 1872 年：黄石国家公园保护法案创建了首座国家公园。

- 1877 年：Nez Perce 部落逃走，美国军队进驻黄石。

- 1883 年：北太平洋铁路达到公园的北面入口。

- 1886 年：美国军方接管公园，直到 1918 年。

- 1894 年：偷猎者 Ed Howell 被捕。《国家公园保护法案》（Lacey 法案）通过。

- 1903 年：罗斯福总统为公园北门题词。

- 1906 年：古物法案（The Antiquities Act）通过。

- 1908 年：联合太平洋铁路公司在黄石西部提供服务。

- 1915 年：正式允许私人汽车进入黄石公园。

- 1916 年：《国家公园管理局组织法案》创立了国家公园管理局。

- 1918 年：美国军队将公园的管理权移交给国家公园管理局。

- 1929 年：胡佛总统签署了首个改变公园边界的法案。

- 1932 年：胡佛总统再次扩大公园。

- 1933 年：公共资源保护队（Civilian Conservation Corps）成立，一直工作到 1941 年。

- 1934 年：国家公园管理局局长命令禁止猎杀食肉动物。

·1935 年：《历史遗址法案》（*The Historic Sites Act*）保护历史遗址、建筑和相关物体。

·1948 年：公园接待游客达到 100 万人。

·1949 年：19 辆摩托滑雪车（snowplane）带了 49 名乘客在冬天进入黄石公园。

·1955 年：Mission 66① 启动，首个特许经营的（concession-run）雪车旅游（snowcoach trips）在冬天带了 500 多名游客进入公园。

·1959 年：8 月 17 日公园西部发生 7.5 级大地震，一些 Gallatin 国家森林（Gallatin National Forest）野营者遇难，地震还影响到公园里的喷泉和温泉。

·1963 年：《里奥波德报告》（*Leopold Report*）发表，建议改变公园内野生动物的管理。

·1966 年：在黄石温泉发现了水生栖热菌（thermus aquaticus）②。

·1970 年：新的行为管理（bear management）计划启动，该计划包括关闭园区内露天垃圾场（open-pit dumps）。

·1971 年：园区开始提供过夜住宿（overnight winter lodging）。

·1975 年：灰熊（grizzly bear）被列入濒危物种。

·1988 年：100—443 条公法（Public Law）保护国家公园内的热液特征（hydrothermal features）不受联邦土地附近地热开发的影响。夏季发生了火灾，790000 多英亩区域受到黄石火灾的影响。

·1991 年：《清洁空气法案》（*Clean Air Act*）修正案要求监测一些特殊地方的空气质量，包括黄石国家公园，结果黄石国家公园空气质量达到一级气域③（Class Ⅰ airshed），是全国空气纯度最高的地方之一。

295

---

①　Mission 66 为美国国家公园管理局于 1956—1966 年为应对国家公园内游人不断增多、资源受损、接待设施不足而实施的一项为期十年的国家公园计划，计划包括在公园内建设道路、野餐和露营点、救护中心、住宿设施和游客服务中心等。该计划实施后，基础设施建设更好了，公园接待能力提高，但由于建设经验不足，这些设施在选址、建筑形式等方面较大地破坏了公园原有的自然观景。

②　这是一种嗜热细菌，其 DNA 聚合酶——Taq 酶被全世界的分子生物学实验室广泛应用于聚合酶链式反应。

③　"气域"指被用来进行空气质量影响评价的区域。

·1994 年：《拨款法案》（*The Appropriation Act*）允许公园保留部分门票收入。

·1995 年：狼群回归黄石。

·1996 年：联邦政府并购投资（buyout）黄石东北部的金矿以保护公园。

·1998 年：《国家公园综合管理法案》（*The National Parks Omnibus Management Act*）通过。

·2002 年：国家科学院的报告肯定生态过程管理［Ecological Process Management，也就是通常说的自然调节（natural regulation）］的有效性。

·2004 年：2006—2007 年临时冬季管理计划，将对雪地车（snowmobile）进入园区进行限制，并要求配备专业向导。1994 年试行的公园费用管理项目正式启动，并成为永久政策。

·2006 年：大峡谷游客教育中心（The Canyon Visitor Education Center）开放，关于黄石超级火山（Yellowstone's Supervolcano）的展览有两层楼。

虽然黄石早就为众多狩猎者和部落所熟悉，但是从国家的宏观层面看，它的确是正式的探险活动所"发现的"（discovered），这与历史上有组织的探险活动有关（首次有组织的探险活动始于 1860 年，[①] 这些探险活动最大的贡献在于推动黄石免于私人开发的进程。1871 年末 1872 年初，他们在华盛顿力主通过公园法案，该法案根据 1864 年 Yosemite 法案（曾保护 Yosemite 山谷免于开垦，并将其委托给加州政府管理）写成。Jackson 的照片、Moran 的画作，以及 Elliot 小品文中所显示出的黄石奇观吸引了国会，最终于 1872 年 3 月 1 日格兰特总统签署了《黄石国家公园保护法案》，世界上第一家国家公园诞生了。[②]

历史表明，黄石国家公园的缔造者不仅仅是保护了一处独特的景观，他们留下的遗产远远超出了公园景观本身。他们用实践建构了一个恒久

---

① 是由 William F. Raynolds 上尉率领的一次征战（military expedition），但晚春时节的一次大雪使他们没能进入黄石高原。内战期间政府无暇顾及此事，战后，几次探险活动均"流产"。直到 1869 年第一次有效的探险活动才开始。

② 参见李春霞等《国家公园》，载彭兆荣主编《文化遗产关键词》第二辑，贵州人民出版社 2015 年版。

的概念："国家公园"。这一理念表明，荒野（wilderness）是所有人的遗产，人们从自然中体验到的，远远多于私人从土地开发中获取的。在国家范围内保护自然美景和历史财富，以便全人类都有机会反思他们自己的自然和文化遗产，有机会回归自然获得精神的重生，实为一个意义深远的伟大景观工程。1962 年，在西雅图一次关于国家公园的会议，IUCN 提出这些国家公园是具有国际重要性的。后来"联合国教科文组织世界自然遗产的理念，从某种意义上说，就是国家公园这一理念的国际化拓展"。[①]

当"家园"遇到了"公园"

一俟"公园"真正具有"公产"的性质，其社会功能也发生了变化。作为"私产"的花园，其功能主要满足皇室贵胄游玩与娱乐的目的。作为"公产"的公园，其功能扩大了许多，德国的例子便是一个典型："如果把公园定义为由都市自治体所设置的、任何人都可以利用的庭园的话，最先开始建造公园的，其实并不是当时的先进国家英国，而是德国。"[②] 根据英国造园学家路登提供的数据，符合他所做的公园定义者，英国最初的例子是利物浦在 1847 年建成的伯肯黑德公园（Birkenhead）。而在德国，马格德堡市的腓特烈·威廉公园（Friedrich Wilhelm）在 1830 年就已经开园了。之所以德国会在那个时候建立公园，其中一个重要的原因是：当时德国依然是一个有三十多个领邦的国家，呈分裂的态势。各领邦使用自己的语言。为了创建一个统一的国家，需具备启蒙、教育等设施，用以引发国民的觉悟。19 世纪的德国公园所展现的一个鲜明的特征是：公园是一种启蒙性、教育性设施。这种公园观的思想根据，是由 18 世纪末的哲学、美学、

297

---

① Batisse, Michel and Gerard Bolla, *The Invention of "World Heritage"*, English Verstion, 2005, (French Version, 2003) History Papers, UNESCO action as seen by protagonists and witnesses, Paper 2, History Club, Association of Former UNESCO Staff Members, p. 17.

② ［日］白幡洋三郎：《近代都市公园史欧化的源流》，李伟等译，新星出版社 2014 年版，第 6 页。

造园学者希尔施菲尔德（Hirschfeld）提出来的。① 他的公园理论成为后来德国众多造园家公园思想的理论根据。② 由此可知，"公园"虽然在一般人的概念里只不过是游玩之所，却没有想到还可以承担国家用于启蒙、教育民众之功能。

我国的园林史自成一格，但西方的"公园"理论、理念也促使学术界对园林的学理展开讨论，包括反思中国园林的起源中的乡土问题：一种观点认为，早期有的城邦，即"国"与"野"的对立。一种观点认为，"园林"在原初时期，主要的功能是果园和驯养动物的畜栏，传说中的黄帝"悬圃"可能属于这种性质。③ 可以为证的是公元前 12 世纪，殷王就建了种植刍秣之类与豢养动物的"囿"。一种观点认为，早期有"囿""苑"等都是高出平地的"台""丘""坛"等，初为祭祀的功能，后转化为"游览休憩的园林设置，并逐渐与皇家宫殿建筑相融合，并形成了特殊的管理形制"④。汪菊渊《中国古代园林史》在追溯我国园林的渊源时将其与商殷（特别是周代）的都城，在建园营造上与《考工记》相联系。以建园林之前身，诸如"灵台""灵囿""灵沼"等，即国王与贵族们的游乐场地，我国的园林历史也因此与皇室宫廷的形制无法分开，特别是周代城郭建筑已经较为完善，对我国的早期的园林营建有着重要的关联。⑤

然而，我国古代的各类与皇家贵胄的游乐为目的的各类"园""囿""苑"等，由于在大地上畋猎、游乐，追逐野兽而践毁农田，于是采取圈划特定地域筑囿的方式。⑥ 这样，就与乡野自然构成了完全不同的认知性审美。但无论我国的园林景观是特指那些供人欣赏的王公或贵胄们留下来

298

---

① 基尔大学希尔施菲尔德从 1779 年以来陆续出版了《造园理论》（全五卷），在 1785 年出版的《造园理论》第 V 卷（终卷）第 7 章中，提出了德国都市公园建立中极为重要的理论基础——"民众园"的思想。见［日］白幡洋三郎《近代都市公园史欧化的源流》，李伟等译，新星出版社 2014 年版，第 23 页。

② ［日］白幡洋三郎：《近代都市公园史欧化的源流》，李伟等译，新星出版社 2014 年版，第 7 页。

③ 见杨鸿勋《园林史话》，社会科学文献出版社 2012 年版，第 4—6 页。

④ 杨鸿勋：《园林史话》，社会科学文献出版社 2012 年版，第 9—12 页。

⑤ ［日］冈大路：《中国宫苑园林史考》，瀛生译，学苑出版社 2008 年版，第 14—18 页。

⑥ 参见汪菊渊《中国古代园林史》上卷，中国建筑工业出版社 2012 年版，第 20 页。

欣赏的那些典雅奢侈的园林，还是仍然保留着乡村田野的园林自然景观，所贯彻的主导价值都是"天人合一"。因此，在建筑上，中国古代的园林建筑艺术的形制首先必须满足"天地人"之"观景—景观"。中国式的"观景—景观"糅合着中国智慧、中国精神、中国知识、中国技术，也掺杂着神仙传说。在隋唐时期，以人工山水为主的园林开始风行，并融入了蓬莱、方丈、瀛洲等仙山主题和意境，① 形成了自己的建园风格，② 包含"相术"中的"宅相"和"星相"（按《易经》所记，天文即天象③），是"天人合一"的照相。由于我国的园林与宫殿、庭院等建筑艺术关系密切，传统建筑中的"宅相""星相"等无不包容。

我国的园林历史自成一格，但与西方的公园景，特别是日本的造园景相互影响。我国古代园林对日本的"园林艺术"有巨大的影响，并逐步形成了日本的园林风格。"明治维新"前后，西方的都市文明对日本形成强烈的冲击，"公园"也在其中。"在日本，公园制度的诞生，也有着海外影响的深刻烙印"。"幕末，明治初期的海外见闻记中有'公园'成为日本人公园意象的雏形"④。在这些海外见闻，以及在日本居留的外国人对公园的要求等影响，这些"西洋公园""游园""乐园"等不同翻译最终定格于Public Garden——公园这个英文表述。⑤ 欧洲的公园形制对日本的都市公园的发展具有重要影响，日本在自己的都市造园景观之中注入了本土化的元素，并与景观学相融，反过来又对中国园林文化产生影响。学科上，这一特殊的融建筑、艺术、美学、休憩、观赏、养身，包括今日的旅游于一体的园林，一般称之为"造园学"，而我国"造园学"则又受到近代日本园林艺术的影响。

299

---

① 根据我国古代典籍《山海经》《封禅书》等记载，蓬莱、瀛洲、方丈为海上三座仙山，山上是仙境，有长生不老药。蓬莱海域经常出现的海市蜃楼奇观，激发了人们寻仙求药的热情，包括秦始皇、汉武帝等古代帝王纷纷到这些仙山寻仙。而这些传说中的景观常常成为中国古代园林造林艺术中的营造主题。

② 参见彭一刚《中国古典园林分析》，中国建筑工业出版社 2016（1986）年版，第 1 页。

③ 见潘鼐编著《中国古天文图录》，"自序"，上海科技教育出版社 2009 年版，第 3 页。

④ ［日］白幡洋三郎：《近代都市公园史欧化的源流》，李伟等译，新星出版社 2014 年版，第 8—10 页。

⑤ 同上书，第 191 页。

值得特别讨论的是，如果以我国的园林线索，似乎与乡土、民众并没有什么关系。表面上看，我国古代园林史就是皇家贵族、文人大户的"私产"。① 然而，那些用围墙围起来的"园林""庭院"之内景其实大多是田园山水的移植。比如，"小桥流水"作为园林的基本要素，多为乡土景观的复制。所以，虽然园林景观与乡土景观各具特色，但从本质上说，二者是相通的。但由于园林景观与田野景观在历史的变迁中，趋向于不同的维度，即田野景观停留在了乡土社会，而园林景观则与宫廷、贵族、士绅、文人等相结合，并按照自己的轨迹发展。以江南的园林景观为例，早期有风景与诗画描述的差距并非甚大，客观上存在着具有高度审美的山水田园景观。江南的山水与田野在经历了宋代以后上千年有农业集约化压力以后，景观质量大大衰退。江南的田园景观虽然不能与园林景观相等，但人们在经营时往往与园林一样。许多江南的园林，因自然地势而造，与农业景观呈一体化状态。清代高士奇讲自己的家乡平湖的江村草堂是"因自然之园圃，不加缔构"②。乡村田野中的美景，稍加整治，即可以成为园林。③

现在的悖论在于：无论我们如何建立"公园""园林"等名目的谱系，都与历史上都城、皇家建立历时性时间关系（比如中国古代的"园""囿"等），与特定的城市形制建立共时性空间关系（比如德国、欧洲等的城市公园），与荒野状态等建立原始自然的性质关系（如美国的国家公园），以及与特殊的文化建立类型性关系（比如日本的造园学与特色），但都没有涉及乡土村落（虽然英国的公园史中偶有提及"村落公园"——village park，却一直不是西方公园的主流）。所以诸上所列者（皇家园林、贵族私产、文人乐园、城市公园等）都皆无例外地以乡土景观为陪衬。

村落是广大百姓的"家园"，与"园林"在形制上无关。问题是，对于中国传统的农耕文明而言，"园林"何以摆脱"家园"？我们可以把问题

---

① 参见李菲《园林》，载彭兆荣主编《文化遗产关键词》第二辑，贵州人民出版社 2015 年版。

② （清）高士奇：《江村草堂记》，陈从周、蒋启霆编，赵厚均注释：《园综》，同济大学出版社 2011 年版，第 59 页。

③ 参见王建革《19—20 世纪江南田野景观变迁与文化生态》，载《农业技术与文化遗产国际学术研讨会》，上海大学，2016 年。

变得更为具体：如果西方的"公园"形制可以借用，有没有机会在"家园/园林"之间找到融合于"公园"的形制。这也是当下诸多政府工程项目——包括"美丽乡村建设规划"的"五美"目标：村容美、生态美、庭院美、身心美、生活美，都完全没有注意到的。于是，笔者在此提出一个"农村公园"的愿景。这不是刻意，不是苛求，而是回归根本，而且认为"农村公园"比"美丽乡村"好，因为"公园"具有完整的形制，而"美丽"只是一个形容词。碰巧，笔者在日本看到了"农村公园"的标牌，意指美好的地方——乡土景观。当然，我们所要建设的农村公园不是"日式"的，而是具有本土化的理想模式。

日本合掌世界遗产地所属村落使用"农村公园"（彭兆荣摄）

随着"公园"概念的语义越来越扩大，人们使用时更为任意，也接纳了"公园"赋予的各种意义。在笔者看来，如果说近代以降，从西方舶来了大量的学科、知识、制度、概念等，其中有些仍然存在"水土不服"的状态。但"公园"的中国化是一个值得称道的案例，根本原因在于：使帝王将相、才子佳人、达官贵胄们享用的"园林"成为真正的人民享用的"公园"。更有甚者，"国家公园"在保护生态和自然、文化遗产方面已经在发挥着重要的作用。

第三部分

社区·城镇·营建·民俗

第一章

城—乡—野之中国分类景观

"社区"之维

近代以降，西学东渐，许多舶来概念逐渐被误认为是我们自己的。比如，特定的、被行政规划的地方群体单位现在叫作"社区"（community），而且已经融入老百姓的日常生活，如街道社区。"社区"是一个外来概念，社会学研究特别常用。这个词直译为"共同体"。它有许多不同的"边界"构造和网织，不同的边界也"制造"了不同的语义。国家被定义为"想象的共同体"（Imagined Community）。①民族和族群都是"共同体"，民族成了国家，国家就是民族，即所谓"民族—国家"（nation-state）。

"家园"有一个具体的可计量范围和要素。比如，共同生活在一个地方，有共同的传统，有共同的利益等。在这个意义上，它与"社区"具有最高的近似值。在现代的社会人类学研究领域，"社区"是最广泛使用的概念之一。虽然不同的学者对它有不同的定义，但比较有影响的是雷德菲尔德对"社区"②四个特点的界定：小规模的范围，内部成员具有思想和

---

① ［英］班纳迪克·安德森：《想象的共同体：民族主义的起源与散布》，吴叡人译，时报文化出版企业股份有限公司1999年版。

② 公约在前言中宣称，"社区"这个术语包括"土著社区"（即我国的少数民族村落——笔者注）。

行为的共性，在确定的时间和范围内的自给自足，对共同特质的认识。① 传统的人类学大致确定社区有以下几个特点：1. 拥有共同的利益；2. 共同居住在一个生态和地理上的地方；3. 具有共同的社会体系或结构。威廉姆斯在《关键词》的"社区"条目中强调具有共同的利益、共同的物产、共同的认同感、特定的群体关系等作为基本要件和要素。② 人类学研究将社区，包括村落、部落和岛屿等，视为特定人群生活的基本结构单元，关注社区的特质包括诸如亲属制度的构造，以及社会结构的关连性。③ 但由于社区这一概念的被"滥用"，使之成为一个边界含混的具有"象征性定义"。④

社区必定有一个"共同文化"（common culture）的基础，这从词汇上一眼便能看出，"地缘—家园—社区"因此成为关联的落地"单位"。社区不仅在语义上属于"共同文化"的"词语反复"，而且二者原本在特定的情况下可以互指，也就是说，我们确定有一种共同文化可以成为一个人群共同体共享的东西。"共同体"一词是现代社会科学研究中广泛使用的概念之一，迄今为止还没有一个共识性的定义。⑤

不同的学科在使用这一概念的时候，意义和意思也不同，这对我国当下的城镇化建设过程形成了一个考验，即那些传统的乡土村落"被城镇化"规制，即变成了城郊，或是城市的一部分。在这一过程中，是照搬西方的"社区化"形制，还是保留自己传统乡土的地缘性形制。这是一个极为重要的问题。

就"社区"的原型考察，西方社区的发生性典型特征为海洋背景（拉丁系），社区就像一个"广场"，由来自不同地方、不同家族、不同个人在历史上的某个时候，因某个原因而汇集在一起。地理学家保罗·朱克（Paul Zucker）的《城镇与广场》（*Town and Square*）一书中将广场定义为

---

① Redfield, R., *The Little Community and Peasant Society and Culture*, Chicago：Chicago University Press, 1960, p. 4.

② Williams, R., *Key Words：A Vocabulary of Culture and Society*, New York：Oxford University Press, 1983, p. 75.

③ Rapport, N. and Overing, J., *Social and Cultural Anthropology：The Key Concepts*, New York：Routledge, 2000, pp. 61 – 62.

④ Ibid., p. 62.

⑤ Ibid., p. 60.

这样的空间："它使社区成为社区，而不仅仅是个体的集合。"① 换言之，"社区"的结构前提是"**个体**"在特定"**空间**"形成的特殊群体关系，"各种形式的公共空间是任何一个社区所必需的"②。随着社会语境的改换，社区的使用边界和意义范畴迅速膨胀，尤其是在城市（比如移民城市）里，社区经常与街区、住宅生活区的指称联系在一起。这是西方典型的社区形制。

回观中国传统的乡土社会，村落是以宗族为基础建立的，是"**群体**"与"**空间**"形成的特殊关系。在这个关系中，特别要强调的是，"群体"与"土地"捆绑在一起的特殊性——具有"家园"的特质。诚如费孝通先生所说，"无论出于什么原因，中国乡土社区的单位是村落"。③ 在此，费孝通作为社会人类学家，他一方面使用了社会学通用的概念"社区"，另一方面又坚持中国乡土社会的基层为"村落"。毕竟，中国以往从来没有使用过"社区"，虽然"共同体"可以包容村落中的人群关系，却无法真切地反映我国村落群体景观的特殊性。传统"村落—宗族—家园"的构造成了中国乡土性的基础，也只有中国传统村落才能够看到这样的景观。既然我们自己有的概念，何必借用，尤其在乡土社会，就像有了"家"就不必用西式的"好事"（house）。

大致上看，community 在我国传统的"社群""社区""共同体"等对译中，同质性与异质性同时存在。同质性，中西方在这一概念中都强调原生性和历史纽带所形成的血缘、地缘群体，以及由血缘群体的扩大而导致的分支。④ 异质性，由于西方的传统人群建立在"公民"的基础之上，从古希腊的"城邦制"就已现雏形。这也是西方社会价值一路而下的"公民社会"的根基。我国没有这一"公民社会"的基础，"家—国"的重叠性一直贯彻在了我国传统"社群"之中，成为社会的主体价值。如果说，西

307

① 引自［美］约翰·布林克霍夫·杰克逊《发现乡土景观》，俞孔坚等译，商务印书馆2015年版，第24页。

② 同上书，第23页。

③ 费孝通：《乡土中国 生育制度》，北京大学出版社1998年版，第9页。

④ Mclean, I., *Oxford Concise Dictionary of Politics*, Oxford New York：Oxford University Press, 1996，p. 92.

方"社区"中原先所指的那些以血缘群体的特质被"公民社会"所融解的话，那么，我国传统的与土地相结合的农耕文明，其"社群"则一直保持着"家—家庭—家族—家园"的宗法性质。另外，"家园"有一个稳定的物理维度和与"原始社区"相符的地理空间和时间延续。① 其实，在中文语义中，"家园"本身就有空间和时间上的维度规定。重要的是，她是承载文化的基地，也是文化遗产，特别是非物质文化遗产的根据地。

至于"地方社群"，学界有的称之为"乡土社会"（费孝通先生）②，有的称为"乡民社会"（peasant society）、"草根社会"（grass-roots society）。按照一般性的解释，其主要特征是农业的生产方式，强调自给自足。那么，乡土社会的根本属性是什么？是土地。它是人民的"命根"，"是最近于人性的神。"③ 依笔者管窥，要理解中国乡土社会的本质特点，"社"与"祖"是两个关键词。前者表示人与土地"捆绑关系"的发生形貌和"人/神"关系，它历史地延伸出了社稷、社会、社群、社火等。后者则表明土地人群在生殖、生产、传承观念上的期盼和行为上的照相，它延伸出祖国、祖宗、祖庙、祖产等土地伦理的意群构造。如果背离这样一个历史结构，也就背离了传统的规约与历史的归属。

在我国，以农耕文明（特别是汉人社会）为基础的传统农业社会，是以家族继嗣为原则的父系制。费孝通说，在中国的乡土社会里，家并没有团体界限。这社群里的分子可以依需要、沿亲属差序向外扩大。而扩大的路线，是以父系为原则。中国人所谓的宗族、氏族就是由家的扩大或延伸而来的，"家族"是一个基本的计量单位。所谓"大家庭"，指"乡土社会中的基本社群"。"社群是一切有组织的人群"。家庭的大小并不取决于规模的大与小，不是在这社群所包括的人数上，而是在结构上。与"小家庭"的结构相反，"大家庭"有严格的团体界限。④ 费孝通先生的"大家庭—社群"类似于现代我们所使用的"社区"。毫无疑问，"村落"——具

---

① Douglas, M., The Idea of Home: A Kind of Space, *Social Research*, 1991, Vol. 58, pp. 289 – 290.

② 费孝通：《乡土中国　生育制度》，北京大学出版社 1998 年版。

③ 同上书，第 7 页。

④ 同上书，第 37—39 页。

有原生的、以姓氏（如同姓村、双姓村和多姓村等）为主要人群构成关系，其最有代表性。

今天，在世界的遗产事业中，"社区参与"被提升为一个关键性指标，"社区"有时被用于观照世界变迁的微缩景观。正如拉塞尔所指出的："世界遗产旨在协助全球独特的自然和文化遗产得到保护和高质量管理，而在这个目标之上，该项目是一个向各个国家和全世界人们传播共同继承遗产理念的机会。我将其视为一个引人注目的理念，能帮助团结人们而不是分裂他们。我将其视为一个可以帮助全世界人们建构一种社区感（a sense of community）的理念……这不仅仅是确保世界上独特的自然和文化遗产得到保护，还应该帮助激发全世界人们产生一种新的感觉：作为唯一的全球社区的成员，与社区中每个人皆是亲属。"① 这样的"社区"（以公民为背景）是以"地球村"为依据，它可以在西方语境和知识体制上言说，却难以见容于我国的传统形制。

当下的非物质文化遗产的公约、行动指南以及新近调适表述的关键点为：1. 确保创造和传承遗产的主体（关系人）② 的权利和利益。③ 2. 社区参与。3. 保证非物质文化遗产的"生命力"。三者都与"社区"相关。那么，为什么把"社区参与"置于如此重要的地位，公约和行动指南给出的理由是：实践和传承非物质文化并认为和它有关系的人（条款2.1）；他们拥有时间和传承非物质文化遗产的知识和技能（条款2.1）；那是他们的遗产，他们是管理人；没有社区的参与和同意，任何保护行动都将失败（条款15）。④ 逻辑性地将这些条款置于我国，必须在"社区"中注入中国国

---

① Russell E. Train, *The World Heritage——A Vision for the Future*, Remarks on the World Heritage Convention 30th Anniversary, Venice, Italy, Saturday, November 16, 2002. 资料来源：http://whc.unesco.org/venice2002/speeches/pdf/train.pdf。

② 《操作指南》中也经常用"传统持有人"和"从业者"来代表这些术语［在第21（b）条款中引入了后一个术语］。

③ 包括：对非物质文化遗产的实践给社区带来利益，保护活动也能给社区带来利益；社区应该从意识提升活动中受益［操作指南第81和101（b）条］，社区应该是商业活动的主要受益者等（操作指南第116条）。

④ 《保护非物质文化遗产公约》中国师资培训履约班（2016年11月）培训文件"社区参与"，讲义内容。

情、价值、认知、内涵、表述以及形制。使之"服中国之水土",更为积极的作为是:创造出一个具有中国本土化的"社区"表述。

当我们在生活中逐渐习惯"社区"的概念时,我们有时会混淆自己的"村落""乡镇""城邑""街坊""邻里"等早已构成传统社会机体的构件,甚至慢慢地忘却了它们。无论"社区"怎样成为挂在人们嘴边的词汇,它都很难实质性地代替我国乡土社会中的"共同体",尽管现实中它一直在致力于替代。我们不禁要问,中国传统有自己的群体概念,如我们完全可以用"村社",哪怕经历了城镇化,我们至少保留了一些乡土特色。直接搬用、套用当然简单,却违背了真正的"文化自觉"。

城邑景观

对于"共同体"单位范畴,中西方有着根本的差异,特别是相对于西方的城市形态,我国的城郭形制在类型上属于农耕文明。所以,土地成为人群共同体的关节和纽带。农耕的特点也自然而然地融入我国传统的都城形制中,化在了**城邑**景观中。首先,中国乡土的农耕文明是以水为基础的耕作场景,从我国史前考古资料所提供的资料来看,古代的氏族聚落遗址就已经出现了与农耕和水利灌溉体系相配合的城郭遗址。良渚古城不啻为范。在北方,水利与耕作的关系显得更为攸关。史实表明,早在秦汉时期,以西北关中地区为中心的农田水利蓬勃发展,除了秦国开郑国渠外,汉代又引泾水开郑白渠、樊惠渠,引诸小河开六辅渠,引渭河开成国渠,以及引北济河开龙首渠等。[①] 可见一斑。城郭文明从一开始就与水,与农耕建立了特殊关系,早在商代的卜辞中就存在大量的记录。有意思的是,城郭的营建模本无不以井田之秩序和格局为范。"国—囗—國—廓—郭—或"的形制都是方形(略呈长方形),与传统农耕作业的井田制相互配合。

古代的城市也称城邑。"邑"是一个值得深究的概念。邑,会意字,甲骨文𖣂,▢(囗,四面围墙的聚居区);𖣂(人),表示众人的聚居。初文

310

---

① 卢嘉锡、席泽宗主编:《中国科学技术史》(彩色插图),中国科学技术出版社、祥云(美国)出版公司1997年版,第71页。

从⬭（口），从𠂤（卩）。其中"口"字表示方形的围构，下面的"卩"表示跪坐臣服的人。方城有人，这就是"邑"。《说文解字》："邑，国也。先王之制，尊卑有大小。"这里所说的"国"是狭义的"国"，也就是"邑"的引申义。按照孟世凯的意见，许慎解邑字为后世之义。殷商时期的卜辞中的邑有数种意思：首要语义即是人所聚之处，如"二邑""三邑"等，此为乡邑，即乡村，然后才是城邑，如武丁时期卜辞有的"贞，作大邑于唐土"。此外尚有人名、族名等。① 徐中舒主编的《甲骨文字典》强调人的聚集之所为城邑。②

乡土和人群是邑的基本要素。我国历史上的所谓"封建"，虽为"封邦建国"之简述，却为农耕文明的特征性表述。西周建国之初，曾实行了历史上空前的大分封，称为"封建"。③ 周人分封的主要形式即周王（周天子）封土地给诸侯，建立一批大大小小的诸侯国。其主要的政治方式是采邑——封赐给卿大夫作为世禄的田邑。《荀子·荣辱》有："士大夫之所以取田邑也"。故也叫"采地""封邑""食邑"。封建社会君主赏赐给亲信、贵族、臣属的不仅是土地，还包括土地上的农民。采邑以宗法为依据，为世袭，由嫡长子继承。初为终身占有，后变为世袭。采邑盛行于周朝，对后世影响深远。④这样，"宗邑"原型构成宗法制度的关键。

如上所述，邑的本义是特指一个人群聚集的空间，尤指乡村。《释名·释周国》云："邑，……邑人聚会之称也。"这个空间在初时原来就是早期的农耕性乡土的交流场所。吕思勉认为邑与井田制度存在着直接的关联："在所种之田以外，大家另有一个聚居之所，是之谓邑。合九方里的居民，共营一邑，故一里七十二家（见《礼记·杂记》《注》引《王度记》。《公羊》何《注》举成数，故云八十家。邑中宅地，亦家得二亩半，合田间庐舍言之，则曰'五亩之宅'），八家合一巷。中间有一所公共建

---

① 孟世凯：《甲骨学辞典》，上海人民出版社 2009 年版，第 294 页。
② 徐中舒：《甲骨文字典》，四川人民出版社集团、四川辞书出版社 2014 年版，第 710 页。
③ 冯尔康等：《中国宗族史》，上海人民出版社 2009 年版，第 50 页。
④ 参见许倬云《西周史》（增补二版），第五章"封建制度"，生活·读书·新知三联书店 2012 年版。

筑，是为'校室'"。① 这也是"井田制"的基本面貌。而"邑"大致属于"公田"范畴。② 这里有两个要点：一，邑的原始形态是乡土性聚落；二，邑建立了乡土社会的基本构造。

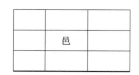

井田制之九方里营一邑

在邑的基本语义中，城郭的特征明显。邑的形制也建造了我国古代"国"的雏形。具体而言，城郭以方形为基形。大量考古材料可以证之。③这里有两个可能性：一，城者，邑而成也——直接由邑发展而成。二，移植以井田为背景的邑之形制。《周礼·地官·小司徒》"四井为邑，邑方三里。"《论语·公冶长》："十室之邑，必有忠信如丘者焉。"这就是"小邑"了。古代国家一般规模较小，国家往往同时就是城市，甲骨文中屡见"大邑商"，《书》中作"天邑商"，也就是"大国商"的意思，与此相对的是"小邦周"。这是在"国家"意义上使用的"邑"的概念。④ 依据许倬云的意见，"周人可能曾经作殷的属邦，即使其间关系未必一直很和谐，至少周人承认殷商是'大邑'，自己是'小国'"。⑤

就一般的意义而言，"邑"指具有一定规模的人群聚落。我国的邑最早的出现时间迄今没有定论。学者喜欢引用《左传·庄公二十八年》中的"邑曰筑，都曰城"之说。殷商卜辞中有许多"邑"，可分为两类：一类是王之都邑；另一类是国内族邦之邑。而"邑"与"鄙"构成了特殊的区域行政关系。陈梦家认为，商代的"邑"与"鄙"形成了一种区域性的行政

---

① 井田的制度，是把一方里之地，分为九区，每区一百亩。中间的一区为公田，其外八区为私田。一方里住八家，各受私田百亩。见吕思勉《中国文化史》，新世界出版社 2016 年版，第70 页。

② 参见钟祥财《中国农业思想史》，上海交通大学出版社 2017 年版，第 4 页。

③ 参见李学勤主编《中国古代文明与国家形成研究》，云南人民出版社 1997 年版，第 17—18 页。

④ 李学勤主编：《字源》，天津古籍出版社 2015 年版，第 582 页。

⑤ 许倬云：《求古编》，商务印书馆 2014 年版，第 54 页。

制度，"鄙"的基本意思是"县"的构成单位。《周礼·遂人》："以五百家为鄙、五鄙为县。"《左传·庄公二十八年》："凡邑有宗庙先君之主曰都，无曰邑。""我们假设卜辞有宗庙之邑为大邑，无曰邑，聚焦大邑以外的若干小邑，在东者为东鄙，在西者为西鄙，而各有其田"①。这样，"都/鄙"形制就是一种中国式特殊的宇宙观在城市建设中的复制。同时，这种形制又构成了我国古代的区域行政的模型。

据刘沛林考释：早期"聚邑"的产生，是随着社会经济的发展，以男系确定血缘关系和继承权的父系世系逐步取代母系世系，从而进入到父系氏族社会阶段的结果。婚姻制度的变化，产生了以男子为主的父系大家庭组织。与之对应，聚落规划也有明显反映。原来作为氏族聚落中心的"大房子"或广场逐渐消失，代之以部落首领的宫室。作为部落驻地的"邑"，为了保护部落首领和富有者的财富和安全，开始筑墙，加强防卫，从而出现"城"的原始雏形，即设防的聚落（邑）。设防的城堡出现在4000多年前，恰好处在即将进入奴隶社会的前夕。这时聚落开始分异作为统治据点的"邑"和作为一般居住之所的"聚"。②

笔者并不完全认可这样的推断，如果按照这样的历史推断，世界的许多地方和地区都会出现同样的聚落（邑），因为这几乎是人类演化史的规律（假定），而城邑也就不是我国独特的聚落形式了。事实上，有些学者，如李学勤，之所以称我国古代的城市文明为"城邑国家或都邑国家文明"，理由就是认为城邑为我国独有。③ 刘氏的结论与之大致相同，却没有注意到中国之所以可以称为"城邑国家"，一个重要的特质是农耕属性，即"邑"的特点重于"市"的特点，重要的说明正来自农耕文明的自给自足特质。笔者更愿意引《礼记·王制》之"凡居民，量地以制邑，度地以居民，地邑民居，必参相得也，无旷土，无游民，食节事时，民咸安其居"。这既是邑的最基本的意思，又是乡土社会安居乐业的理想蓝图。虽然城市

313

---

① 陈梦家：《殷虚卜辞综述》，中华书局2008（1988）年版，第323页。
② 刘沛林：《家园的景观与基因：传统聚落景观基因图谱的深层解读》，商务印书馆2014年版，第70—71页。
③ 李学勤主编：《中国古代文明与国家形成研究》，云南人民出版社1997年版。

规模也存在"量地"的工作，① 但所依据者依然是农耕背景。这是与西方城邦制度完全不一样的地方，切不可受西方城镇化形制所影响。

20世纪我国的考古材料佐证了黄帝时期的城池、宫屋建筑的形制。湖南澧县城头山古遗址、河南郑州西山古遗址，是迄今发现的我国最早的新石器时代的古城遗址，分别属于新石器时期的大溪文化和仰韶文化。在城头山古城遗址里，发现有夯筑的城门、门道，城内有人工夯筑的土台，台上有近似方形的建筑基址。另有一些遗迹表明，城内修建的水塘、排水沟、居住区、祭坛、制陶作坊以及水稻田和灌溉系统。② 这在商代的卜辞中就有大量的记录，其中不少涉及田猎，其并非与我们今天观念中的"农田"一致，而是包括了田地、丘林的广大区域。③ 在《周礼》的王城建制中，我们已经可以很清晰地看到其与农耕田作之间的紧密关联。具体地说，城郭的营建无不以井田之秩序和格局为模本。形制都是方形（长方形），与传统农耕作业的井田制相互配合。《考工记》述之甚详：

> 匠人为沟洫，耜广为五寸，二耜为耦，一耦之伐，广尺，深尺，谓之畎；田首倍之，广二尺深二尺，谓之遂。九夫为井，井间广四尺，深四尺，谓之沟；方十里为成，成间广八尺，深八尺，谓之洫；方百里为同，同间广二寻，深二仞，谓之浍……④

城之经营与农业耕作为"国家"统筹的大事。"国"之营建与经营，以井田之制为据。疏云："井田之法，畎纵遂横，沟纵洫横，浍纵自然川横。其夫间纵者，分夫间之界耳。无遂，其遂注沟，沟注入洫，洫注入浍，浍注自然入川。此图略举一成于一角，以三隅反之，一同可见矣。"⑤

---

① 参见吴良镛《中国人居史》，中国建筑工业出版社2014年版，第71—73页。

② 参见雷从云、陈绍棣、林秀贞《中国宫殿史》（修订本），百花文艺出版社2008年版，第6页。

③ 陈梦家：《殷虚卜辞综述》，"殷的王都与沁阳田猎区"，中华书局2008（1988）年版，第255—264页。

④ （汉）郑玄注，（唐）贾公彦疏：《周礼注疏》（下）"周礼注疏卷第四十九"，上海古籍出版社2010年版，第1673—1674页。

⑤ 同上书，第1675页。

中华文明最突出的特点是农耕文明，这也决定了"国"的性质。这是与西方早期城市"王国"不同之处。虽然城市与经济活动、货物流通、专业行会等都存在关系，但中西方在此有本质上的不同。这也在形制上与我国传统都城的"棋盘式"有关。比如，长安是中国为数不多保持其最初布局的城市之一。作为古都，它保留下了棋盘式的街道布局。① 北京也是棋盘式设计的典型。都城为正长方形，皇城居中，"左祖右社，面朝后市"，中轴南北定向，形成东西—南北格局，配以城门。这其实是《考工记》中确定的形制，基本要理即是井田式的翻版。

我国古代的"城邑"（大致上以宗族分支和传承为原则）和"城郭"（大致上以王城的建筑形制为原则）共同形成了古代中国式的"城市模式"。不少学者认为用"城邑制"概念来概括我国古代的城郭形制更为恰当，因为"中国的早期城邑，作为政治、宗教、文化和权力的中心是十分显著的，而商品集散功能并不突出，为此可称之为城邑国家或都邑国家文明"②。"邑"字的造字本义就是指城及其周边的居民。《周礼·地官·小司徒》："四井为邑，邑方三里。"《论语·公冶长》："十室之邑，必有忠信如丘者焉。"这就是"小邑"了。《说文解字》："邑，国也。先王之制，尊卑有大小。"这里所说的"国"是狭义的"国"，也就是"邑"字的引申义。古代国家一般规模较小，国家往往同时就是城市，甲骨文中屡见"大邑商"，《书》中作"天邑商"，也就是"大国商"的意思，与此相对的是"小邦周"。这是在"国家"意义上使用的"邑"的概念。③ 张光直说："甲骨文中的'作邑'卜辞与《诗经·绵》等文献资料都清楚地表明古代城邑的建造乃政治行为的表现，而不是聚落自然成长的结果。这种特性便决定了聚落布局的规则性。"④

我国"邑"的雏形原与聚落联系在一起，⑤ 但最有代表性的是与农耕

315

① ［美］韩森：《开放的帝国：1600 年前的中国历史》，梁侃等译，凤凰出版传媒集团、江苏人民出版社 2009 年版，第 190 页。

② 李学勤主编：《中国古代文明与国家形成研究》，云南人民出版社 1997 年版，第 8 页。

③ 李学勤主编：《字源》，天津古籍出版社 2015 年版，第 582 页。

④ 张光直：《中国青铜时代》，生活·读书·新知三联书店 2014 年版，第 33 页。

⑤ 参见王玉德、王锐编著《宅经》，中华书局 2011 年版，第 2 页。

社会相属。通常，邑与郊野是连通的。《尔雅》："邑外谓之郊。"换言之，不论"邑"为"国"、为"乡"，都衍生于农作，衍生于井田，而且演示出了宗法制度的特殊景观。邑与农耕、季节相互配合，吕思勉说："春、夏、秋三季，百姓都在外种田，冬天则住在邑内，一邑之中，有两个老年人做领袖。这两个领袖，后世的人，用当时的名称称呼他，谓之父老、里正。古代的建筑，在街的两头都有门，谓之闾。闾的旁边有两间屋子，谓塾。当大家出去种田的时候，天亮透了，父老和里正开了闾门，一个坐在左塾里，一个坐在右塾里，监督着出去的人。出去得太晚了，或者晚上回来时，不带着薪樵以预备做晚饭，都是要被诘责的。出入的时候，该大家互相照应。"①

张光直认为，作为"构成财富和权力的分配间架的社会单位，在那社会构筑的中心是城邑，即父系宗族的所在点"②。也就是说，城邑成为我国传统的农耕文明的一个特殊社会单位，包含了城市与乡土、宗法社会结构等的传统特性。这一点尤其值得特别的提示和重视，即中国的"城邑"与西方的"城市"在形制上有着重大的差异。西方的城市是独自诞生并演化的，虽然也有拉丁式开放"城邦"和欧洲日耳曼式封闭的"城市"等类型，③ 但都不像中国那样直接源自乡土，特别是与井田的联系。吕思勉认为邑与井田制度有着直接的关联："在所种之田以外，大家另有一个聚居之所，是之谓邑。合九方里的居民，共营一邑，故一里七十二家（见《礼记·杂记》《注》引《王度记》。《公羊》何《注》举成数，故云八十家。邑中宅地，亦家得二亩半，合田间庐舍言之，则曰'五亩之宅'），八家合一巷。中间有一所公共建筑，是为'校室'。"④ 故，无论由"邑"所产生的什么类型，以及政治的含义，皆属"农正"之政治，不可能是其他。这

---

① 吕思勉：《中国文化史》，新世界出版社 2016 年版，第 70—71 页。

② 张光直：《中国青铜时代》，生活·读书·新知三联书店 2013 年版，第 13 页。

③ ［日］后藤久：《西洋住居史：石文化与木文化》，林静颐译，清华大学出版社 2011 年版，第 2 页。

④ 井田的制度，是把一方里之地，分为九区，每区一百亩。中间的一区为公田，其外八区为私田。一方里住八家，各受私田百亩。见吕思勉《中国文化史》，新世界出版社 2016 年版，第 70 页。

是任何"社区"都没有的。

　　我国古代的城市也称城邑，就城邑建制而言，与农田也有直接关系。《左传·庄公二十八年》："邑曰筑，都曰城。"殷商卜辞中有许多"邑"，可分为两类：一类是王之都邑；另一类是国内族邦之邑。这种形制又构成了我国古代的区域行政的模型，也在形制上与我国传统都城的"棋盘式"有关，如长安是中国为数不多保持其最初布局的城市之一，作为古都，她保留下了棋盘式的街道布局。[①] 北京也是棋盘式设计的典型，都城为正长方形，皇城居中，"左祖右社，面朝后市"，中轴南北定向，形成东西南北格局，配以城门。

　　虽然，城垣的建造需要因地制宜——适应自然环境是一个基本的原则，"追求方正的传统"在我国古代黄河流域的考古遗址中已有普遍显现。考古学家许宏认为："平面形状多近于规整。真正规矩方正，秉承夯土版筑技术的城址还是出自中原。中原地区最早的城址，是始建于公元前3300—前3200年的河南郑州西山遗址，时值仰韶文化晚期阶段。其平面不甚规则，略呈圆形。此后龙山时代的城址收基本上是（长）方形或接近（长）方形。"[②] 方正的城郭，首先与平展的地形和直线版筑的工艺有关，方向最大的限度接近正南北，追求中规中矩的布局，显然超出了实用范畴，而似乎具有了宇宙观和显现政治秩序的意味。这一古代建筑规划中的方正规矩、建中立极的理念，至少可以上溯到四千多年前的中原。此后，方形几乎成为中国历史上城市建设规划上的一个根本思想和原则。[③]

　　值得注意的是，城郭的方形建制，也配合着我国传统农耕文明的特点。这其实是《考工记》中确定的形制，基本要理即为井田式翻版。

317

---

　　① ［美］韩森：《开放的帝国：1600年前的中国历史》，梁侃等译，凤凰出版传媒集团、江苏人民出版社2009年版，第190页。

　　② 许宏：《何以中国：公元前2000年的中国图景》，生活·读书·新知三联书店2016年版，第71—72页。

　　③ 同上书，第72页。

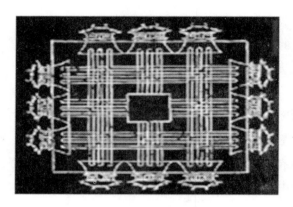

《考工记》中的城市布局势若"井田"①

要之，我国传统的农耕文明并不仅仅表述乡土社会自身，同时也在强调城市与乡土之间的连带和亲缘关系。尤其是，乡土、乡村、乡野直接构成"中邦"（《尚书·禹贡》）、"都城"、王城、"城邑"等基础。

世界上的城市有其共同的东西，但不同的国家、文明背景中的城市却又有自己的特点。西方的"城/乡"（country/countryside）关系是一个以城市为中心，以乡村为边缘的关系格局的形制，而且这一关系不是缘生性的——城市的产生并不因为乡村的存在和需要，反之亦然。② 特别是西方以古代希腊"城邦"（city-state）为模范的城市历史——以海洋为背景，以拓殖、贸易、掠夺、冒险、尚武、荣誉等为主要活动的发展线索。虽然不同的时代、国家有其自身的特点，而且不同的城市和城市类型也在发生变化，尤其是当欧洲的城市形制移植到美国时，情形有所不同。17 世纪，当英国人到新世界生活时，他们并不以规模、密度或财富来区别城和镇，而是看重居民点的职能。

总体上说，城市被视为权力的所在，政治、宗教、行政、财富、商品、交换等都集中在那里。城市是以权力和地位划分的等级社会，是社会

---

① 引自王才强《唐长安居住里坊的结构与分地（及其数码复原）》，载复旦大学文史研究院编《都市繁华：一千五百年来的东亚城市生活史》，中华书局 2010 年版，第 49 页。而且，它的形制与造型与"田"之初文（甲骨文⊞）一致。

② 参见彭兆荣《城与国：中国特色的城市遗产》，《北方民族大学学报》2016 年第 1 期。

财富的象征，是高贵和永恒的象征，而西方区别"城—镇"时，通常是以商业的规模来确定的，"当一个地方聚集了某种服务或商品时，那里就被称为城"。简言之，在西方的"城市"要件中，政治和商业是基本要素。在城市里，市政中心成为重要的景观要素，并不是因为人们聚集在那里举行庆祝活动，而是因为它本质上是一个政治机构。从这个角度讲，市政中心等同于城市（city）一词的古典含义，即居民团体。①

古代的城市和城郭具有防护功能，这大抵是世界城市文明中所具有的共性。城墙、城门、城池等"可视性"是有形的特征。"可视性"一词不仅仅表示某个物体能够被看到，而是指显而易见的、从环境中脱颖而出、一瞥即明的某种形式，虽然从这种意义上看，并非景观中的所有物体都是"可视的"。② 在城市的政治景观中，城墙是一种永久的可视性要素，而不是一堆私有的、临时的、善变的住宅的随意组合。城墙是防御性的（防御外敌），是阻隔性的（区别差异），也是显视性的（体现权威）。因此，城市的围墙也就具有了防御作用、边界作用、认同作用和社会秩序等功能。防御与团结的分界是划分内与外的"边界线"，是城墙，是围郭城市。

大体上说，城市围郭的目的就是防御外敌和在其内部划定共同的空间。曼福特（Lewis Mumford）在《城市的文化》一书中阐述了关于中世纪城市的情况，他说："城墙是为军事防御而设，城市的主要道路是按照方便地汇集于主要城门的原则来规划，不能忘掉城墙在心理上的重要性，即谁在城市之中？谁在城市之外？谁属于城市之外？谁属于城市？谁不属于城市？一到黄昏就关闭城门，城市即与外面隔绝。城门就像是船，促进了居民之间产生'同舟共济'的感情。"③ 这种由城墙包围好似一幢建筑般的城市，那别致的街道对日本人来说是很新奇的。意识到"边界"而从边界向内建立向心秩序的城市和没有意识到"边界"而向外离心地不规则扩展的日本城市，正是建立城市空间秩序时的两种不同方式。意大利南方的小

319

---

① ［美］约翰・布林克霍夫・杰克逊：《发现乡土景观》，俞孔坚等译，商务印书馆2015年版，第101—103页。
② 同上书，第46页。
③ ［日］芦原义信：《街道的美学》，尹培桐译，百花文艺出版社2006年版，第19页。

城镇和地中海低层公寓式住宅群从"边界"向中心建立起向心秩序的街道，有着出乎意料的变化和均衡，在城墙内的街道上体现出日本住宅那样的"内部秩序"。①

有的学者称这种"围城"为围郭城市。围郭城市事实上是一个独立的社会，特别在西方的城市传统中，"城邦国家"的原始雏形已经奠定了每座城市就是一个"国家"的独立性。由于城市的"独立王国"特性，围墙无论是防御还是象征，都以"牢固"为原则，所以石质建筑的形制常被选用。以奇斯台尼诺为例，这是意大利南方普利亚地区的一个小城市，其历史可追溯到8世纪，据说建造城墙是在13世纪，15世纪重建城墙而正规化，并建造了四隅的塔和正面的城门。修建城墙前是排列着简易木结构房屋的原始街道，建城墙后，房屋采用了就地开采的石灰岩砌筑。根据少量的资料推断：首先，从出现城墙以后，城墙内部即不再建木结构建筑而改为石结构，这是最重要的事实。营建街道时通常不向城墙外面延伸，这是边界的显著作用。最初单层房屋居多，以后随着人口增加而建起二、三层房屋，体现了石结构的特点。这时还建造了通向二、三层入口的室外楼梯，形成了该街道的特色，这些室外楼梯所呈现的美，堪称街道的骄傲。道路上还建起了带拱或拱顶的房屋。这样，城墙内部就形成了具有一幢大建筑般"内部秩序"的街道。在居民的观念中，不管是个人的家还是城墙内的街道都一视同仁，是自己的空间。②

建筑最重要的边界就是"墙"的存在，也将建城时的建材提到了一个文化理解的高度。古代埃及、地中海国家都以石材建城。石结构建筑的历史可以追溯到公元前四千年以前。埃及盛产优质石材，并具有加工石材的铜或青铜工具，不过埃及的石结构建筑只是神殿或陵墓等纪念性建筑，而住宅则是像今天仍可看到的那样用泥土或土坯所建造。在吉萨建造的金字塔用了巨大的块石，之后又建造了几座金字塔，不过，埃及建筑逐渐在衰退，它的优秀技术传到了地中海东部。希腊人的砌石技术极为出色，其最优秀的代表作是雅典卫城的建筑群。这里也使用了埃及石结构建筑那样的

---

① ［日］芦原义信：《街道的美学》，尹培桐译，百花文艺出版社2006年版，第17页。
② 同上书，第20页。

巨石，然而石头与石头的精巧结合是非常卓越的。①

我国的情形与西方在城市性质上同中有异：在政治中心方面，城建也具有相似的功能，特别是王城。我国古代的王城建制实为国之首要大事。建城立都因此需要承天道，应鬼神，是为"说命"也。在传世古文尚书《说命》中就有"惟说命总百官，乃进于王曰：'呜呼！明王奉若天道，建邦设都，树后王君公，承以大夫师长。不惟逸豫，惟以乱民'。"与之相关的文献《墨子·尚同中》中先王之书《相年》之道曰："夫建国设都，乃作后君公，否用泰也；轻大夫师长，否用佚也，维辨使治天均。"说的是古者建设国都，需告上帝鬼神，以立正长也；建国立都不是为了高其爵、厚其禄，而是为万民兴利除害，安平治乱。② 换言之，古代建设城郭是一件至为神圣之事，涉及建国立基，安邦长治，正名昭世，因此需要上告天帝鬼神，以示凭照。但我国古代的城与邑的外墙，使用夯土围建为特色。对此，不少专家已有专论，此不赘述。

城乡"合影"

如果说我国与西方城市有什么突出的差异，这就是城乡相互依存。"城邑"即为城乡合影的写照：从城郭发生、祭祀神圣、安邦立国、政治功能、建筑形制等各方面无不与农耕和乡土有关。这在《禹贡》中就已奠基，其中的"贡"，原先主要指的是王城对周边（按"百里"之"服"计量）收的农税。《广雅》："贡，献也。"又云："税也"，即田赋。③ 如果没有乡土农村，中国的城郭便有悬空之虞。西方的城市原型是通过海洋获得所需，中国的城市原型则是从乡土中获得所需。

《词源》上，"乡"和"村"都包含"邑"。《说文解字》释："乡，国离邑，民所封乡也。啬夫别治。封圻之内六乡，六乡治之。从𢀛，皀

321

---

① ［日］芦原义信：《街道的美学》，尹培桐译，百花文艺出版社 2006 年版，第 7 页。

② 参见程薇《传世古文尚书〈说命〉篇重审——以清华简〈傅说之命〉为中心》，《中原文化研究》2015 年第 1 期。

③ 王云五主编《古籍今注今释系列》之《尚书今注今释》，屈万里注释，新世界出版社2011 年版，第 24 页。

声。"意思是说，乡是与国都相距遥远之邑，为百姓开荒封建之乡，由乡官啬夫分别管理。国都四周划分成六个乡，由六个乡官管理。由此可知，"乡"的基本和通用意思是农村，也就是所谓的"乡野"。"村"在古代与"屯"通，属"邑族"，表示人口聚集、驻扎的自然村落。屯，既是声旁也是形旁，表示驻扎。白川静认为，"屯"的形示织物边缘垂有线穗的花边，有丝线集束之义。① 邨，篆文𨜒、𨛀（屯，驻扎），与"邑"通，𨙨（邑，人口聚集的地区）。《说文解字》："邨，地名。从邑，屯声。"

这样，"乡村"便包含着几层相关的语义：1. 家国和家园所在地。也是乡愁、乡井、乡里、乡亲、乡情的依附，即家乡、乡土，亦为"家国之本"。《管子·权修》："国者，乡之本也。"2. 乡村与邑同源，邑与城同指。说明我国古代城乡的原景是一体化的。3. 城郊外的区域，泛指乡野。有乡僻、乡间、乡下。4. 县与村之间的行政区单位。乡村、乡镇、乡绅、乡试。《广雅》曰："十邑为乡，是三千六百家为一乡。"《周礼·大司徒》："五州为乡。"

"乡"既通"城邑"，又连"郊野"。② "野"与"土"相属，故属土族。甲骨文𣏟、𣏚（山林）加上𡈼（土，耕地），表示古人在其中开垦田地的山林。金文𡐨承续甲骨文字形，将甲骨文的𡈼明确为"土"𡈼（耕地）。籀文𡐨加"予"𠄔（通过），表示"野"是耕地与森林之间的"过渡"地带。古人称城市到乡村之间的过渡带为"郊"；称乡村田园到山林之间的过渡带为"野"。《书·牧誓》："王朝至于商郊牧野。"常用词语有诸如野地、野外、荒野、郊野、旷野、田野、原野等。用于形容词和动词往往强调野性和未开化，如野兽、野蛮、野性、粗野、狂野等。所谓"乡野"，指的正是未开化的，但本真的情形的地带。

在西方，由于"城/乡"的关系是对峙性的，在这个格局当中，城市作为绝对的权力话语而存在，乡村则是依附的、从属的，而所谓的"野"则既不属于城，也不属于乡，是一种独自的存在。在很长的时间里，它与"文明人"相分隔。"荒野"（wilderness）可指与原野人（荒野人）同属于

---

① ［日］白川静：《常用字解》，苏冰译，九州出版社 2010 年版，第 287 页。

② 参见彭兆荣《论"城—镇—乡"历史话语的新表述》，《贵州社会科学》2016 年第 3 期。

一个充满"野性"（wildness）的世界。罗尔斯顿认为荒野即自然。同时荒野是"自由"的，二者相契合。① 换言之，"野"是与"人为""人工"相对立的概念。美国的国家公园在做形制定义的时候，"荒野"是一个最重要的依据。人们今天之所以仍然可以看到"荒野"，是因为担心城市的扩张，人的过分干涉，使得荒野从美国景观中消失。所以保留荒野自19世纪中期以来，就一直是全国性讨论的主要话题。②

但在中国，"乡野"却常常用于指示"未开化的人""乡巴佬"，即使在今天，这一概念仍然在使用。我们是确立"乡土社会"的时候，一方面也包含了"乡野"的基调，多指"不识字、没文化"。那可以教化的，只需"文字下乡"，③ 因为"文盲"可以"脱盲"，就像我们今天讲"脱贫"一样。换言之，乡村只是一种"自然村"。当然，在我国古代"一点四方"的政治格局的表述中，"野"首先是指"远"，它包含两种基本的意思：1. 与"中心"（一点）距离上的远；2. 指"开化"的程度。在言及"野"与未开化的人群关系而论，是指"中（中国、中原、中央）"为中心的人群关系，即"华夷之辨"。

于是，我国传统的"城"便成了一个特别多维的语义，它也可以独自指具有中心性质的王城、都城；也可以指以王城为中心以实行"朝贡"制度（以"百里"为单位对王城的贡献《尚书·禹贡》）；④ 也指"城—郊—野"为一体的建设，以"方"的确立为基本，城郭的形制也就得以确立。值得一说的是，"坊"即以"方"为本夯筑城墙，坊即有此义。《说文解字》："坊，邑里之名。从土，方聲。古通用塁。"兼有街坊的意思。《唐元典》："两京及州县之郭内为坊，郊外为村。"古代的城郭建设的形制以"方形"为基型（國、口）。按照建筑史家的观点，中国古代早期的城都有大小二城，小城为宫城，大城为居民区。居民区内用墙分割为若干方格网

323

---

① 参见赵红梅《罗尔斯顿"荒野"三题》，《鄱阳湖学刊》2017年第1期。

② ［美］罗德里克·费雷泽·纳什：《荒野与美国思想》，侯文蕙等译，中国环境科学出版社2012年版，第90页。

③ 费孝通：《乡土中国　生育制度》，北京大学出版社1998年版，第12—23页。

④ 王云五主编：《古籍今注今译系列》之《尚书今注今译》，屈万里注释，新世界出版社2011年版，第34页。

布置的封闭居住区，称"里"，实行宵禁。① 相对于"城"而言，"里"与"坊"常常并置同义，所谓"里坊"。坊在城市后续的发展中，含义也在发生变化，比如"坊在唐代是作为在城市中区划功能区而出现的，但这一意义在宋代消失了"②。今日北方城市所说的"街坊邻里"仍然延续此义。而城的主要功能是"市"（商业活动），所以后世称之为"市里制城市"。③

简言之，世界各文明中的"城市"和"乡村"的历史既有其共同的人类遗产的部分，又都可以各自表述。我国的城市（城邑）史却必须从"乡土"说起，古代城市发展的重要动力来自农村，但对于"乡土景观"的范畴学术界没有共识，有的学者认为乡土观景是相对于城市而言的，有自己的品质，包括：1. 农村——稳定的农业或牧业地区；2. 有封建家长制社会中；3. 处于手工农业时代。④ 如果这样，城市，特别是在中国的城邑，似乎就被排除在"乡土"之外。笔者倾向于将"乡土"置于"家园遗产"的背景之中，这样，乡土便建立在了以农耕文明为背景的传统的"乡土中国"之上，却并不排斥与城市（城邑）成建立的特殊的连带关系，尤其是中国的城镇，事实上与乡土存在着亲缘关系，不仅表现在人的血缘，还表现在地缘与乡党的密切关联。

人的居住虽然栖于地上，原与天为凭照。城市的建造与住宅的营造具有一致性，其中"方"是一个重要的原则。甚至我国的长城原也是从"方城"发生、延伸出来的。根据历史记载，我国最早修筑长城的是楚国，楚长城在历史文献中称作"方城"。《汉书·地理志》："叶，楚叶公邑。有长城，号曰方城。"北魏郦道元的《水经注》记载得更详细，⑤ 不仅我们的居所是方的，外环境也是方的，所以把住宅图画成了两个方形，亦可称为"回"字形。小方块与大方块是密切联系的，宅地是天地之间的一部分。中国早期的城郭遗址，比如二里头宫城遗址、偃师商城遗址以及郑州商城

① 傅熹年：《中国古代建筑概说》，北京出版集团公司、北京出版社 2016 年版，第 3—4 页。
② ［日］伊原弘：《宋元时期的南京城：关于宋代建康府复原作业过程之研究》，复旦大学文史研究院编《都市繁华：一千五百年来的东亚城市生活史》，中华书局 2010 年版，第 121 页。
③ 傅熹年：《中国古代建筑概说》，北京出版集团公司、北京出版社 2016 年版，第 32 页。
④ 参见俞孔坚《回到土地》，生活·读书·新知三联书店 2016 年版，第 197 页。
⑤ 相关材料参见罗哲文《古迹》，中华书局 2016 年版，第 1—4 页。

遗址都可为实物证据。① 依照古代的营造学原理,小方形与大方形之间有二十四条方向,或者理解为通道,天干、地支、人文三类符号象征天、地、人。根据传统和传说,先秦时期的文献《世本·作篇》载:"大挠作甲子。""甲子"就是干支。汉代蔡邕在《月令章句》中有过解释:"大挠采五行之情,占斗机所建也。始作甲、乙以名日,谓之干;作子、丑以名月,谓之支。有事于天则用日,有事于地则用辰。"② 而二十四方位的发明,托名于九天玄女之设计,以太阳出没而定方所,夜以子宿分野而定方气。始有天干方所,地支方气。③ 换言之,在中国传统的营造学里,无论是城郭还是宅所,都以天地为参照。

在很大程度上,城市文明所具有的流动性、移动性、商业性等特性是作为乡土社会的对立面出现的。我国的"农本"传统,也造成了中国传统的商业性活动没有像西方社会那样得到迅速发展的一个原因,但是,我们在强调这一点时或许需要特别"加注":即农耕文明在商业贸易方面无法与海洋文明相比况,却未必不发达,因为封建社会的城郭建制也是与水(河流)联系在一起,虽然不及资本主义海洋文明的大流动,但从来就不缺乏流动。因此,商业活动仍然频繁。《史记·货殖列传》有:"待农而食之,虞而出之,工而成之,商而通之。"商业流通必有城市相联系,"市"者即表明商业活动。④ 市,金文 ,其中 被认为是为集市而竖立起的标志。⑤ 尤其是在一个特定区域范围内的流动,即"域流"甚至可以非常发达。随着朝代更替,城市和城郭也发生变化和变迁,其原则和原因仍然是"流域"与"域流"的关系。比如,"河南"和"洛阳"在《汉书·地理志》中分属不同的两个城。⑥ 今天,笔者重温我国古代州、郡之名,乃至现在的城市名称,以"江""河""湖"挂名、命名的最为普遍。

325

---

① 参见杨秀敏《筑城史话》,百花文艺出版社 2010 年版,第 4—5 页;另见张光直《商文明》,生活·读书·新知三联书店 2013 年版,第 302 页。

② 商代的王死后在卜辞中常冠以"天干"的谥号,并加以辈分称谓。参见张光直《商文明》,生活·读书·新知三联书店 2013 年版,第 101 页。

③ 参见王玉德、王锐编著《宅经》,中华书局 2013 年版,第 99—101 页。

④ 李学勤:《东周与秦代文明》,文物出版社 1984 年版,第 213 页。

⑤ [日]白川静:《常用字解》,苏冰译,九州出版社 2010 年版,第 168 页。

⑥ 参见李学勤《东周与秦代文明》,文物出版社 1984 年版,第 14—15 页。

至于古代的"城市"称谓，已经将各种移动性囊括其中。"城市"之曰，因为有了"城"，才会有"市"。一方面，城市与乡野存着自然的关联；另一方面，城市又各自为阵。而城有筑墙为守的含义，也说明了城的防卫功能。中国的城隍神，顾名思义，就是掌管保卫城池、负责兴旺市集的神灵。古代的"城"原指城墙，"隍"是指墙外环绕的深沟，《说文解字》说："城，以胜民也"；"隍，城池也，有水曰池，无水曰隍。"但"城"与"隍"并非同时生成，"城隍信仰起源于人们对自然界的崇拜，被认为是守护城池的神明，其后才发展成为全国性的神灵信仰"。至于城隍崇拜的起源，史上未见其祥，说法不一。① 但与水的原生关系为不争的事实。

本质上说，城市是"移动性"的产物，无论是依靠水流的移动，还是人员、商业、物流、信息、文化交流和流通。移动性的类型有很多，西方文明以海洋为背景，旅行、冒险、尚武、荣耀和殖民等无不以跨区域、跨国家、跨民族的大范围流动为逻辑前提。城邦国家原本就是爱琴海文明的产物。我国的城郭形制虽然也是建立在迁徙的基础之上，如钱穆所云："盖古人迁徙无常，一族之人，散而之四方，则每以其故居移而名其新邑，而其一族相传之故事，亦遂随其族人足迹所到，而递播远焉。"② 但钱先生的这一判断似乎并不周延，恰与费孝通先生的《乡土中国 生育制度》的"乡土本色"③ 势若泾渭：一面过于强调"流动"，另一面则过于强调"静止"。

实际上二者的判断皆有偏失。钱先生以黄河流域的古地理史记录为依据，特别是掺杂着游牧文明的因子而做出"迁徙无常"的判断。我国古代的北方地区（即"中原"主体），既是中华文明的发祥地（所谓"黄河摇篮"之说），又是游牧文明与农耕文明交错、交会的地带，是为我国文明的历史实情。将中国文明定位"乡土性"，已经不周，而将游牧被判定为

326

---

① ［新加坡］李焯然：《城市、空间、信仰：安溪城隍信仰的越界发展与功能转换》，复旦大学文史研究院编《都市繁华：一千五百年来的东亚城市生活史》，中华书局2010年版，第212—213页。

② 钱穆：《古史地理论丛》，生活·读书·新知三联书店2005年版，第8页。

③ 费孝通：《乡土中国 生育制度》，北京大学出版社1998年版，第6页。

"异质"，亦与史不符。① 以河陇文化为例，② 陇东、陇中地区是黄河上游早期农耕文化的代表，大地湾遗址表明，当时的人们已经过着农耕的定居生活，但狩猎方式依然存在。③ 事实上，在黄河流域的中、上游一直是古代农耕与游牧并置、交错、相融的广大地带，也是移动性长期存在的因素。北京城作为都城，一开始就包含了明显的游牧因子。而费先生则以我国基于农耕文明的背景所做出的判断。④

这样，我们也就建立了与乡土性有着"特殊关系"的城市乡土景观。这是中国的国情，也是城市的特色。在中国的城市中，从来就不缺乏传统的乡土景观——具有与土地相属的景观。当然，这也是我国正在进行的"城镇化"与"留住乡愁"两大工程之间所建立的历史逻辑关系。依据笔者的理解：如果我国的城镇化工程不能保持和保留传统的乡土遗产景观，那无疑是"乡土之愁"。

"城—镇"之历史景观

今天的世界有了一个新的名称："地球村"。大家都说，世界变小了，成了一个"村"。大家也都说，"村"变大了，全世界的事情都可以在"村"里办。孰"大"孰"小"，说不清。2015 年 12 月 16—18 日，在中国浙江的乌镇举行了一个全球盛会——第二届世界互联网大会。大会的主题是"互联互通·共享共治——构建网络空间命运共同体"。在一个古镇召开"世界大会"，而且还是现代的事物：互联网。时空制度似乎发生了错乱。大会用了"命运共同体"这样的词汇：民众与"大咖"（社会关系）、水路与网路（交流关系）、过去与未来（时间关系）、古镇与全球

327

---

① 参见彭兆荣《再议"中国"隔隈边界》，《思想战线》2016 年第 1 期。

② "河陇"地区地处黄河上游，是对古代河西走廊和陇右地区的简称。大致相当于今日我国西北的甘肃，包括青海、宁夏和新疆的部分地区。见李永良主编《河陇文化：连接古代中国与世界的走廊》，上海远东出版社、商务印书馆（香港）1998 年版，第 9—10 页。

③ 李永良主编：《河陇文化：连接古代中国与世界的走廊》，上海远东出版社、商务印书馆（香港）1998 年版，第 29—30 页。

④ 参见彭兆荣、周雪帆《乡土中国的城市遗产》，《北方民族大学学报》2015 年第 5 期。

（空间关系）、传统与发展（创新关系）……统统在小镇集结。

在这里，"镇"已然不再是一个简单的空间形制，不再是一个简单的地名称谓，不再是一个军事镇守，不再是一个行政单位。"名可名，非常名"——某个事物的定义已非真正该事物意义上的名称了。在我国，"城—镇—乡"的历史表述曾经发生过剧烈的变化，它遗留了许多历史的编码，只是鲜有人关注，尤其是"镇"，它是一个历史上最具链接性的"单位"概念。当下我们正在进行"城镇化"工程，"正（证）名"是必需的工作。

我国古代的"城镇"形制，与"国"（囗）同构。早在周代，"城郭"（囗、國）的建造即以"囗"为王城形制。这也是"家国"的一个重要依据。《周礼·考工记》有非常明确的记录。这种形制，防御功能凸显。无论城市历史、城郭形制发生什么变化，都不妨碍城市最初的防御功能。所以，"城"早就有了"镇"（防御、镇守）的意思。《礼记·礼运》曰："大人世及以为礼，城郭沟池以为固。"而城墙之于城的关系不啻为一个不言而喻的解释。根据现有的考古资料，我国最早的城墙遗址是距今大约6000年，代表城址是湖南澧城县城头山大溪文化遗址，此后黄江流域仰韶文化晚期的河南郑州西山城址的城墙，距今5500年、5000年以内的城墙遗址更多。有关城墙的起源问题，各家见仁见智，有人认为城墙起源于环壕聚落，属于部落社会，与农耕时代初期对土地资源的争夺有关；有人认为城墙的出现是聚落社会向城邑社会转变的一个标志；有人认为城墙的出现是防洪的需要；还有人认为城墙具有宗教性质；更有人认为城墙是为了区隔财富和人群的，等等。[①] 上述观点，除了宗教性功能有些特殊外，其余都含有"防范"的功能，无论是防敌、防匪、防洪、防盗、防秽，还是防僭越。换言之，"镇"的本义一直都在。

早期的城镇营建，贯彻了"一点四方"的政治地理学理想，即所谓的"四土四方"形制。[②] 根据卜辞所见都邑与征伐的方国，所确立的商殷的区域及其四界为北约在北纬40°以南易水流域及其周围地区，南约在北纬33°

---

① 成一农：《古代城市形态研究方法新探》，社会科学文献出版社2009年版，第163—168页。

② 陈梦家：《殷虚卜辞综述》，中华书局1988年版，第319页。

以北淮水流域与淮阴山脉，西不过东经112°在太行山脉与伏牛山脉之东，东至黄海、渤海。① 由于殷商时期曾经多次迁都，张衡《西京赋》曰："殷人屡迁，前八后五，居相圮耿，不常厥土。"所依据的材料大概为《尚书·序》："自契至于成汤八迁，汤始居亳，从先王居。"《盘庚·上》曰："先王有服，恪谨天命，兹犹不常宁，不常厥邑，于今五邦。"从可知的文化史源头追溯，必先以"圣王"开基，这也是任何"谱系"的开章，包括城邑的建设。

城市原本就有"中心"和"防务"等原始功能。我国先秦时期也具有同质性。《史记·秦始皇本纪》记录了秦始皇在统一中国、"兼有天下"后，除了实行焚书坑儒，"书同文，车同轨"等措施外，还"堕坏城郭"。对于"堕坏城郭"一说，学术界有不同的看法，② 较有代表性的是台湾学者杜正胜的观点，"秦始皇堕毁的大概只始于列国的大城，以崇高咸阳，并防止东方残余势力依据战国都城叛变"。③ 如果司马迁的记录是准确的，那么，这样的猜测难以言其误，却并不周延。秦始皇统一中国，他做出了"大一统"政治的许多"变革"，包括上述之"焚书坑儒""书同文，车同轨""分三十六郡""赋税重赏""定衣冠形制""数以六为纪"等。"堕坏城郭"并不在上述之中，而是在秦始皇立国制号登基六年之后的三十二年（即公元前221年），其外出巡游寻仙、求不死药至碣石时的刻辞。其曰："皇帝奋威，德并诸侯，初一泰平。堕坏城郭，决通川防，夷去险阻。地势既定，黎庶无繇，天下感抚。"以此语境，难以得出"堕毁诸城以示咸阳崇高"的结论，倒更接近于鲧以治水而筑城的逻辑，即"坏城郭，决通堤防"。20世纪我国的考古材料佐证了黄帝时期的城池、宫屋建筑的形制。湖南澧县城头山古遗址、河南郑州西山古遗址是我国迄今发现的最早的新石器时代的古城遗址，分别属于新石器时期的大溪文化和仰韶文化。

我国古代王城，以及其他类型的城市形制非常独特，均以"天"为参照的纪时、辨方，比如汉高祖（公元前202年）奠都长乐；嗣营未央，就

329

---

① 陈梦家：《殷虚卜辞综述》，中华书局1988年版，第311页。
② 成一农：《古代城市形态研究方法新探》，社会科学文献出版社2009年版，第170—171页。
③ 杜正胜：《古代社会与国家》，允晨文化实业股份有限公司1992年版，第564页。

秦宫而增补之，六年（公元前187年）城乃成，城周回六十五里，每面辟三门，城下有池围绕。此时的都城已经将地理因素结合起来，城的形状已非方形，其南北两面都不是直线。营建之初，增补长乐、未央两宫，城南迂回迁就，而城北又以西北隅滨渭水，故有顺流之势，亦筑成曲折之状。后人仍倡城像南北斗之说。① 汉代都城不仅有"通天台"的建筑和祭台，不少建筑以求仙道。此风自秦、汉以来多将此意融入帝都宫殿建筑之中。② 这种"天造"的理念也体现在宅居营造的"地设"技术之中。我国传统对住宅就有"宅统"，③ 中国的住宅除了讲究营造法式外，也将其视为天地人和的模式。《子夏》云："人因宅而立，宅因人得存，人宅相扶，感通天地，故不可独信命也。"④ 换言之，在中国传统的营造学里，城郭的建造遵循着"天人合一"的原则。

今天，"城镇化""市镇建设""乡镇企业""村镇干部"等构成了现代社会一系列的常用语。值得讨论的是，在西方社会结构中，"城乡"是一个二元对峙性的结构：乡村以农业为本，乡民主要的生活方式是自给自足。乡村依附于一个更大的世界，而城市是这个大世界的中心，乡村是边缘，乡民生活的地方是大世界的边缘地区。⑤ 雷菲尔德根据乡土与城市的二元关系，做出了"小传统/大传统"的著名分类。⑥ 乡土的（folk）属于小传统，都市的（urban）则为大传统。这种二元对峙的截然在我国传统的认知分类中不甚适用。其中"镇"即是一个具有说服力的单位表述：在"城镇化"里，它似乎充当着"小城市"的角色，而在"乡镇企业"中，它又承载着乡村的传统。也就是说，"镇"是一个具有动态性表述，属于中国传统的结构性词语，不是西方式的"城—乡"关系足以包容。而

---

① 梁思成：《中国建筑史》，生活·读书·新知三联书店2011年版，第21页。

② 同上书，第24—25页。

③ "宅统"亦有专著：《宅统》（已佚），《宅经》中曾经提及。参见王玉德、王锐编著《宅经》，中华书局2013年版，第61页。

④ 王玉德、王锐编著：《宅经》，中华书局2013年版，第63页。

⑤ ［美］基辛（R. Keesing）：《人类学与当代世界》，陈其南等译，巨流图书公司1991年版，第65—66页。

⑥ M. P. Redfield（eds.），*Human Nature and the Society：the Papers of Redfield*，Chicago：University of Chicago Press，1962.

"镇"的自身演变又曲折地反映了中国的传统社会。

"镇"是一个会意字，本义为"镇压"。篆文鑲、金（金，金属、玉石）加上眞（真，"镇"，镇压），表示利用金属玉石的重压来定位。原来指"写字作画时压住绢帛、使之定位的金属或玉石小块"。《说文解字》："镇，博压也。从金真声。"有学者认为，"镇"取义为在丧葬祭典中用于表示"镇魂"的仪式，故取之以"镇定、镇压"之义。[①] "镇"的语义衍变线索大致为：

> 压纸的金属或石块→镇压、控制→以军事手段安定、安抚→军事重镇→明清时期军队的编制单位→代理（转化为县以下行政单位）乡镇→较大的集市[②]

《周礼·大宗伯》："王执镇圭"意指威镇四方。《周礼·考工记·玉人》："镇圭尺有二寸，天子守之。"天子代天巡牧镇守。可见"镇"用于"镇压""镇守""镇定""坐镇"的意思是基本。《广雅》："镇，安也。"《庄子·列御寇》："夫内诚不解，形谍成光，以外镇人心。"《国语·鲁语》："子以君命镇抚敝邑。"《史记》："因请立张耳为赵王，以镇抚其国。"与之相吻，也因此有了名词上的"险关""重镇"的意思。杜甫《夔州歌》中就有"白帝高为三峡镇，瞿塘险过百牢关"。

概而言之，"镇"在我国古代的行政形制中，原指具有战略要地的军事重镇，特别用于镇守、镇压边远方国属地，以求"安顺"。即使在今天，我们仍然可以在许多边远地区或边疆地区看到这些历史遗留的痕迹，比如贵州的"镇远""安顺"等都具有历史上"镇"的本义。作为一个"单位"（无论是戍边镇守、方国镇压，还是货市集散、乡镇属地，抑或是鄙邑形制、乡镇交通），"镇"委实为我国意义变迁最为活跃的一个表述单位。这在世界上任何国家的历史上都是没有的。就"单位"而言，历史上的"镇"也是变幅最大、语用歧义最多的概念和表述：

331

---

① ［日］白川静：《常用字解》，苏冰译，九州出版社2010年版，第319页。
② 参见谷衍奎编《汉字源流字典》，语文出版社2008年版，第1818页。

镇的名称最早正式出现在北魏时期，是国家在北方边境设置的军事要塞，所以又称为"军镇"。到了中唐安史之乱后，由于藩镇割据，所以又在内地置镇分成各地。根据各自在军事上的重要性，唐代的军镇有上镇、中镇、下镇之别，并且下属州县地方政府管辖。军镇同时又兼治民，管辖境内的户口、租赋等民事……镇戍所在地点，往往是水陆冲要之地，目的当然是便于运兵，进退可依……到了五代时期，军镇完成了向商镇的转变。在北宋重建中央集权统一中国之后，标志着长达两个世纪的封建军阀割据基础的军镇被改造成为地方性商业中心，设立文官进行管理……宋代是中国市镇发展史上的转换点，也正是从这时起中国的城市化过程开始从超大城市的形成转向中小镇的起步。不过，市镇真正发展起来却到明清时期了……

传统市镇主要是粮食及少量其他农产品的收购点，以供应附近城市，同时也是手工业品的零售地，以供应周围的农村……宋代以降，市镇的功能也趋向多功能性质，包括粮食交易、手工业产品的交换，也有依靠交通的便利而产生的地区性贸易。①

其实，早在殷商时期，"城乡"格局的雏形就已经形成，其中"一点四方"的政治理想在城乡设计已经落实。《周礼·考工记》描绘"国"（國）的模型，就以中心和"四土四方"为依据；同时又具有明确的防御功能。甲骨文 ⊣、⼽（戈，武力）保卫 ⊟（口即城），所谓"国之大事，在祀与戎"（《左传》）。我国古代城市作为政治中心，历来以"城—郊—野"为模范。陈梦家根据卜辞对商邑诸多记录，邑与鄙的关系是基本的关系结构，虽然两词各有其不同的意思，比如"鄙"的意思有多种：一为"县鄙"，《周礼·遂人》中以五百家为鄙，五鄙为县。二为"都鄙"，《周礼·大宰》注云："都鄙、公卿大夫之采邑，王子弟所食邑。"三为边邑。可知"鄙"当为都城之外居的地区，聚若干小邑而成。② 从古代的城市形制来看，"邑鄙"已经具有后来"镇"的意思，而这种城镇建制首先是政

①　张晓虹：《古都与城市》，江苏人民出版社 2011 年版，第 183—185 页。
②　陈梦家：《殷虚卜辞综述》，中华书局 1988 年版，第 323 页。

治性的：

> 周王朝的建立是在征服殷商旧氏族及各地的异姓部落而建立的不同的"封国"，于是，每一个受封的侯国在封地境内找一个合适的据点，筑城来保卫并安顿带来的本族人。住在城内的这些人就称为国人。城外之地则留给当地的原住民和被征服者，供他们居住和耕地。这些居住在城外的人就称为野人或鄙人。国人与野人的划分，既是族裔的分野，也是职业的分野。国人在城内从事行政管理及工商业，也有少数从事农业生产；城外的鄙野之人则主要从事农业生产。这样的城乡划分在西周时是很严格的，因为这是统治部族与被统治部族之间的政治划分。但是到了战国时期，这种严格的划分已渐泯灭，国野争民，城乡终于又可以自由交流了。①

从"镇"的简谱性梳理可知，"镇"不仅可以与"城"合称为"城镇"，同时又兼具都城、王城（殷商时期有称"天邑""大邑"等）② 四方镇守的重要功能，虽然在那个时代的营造理念中只能瞥见肇端。换言之，"镇"原本就是"一点四方"之政治理想诉诸行政建制的模型。

乡野之趣

"城"与"乡"（城乡）在现代的城市化进程中已然成了一个二元对立的概念，"城乡差别"即为注脚。但笔者认为，这是以西方模型为标准的分类。在我国，"镇"其实充当着"城乡"二元结构化解和通缀角色。在传统的形制中，城乡并不那么隔绝，人们似乎无法确认"镇"是城还是乡，"城镇—乡镇"即为疏。这种形制，对人们习惯性地以西方的城乡二元结构的逻辑，以及生硬地移植到我国的模式具有反省的价值，因为，"镇"既可是"城"，又可以是"乡"。我们相信，中国的文字表述和语词含

333

---

① 张晓虹：《古都与城市》，江苏人民出版社 2011 年版，第 172 页。

② 陈梦家：《殷虚卜辞综述》，中华书局 1988 年版，第 321 页。

义再粗泛也不至于没有语义边界。我们相信，即使"镇"的定义在中国的历史变迁幅度再大，也不至于不知镇为"城"还是为"乡"。这至少说明，绝对的"二元对峙"难以适用于我国的历史和实情。既然如此，另一种解释就是：中国的"城—镇—乡"是依照"城—郊—野"的形制认知并设立的。

从语义的角度看，"乡"与"村"共通。词源知识告诉我们："鄉"与"卿"同源。卿，甲骨文𗧑像主宾𗧒、𗧓围着餐桌的食物𗧔相向而坐，一同进餐。《说文解字》释："乡，国离邑，民所封乡也。啬夫别治。封圻之内六乡，六乡治之。从𗧕，皀声。"通俗的解释为：乡，是与国都相距遥远之邑，为百姓开荒封建之乡，由乡官啬夫分别管理。国都四周划分成六个乡，由六个乡官管理。

"乡野"在传统的语用中，常常连用。在此，有必要对"野"进行一番知识考古。按照《象形字典》的解释，"野"与"土"相属，故属土族。甲骨文𗧖、𗧗（山林）加上𗧘（土，耕地），表示古人在其中开垦田地的山林，本义为从田园到山林的过渡地带。古人称城市到乡村之间的过渡带为"郊"；称乡村田园到山林之间的过渡带为"野"。《说文解字》："野，郊外也。"又《说文解字》："邑外谓之郊，郊外谓之野。"《书·牧誓》："王朝至于商郊牧野。"常用词语有诸如野地、野外、荒野、郊野、旷野、田野、原野等。用于形容词和动词往往强调野性和未开化。如野兽、野蛮、野性、粗野、狂野等。所谓"乡野"，指的正是未开化的，但本真的情形的地带。在中国，特别是确立"乡土社会"的时候，一方面我们也包含了"乡野"的基调，但没有赋予"野蛮"的意思，因为本质上说，中国几乎所有都与乡村有关，甚至城市（邑）也不例外。换言之，乡村只是一种"自然村"。在言及"野"与未开化的人群关系而论，是指"中（中国、中原、中央）"为中心的人群关系，即"华夷之辨"。

中国是一个以"乡土社会"为基本的传统结构。在传统的农业伦理的脉络中，氏族发展、扩大成为家族和村落的演变主线。大致上说，我国封建社会的村落形成大都与氏族（家族）世系的扩大与分支有关，即当一个氏族和家族的分支扩大到地方不足以提供足够的资源（主要是土地资源）的时候，家庭、家族的分支便宣告形成：某一世系离开祖地去寻找新的家园。所以，我国的村落开基祖（最早开发的祖先）大都以其姓氏为村落的名称，诸如曾村、黄村、林村等。后来才逐渐地扩大，由"单姓村"向"复姓村""多姓村"演化。所以，村落成为氏族、家族的"家园"，是一个扩大的亲属群体的"家园遗产"。而乡镇则是相邻的村落的聚合之地，是我国传统比村落更大的自然性协作和交流"单位"，具有地方性人群共同体的意思。乡镇成了地缘性人群的依存地，也是农业社会基以建立超越家族、家庭的"乡土社会"，费孝通先生的"乡土中国"即是对其最具代表性的概括。①

换言之，我国传统的"家国"是以乡土为基本，以"城郭"为中心的扩散性政治地理学之"天下观"完整形制。从大禹治水以定九州，到"五服"② 贡制建立管理四方的基形，"城—镇—乡"既是政治性"一点四方"的空间组合，"国"与"鄙"的行政组建，也是我国家园遗产的基本原理。

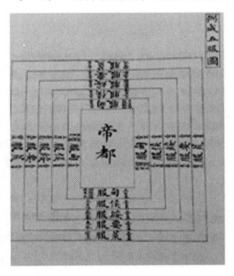

五服图③

335

---

①　费孝通：《乡土中国　生育制度》，北京大学出版社 2012 年版。

②　"五服"有多种意思，最早和最基本的意思即《禹贡》定制：古代王畿外围，以五百里为一区划，由近及远分为甸服、侯服、绥服、要服、荒服，合称五服。服，臣服、服事天子之意。参见《尚书·禹贡》，屈万里注译，新世界出版社 2011 年版，第 34—35 页。

③　参见吴良镛《中国人居史》，中国建筑工业出版社 2014 年版，第 35 页。

美国 Downtown 模型

"Downtown（城市中心区）模型"是指城镇建设以"商业中心"（相对较集中、较小范围的空间）为核心的区域，即"市中心"。中心以外广大地区仍然可能并可以维护传统乡村化存在，并使之尽可能地保持"自在化变迁"的逻辑。这种模式仍可瞥见古代希腊的"城邦国家"（city-state）原型的身影，又继承了欧洲城市建制中"城市/乡村"二元构造的传统，同时又根据美国的特点，比如历史短、人文遗产少、现代化发展快、商业密集度高等，进而选择和创造了"Downtown"（城市中心区）的发展模式。"Downtown 模型"的一个明显好处在于，由于城市中心所占据的实际空间小而集中，各种文化遗产不至于因城市大规模的急速建设而被拆除或拆迁。各类文化遗产也因此具有较大的"自在化存续"余地。

"Downtown"一词最早流传于北美，是人们在日常生活中对城市中心区的俗称，通常指传统的商业中心，它源于美国纽约，原意指"下城"。纽约是美国最早的大都市，也是现代社会最早的大规模经济活动的区域。纽约的核心在曼哈顿，曼哈顿商业区主要分布在该区内曼哈顿岛上的下城（Downtown）、中城（Midtown），这里银行、保险公司、交易所及大公司总部云集，金融业高度集中。该地区在曼哈顿岛的最南端，刚好是纽约市的下方，后来纽约市逐渐向北发展，相对的就形成了"上城"（Uptown）。Downtown 除了曼哈顿商业区，还有格林威治村、东村、崔贝卡、SOHO 区、中国城、小意大利等。这里有各国移民深刻留下的历史，与艺术家、文学家所共同留下的经典传奇，前卫、创意与古典、怀旧的历史在这里交错激荡出纽约最多变却又真实的面貌。①

后来，Downtown 模式逐渐地扩大到美国的各大城市，成为城市中心的代名词，其主要特征表现在，无论是历史上的城市中心区，还是近现代的城市中心区，在城市中都起到中心、核心的作用。在历史上的城市中心区

---

① 摘自龙五新浪博客，2012－01－31，http：//blog. sina. com. cn/ancg。

是通过王权统治、宗教以及商业的组合来体现这种作用的，而近现代的城市中心区则是通过办公、商业、行政、金融、信息、文化、休闲、居住更加多样的功能组合来实现城市功能。城市中心区为城市及城市辐射提供经济、文化等活动设施和服务空间。从城市空间形态上，Downtown 是城市公共建筑和第三产业的集中地。城市中心区的形成和发展特点主要表现如下。

1. 历史的城市中心区。其形成和壮大历程并非一朝一夕，而是在漫长的发展演变过程中，受到政治、经济、文化等多种因素的影响推动，带有明显的历史时代特征，其形态与格局也在不断变化和调整。① 在西方，可以看到在古希腊时期，与宗教礼仪有关的卫城和圣地的周围都聚集着敞廊、竞技场、会堂等公共建筑形制。由早期市场演变而来的城市广场成为城市活动的中心，并且随之而来综合了更多的城市功能，广场的这一功能也随之延续了下来。在古罗马时期，又增加了大剧场、公共浴场等具有娱乐性的大型公共建筑等。中世纪之后，随着市民阶层的兴起和市民文化的强化，城市广场的功能进一步加强，同时与大、小教堂相结合，形成一种"广场＋教堂"的中心模式，使宗教上的精神生活与商业的、市民的文化生活结合在一起。②

2. 近现代的城市中心区。工业革命给社会发展带来了巨大变化，资本主义的工商业迅速发展起来，大量的人口向城市迁移，城市规模急剧扩大，城市数量急剧增加。现代化的交通进一步影响着城市的规模和城市的格局。城市的中心区也经历从"衰落—复兴"的过程。在工业革命的初期，城市的发展是以工业和吸引大批的剩余劳动力的发展为中心，城市往往以工业厂房的群落为中心，辅以相应的工人住宅群和配套设施来建立，这种简单的做法使得城市中心区的环境质量和人居环境的质量非常低，在低质量的高密度境况下，卫生条件、居住条件都非常恶劣。但在这种情况下，城市中心区还是保持着一定的城市活力。

337

① 孔孝云、董卫：《历史城市中心区的演变过程及其空间整合研究——以杭州市武林广场及周边地区概念性城市设计为例》，《城市建筑》2006 年第 12 期。
② 王可尧：《城市中心区的更新与改造——唐山市城市中心区空间整治研究》，硕士学位论文，天津大学，2006 年。

　　Downtown 模式只是西方城市发展中的一种。在其发展过程中也被注入了不同的理想和理念，诸如：E. 霍华德的"田园城市"（Garden City）、F. 赖特的"广亩城市"（Broad-acre City）、T. 戛涅的"工业城市"（Industrial City）、L. 柯布西耶的"光明城市"（Radiant City）等。很多学者都对城市的发展提出了相应的设想和具体的实践，并且取得了一定的效果，但这些设想和构思都使得城市的功能，特别是城市中心区的功能被分离开来，并且最终产生了一种类似"辐射式花园城市美化的综合体"，① 再加上由此产生的郊区化，使得城市中心区居住的人越来越少，城市中心区逐渐被掏空，并且衰落下去，很多地方一到晚上就变成了人烟稀少的"死城"。直到 20 世纪 60 年代，人们对与城市的发展，特别对现代主义影响下的城市发展进行质疑和反思。城市中心区的复兴和实践受到了重视。在经过相应的更新和改造之后，取得复兴的中心区包含了比以前更多的功能，诸如办公、商业、行政、金融、信息、文化、休闲、居住等进一步地复合和聚集，并且在此基础上着力于更高的开发强度，使城市中心区成为城市生活和内容高度集约的"寸土寸金"之地。这样的结果使得城市中心区体现出了比以前任何时期都更强的多样性和复杂性。并且人们也比以前任何时期都更加关注城市中心区的更新和改造。

　　由此我们可以得到这样一个结论，即世界上的任何一座城市和城市模型，无论是从古代希腊、罗马所创建的城市形制，还是这一形制在后来欧洲的城镇化进程中所得到的继承和创新，其中两个因素非常突出：1. 永远为未来的理念和价值留以足够的存在空间；2. 突出城市所在地的特色和传统。在这方面，日本的城市模式也值得借鉴。像日本这样的既接受过中国古代城市文明滋养，又在明治维新之时接纳了大量西式城市设计元素，既有根植日本民族文化之根的基础上，形成如京都、奈良等保持和保存整体化文化遗产的城市，又有像东京这样具有更多现代化、西方元素的城市建设的模式。每一个城市又尽可能地保留了地方性、族群性、宗教性等特色。

---

　　① 参见［美］J. 雅各布斯《美国大城市的生与死》，金衡山译，译林出版社（人文与社会译丛）2005 年版。

当下，我国正在加速推进城镇化建设，同时又在进行古村镇保护工程。我们同时在做两件历史上从未做过的事情：一方面，从传统基本的农耕型村落社会向城镇化转型；另一方面，守护传统乡土社会的家园遗产。二者显然具有"裂化"之嫌。前者强势于后者；后者厚重于前者。加之西方的城市概念、模式、形制的强大话语作祟，导致我们尚未探索清晰，工程便已经开始。就乡土景观而言，城镇化的大规模行动必然会出现以下的情形："耕地取代森林，城市取代乡野，野生动物被灭绝，沼泽地被排干，以及乡村全面向商业开放。这当然不是什么激动人心的景观，甚至可以说有些单调。"①

西方的城市有其自己的原生和发展脉络，从古希腊的城邦到中世纪的宗教阶段，到现代国家，其城市历史积累了独特的经验和智慧，也出现了许多问题。我们相信，世界上的城市遗产各具特色，这也是文化多样性的呈现。② 我国的城镇化要走到哪里？"乡土中国"这一没有经过"工业革命"历史阶段的社会是否非要移植西方模式？值得人们慎重思考。

笔者相信，最伟大而又最朴实的智慧仍然遗存于自己的传统中，只是需要我们回过头去总结，并转回头来善待。

339

---

① ［美］约翰·布林克霍夫·杰克逊：《发现乡土景观》，俞孔坚等译，商务印书馆 2015 年版，第 56 页。

② 参见林志宏《世界文化遗产与城市》，同济大学出版社 2012 年版。

第二章

城镇化之中国特色

命题：静止的乡土与移动的城市？

我国正在推进"城镇化"建设。我们可以将其表述为：在传统乡土社会的土壤上建设新型的现代化城市社会。从目前的情形来看，城镇化更像是具有"运动"性质的大工程。问题是："城镇化"是否为一个"工程"，即主要由工学（工程、建筑、土木、设计等）方面的规划设计专家们的"图纸"（蓝图）所主导，或是以统计部门的综合数字为依据的计量工作。虽然人们或许知道，建筑学（Architecture）本身包含"艺术""文化"的意思，可是当今的"红线图""拆—建"工程似乎并未充分考虑这些因素。那么，什么是城镇化？① 什么是城市形制？② 什么是我国的城市遗产，如何继承？这些问题都需要回答。特别是：我国自古是农本（"社稷"）社会，城邑文明与农耕文明保持着特别的关系。这与西方完全不同。笔者认为，

---

① 参见彭兆荣《乡土中国与城市遗产》，《北方民族大学学报》2015 年第 5 期；《城与国：中国特色的城市遗产》，《北方民族大学学报》2016 年第 1 期；《论"城—镇—乡"历史话语的新表述》，《贵州社会科学》2016 年第 3 期；《再议"中国"隅隈边界》，《思想战线》2016 年第 1 期。

② "城市形制"多译为"城市形态"（Urban Form），被认为是城市独有的一种属性，决定城市形制的因素可以分为自然的和人为的因素。参见李孝聪《形制与意象：一千五百年以来中国城市空间的传承与变换》，复旦大学文史研究院编《都市繁荣：一千五百年来的东亚城市生活史》，中华书局 2010 年版，第 536 页。

在我国，"城镇化"必须与"乡土社会"并置讨论。

在讨论这一话题时，我们以费孝通先生的两部著述为原型引入。在《乡土中国　生育制度》的开篇，费先生对中国社会的本质有一个判断："从基层上看去，中国社会是乡土性的。我说中国社会的基层是乡土性的，那是因为我考虑到从基层曾长出一层比较上和乡土基层不完全相同的社会，而且近百年来更在东西方接触边缘上发生了一种很特殊的社会。这些社会的特性我们暂时不提，将来再说。"① 这是一个很奇特的开篇，是他暂时不能准确判断，还是不便判断，抑或是要等到未来社会发展到一定程度再来判断，我们无法确知。但是，费先生对乡土社会性质的基本定位却是明确的，即中国自古是"农本"社会，传统的农业是小农经济，自给自足，"安居乐业"是乡土社会的基本功能和本质特征。

在另外一本著述《行行重行行：乡镇发展论述》中，费孝通先生时而将"城镇—乡镇"并置，这说明"镇"实际上在中国的"城乡格局"中起到重要的链接作用。② 费先生有一个重要的观点，认为我国传统农村向城镇转变，农村人口向城镇流动是不自在的，不自愿的，是"被迫"的"逼上梁山"。③ 他以近代苏南为例做了这样的论述："乡镇工业不仅与农业之间有着历史的内在的联系，而且与大中城市的经济体系之间存在着日益密切的连结。在旧中国，自从上海成为通商口岸的上百年间，外国资本和官僚买办资本就从这个商埠出发，沿着沪宁铁路把吸血管一直插到苏南的农村。首先被摧毁的是农民的家庭手工业；接着农业也独木难支；最后农民忍痛出卖土地，到上海去做工——走上西方资本主义工业化的道路，还要加上半殖民地的性质。"④ 所以，在中国，"小城镇，大问题"。⑤ 综合费先生的判断，以下诸点很突出：1. 中国传统社会的属性是"乡土本色"；2. "城—乡"是一种交融关系，不是西方的二元对峙；3. 近代的城镇化是"被逼的"；4. 殖民主义是一个导致性因素。

341

①　费孝通：《乡土中国　生育制度》，北京大学出版社1998年版，第6页。
②　参见彭兆荣《论"城—镇—乡"历史话语的新表述》，《贵州社会科学》2016年第3期。
③　费孝通：《行行重行行：乡镇发展论述》，宁夏人民出版社1992年版，第51页。
④　同上书，第52—53页。
⑤　同上书，第1页。

城镇化首先是一个政治问题。自古以来，世界上的绝大多数城市都与政治性"话语权力"相结合，并蔓延于历史之中。在西方，城市的"霸权"由以下几个方面的因素所决定。

1. 与国家联系在一起。西方（欧洲城市建制）的城市传统模型是建立在早期"城市国家"的形态之上。在建筑形制上，古希腊的原始"城邦"（city-state）大都有一个至高点。雅典卫城遗址 Acropolis 即为"城市国家"的标准模型，延伸意义为崇高、权力以及梯级状的形态：神庙—广场—剧场—市场。"polis"（城邦）一词与"政治"（politics）相通。城市用城墙围起来，以保护并限定组成它的全体市民。城市一般以公众集会广场为世俗中心，成了严格意义上的"城邦"。① 相对而言，西方的城市国家历史可以独立言说，并不必须与"乡村"挂钩。这实际上也是后来欧洲"都市法"——不受封建领主支配、城市自治的法律依据。换言之，西方的城市化不需要根据农村、农业和农民而进行"自我行动"。更有甚者，古希腊社会将农作劳动视为痛苦的事务。古代编年史学家赫西俄德（Hwsiod）在《田功农时》便将农作描写成"劳苦"与"忧伤"。② 在这样的社会结构中，他甚至痛苦地编织出"城市"与"农村"的意涵。在希腊文里，城市（asteios）与农村（agroikos）可以翻译成"机智"与"粗鄙"。③

2. 从世界范围看，城镇化历史并不总是由西方的城市权力作为话语主导。中国的城市遗产独具一格，非常值得继承；即便是"城市"概念，就有不少学者建议以"城邑"代替。至于所谓的"城市权力"也完全由中国的宇宙观和政治结构所决定。"中国的早期城邑，作为政治、宗教、文化和权力的中心是十分显著的，而商品集散功能并不突出，为此可称之为城邑国家或都邑国家文明。"④《说文》释："邑，国也。"《尔雅》："邑外谓

---

① ［法］让－皮埃尔·韦尔南：《希腊的思想起源》，秦海鹰译，生活·读书·新知三联书店1996年版，第33—34页。
② 参见［美］理查·桑内特《肉体与石头：西方文明中的人类身体与城市》，黄煜文译，麦田出版公司 2008（2003）年版，第45页。
③ Robers, J. W., *City of Sokrates：An Introduction to Classical Athens*, London and Yew York：Routledge & Kegan Paul, 1984, pp. 10－11.
④ 李学勤主编：《中国古代文明与国家形成研究》，云南人民出版社1997年版，第8页。

之郊。"帝王最重要的祭天礼仪为"郊祭"。换言之，即便我们以当代的时髦语汇"话语霸权"套用城市遗产，仍然发现中西方完全不同，"崇高性"亦各自表述。[①] 换言之，我国的城市（城邑、城镇）传统与乡土社会无法割裂开来。

3. 城市，特别是王城，具有政治话语权力的意义，中西皆然，但由于中西方的政治文理完全不同，权力话语也各自表述。如果说欧洲的城市话语权力可以独自言说，那么，我国的城市文明几乎与农耕文明同时产生，城乡是一种共生关系，二者是一个相互不能缺失彼此的二无结构。虽然世界史上有不少这样的情形，但不同的文明、不同的历史阶段、不同的国家、不同的民族有自己的源生纽带和发展模型。比如我国以"黄土文明"为中心的城市就与西方以"海洋文明"为背景的城市权制和权力关系迥异。《周礼·考工记》的开篇之"惟王建国"就是以营造"城郭"（囗、國），即"囗—国"为形，创建"国家"——以王城为中心的"天下观"。

4. 从历史的眼光看，无论城市历史如何"自言其说"，其城市权力是通过与乡村的二元分立的政治结构决定的。就自然的结构形态来看，乡野大都总是围绕着城市，仿佛"农村包围城市"。在这种形制之下，西方的城乡二元就有自己的发展逻辑，其中城市是主轴，"城/乡"（country/countryside）便是标准模型。不过，从世界不同地区和国家的城市发展情形来看，欧洲的"城邦"也只是其中一种模型。城与乡并不是同时产生的，各自遵循各自的逻辑，乡村也不必然因城市而决定自己的发展。古希腊的"城邦制"并没有强烈的"乡土色彩"，却是以海洋为底色。即便是在欧洲，"城/乡"结构也经历了一个历史过程。不过，从文明史的线索透视，城市更多地依赖乡村，因为农业（agriculture）是人类狩猎采集的生存、生计方式之后一种必然的历史形态。农业的出现改变了三个基本要素：迁移转变为稳定；计划生计成为可能以及社会性别的转变。具体而言，狩猎采集必须伴以移动的方式，而农业与土地的关系使人们在获取生活来源时更加从容和稳定，农业生产比狩猎更具有生计的计划性。而在农业的早期，

343

---

① 参见彭兆荣《祖先在上：我国传统文化遗续中的"崇高性"》，《思想战线》2014 年第1 期。

女性显然充当了更加主动性的角色。

5. 城市革命以及技艺的职业化。历史上的农村与城市的转变原本是渐进的，然而，历史上的某些因素，特别是特殊技艺的专业化的出现却可能导致农村向城市的"突变"，"就如英国村庄变成产业城镇一样。而后者的转型通常被归于'工业革命'的贡献。从人口学来看，文字在古老的东方的诞生同样与一场革命——城市革命相关。从纪念地得出的人口图表上升曲线至少部分是由于除农民之外出现了自己不种植或获取食物的专业人群（'城市'的称号很可能已经不适当地夸大了这一阶层数量上的重要性；整个古代世界中，初级生产者占绝大多数，而且在古王国时期的埃及，还未能证明专职工匠聚集在城镇中，尽管弗兰克福特的反映论尚无定论）。不过如果城市革命在农民中增加了专职工匠的新阶层，那么农民本身也就成了革命的产物"①。

概而言之，城—乡是否仅以"静止—移动"表象为判断依据？我国的城镇化是否以"农民居民化"为基本指标？世界城市历史各不相同，形成了独特的城市遗产，我国的城镇化在继承和选择发展模式时要非常谨慎。特别是城市与乡村的连带关系，无论是连续性的、并置性的、主客性的还是包容性的，都需要在历史的坐标中清晰化，虽然历史上不同的城乡关系存在差异，甚至其原生形态有着各自的理由和逻辑，但是，农业文明从来就是人类生计最可靠的根本。

我们并不是历史静止主义者，也不是乡土社会完全的恢复主义者。我们从来就不是将以农耕文明为背景的乡土社会视为静止，或不可变迁的形态。作为一种文明的形态，农业也是演化、变化的历史产物。近两年有一位年轻的以色列学者写了一部"奇书"——《人类简史》，书中谈到农业有这样的观点："人类在几百万年的演化中，一直就是几十个的小部落。从农业革命之后，不过几千年就出现了城市、王国和帝国。"② "农业带来的压力影响是深远的，这正是后代大规模政治和社会制度的基础……出现

344

---

① ［英］戈登·柴尔德：《历史的重建：考古材料的阐释》，方辉等译，生活·读书·新知三联书店 2012 年版，第 221 页。

② ［以色列］尤瓦尔·赫拉利：《人类简史》，林俊宏译，中信出版集团 2017 年版，第 99 页。

了统治者和精英阶级,不仅靠农民辛苦种出来的粮食为生,还几乎全部征收抢光,只留给农民勉强过活的数量。正是这些征收来的多余的粮食,养活了政治、战争、艺术和哲学,建起了宫殿、堡垒、纪念碑和庙宇。在现代晚期之前,总人口有九成以上是农民,日出而作,胼手胝足。他们生产出来的多余食粮养活了一小撮的精英分子,国王、官员、战士、牧师、艺术家和思想家,但历史写的几乎全是这些人的故事"①。

无论其中的评述和观点是否可以完全接受,他描述的情形大致符合历史演化的实情。其实,类似的言论我们也似曾相识。从马克思等革命者到中国革命时期,都可以听到类似激昂的语调。同样的言论所包含的动机不同。我们所面临的是今日之"城镇化",我们需要有更加符合国情的历史唯物主义,需要对我国的乡土社会有更加充分的认识。

动力:静态的乡土与动态的城市?

我国古代的城市与乡村存在着天然和剪不断的关联。它与古代的政治制度相配合。张光直认为:"中国初期的城市,不是经济起飞的产物,而是政治领域中的工具。"② 就行政形制而论,城市有都城、府城和县城。这是一个金字塔式的政治结构:县以下的乡便是自治地方了。我国古代的王城是一种城邑建制。殷商卜辞中有许多"邑",可分为两类:一类是王之都邑;另一类是国内族邦之邑。而"邑"与"鄙"构成了特殊的区域行政关系。陈梦家认为,商代的"邑"与"鄙"形成了一种区域性的行政制度,"鄙"的基本意思是"县"的构成单位。《周礼·遂人》:"以五百家为鄙、五鄙为县。"《左传·庄公二十八年》:"凡邑有宗庙先君之主曰都,无曰鄙。""我们假设卜辞有宗庙之邑为大邑,无曰邑,聚焦大邑以外的若干小邑,在东者为东鄙,在西者为西鄙,而各有其田"③。这样,"都/鄙"形制就是一种中国式特殊的宇宙观在城市建设中的复制。同时,这种形制

345

---

① [以色列] 尤瓦尔·赫拉利:《人类简史》,林俊宏译,中信出版集团 2017 年版,第 98 页。

② 张光直:《中国青铜时代》,生活·读书·新知三联书店 2014 年版,第 33 页。

③ 陈梦家:《殷虚卜辞综述》,中华书局 2008(1988)年版,第 323 页。

又构成了我国古代的区域行政的模型。

但是，无论我国古代的城市是哪一级，都没有离开"城—郊—野"的格局。也就是说，城市除了围墙、城门与外界区隔外，其他都与乡村连在一起，城乡关系如鱼水一般。事实上，中国的城镇乡实为一体，而城市的动态与活力在漫长的封建社会里，动力在乡土。换言之，"静态的乡土"与"动态的城市"，其逻辑结构或许要倒过来说，即城市发展的内在动力恰恰来自表面静态的乡土社会。这种情形越在远古，就越是如此。考古材料说明：虽然新石器时代村落规模很小，但是大量的、内部由八至三十六个家庭组成的村庄都足以证明新石器革命帮助人类生存取得的非凡成就。① 相反，城市革命对人口的影响可能只要从规模上将青铜时代城市和新石器时代村落相比就能推断，埃及仅一个乡村的墓地就有 500 座坟墓，年代在公元前 2560 年到公元前 2420 年之间。它们完整地保存下来让现代的发掘者来研究。② 换言之，这些典型的考古材料足以得出一个简单的结论：乡村可以独立、自在、自给、自足的存在，而城市是无法自给自足的，没有乡土，城市无以支撑，无以说明。

中国的"农本"文明，早已将城市"蓝图"囿于其中，我们甚至可以在王城的建设形制中清晰地看到"井田"的原型。在《周礼》的王城建制中，城郭的营建无不以井田之秩序和格局为模本。城之经营与农业耕作为"国家"统筹的大事。"国"之营建与经营，以井田之制为据。疏云："井田之法，畎纵遂横，沟纵洫横，浍纵自然川横。其夫间纵者，分夫间之界耳。无遂，其遂注沟，沟注入洫，洫注入浍，浍注自然入川。中华文明最突出的特点是农耕文明，这也决定了"城郭（國）"的性质。

古代的城郭建设的形制以"方形"为基型。按照建筑史家的观点，中国古代早期的城都有大小二城，小城为宫城，大城为居民区，居民区内用墙分割为若干方格网布置的封闭居住区，称"里"，实行宵禁。③ 相对于

---

① 考古学对遗物有一个以"物"为标志的序列：石器（通常又分旧石器、新石器）、铜器、铁器——笔者注

② ［英］戈登·柴尔德：《历史的重建：考古材料的阐释》，方辉等译，生活·读书·新知三联书店 2012 年版，第 164 页。

③ 傅熹年：《中国古代建筑概说》，北京出版集团公司、北京出版社 2016 年版，第 3—4 页。

"城"而言，"里"与"坊"常常并置同义，所谓"里坊"。城的主要功能是"市"（商业活动），所以后世称之为"市里制城市"①。而"里"的本义为"田"，说明其与乡土田园有关。同时，也与中国自古的"八方九野"②之说有关。《周礼·考工记》开宗明义："惟王建国。辨方正位，体国经野，设官分职，以为民极。"而按照《考工记》之形制："匠人营国，方九里，旁三门，九经九纬，经涂九轨，左祖右社，前朝后市。"则城郭内必为"里坊"结构。③ 外形上与美国的街区（block）有相似之处，但本质完全不同。另外，坊在我国城市的历史发展中，含义也在不断的变化之中，比如，"坊在唐代是作为在城市中区划功能区而出现的，但这一意义在宋代消失了"④。但今日北方城市所说的"街坊邻里"仍然延续此义。

我国古代的城市，大都有一个宗庙。这与我国传统社会以宗族为发展的线索有关。比如，古人对一座城市是否能称为"都城"，是看城中有无先君的宗庙。"都，有先君之旧宗庙曰都"，"凡邑，有宗庙先君之主曰都，无曰邑"⑤。其实，"都城"与"城邑"在我国的城市发展史上并没有那么严格，李学勤认为"城邑"（大致以宗族分支和传承为原则）和"城郭"（大致以王城的建筑形制为原则）等，更多的是外在形制上的差异。需要特别强调的是，我国古代任何形态的城市，都与宗族繁衍有关，即便是后来移民外域，甚至海外者，都以"宗族"为基本和根本。这是我国正统之"家国"和乡土社会之"正宗"。城邑与城郭虽然都不刻意强调宗族世系

---

① 傅熹年：《中国古代建筑概说》，北京出版集团公司、北京出版社2016年版，第32页。
② 所谓"九野"，指"中央曰钧天，其星角、亢、氐。东方曰苍天，其星房、心、尾。东北曰变天，其星箕、斗、牵牛。北方曰玄天，其星女、虚、危、营室。西方曰幽天，其星东壁、奎、娄。西方曰颢天，其星胃、昴、毕。西南方曰朱天，其星觜、参、东井。南方曰炎天，其星舆鬼、柳、七星。东南方曰阳天，其星张、翼、轸"。（《淮南子·天文训》）
③ 参见［新加坡］王才强《唐长安居住里坊的结构与分地（及其数码原复）》，复旦大学文史研究院编《都市繁华：一千五百年来的东亚城市生活史》，中华书局2010年版，第48—70页。
④ ［日］伊原弘：《宋元时期的南京城：关于宋代建康府复原作业过程之研究》，复旦大学文史研究院编《都市繁华：一千五百年来的东亚城市生活史》，中华书局2010年版，第121页。
⑤ 《说文·邑都》，又见《左传·庄公二十八年》，孔颖达疏："小邑有宗庙，则虽小曰都，无乃为邑。为尊宗庙，故小邑与大都同名。"见李孝聪《形制与意象：一千五百年以来中国城市空间的传承与变换》，复旦大学文史研究院编《都市繁荣：一千五百年来的东亚城市生活史》，中华书局2010年版，第519页原注。

（lineage），但这条线索却是乡村社会的原生纽带，帝王所居之"王城""都城"也不能例外。

简言之，世界各文明的城市历史既有其共同的人类遗产的部分，又都可以各自表述，但是，我国的城市（城邑）史却必须从"乡土"说起，古代城市发展的重要动力来自农村。但对于"乡土景观"的范畴，学术界却没有共识，有的学者认为乡土观景是相对于城市而言的，有自己的品质，包括：1. 农村——稳定的农业或牧业地区；2. 有封建家长制社会中；3. 处于手工农业时代。① 如果这样，城市，特别是在中国的城邑，似乎就被排除在"乡土"之外。笔者倾向于将"乡土"置于"家园遗产"的背景之中，这样，乡土便建立在了以农耕文明这一背景的传统的"乡土中国"之上，却并不排斥与城市（城邑）建立的特殊的连带关系，尤其是中国的城镇，事实上与乡土存在着亲缘关系，不仅表现在人的血缘，还表现在地缘与乡党的密切关联。这样，我们也就建立了在特指与乡土有着"乡土性"的城市乡土景观。其实，在中国的城市中，从来就不缺乏传统的乡土景观——非常具有与土地相属的景致。"街坊"与"邻里"在语言使用上是同义词，而"邻里"原本就与农田的耕作管理，特别是"里甲制"有关。街坊其实是一种仿制。中国式的"乡土—城镇"也使得在当下我国正在进行的"城镇化"与"留住乡愁"两大工程中建立起历史的逻辑关系，嘱我辈谨行慎思。

业缘：守土的乡村与离土的城市？

提出"守土的乡村与离土的城市"的理由是，无论政治上的"城市权力"还是历史事件性的"城市变故"，都不能回避一个简单的事实，这就是相对我国传统的城市而言，无论是城市的缘生，还是城市的变化和变革，其策动力主要都在农村。从表面上看，乡土社会是"守土"，而城市社会是"离土"，但是，在中国，"守土"与"离土"并不悖，反而是互

---

① 参见俞孔坚《回到土地》，生活·读书·新知三联书店 2016 年版，第 197 页。

动的。首先是人口，农村的剩余劳动力是城市主力军，即便是在改革开放后的今天，这仍然是一个不争的事实。农业人口的城镇化，一方面保持着与乡土社会的亲缘关系；另一方面，向城市人口的职业化转化。

农村人口的城镇化首先面临的问题是业缘，即从业问题。"业"（行业、职业）在今日通称为"工作"。因为工作由"各行各业"所组成。"行业"本义就是分工作业。"行"，甲骨文任，其文像是一个十字路。意思是道路、行走，《说文》释："行，人之步趋也。"表明"行走"与"行业"间的关系，最好的注释即费孝通先生的"行行重行行"，[①] 既在行走，又在业中。俗称三百六十行。有意思的是，它与"行走""旅行"同畴并置。古代的许多"行手人"，这种特殊的方式，在行业、技术和文化交往方面显得至为重要的。

业，为象形字，辛（辛）、去（去，出门劳作）。《说文解字》释："业，乐器架子上方横木上的大版。"即用来装饰支架、悬挂钟鼓的大版。大版形状参差不齐像锯齿，并用白色颜料涂画。大版和所悬钟鼓之间，参差错落又相互承接。白川静认为版筑即建筑城墙时所使用的夹板，属于一种操作。[②] 古文写作榀，名称有行当之意。司马迁的《史记·货殖列传》中有："各劝其业。"陶渊明《桃花源记》："捕鱼为业。"韩愈《师说》："术业有专攻。"换言之，行业既包含着分道，也包含着行走，形成专门之术业：移群、行走、行业成为最为突出的因素。简言之，"守土"者仍以农业为本，为正业。"离土"者需介入行业（"有工作"），方可被社会认可。故人们把那些游手好闲者说成"不务正业"（品性不好），将那些"无业游民"（失业者）当作重大社会问题来解决。

349

然而，我国历史上的经学礼制对日常生活中的手工行业一般不予重视。齐如山先生在编制《北京三百六十行》的序言（民国三十年）中说过这样一段话："从前有许多人号称念书的，意思是什么也不会，只会念书，下等的只念小题折字，他以为此外的书都不必念。高等的只搂着他认定的

---

① 包含着"行走"于各个"行业"的意义和意思。参见费孝通《行行重行行：乡镇发展论述》，宁夏人民出版社 1992 年版。

② ［日］白川静：《常用字解》，苏冰译，九州出版社 2010 年版，第 90 页。

几本旧书，有理学家连《说文》《尔雅》都看不上，经学家对于诗词视为小技，诗词家又看不起戏曲、小说。这样理想的先生们，自然是要把各种工艺更是看成粪土不值了，其实这是不对的。不用说钢铁等等工艺有关国运，就是木工、建筑等等也是人生所必不可少的事情，以至其他所有的工艺品，又有谁能离开呢？把人人所必需的东西看得一文不值，知识阶级的人无人去管，所以各种工艺都退化，不用说进化发达，就是保存旧有的已经很不容易了。"① 中国传统文化中有一种巨大的悖论：文化的特性在于务实，而至为实在的却又置之不理。何故？"读书人"使之然。"读书人"的使命在于"治国安邦平天下"，故不齿于生命、生活所需的"雕虫小技"。这也成为我国农耕技艺、家具，包括手工技艺等在保护和保存上困难的重要原因。或许，儒学多少需要担责的。

事实上，我们有另外一种传统。我国农耕文明之重"农本"，窃以为"社""祖"为关键词，而二者实为连带关系，前者祭土，强调土地与农业之本，后者是生产、生殖，强调土地"母亲"的生产功能。因此，若以宽泛的意义，农业（以土为业）无妨是一个原初性"生业"。中国是一个传统的农业国家，许多行业故而与"土"有关。与之关系最为密切者当属"陶瓷"行业。作为中国文化的一种通则，行业如同氏族，都有自己的"英雄祖先"。陶瓷业的祖先是尧和舜。尧的繁体为"堯"，从文字构造看，其从人、从土：𡞞，《说文》谓之"土高也"。尧号称"陶唐氏"，《史记·五帝本纪》有"帝尧为陶唐"之说。"陶"与制作陶业有关，"唐"通"煻"，即烘焙。"陶唐"即制造陶业的始祖。而舜为尧之后的另一位明君，史称虞舜。

随着农业的发展，城市（城邑）也随之出现。发达的农业未必不产生商业交通，也未必不产生发达的城市体系。事实上，"城乡"原本是一体性的，英文中 country、countryside 不仅相互指称，而且成为"国家"的原始形貌。大量史料和考古材料说明，我国古代形成了细密的分工，历来有"百工"之谓，《尚书·尧典》："允厘百工，庶绩咸熙。""生业""工业"

350

---

① 齐如山著，盛锡珊绘图：《北京三百六十行》，中华书局 2015 年版，"序"第 2 页。

"行业""职业""专业"皆在"以生为业"的根本上扩大了范围和范畴,[①]分工与行业的细致化与城市(城邑)存在密切的关系,我国古代的"建国"最初即"建城廓",行业都可以在其中找到相应的地位和作为。

行业的形成是一个自然的社会化过程,它既是一个生计、生活和生产的需求,也是各个行业协作的产物。我们也可以这么说,"社会"就是一个不同生业、行业、专业、职业的相互协作而形成的。社会分工也可以简述为:不同的人根据所从事的工作而结成一个松散的社会群体,并被赋予社会价值的关系等级。换言之,社会等级在很大程度上也是指从事不同工作、工种、工序演变而来的。任何社会必须建立一个分工协作的秩序,社会才能正常运作和运行。判定一个社会化协调机制也必然要根据社会的行业分工与合作的机制与效应。另一方面,对行业的管理也是人们考察社会化的一个重要指标。

行业本义就是分工作业。人活于世,必赖以生计;生计之方式,必赖于协作;协作之社会,必赖以分工;分工之形成,必赖于行业。是为天下道理,社会秩序。所以,生业就社会分工和分层来说,应为社会基础和基本。以中国神话历史论,三皇五帝多与之有涉。就道理而言,帝王"明君"除其授命于"天",还需要有特殊的天赋、禀赋、能力、技术与手段。尧、舜、神农等皆可视作行业神。神农尝百草、教农事,被民间奉为农业之神,中医之圣,是为常识。

"行",甲骨文𠁻,其文像是一个十字路,金文大同。本义道路、行走,《说文》释:"行,人之步趋也。"说明"行走"与"行业"之间存在着无形的关系,最好的注释就是费孝通先生的"行行重行行"之谓。[②]"行业"独立地成为"行"之历史演化的一个领域;特指从事各种的专门性工作、事务和技术,俗称三百六十行。古代的许多"行走人"就实实在在地与

① 这些概念中的内涵和外延并不完全相同,在不同的历史语境中的使用频率也不尽相同,中西方在同一个概念,比如"工业"并不相同,在此我们不做更细致、具体的区分,我们只是以这些概念、词汇中的基本构成的主体构成为依据,采用现行社会中具有基本共识性的概念"行业",在特定的语境中交替使用"工业""职业"等。

② 包含着"行走"于各个"行业"的意义和意思。参见费孝通《行行重行行:乡镇发展论述》,宁夏人民出版社1992年版。

"行走""旅行"结合在一起，他们的"行走"可能发生在不同的地方，甚至不同的国家。这种特殊的方式，在行业交往和文化传播上起到了重要的作用。比如我国的汉代手工艺术给予日本巨大的影响，有些行业就是手艺人传去的，①日本学者冈仓天心有这样的记录："这一时期来自中国和朝鲜的移民多数是艺术家或手工艺人。如果看看他们刻制的镜子、马具、刀刻上的饰纹，用青铜或黄金制作的美丽甲胄，大概就可以看出其样式是属于汉代的。"②有些生活中的烹饪技艺，如面条就是从中国传出去的。如果我们遵循和追踪"行业"之"行"，费孝通先生的"行行重行行"是最形象的表述。③换言之，行业既包含着分道，也包含着行走，形成专门之术业：移群、行走、行业成为最为突出的因素。

这里出现了一个需要认真讨论的问题：如果"农业"作为我国业缘之本（"农本"），其特性是守土。这个法则主要是按照"乡土"原则而建立的，这就是费孝通先生总结的"乡土中国"，即"中国社会是乡土性的"；土字的基本意义是指泥土。乡下人离不开泥土，种地是最普通的谋生办法。"直接靠农业来谋生的人是粘在土地上的"④。在这样的传统法则之下，安居乐业，"父母在不远游"是其文化的表情。在"生于斯，死于斯"的农业伦理中，自给自足的生活方式，并不需要特别的"移动"。这似乎与"行业"相悖。那么，我们说离乡离土和特性原是基于中国文化内部的法则而产生的，然而，这样的法则对于世代居住在海边，且土地资源贫乏的地区，尤以福建、广东沿海一带而言，这样的法则便难以遵循。他们需要根据海洋的特色进行渔业、商业、贸易、交通等的活动，这些活动自然也要伴随移民。换言之，以闽、粤两省沿海地区的华人华侨为主体的历史性移民和迁移性活动，恰恰并不遵循传统文化中的乡土性原则，而是移动性原则。但是他们中有许多人和群体原本即是从土地人群中分离出来的，如客家人。

① 古代从中国、朝鲜半岛去日本的人，也称作"渡来人"，他们中有许多是手艺人。参见［日］冈仓天心《中国的美术及其他》，蔡春华译，中华书局2009年版，第205页，注2。

② ［日］冈仓天心：《中国的美术及其他》，蔡春华译，中华书局2009年版，第26页。

③ 费孝通：《行行重行生：乡镇发展论述》，宁夏人民出版社1992年版。

④ 费孝通：《乡土中国　生育制度》，北京大学出版社1998年版，第6—7页。

在此,"移动的地方"必然首先要面对。在不同的历史时段、不同族群关系、不同的文化语境中,"移动的地方"原本具有一种"再生产"(reproduction)的需要和能力。今日之"全球化"背景,已经加剧了"空间生产"对传统"地方感"之间所谓"侵蚀"的紧张关系。有学者甚至提出"地方的终结"问题。①

城市是行业化、职业化的摇篮,而行业化又与移动性相契合。在以往的讨论中,有一个较为共识性的认识,即乡土社会是静态的,因为其与"土地的捆绑",因为"父母在,不远游"的农业宗法伦理等。相反,城市文明具有的(人口)流动性、(文化)移动性、(商业)交换性等特性。这样的判断在原则上不会有问题。这也是费孝通先生之"乡土中国"的基调。然而,这里出现了一个需要认真回答的问题:所谓静态(守土)的乡土社会能否产生动态(离土)城市的内部动力。换句话说,中国传统的农本社会能否产生推动城市发展的动力?笔者的回答是肯定的,否则就从根本上不足以解释我国传统的城市模型。当然,这也是区分中西方城市文明差别的重要依据。

我们通常说,中国传统的农村是自给自足,"男耕女织"的自然分工保障着人民基本的生活和生计,交换和交流虽需要,却不必需。城市则相反。这里出现了两面的价值判断:之于乡土社会,离土离乡是负面的评价,甚至是灾难的景象(背井离乡);之于城市文明,游移流动却是正面的评价,是必须和自然的现象。笔者认为,"自给自足"原本只是对乡土社会的原始和初级形态的一种表述,尽管它一直延伸到20世纪的边远农村,却无法掩盖一个基本的情势,即"自给自足"的总体格局早已被打破,随着城市的发展,乡村也会被带入与城市更为密切的关系纽带中。其中最具说明的是业缘——城市的行业化越来越成为乡土社会变化的一个互动理由。城市的流动性、流通性与行业(生计专业)、商业(商品交换)都存在关系。我们大致可以这样表述:农耕文明从来就不缺乏交流,虽然它无法与海洋文明相比附,却未必不发达。商业活动仍然频繁。《史记·

353

---

① [美]克雷斯韦尔:《地方:记忆、想象与认同》,徐苔玲、王志弘译,群学出版社有限公司2006年版,第73页。

货殖列传》有："待农而食之，虞而出之，工而成之，商而通之。"商业流通必有城市相联系，"市"者即表明商业活动。① 市，金文𣃦，其中业被认为是为集市而竖立起的标志。②

所以，我国自古就不缺乏以城市为中心的移动属性。我们相信，任何文明都无法根本脱离移动性。丝绸之路便是一个例子。丝绸业在我国南方，特别是苏州有着绕不过的关联。范金民先生为我们勾勒了一幅前清时期苏州城中丝绸行业与铺店之间的图景："苏州丝织业以纱缎业最为出名，而其生产集中在城之东北部，地方文献称：'都城之东皆习机业，织文曰缎，方空曰纱。工匠各有专能，匠有常主，计日受值……'。"③ 业缘组织成就了"人（工匠）—业（行业）—铺（铺店）—馆（会馆）"一个完整的城市体系构造。我们也可以这样说，相对稳定的流动商业贸易需以业缘群为基础。

长期以来，城市文化的独立性、独特性一直未能得到学术界的重视，导致在历史判断上的偏差：要么简单地将城市文明和文化作为传统农业社会的附属；要么突出其与"中心""帝王"等具有符号性指示相连属而被提升到一个政治性"家国"的层面，处于"话语性自我言说"的状态；要么将城市建设置于相对独立的"营造学"建筑范畴来讨论。忽略了业缘与城市的重要关联。

既然我国的城市传统存在着"被遮蔽"的历史现象，也导致了对"移动性"在价值上的误判，"移动"当然首先是人的游动，人的"游动"常在"游手好闲"之列。在乡土社会的背景之中，"游"（游手、游荡）、**354** "浪"（浪荡、浪子）、"流"（流氓、二流子）等多被赋予"负面价值"。但这实在是一个误解。事实上，我国古代在哲学与人生价值的追求方面，一直将"动"置于生命最重要的认同来看待，尤其以道家的主张为重，否则，天地人，阴阳，生生不息便都无基础。道家集中国古代杂家之大成。④

---

① 李学勤：《东周与秦代文明》，文物出版社 1984 年版，第 213 页。
② ［日］白川静：《常用字解》，苏冰译，九州出版社 2010 年版，第 168 页。
③ 参见范金民《清代前期苏州工商铺店的实态》，载复旦大学文史研究院编《都市繁华：一千五百年来的东亚城市生活史》，中华书局 2010 年版，第 323 页。
④ 参见胡适《中国中古思想史二种》，北京师范大学出版社 2014 年版，第 30—32 页。

"道"之生成、变通、运动、转换等道理早已为人所认可共识，"与时迁移，应物变化"为基本的道理。[①] 这也为中国传统社会认知性建立了一种以"变化""运动"的道理原说，只是一直以来，人们并不以此为社会主导价值，更未能与我国自古而来的"城市文化"相挂钩，形成了一种无形的遮蔽而未能得以如实的彰显。

值得一说的是，我国古代的城市传统与水建立了"流动"的元规则（共同遵循的原则，其实世界上绝大多数城市都与水存在着不解之缘）。这里至少有三层意思。1. 城郭与水有着渊源关系，无论是鲧拟作或禹始作城郭，父子皆为治水英雄。[②] 水与城则是一个实在的原因，这一点许多材料可以证明。2. "城池"并称可见一斑。在现实功能方面，城建首先考虑水。古代的"城市"一般被称为"城"，有"城"才有"市"，而城有筑墙为守的含义，也说明了城的防卫功能。3. "河流文明"不仅是封建社会的代称，河流事实上也是交通、商贸、货物、文化、信息交流的重要渠道。

我国当下正在进行城镇化建设和以"留住乡愁"为旨意的保护乡土传统的两项工程。但二者文化趋向并不相同：前者的趋向以乡土的静态转向城镇的动态；后者则是在动态中留守静态的景观。前者指向未来，后者侧重过去。"城镇化"仿佛是一幅充满希望的画，悬挂在未来的"墙上"。"留住乡愁"却是要留守乡土的记忆，宛如"老照片"滞留于过去。憧憬未来与落暮怀旧，在今天的价值天平上，倚重前者。也许在未来的某一天，人们蓦然回首，发现美好原来就在相框里。

355

---

① 参见胡适《中国中古思想史二种》，北京师范大学出版社 2014 年版，第 105 页。

② 《世本·作篇》之"鲧作城郭"。《世本》张澍补注转引《吴越春秋》："鲧筑城以卫君，造郭以守民。"《吴越春秋》还说："尧听四岳之言，用鲧修水，鲧曰：帝遭天灾，厥黎不康，乃筑城造郭，以为固国。"另《淮南子·原道训》有："夏鲧作三仞之城。"

第三章

中国传统的城市遗产

城郭之形

现在世界上的城市建制也像政治性"话语权力"在全球蔓延。作为一种特殊的文化遗产，任何城市建制都具有自己的脉络血统和传承方式。西方（特别是欧洲的城市建制）的传统与其早期形态为"城市国家"，即国家以一个城市为中心而建设。古希腊的原始城邦有一个至高点——"中心"。这种以城市为中心的国家政治体制，首要之务是确立至高的神位，然后世俗权力、族群关系、地缘事务……西方的城/乡关系是一个以城市为中心的形制，但其实西方的城市也不是没有变化，尤其是当西方的城市形制移植到美国时，情形有所不同。17世纪，当英国人到新世界生活时，他们并不以规模、密度或财富来区别城和镇，而是以居民点的职能。城市被视为权力的所在，那里坐落着以教堂为中心的重要政治机构。城市是以权力和地位划分的等级社会，是社会财富的象征，是高贵和永恒的象征。而西方在区别"城—镇"时，通常是以商业的规模来确定的，"当一个地方聚集了某种服务或商品时，那里就被称为城"。简言之，西方的"城市"要件中，政治和商业是基本的要件。在城市里，市政中心成为重要的景观要素，并不是因为人们聚集在那里举行庆祝活动，而是因为它本质上是一个政治机构。从这个角度讲，市政中心等同于城市（city）一词的古典含义，即居民团体。①

在政治中心方面，我国的城建也具有相似的功能，特别是王城。我国古代的王城建制实为国之首要大事。建城立都因此需要承天道，应鬼神，是为"说命"也。在传世古文尚书《说命》中就有"惟说命总百官，乃进于王曰：'呜呼！明王奉若天道，建邦设都，树后王君公，承以大夫师长。不惟逸豫，惟以乱民'"。与之相关的文献《墨子·尚同中》：先王之书《相年》之道曰："夫建国设都，乃作后君公，否用泰也；轻大夫师长，否用佚也，维辨使治天均。"说的是古者建设国都，需告上帝鬼神，以立正长也。建国立都不是为了高其爵、厚其禄，而是为万民兴利除害，安平治乱。② 换言之，古代建设城郭是一件至为神圣之事，涉及建国立基，安邦长治，正名昭世。因此需要上告天帝鬼神，以示凭照。

值得特别言说的是，我国城郭建制与水有关开基祖为鲧，鲧是夏禹的父亲，父子皆为治水的英雄，只是因为鲧的治水方式不得当（围堵）而被天帝所杀。但他为历史留下了营造城郭的模范，开创了城郭建制。这一说法出自《世本·作篇》之"鲧作城郭"。③《世本》张澍补注转引《吴越春秋》："鲧筑城以卫君，造郭以守民。"《吴越春秋》还说："尧听四岳之言，用鲧修水，鲧曰：帝遭天灾，厥黎不康，乃筑城造郭，以为固国。"《淮南子·原道训》有："夏鲧作三仞之城。"但西晋的张华在《博物志》中把夏禹说成开始造城之人。④ 可记忆的环城创作是在夏代，除了可商榷的王城是"奴隶制国家的诞生和阶级社会开始的标志"外，⑤ 水与城则是一个实在的原因，这一点许多材料可以证明。比如

357

---

① ［美］约翰·布林克霍夫·杰克逊：《发现乡土景观》，俞孔坚等译，商务印书馆 2015 年版，第 101—103 页。

② 参见程薇《传世古文尚书〈说命〉篇重审——以清华简〈傅说之命〉为中心》，《中原文化研究》2015 年第 1 期。

③ 虽然在筑城的创始人的传说版本中，还是黄帝，《尸子》："黄帝作合宫"。《白虎通》（佚文）："黄帝作宫室避寒暑，此宫屋之始也。"［参见雷从云、陈绍棣、林秀贞《中国宫殿史》（修订本），百花文艺出版社 2008 年版，第 5 页。］此外尚有黄帝"邑于涿鹿之阿，迁徙往来无常处，以师兵为营卫。"（《史记·五帝本纪》）显然当时城郭未有成形。总体而言，对创建城郭的始祖，学术界共识性观点是鲧。

④ 参见杨秀敏《筑城史话》，百花文艺出版社 2010 年版，第 3 页。

⑤ 同上。

古代商城，① 商代早期的河南郑州建造的城规模已经很大，其城墙很厚，剖面呈梯形，分层、分段用黄土夯筑。这种带坡度的形式是防水的常用形式，有学者认为，城郭建造的功能与其说是防御敌人，不如说是防水。而后来的防御敌人的城墙功能就建成了陡直的了。② 比如《国语·周语下》："灵王二十二年（公元前550年），穀、洛斗，将毁王宫，王欲壅之。太子晋谏曰：'不可……。'王卒壅之。"穀水与洛水相冲激，有破坏周王宫的危险，所以说王宫应在穀水注入洛水处。③ 可知，王城营建与水之间的关系。即使是在后来相随产生的"隍"也围绕着水。在我国，有城必有城隍神。④ 而"城隍"在意义即"城"与"池"（隍）。⑤

这也决定了我国古代都城的形制：都城是国家的统治中心。自西周起，各朝都城大多建有大、小两城，小城是宫城，是宫廷、官府集中的权力中心，大城又称郭，其内安置居民。古人说："城以卫君，郭以守民。"⑥ 至于形制，早在周代，"城郭"（口、國）的营造的以"口"为形，可见"国家"是以一个具体的城郭为中心的"天下观"。我国大量城郭遗址所提供的形制，"城"与"郭"是一个二合一的整体。梁思成认为，《史记·周公世家》所载，成王之时，周公"复营洛邑，如武王之意。"此为我国史籍中关于都市设计最古之实录。⑦ 天子都城之制为："匠人营国，方九里，旁三门，国中九经九纬，经涂九轨。左祖右社，面朝后市，市朝一夫。"⑧

① 参见张光直《商文明》，"洹水""洒、淇间故商城"等，皆表明城与水的关系。生活·读书·新知三联书店2013年版，第70页。

② 参见许进雄《中国古代社会：文字与人类学的透视》，中国人民大学出版社2008年版，第311—312页。

③ 参见李学勤《东周与秦代文明》，文物出版社1984年版，第17页。

④ 参见林国平、潘文芳《道教中的城隍信仰初探》，载刘家军、沈金来主编《城隍信仰研究》，中国社会科学出版社2013年版，第12页。

⑤ "城隍"二字始见于《周易》："城复于隍，勿用师。""隍"与水有涉："隍是城下池也"，即护城河。参见杨洁琼、刘家军《民族文化视野中的城隍》，载刘家军、沈金来主编《城隍信仰研究》，中国社会科学出版社2013年版，第27页。

⑥ 傅熹年：《中国古代建筑概说》，北京出版集团公司、北京出版社2016年版，第93页。

⑦ 梁思成：《中国建筑史》，生活·读书·新知三联书店2011年版，第18页。

⑧ 注："'方各百步'，案司市，市有三期，揔于一市之上为之。若市揔一夫之地，则为大狭。盖市曹、司次、介次所居之处，与天子二朝皆居一夫之地，各方百步也。"或意为管理王城的行政长官的居住情形。（汉）郑玄注，（唐）贾公彦疏：《周礼注疏》（下），"周礼注疏卷第四十九"，上海古籍出版社2010年版，第1663—1664页。

盖三代以降，我国都市设计已采取方形城郭，正角交叉街道之方式。①《周礼·考工记》的开句便是"惟王建国"，而"城市"文化遗产亦有其源头，并形成传统，从《考工记》一直沿袭至北京城的建制。北京皇城的建制基本上按照周礼《考工记》王城规划理念设计的：第一"择中"立宫，对称布局，即确立一条南北中心线作为王城的中轴。第二是"前朝后市，左祖右社"的布局。今天北京城的商业街在后（海子桥一带），太庙在左（东），社稷坛在右（西）。第三城中有城，如内城和外城，仍然是古代"城郭"的形制。城中之城为皇城，皇城城墙名萧墙。第四布置城门。《考工记》中有"旁三门"，在北京皇城有点变化，即北城墙改为二门。第五是经纬垂直的道路。② 比如北京后城的社稷坛③依据周礼"左祖右社"之制，布置在皇宫之右（西）。④

有城市必有城墙，城墙作为城市防御的基本功能，无论城市历史、城郭形制发生什么样的变化，如从西汉时期的都城长安城西城东郭、城市正方向朝东的布局模式转变成为东汉洛阳的内城外郭、城市正方向为南的布局模式，还是城市布局和格局变化与天象有关，或是由于经济发展导致城市格局发生变革等，⑤ 都不妨碍城市最初的防御功能。

古代的城市和城郭具有防护功能这大抵是世界城市文明中所具有的共性，其中"可视性"是一个有形的特征。"可视性"一词不仅仅表示某个物体能够被看到，而是指显而易见的、从环境中脱颖而出、一瞥即明的某种形式。虽然从这种意义上看，并非景观中的所有物体都是"可视的"。⑥在政治景观中，城墙是一种永久的可视性要素，而不是一堆私有的、临时的、善变的住宅的随意组合。

359

---

① 梁思成：《中国建筑史》，生活·读书·新知三联书店 2011 年版，第 18 页。

② 参见王世仁《皇都与市井》，百花文艺出版社 2006 年版，第 12 页。

③ 社稷坛祭祀的是太社和太稷之神。"社"代表土地，"稷"代表农业。土地和农业是国家之本，"社稷"代表国家。

④ 参见王世仁《皇都与市井》，百花文艺出版社 2006 年版，第 39 页。

⑤ 参见杨宽《中国古代都城制度史研究》，上海古籍出版社 1993 年版。相关评述可参见成一农《古代城市形态研究方法新探》，社会科学文献出版社 2009 年版，第 35—38 页。

⑥ ［美］约翰·布林克霍夫·杰克逊：《发现乡土景观》，俞孔坚等译，商务印书馆 2015 年版，第 46 页。

古罗马的"区域",即古代的城市行政管理分区,"在古希腊和古罗马时代乃至中世纪流行依周长确定区域,而非当今惯常的按面积划分区域"。换言之,他们利用了边界这一可视的特征。当代的环境设计师,格外关注空间的变革,备受激励,却尚不确定该如何表达。对他们中的许多人而言(主要从他们的观点和文章而不是他们的实际行动来判断),传统可视的空间仿佛正被一种无边无际、无休止而又不可见的巨大空间所吞噬,以至于他们所全部关注的不是空间本身,而是如何对其做出反应、如何理解它、如何在其中行动、如何传播观点,以及空间模拟模型、空间符号、空间与现象学。①

中国古代的王城具备"王国"的性质也较为普遍,但我国的城市有自己的文化逻辑。依据《周礼·考工记》所描绘"国(國)"的模型,即以"國"字为基型,或是域、国的本字,强调城郭的防御与保卫。既然"城郭"即"城国",而"国之大事,在祀与戎"(《左传》),征战与防御也就成为一事之二面。"城",金文𩉁,字形构造为𩰫,代表"郭",即环绕村邑的护墙,加上𢧑,即成,义为以用武力保护都邑的郭墙。有的金文𩫦,即"土"𡈽(代表墙,夯土),𩰫(城墙)。《说文》释:"城,以盛民也。从土从成,成亦声。"表示以土墙累起来的,用于保护君王和民众的地方。《礼记·礼运》:"城郭沟池以为固。"我国古代的城市也称城邑,《左传·庄公二十八年》:"邑曰筑,都曰城。"《史记·廉颇蔺相如列传》:"臣观大王无意偿赵王城邑。"② 城墙是城郭之基本,仿佛国家之与边界,其实,城墙就是早期国家的边界。

张光直认为:"中国初期的城市,不是经济起飞的产物,而是政治领域中的工具。"③ 所以我国古代的城市形制是以内城(城)和外城(郭)

---

① [美]约翰·布林克霍夫·杰克逊:《发现乡土景观》,俞孔坚等译,商务印书馆 2015 年版,第 48—49 页。

② "邑"的意思在历史上有变化,原指城,都城也可称"大邑"。邑也指类似的"乡镇"。秦统一中国的商鞅变法就实行"集小乡邑聚为县,置领,丞"。将社会分成一系列相互连锁的单位,最小的单位便是五户或十户的组。从而确立从县到中央的形制。参见 [美]韩森《开放的帝国:1600 年前的中国历史》,梁侃等译,凤凰出版传媒集团、江苏人民出版社 2009 年版,第 89 页。

③ 张光直:《中国青铜时代》,生活·读书·新知三联书店 2014 年版,第 33 页。

两部分形成的主体，"城"与"郭"的功能不同，前者为"卫君"的宫城，后者是"守民"的郭城。我国考古材料所知早期规模最大、保存最完好的偃师商城遗址即现雏形，[①] 而我国古代最著名的古都之一洛阳城遗址则完全依照城郭制建造，[②] 而如果按照新公布的陕西神木县石峁遗址中的石城来看，这座距今 4300 多年的古城，内城、外城的总面积达 400 万平方米，被认为是"中国目前已知最大的史前城池"[③]。由此可知，中国古代的政治地理学中最具有形制传统的文化遗产就是城市遗产。

城之名实

中华文明与城郭文明存在着剪不断的关系。从可知的文化史源头追溯，必先以"圣王"开基，这也是任何"谱系"的开章——说明我是从哪里来的。"英雄祖先"成了开场人物，就像今天我们仍然说自己是"炎黄子孙"。"圣王"必有"城郭"。本质上说，城市，尤其是王城、皇城、都城，[④] 当然也包括城邦、城郭、城邑等不同的称谓和形制，都是"王治天下"的中心符号，属于遗产政治学。

城墙的建筑是我国城郭营造中至为重要的部分。我国的城墙主要的修建方式是夯土，张光直根据考古材料评述：

---

① 朱乃诚：《考古学史话》，社会科学文献出版社 2011 年版，第 126 页。

② 在历代的考古探索中，洛阳城的廓城长时间未现其形，考古学家在对北魏洛阳城遗址的探索中，特别注意其是否有外廓城。据杨衒在洛阳城荒废后的公元 547 年重游洛阳后所写《洛阳伽蓝记》中十分清晰地描述外廓城的实际情况：东西长 10 千米、南北宽 7.5 千米，全城划分为 320 坊，每个坊呈长形，四周筑有围墙，边长为 0.5 千米，规划得十分严密整齐。20 世纪 80 年代，考古学家终于探明了洛阳廓城的大体位置。见朱乃诚《考古学史话》，社会科学文献出版社 2011 年版，第 177 页。

③ 参见叶舒宪《从汉字"國"的原型看华夏国家起源》，《百色学院学报》2014 年第 3 期。

④ 关于"都城"之形制，基本意思指王城、皇城，都与"首都"相合，这在《考工记》中已清晰，且一路贯彻至清王朝的都城北京。参见王世仁《皇都与市井》，百花文艺出版社 2006 年版，第 12 页。当然，也有"都城"并不是首都的情形，比如五代十国时期杨吴政权的都城建康就不是首都。而日、韩曾受中国传统城市建筑形制的影响颇深，但在"都城"所指上却不相同。比如日本的"都城"指有城堡的城市或有城郭的城市。参见［日］伊原弘《宋元时期的南京城：关于宋代建康府复原作业过程之研究》，载复旦大学文史研究院编《都市繁华：一千五百年来的东亚城市生活史》，中华书局 2010 年版，第 112 页。

中原文化史再往上推便是二里头文化。依据已发表的资料来看，这一期的遗址中还没有时代清楚无疑的夯土城墙的发现，但在二里头遗址的上层曾发现了东西长 108 米、南北宽 100 米的一座正南北向的夯土台基，依其大小和由柱洞所见的堂、庑、庭、门的排列，说它是一座官殿式的建筑，是合理的。这个基址的附近还发现了若干大小不等的其他夯土台基，用石板和卵石铺的路，陶质排水管，可见这是一群规模宏大的建筑。①

关于我国古代中原地区的城墙以夯土为基本的方式似已没有争议。考古材料和现存实况足以说明。

城郭与天象

"天人合一"是中国传统最具代表性的认知性文化遗产，也是中国式的宇宙观的鲜活表述，并用于社会的各个方面。比如《周易》，从大的方面上说，就是以天象配合人事，即"以星象来比附人事，用人事来润色星象，使星象人格化，从而使星象和人事浑然一体，达到了难以分辨的地步"②。而"天人合一"的原则在古代城郭建制中集中地表现在中国式宇宙观，尤以时空制度为呈现特点。

古本《竹书纪年》开篇"夏纪"之首句："禹都阳城"。（《汲冢书》《汲冢古文》）按：《汉书·地理志》注："臣瓒曰：《世本》禹都阳城，《汲都古文》亦云居之，不居阳翟也。"阮元校勘记引齐召南说："'咸阳'当作'阳城'"，据改。《存真》作"禹都阳城"。《辑校》作"居阳城"……可证。③ 由是可知，"夏纪"以"禹都阳城"开始，说明古之王朝有以都城所在为记录的开章。接下来的是："《纪年》曰：禹立四十五年。"这其实

---

① 张光直：《中国青铜时代》，生活·读书·新知三联书店 2014 年版，第 40 页。
② 乌恩溥：《周易：古代中国的世界图式》，吉林出版集团、吉林文史出版社 1988 年版，第 35 页。
③ 参见方诗铭、王修龄《古本竹书纪年辑证》（修订本），上海古籍出版社 2008（2005）年版，第 1 页。

涉及中国的宇宙观，即从空间和时间开始，王城都邑也就成为历代王朝开始的象征，无论是续用旧都，还是迁居新城，皆以都邑和"纪年""帝号""皇历"开始。而纪时（历法）源自对天象的认识。

都邑之于国家的意义宛如人体之心脏，如上所述，城郭（國、囗）以"方形"为基型，这与中国自古的"八方九野"之说有关，而这些认知、观念和经验由以形象为依据。殷商时期的四方方位已成惯习，其依据是顺着太阳转向的次序，即东南西北，或偶用逆序东北西南，绝不见东西南北排列次序，因为太阳是不会跨跳无次序的运动。"四方"的方位制度对于城郭的建设至关重要。《周礼·考工记》开宗明义："惟王建国。辨方正位，体国经野，设官分职，以为民极。"所谓"辨方正位"，即营城建都的第一步，亦为宗周建国的要典，也是周公营造洛邑所遵照的原则。而这一特殊的方位形制皆源自天象物候，包括十二月各表一个方向，以及二十四节气的轮转等。① 这些在我国古代典籍诸如《尚书》《周礼》《吕氏春秋》《礼记》《淮南子》等皆有记载。

历法与城建也是一个重要的依据，尤以日月运行为据：

　　　　这种历法通过季节的周转以及天文学和占星术的实际相位来安排一个理想的设计为模型的皇宫或城市，这便被称之为"明堂"。都城和皇宫便以这种理想的设计为模型来建造。这一核心概念也反映在坟茔、居所以及庙宇这类重要的建筑物上。所以，帝国的历法是以宫殿南门为新的开始，作为保护者的皇帝，则要面南背北。并且，对于"天下"的南方而言，其位于气之原始之处。②

比如，汉高祖（公元前202年）"奠都长乐，嗣营未央，就秦宫而增补之，六年（公元前187年）城乃成。城周回六十五里，每面辟三门，城

---

　　① 参见王尔敏《先民的智慧：中国古代天人合一的经验》，广西师范大学出版社2008年版，第41—44页。
　　② ［英］王斯福：《帝国的隐喻：中国民间宗教》，赵旭东译，凤凰出版传媒集团、江苏人民出版社2009年版，第34页。

下有池围绕"（《淮南子·天文训》）。此时的都城已经将地理的因素结合起来，城的形状已非方形，其南北两面都不是直线。营建之初，增补长乐、未央两宫，城南迂回迁就；城北又以西北隔滨渭水，故有顺流之势，亦筑成曲折之状。后人仍倡城像南北斗之说。① 汉代都城不仅有"通天台"的建筑和祭台，不少建筑以求仙道。此风自秦、汉以来多将此意融入帝都宫殿建筑之中，② 如"偃师去宫四十三里，望朱雀五阙，德阳其上，郁㠡与天连"。（《后汉书·礼仪志》）

无论是王宫都城，还是其他类型的城市，以"天"为参照的纪时、辨方等都体现于宅居的营造建筑技术之中，甚至包括"天道"也附会其中，特别是带有宗教意味的建筑更是如此。比如，北宋时期的玉清宫的建造，原是真宗时期因供奉天书而建的道观，名义上玉清宫只是道观，真宗皇帝却试图通过道教信仰实现国家的统合。③ "天书"实存在，④ 后世制作各种木版，奉为圣物，道观中更有各种"天书阁"。奉"天书"之名实求遂"天意"，有些帝王崇信道教，甚至以国家祭祀的仪式（大祀之制）以求天书降尘之事（即"天书显灵"）。足见传统的建筑设计是如何建立与"天"的各种关系和联系，包括"天瑞""天谴"。⑤ 我国传统对住宅也有"宅统"，⑥ 中国的住宅除了讲究营造法式外，也将其视为天地人和的模式。《子夏》云："人因宅而立，宅因人得存，人宅相扶，感通天地，故不可独信命也。"⑦ 换言之，在中国传统的营造学里，无论是城郭还是宅所，都遵循着"天人合一"的原则。

---

① 梁思成：《中国建筑史》，生活·读书·新知三联书店 2011 年版，第 21 页。

② 同上书，第 24—25 页。

③ ［日］久保田和男：《北宋开封玉清昭应宫的建造及其被焚》，载复旦大学文史研究院编《都市繁华：一千五百年来的东亚城市生活史》，中华书局 2010 年版，第 72 页。

④ "天书"指河图洛书。《简道德易经》里所述："人献河洛，问何物，昊曰天书。"故"天书"被认为是太昊（伏羲）时代的产物，即人祖伏羲受到启发，创造了一套完整的龙魂字符，以这些龙魂字符所著述的《九极八阵》和《简道德经》统称为《天书》。

⑤ 参见 ［日］久保田和男《北宋开封玉清昭应宫的建造及其被焚》，载复旦大学文史研究院编《都市繁华：一千五百年来的东亚城市生活史》，中华书局 2010 年版，第 75—83 页。

⑥ "宅统"亦有专著：《宅统》（已佚），《宅经》中曾经提及。参见王玉德、王锐编著《宅经》，中华书局 2013 年版，第 61 页。

⑦ 王玉德、王锐编著：《宅经》，中华书局 2013 年版，第 63 页。

建筑智慧与营造宅技

中国的建筑理念以及在具体的实践中，坚持与自然协调的原则。比如，我国传统的住宅建设讲究"形势"，"形势"的根本原则是自然生态。所谓"宅以形势为身体，以泉水为血脉，以土地为皮肉，以草木为毛发，以舍屋为衣服，以门户为冠带，若得如斯，是事俨雅，乃为上吉"。具体而言，"以来势为本，以住形为末；千尺为势，百尺为形；势比形大，形比势小；势是远景，形是近观；形是势之积，势是形之崇；形住在内，势住在外；形得应势，势得就形；左右前后谓之四势，山水应案谓之三形"①。形成了我国传统建筑美学的一整套脉理。换言之，我国的城郭形制，村落形貌，家宅形体，都以"形势"为"命理"，仿佛人之生命。上好的形势是与自然的和谐。

社会的最小单位是家庭，而家庭的物质空间的最小单位是家宅。我国传统住宅的形式语义复杂多样。宅有许多相关的名称，对此王玉德等在《宅经》中有过阐释：宅又称为庐，本是简陋的房屋。《诗经·小雅·信南山》说："中田有庐。"意指田间小屋。三国中刘备三顾茅庐请诸葛亮即称住宅为庐。宅又称舍，舍，招待客人的住所，与城市的流动性有关，后来泛指房屋。《说文》释："市居曰舍。"《礼记·曲礼》载："将适舍，求勿固。"《疏》："舍，主人家也。"既有主人，就有客人。宅又称室，室，古代曾作为房屋的通称，《尔雅》："宫谓之室，室谓之宫。"民居的布局大有讲究，前面的部分为堂，堂后的中央称为室，室的东西两侧为房。清段玉裁注《说文》："凡室之内，中为正室，左右为房。"汉代刘熙《释名》云："房者，防也。"宅又称居，居之本义为蹲，后引申为居住。宅也称为屋，屋即房屋。宅又称作第。第本义为次第，指古代帝王赐给臣下房屋有甲乙次第，故房屋称第。因此，大凡称为"第"的住宅，多是贵族的住所。所谓府第、邸第等都是有身份的人的住宅。②

365

---

① 王玉德、王锐编著：《宅经》，中华书局 2013 年版，第 75—76 页。
② 同上书，第 23—25 页。

中国的"家国天下"政治决定了以"家"为"国"的家长制，王城是最大的"家宅"。国王为"天子"，城郭营建也需与天配合，首先要确立方位。《考工记》："匠人建国，水地以县，眂以景为规，识日出之景与日入之景。昼参诸日中之景，夜考之极星，以正朝夕。"① 王尔敏有一个现代版本的注释：工程师建造都城，先就地面四角立四柱，用绳子悬铅锤定柱之正直。四柱定后，再以器盛水，测看四柱高下，测地面是否平正，然后平高就下，终使四角全面齐平等高，再树立八尺之表（臬），观测日影，画出日出之影与日入之影。再以表柱为中心，用等长之绳规事出上篇之影迹，其绳弧与日出日入两影迹相交之点，连成一线，此一直线即正东正西方向，再以表柱基点与与此东西连线之中点连接，画出一线，即正南正北方向。② 营造建筑首先要确立方向、方位，"中国人之传统方位观念与对方向之认识，当早创生于上古之世。中办辨识四方方向均以太阳为标准"③。《考工记》的城郭建制以日为确定方位即为说明。

古本《竹书纪年》开篇"夏纪"之首句："禹都阳城"。（《汲冢书》《汲冢古文》）按：《汉书·地理志》注："臣瓒曰：《世本》禹都阳城，《汲都古文》亦云居之，不居阳翟也。"阮元校勘记引齐召南说"'咸阳'当作'阳城'"，据改。《存真》作"禹都阳城"。《辑校》作"居阳城"……可证。④ 笔者非训诂考据，是己所不能。只是以此为题引，即"夏纪"以"禹都阳城"开始，说明古之王朝以都城所在为记录的开章。接下来的是："《纪年》曰：禹立四十五年。"这其实涉及中国的宇宙观，即从空间和时间开始。王城都邑也就成为历代王朝开始的象征，无论是续用旧都，还是迁居新城，皆以都邑和"纪年""帝号""皇历"开始。开始即言都城。

---

① （汉）郑玄注，（唐）贾公彦疏：《周礼注疏》（下），"周礼注疏卷第四十九"，上海古籍出版社 2010 年版，第 1661—1662 页。

② 王尔敏：《先民的智慧：中国古代天人合一的经验》，广西师范大学出版社 2008 年版，第 46 页。

③ 同上书，第 42 页。

④ 参见方诗铭、王修龄《古本竹书纪年辑证》（修订本），上海古籍出版社 2008（2005）年版，第 1 页。

　　中华文明需将天文、地文、水文、人文一并言说，方可圆满。古代的天象与城市与皇宫建制存在着密切的关系。比如，汉高祖（公元前202年）"奠都长乐；嗣营未央，就秦宫而增补之，六年（公元前187年）城乃成。城周回六十五里，每面辟三门，城下有池围绕"（《淮南子·天文训》）。此时的都城已经将地理的因素结合起来，城的形状已非方形，其南北两面都不是直线。营建之初，增补长乐、未央两宫，城南迂回迁就；而城北又以西北隅滨渭水，故有顺流之势，亦筑成曲折之状。后人仍倡城像南北斗之说。[1] 汉代都城不仅有"通天台"等建筑和祭台，还有不少建筑以求仙道。此风自秦、汉以来多将此意融入帝都宫殿建筑之中。[2] 如"偃师去宫四十三里，望朱雀五阙，德阳其上，郁律与天连"。（《后汉书·礼仪志》）

汉画砖中的市肆[3]

　　概而言之，西方的城市有其自己的原生和发展脉络，从古希腊的城邦到中世纪的宗教阶段，到现代国家，其城市历史积累了独特的经验和智慧，也出现了许多问题。有些西方学者以西方的城市经验套用于我国，比如提出中国的"中世纪城市革命"。[4] 中国的历史没有"中世纪"之谓，

367

　　① 梁思成：《中国建筑史》，生活·读书·新知三联书店2011年版，第21页。
　　② 同上书，第24—25页。
　　③ 成都出土的汉画像砖中的市井图貌。参见《中国博物馆丛书·四川省博物馆》，文物出版社1992年版。另见吴良镛《中国人居史》，中国建筑工业出版社2014年版，第125页。
　　④ 代表人物是美国学者伊懋可（Mark Elvin）和施坚雅（William Skinner），相关评述可参见成一农《古代城市形态研究方法新探》，社会科学文献出版社2009年版，第66—67页。

自然也就不会有什么"中世纪城市",倒是西方学者不断为自己的城市历史形制敲打警钟,《没有郊区的城市》就是其中之一。作者把美国城市的经验教训归纳了 24 点,其中表列了美国一些著名和重要的城市人口变化数据,以说明这些城市已经进入到了"非弹性"[①] 的"极限点",危机重重。[②] 而作为我国重要的文化遗产,我国古代的城郭建制一以贯之,从黄帝时代一直承续到清代,从未中断。今日我国的城镇化建设需要顺之理,承其范。西方的城市模型或可借鉴,但有限。

---

① 城市的"弹性"和"非弹性"被认为是一个城市发展过程中生命力的重要依据。城市弹性大,指城市在建设和发展中有很多空地可以用来开发建设,城市政治和立法则以拓展空间为目标。这类城市被称为"弹性城市"。反之,城市的建设密度已经超出平均水平的传统城市,而这些城市因为各种原因处于无法拓展其发展空间的为"非弹性城市"。见 [美] 戴维·鲁斯克《没有郊区的城市》,王英等译,上海人民出版社 2011 年版,第 12—13 页。

② [美] 戴维·鲁斯克:《没有郊区的城市》,王英等译,上海人民出版社 2011 年版,第 94—97 页。

第四章

乡土与民俗

民俗景观与非遗的历史交情

"乡土景观"的常态是民俗景观，即将人民日常生活视为一种美景，它是不刻意的，自然的，生活的，活态的。与其说这是一种"观法"，不如说是一种态度。在西方，"民俗"（Folklore）系由两个词合成，即 folk 和 lore，原义为"民众的知识"或"民间的智慧"，并逐渐形成一门专门的学问和学科。虽然欧洲各国以及不同学派对其在意义和理解上存在差异，边界也不完全一样，但并未抵触"民众""民间""传统"等基本语义。① 邓迪斯提醒人们，"民俗"不但具有地方性，连"概念"都是地方的。因此 Folklore 既指研究的材料，也指研究本身。他以美国的"民俗"概念为例，阐明 folk 和 lore 在美国特殊的意思、意味和意义。② 这说明，民俗的地方性特征。

在中国，"民俗"被赋予特殊的内涵和特别的意义。"民俗"与"风俗"的表述和含义交叉，有时可以互用。③ 现在人经常将风俗视为具有地方特色的民俗生活，也就是老百姓的生活。古时的"风"与"俗"不是同

① 乌丙安：《中国民俗学》，辽宁大学出版社 1985 年版，第 1—3 页。
② ［美］阿兰·邓迪斯：《民俗解析》，户晓辉编译，广西师范大学出版社 2005 年版，第 25—26 页。
③ 乌丙安：《中国民俗学》，辽宁大学出版社 1985 年版，第 3 页。

类词，而是对照词。《汉书·地理志》中说："上之所化为风，下之所化为俗。"说的是，"风"是从上至下的教化所生产；"俗"则是下层人民自我教化的结果。《汉书·地理志》还有另外一种说法，意思是说"风"是自然条件促成的；"俗"是社会条件决定的。孔子曾以论及礼乐的时候说过："移风易俗，莫善于乐；安上治民，莫善于礼。"风俗成了建立社会伦理基本的范畴。

白川静认为，"俗"字中的"谷"是"容""浴"和"欲"的"谷"。义示在祭祀祖先的祖庙（"宀"）中，供起"🄳"（置有向神祷告和祝咒之器）进行祈祷。"🄳"是隐约朦胧地出现神之姿影。希望目睹神之姿影的尽情谓"欲"，"欲"意味着希望通过向神祷告而有幸目睹神的现身。这样的一般性信仰，常见的仪礼内容，谓"俗"。① "民俗"是民众生活的样态，这个词在中国古代文献中早就出现。"俗"字是形声字，由意符的"人"和声符的"谷"两部分组成，表示人不断学习重复进行的意思，即习惯。从古代文献记述的基本意思看，古今承袭了"民俗"的基本意义。②

值得特别提示的是"神圣—世俗"的关系。西方的"神圣/世俗"是对立、对峙的。杜尔凯姆（一译"涂尔干"）说："人们把万事万物分成这样的两大类或两个对立的群体。它们一般是用两个相互有别的术语来标志的，而这两个术语大多可以转译为'世俗'和'神圣'。由此世界划分为两个领域，一个是神圣的事物，另一个则是世俗的。"③ 中国的情形则不同，总体上说，"神圣—世俗"是一体性的。这与传统的农耕文明有关。中国古代的圣王都在世俗中表现出超凡的能力和秉性，比如神农耕作的能力非凡；大禹靠治水赢得天下。炎黄尧舜无不如此。在传统的乡土社会中，特别是与农耕相关的重要民俗活动，不仅体现了"天人合一"的宇宙观，而且大多都成为中华文明重要的民俗节庆与仪礼。这就是说，在传统的乡土社会中，"圣—俗"同置。

370

---

① ［日］白川静：《常用字解》，苏冰译，九州出版社 2010 年版，第 285—286 页。

② 韩敏：《人类学田野调查中的"衣食"民俗》，见周星主编《民俗学的历史、理论与方法》，商务印书馆 2006 年版，第 168 页。

③ E. 杜尔凯姆：《宗教生活的基本形式》，金泽译，史宗主编《20 世纪西方宗教人类学文选》（上卷），上海三联书店 1995 年版，第 61 页。

我国传统中的这一现象，即将世俗转化成为神圣的，将日常的转变成为非凡的。这种文化特性似乎是全世界独有的现象。由是可知，"俗"是以人民生活中的日常之物为祭祀之神圣之物。这或许是中国民俗的一个特点，即俗圣相通，可转化。此番道理在器物的仪礼化的中式传统中最为通达。通常人们是通过礼的经典化、伦理化来接受它，殊不知，礼更是一种"仪"，其原生形态是仪式行为，属于一种人的践行，而礼仪的展开和展示离开了器物，甚至礼本身来自器物，礼不仅是人的参与性行为，也是器物的展示性表达。"礼是按着仪式做的意思。礼字本是从豊从示。豊是一种祭器，示是指一种仪式"①。

国以农业为本，民以食为天。物之于礼的关系重要性最基本的特征之一就是物可以享，可以用，可以交通。张光直认为，神属于天，民属于地，二者之间的交通要靠巫觋的祭祀，而在祭祀上的"物"与"器"都是重要的工具，"民以物享"，于是"神降这嘉生"。② 在我国，礼实产生于饮食。它不仅强调人们在饮食中的礼节，也讲究饮食中的器物，甚至连菜肴的摆设等都有规矩和礼数，以区别长幼尊卑的等级关系。所谓："上公备物九锡：一　大辂各一，玄牡二驷。二　衮冕之服、赤舄副之。三　轩悬之乐，六佾之舞。四　朱户以居。五　纳陛以登。六　虎贲之士三百人。七　铁钺各一。八　彤弓一，彤矢百。卢弓十，卢矢千。九　钜鬯一，卣珪瓒副之。"（张华《博物志·典礼考》）（译文：对待尊贵的人要备赏九种物品：一　大车、兵车各一辆，四匹黑马拉的车辆。二　礼服、礼帽以及相配的红色礼鞋。三　准备悬挂的乐器和歌舞。四　居处要有朱红色的大门。五　屋内有台阶可供登堂。六　听差三百人。七　铡刀、斧头各一把。八　红色的弓一把，红色的箭一百支。黑色的弓十把，黑色的箭一千支。九　酒一缸，配套的圭玉勺一个。）

从此人们很清楚地看出，中国的礼仪之于器物之间的密切关系。《老子·第十一章》如是说："三十辐共毂，当其无，有车之用。埏埴以为器，当其无，有器之用。凿户牖以为室，当其无，有室之用。故有之以为利，

371

---

①　费孝通：《乡土中国　生育制度》，北京大学出版社 1998 年版，第 51 页。

②　张光直：《考古学专题六讲》，文物出版社 1986 年版，第 99 页。

无之以为用。"此说成了我国"无用之用"的原点性学说。《淮南子·说山训》对此说得更为清楚："鼻之所以息，耳之所以听，终以其无用者为用矣。物莫不因其所有，而用其所无。""物/用"一直是我国古代不同流派哲学重要讨论话题。相对而言，出道者大多主张对实物之务实的超越，即所谓的"无用之用"。《庄子·人间世》总结得最清楚："人皆知有用之用，而莫知无用之用也。"入世者大致与之相反，强调对物的量材使用。中国自汉代以来，儒家学说便成为社会的主导性伦理。

这样，对历史的解释，物也就不仅仅只是一种实物的遗存，同时也是对这种历史负载的认知和评判，"文物"也就成了某种重要的言说对象。文物属于物质遗产，对物的不同的文化价值体系、不同的分类原则和方法赋予"文物"与众不同的意义。比如我国古代的一些礼器有"礼藏于器"之说。最早的训诂典经《尔雅》中"释宫""释器""释乐"多与传统"礼仪"密不可分，比如"鼎"等礼器就成了国家和帝王最重要的祭祀仪式中的权力象征。中国迄今为止在考古发现中最大的礼器鼎叫"司母戊大鼎"。《尔雅正义》引《毛传》云："大鼎谓之鼐，是绝大的鼎，特王有之也。"[①] 所谓"商曰祀，周曰年，唐虞曰载"都与物的祭祀有关。[②] 《左传》："国之大事，在祀与戎。"[③] 郑玄注《礼记·礼器》："大事，祭祀也。"[④] 如果缺失了对物的认识和使用，"礼仪之邦"便无从谈起，民间生活也无从谈起。

礼大抵与乐相伴，重要的礼仪都有乐，与乐相伴的是乐器。乐器作为礼器较为特殊：一则作为仪式中的"声乐"以彰气氛，以示和谐，以供沟通。二则乐器本身也是不可缺少的器物，即使是主张"无用"者也会强调器物之形而上与形而下的和谐关系。《学记》就有："鼓无当于五声，五声勿得不和；水无当于五色，五色勿得不章。"说的就是这个道理。

大学是传授专门知识的地方，民族民间文学作为一门学科，其脉理不

---

① （清）邵晋涵：《尔雅正义》卷7，清乾隆五十三年面水层轩刻本。
② 王云五主编：《尔雅义疏》卷三，商务印书馆1965年版，第46页。
③ 见杨伯俊编著《春秋左传注》，中华书局1981年版，第861页。
④ （汉）郑玄注，（唐）贾公彦疏：《礼记正义》，中华书局1980年版，第1243页。

仅与民族民间世间相交织，也需与其特殊的表达相通融，如果义表与物表脱离，学生怎么能够很好地求其理？文字是一个关键。很清楚，即文字成为区隔"文明"与"野蛮"的标识，这多少有些像今日人类学反思的"文字权力"（writing power）。中国的情形大体如此，却又有不同。中国的文字传说由黄帝的史官仓颉所造，有学者认为，所谓"仓颉"原不过是"商契"的近音，而"商契"是商民族的祖宗，"契"是刀刻的意思。商契便传为造字的圣人。① 虽然此说没有十足的证据，却无妨为一说，这样，"文/野"之分便有了依据。于是，民间之民俗被书写记录后便转化成为"经典"，民俗也就有了两种表现方式：1. 被文人、经院取之改造、转变为"正统"的一部分，如《诗经》《楚辞》等；2. 仍然遗留在乡土的土壤中，保持着原本的模样，是本色的。前者求之于规律；后者践行于经验。

民俗包含着吉尔兹所说的"地方知识"与"民间智慧"。② "地方知识"与地理与地缘有关。在我国，"地方"首先是宇宙观，相对于"天圆"论者。其次，"地方"具有传统政治地理学的范畴和意义。"风俗"一个重要的视角，即区域和空间的叙事差异。所谓"五里不同风，十里不同俗"。再次，"地"与"土"构造成真正意义上的"地形"，它是"中国"之所依。《淮南子·地形训》："凡地形，东西为纬，南北为经。山为积德，川为积刑，高者为生，下者为死。丘陵为牡，溪谷为牝……土地各在类生。"

民俗与"乡土景观"不独具有逻辑上的天然关联，甚至可以在宽泛的意义上，将"乡土景观"视为民俗现象和事物，二者在当代的景观形制中存在着非常密切的历史关系。我们甚至可以这么说，乡土景观的经验与表述主体就是民俗，因此，民俗也是一种乡土景观，甚至在今天的诸多打着"古村镇保护"的旗号，以恢复地方民俗为口号，"民俗主义"成了一种新的表述和手法，特别在接受游客过程中，"民俗"活动成了地方性最有代表性的"表演"和"展示"。对此民俗学家周星认为：

373

---

① 朱自清：《经典常谈》，云南出版集团、云南人民出版社2015年版，第8页。

② ［美］克利福德·吉尔兹：《地方性知识——阐释人类学论文集》，王海龙等译，中央编译出版社2000年版。

民俗主义的手法或状态，在人们将民俗文化或地方风情作为表演节目或展示的对象时，总是会有颇为活跃和突出的表现，汉其分寸恰到好处，当它被受众乐于接受时，就会被赞美为古朴而典雅或是传统田园牧歌与现代社会时尚的结合等，但当它们过犹不及，就会被指责为胡编乱造，是人为拼凑的"伪民俗"与"假景观"。民俗主义的上述两个面向，反映在古村镇的保护与开发当中，既可能是保护与建设性的发展，也有可能是破坏或不可挽回的损失，而最终的一切均取决于古村镇居民在其日常生活中的实践、选择以及他们是如何与外来"他者"进行交流的。①

民俗反映于日常，乡土呈现于地方，二者无法截然分开。经院式的知识的原始与原型大多是民俗事项。只是原为一物的事情被逐渐地分隔开来。

民俗与知识产权保护

民俗与乡土景观具有天然的不解之缘，在今天，它常常与所谓的"非物质文化遗产"（活态遗产）相联系。这一"缘分"又与保护民俗的"知识产权"有关。事实上，联合国教科文组织的遗产事业的发端也与民俗性知识产权的保护有关，并导致了一系列的活动，产生了一系列具有法律、法规性质的文件、文书。1989 年，联合国教科文组织文化部非物质文化遗产部门提出了《保护传统文化和民俗的建议案》，这是多年来为全球非物质文化遗产建立法律保护体系而努力的结果。② 这一历史性成果经历了长时间的准备工作和活动：

---

① 周星：《乡土生活的逻辑：人类学视野中的民俗研究》，北京大学出版社 2011 年版，第258—259 页。

② Samantha Sherkin, A Historical Study on the Preparation of the 1989 Recommendation on the Safeguarding of Traditional Culture and Folklore，资料来源：http://www.folklife.si.edu/resources/Unesco/sherkin.htm。

1952 年 9 月 6 日	在日内瓦通过《世界版权公约》（*The Universal Copyright Convention*）；1971 年于巴黎修订
1967 年 7 月 14 日	伯尔尼协会执行委员会（The Executive Committee of the Berne Union）：《伯尔尼公约》（*Berne Convention*）斯德哥尔摩会议
1971 年	UNESCO 秘书处：准备《国际文书保护民俗的可行性报告》
1972 年 11 月 16 日	UNESCO 第 17 次大会：通过《保护世界文化与自然遗产公约》
1973 年 4 月 24 日	玻利维亚政府：正式提请在《世界版权公约》中加入保护民俗的条款
1976 年	UNESCO 和世界知识产权组织（WIPO）通过《发展中国家版权突尼斯标准法》（the *Tunis Model Copyright Law for Developing Countries*）
1977 年 6 月 11—15 日	UNESCO：民俗法律保护的专家委员会突尼斯会议
1978 年 5 月 24 日	UNESCO 和世界知识产权组织：双方秘书处就民俗保护达成协议
1978 年 10—11 月	UNESCO 第 20 次大会：通过"为民俗提供国际鉴定方式"的决议
1979 年 2 月 27 日	UNESCO 和世界知识产权组织：双方秘书处会议
1979 年 8 月 31 日	UNESCO 秘书处：向联合国教科文组织成员国发放"民俗保护调查问卷"
1980 年 1 月 7—9 日	UNESCO 和世界知识产权组织：保护民俗智力财产①首次工作组会议（日内瓦）
1980 年 9—10 月	UNESCO 第 21 次大会：启动为期三年（1981—1983）的工作组负责民俗保护问题的研究；通过一项决议，肯定民俗的重要性，及建立国际法规保护民俗的可能性。
1981 年 2 月 9—13 日	UNESCO 和世界知识产权组织：保护民俗智力财产第二次工作组会议（巴黎）
1981 年 10 月 14—16 日	UNESCO 和世界知识产权组织：首次区域专家委员会会议（巴格达）
1982 年 2 月 22—26 日	UNESCO：保护民俗政府专家委员会会议（巴黎）
1982 年 6 月 28—7 月 2 日	UNESCO 和世界知识产权组织：保护民俗智力财产政府专家委员会会议（日内瓦）
1983 年 1 月 31—2 月 2 日	UNESCO 和世界知识产权组织：第二次区域专家委员会会议（新德里）
1983 年 2 月 23—25 日	UNESCO 和世界知识产权组织：第三次区域专家委员会会议（达喀尔）
1983 年 5—6 月	UNESCO：执行局第 116 次会议通过 5.6.2 决议，继续为保护民俗而努力

375

---

① Intellectual Property，我国习惯翻译成知识产权，但 Intellectual 一词强调"智力"而不是"知识"，Property 指拥有之物，也不是特指拥有财产的权利。在法律中 Intellectual Property 具体包括了版权、专利权、商标权等，概括起来大概是指智力劳动所创造的智力产品或智力成果的权利，所以译为智力财产/产权皆可。

1983 年 10—11 月	UNESCO 第 22 次大会：再次举行政府专家委员会完成保护民俗细节问题
1984 年 10 月 8—10 日	UNESCO 和世界知识产权组织：第四次区域专家委员会会议（多哈）
1984 年 12 月 10—14 日	UNESCO 和世界知识产权组织：保护民俗智力财产专家委员会会议（巴黎）
1985 年 1 月 14—18 日	UNESCO："保护民俗"第二届政府专家委员会会议（巴黎）
1985 年 10—11 月	UNESCO 第 23 次大会：通过决议，建议以"建议案"这一国际文书的形式保护民俗
1987 年 6 月 1—5 日	UNESCO：保护民俗的技术和法律专家特别委员会会议（巴黎）
1987 年 10—11 月	UNESCO 第 24 次大会：通过决议赞成以"建议案"形式准备一份国际文书保护民俗
1988 年 6 月 1 日	UNESCO 秘书处：传阅由保护民俗的技术和法律专家特别委员会草拟的建议案草案（1987）
1989 年 4 月 24—28 日	UNESCO：政府专家特别委员会草拟成员国《保护民俗建议案》（巴黎）
1989 年 11 月 15 日	UNESCO 第 25 次大会：通过《保护传统文化和民俗的建议案》①

这一历史过程包括不同机构和组织的配合，如：

1952 年联合国教科文组织缔结了《世界版权公约》，启动了联合国教科文组织与民俗保护的工作。具体工作由下面两个部门负责。

联合国教科文组织（版权部；文化部） 直到 1982 年 2 月联合国教科文组织"民俗保护专家委员会会议"② 之前，都坚持国际层面对民俗的保护，主要集中于对民俗智力产权/财产的法律保护，因此相关工作主要由版权部负责。这次会议之后工作开始逐渐由文化部负责。

世界知识产权组织（WIPO）：1976 年首次出现在萨曼塔·谢尔金（Samantha Sherkin）梳理的历史中。WIPO 与联合国教科文组织一起组织草拟《发展中国家版权突尼斯标准法》，直到 1987 年因感到"很多成员国缺乏恰当、可靠的资源鉴别出需予以法律保护的民俗表达形式"，难以继续对民俗的智力产权/财产进行法律保护的研讨工作，于是在当年 6 月联合国教科文组织版权部召集的"保护民俗的技术和法律专家特别委员会会议"后，退出整个 1989 年建议案的筹备工作。

---

① 资料来源：http：//www.folklife.si.edu/resources/Unesco/sherkin.htm。

② 这次会议在巴黎召开，共有 123 人参加，除了 80 名与会者，还包括联合国及其相关部门的代表 5 名，35 名国际非政府组织观察员以及 3 名联合国教科文组织秘书处代表。

这项工作的起因之一，与玻利维亚有关。玻利维亚并非以法律保护民俗理念的首创者。在国家层面，早在 1956 年，墨西哥出台的版权法里就规定，源自公有领域（public domain）① 的作品，包括民俗，均要由版权理事会（Copyright Directorate）进行注册。1968 年，玻利维亚最高法院第 08396 号判决（Supreme Decree No. 08396）将一些作品的所有权划归国家所有。

1971 年，联合国教科文组织首次开始保护民俗的研究，并完成了《用国际文书保护民俗可行性报告》。这次研讨没有具体决议，但提醒国际社会，民俗的现状继续恶化，保护民俗的工作在未来将变得越来越紧迫。联合国教科文组织对民俗关注当然也有自己的目的。鉴于 1972 年公约不适应于（也没有扩展至）无形文化遗产的保护，同时为了促进对各文化身份（包括不同的传统、生活方式、语言、文化价值和文化意愿）的欣赏和尊重，联合国教科文组织也需要将自己的工作扩展到民俗这一重要的文化领域。

保护的整体与维度

民俗保护具有本质的文化特质，保护工作主要包括：

对民俗进行的整体保护：包括民俗的定义、鉴别、保护和保存，并提出具体保护原则和方法。联合国教科文组织为此对成员国进行了调研，评估各缔约国非物质（Non-physical）文化遗产现状，寻求确保民俗真实性（authenticity），免于失真变形（distortion）的措施。具体工作包括：1979 年 8 月向成员国发放问卷，1981 年 9 月回收了 92 份有效问卷，就民俗的定义、鉴别、保护、保存、利用，以及如何避免不利开发等问题进行了访问，根据调查结果形成了报告《保存民俗和传统的大众文化之措施》，该报告在 1982 年 2 月在那次转折性的会议（联合国教科文组织组织召集的"民俗保护专家委员会会议"）上宣读，并成为 1989 年建议案的重要参考

377

---

① 指人类的一部分作品与一部分知识的总汇，可以包括文章、艺术品、音乐、科学、发明等。对于领域内的智力财产，任何个人或团体都不具所有权益（所有权益通常由版权或专利体现）。这些知识发明属于公有文化遗产。

文献。1989 年 11 月联合国教科文组织第 25 次大会通过了《保护传统文化和民俗的建议案》。民俗保护进入新阶段。

保护民俗的智力产权/财产：只针对民俗中涉及智力产权/财产的部分，要求草拟具体法律条款。由联合国教科文组织和 WIPO 共同负责。两个组织在 1981 年 2 月召开了民俗智力产权/财产保护工作组会议，在 1982 年 6—7 月召集有关民俗智力产权保护问题的政府专家委员会会议。根据其他类似的智力产权法的原则，草拟并通过了《保护民俗表达免于非法开发和其他侵权行为的国家法律之标准条款》（Draft Treaty for the Protection of Expressions of Folklore Against Illicit Exploitation and Other Prejudicial Actions），强调民俗的利用须获得授权，为获授权要缴纳固定数额费用，该费用由相关社区或依法拥有版权的作者，或者有政府指派的权威机构管理，用于促进和保护国家文化和民俗。对民俗材料的扭曲或不当商业性开发都要受到法律禁止和限制，但无一个联合国教科文组织成员国采用这一条款。

第 2 条规定"民间表达形式"指由传统艺术遗产的特有因素构成的、由某国某团体（或该民营团体某个体）所发展和保持的产品，主要包括四种基本形式：（1）口头表达形式；（2）音乐表达形式；（3）行动表达形式；（4）有形的表达形式。

WIPO 自觉在民俗保护工作中被边缘化了。WIPO 与版权部交流，强调与联合国教科文组织分工合作的理由是：保护民俗的整体行动中需要理性、合理的分工合作，避免重复劳动，同时对民俗的智力产权进行保护又是一个专门性的问题，需要专业部门负责。1986 年 8—9 月，WIPO 两次给联合国教科文组织版权部写信，表达暂时退出跟联合国教科文组织合作的原因。一场耗时 16 年、耗费百万美元、涉及大大小小十多次会议的民俗保护战役终于告一段落了[①]。两种保护理念和方式此起彼伏。版权保护的理念虽然是起点，而且在开始的几年都占上风，但后来峰回路转，全面保护

---

① Noriko Aikawa, 1998 年 2 月 24 日—3 月 2 日东京亚太文化区域研讨会（Regional Seminar for Cultural Personnel in Asia and the Pacific）上的主题发言。资料来源：http: // www. folklife. si. edu/resources/Unesco/hornedo. htm-26k.

民俗的理念取得了阶段性胜利。也就是说，在联合国教科文组织 1972 年公约之外，其他有关文化财产的国际文书中也有一股保护民俗的力量，这股力量为在版权之外保护民俗提供了可行的方式。尤其值得强调的是，1982年 8 月联合国教科文组织《有关文化政策的墨西哥城宣言》（Mexico City Declaration on Cultural Policies）达成的有关"文化遗产"（cultural heritage）的新定义：

> 人类的文化遗产包括艺术家、建筑师、音乐家、作家和科学家的作品，也包括无名艺术家的作品，人们精神的表达，赋予生活以意义的价值核心（the body of values）。文化遗产包括物质的和无形的作品（tangible and intangible works），通过这些作品，人类的创造得以表达：语言、仪式、信仰、历史遗址和纪念物、文化、艺术品、档案馆和图书馆。每一个人因此拥有守护和保存其文化遗产的权利和义务，因为社会通过价值认识自己，在这些价值里他们发现了创造灵感之源。①

这一概念真正弥补了 1972 年公约中"文化遗产"概念中缺失的部分——无形文化遗产（虽然不是严肃的定义层面上，却是在理念方面做到了这一点），进一步巩固了联合国教科文组织"全面保护民俗理念"在1982 年 2 月会议上取得的胜利。

另外，全面保护民俗的理念与欧洲民俗学有千丝万缕的关系。当时，由芬兰著名民俗学家航柯（Lauri Honko）领导的北欧民俗研究所在联合国教科文组织 1989 年"建议案"的筹备过程，以及其后的实施过程中，都起着重要作用。卡尔·克隆（Leopold Kaarle Krohn）堪称民俗学学科的奠基人，芬兰也是民俗学学科的摇篮，其在民俗学学科史上的地位怎样强调也不过分，其"芬兰方法"（历史地理学）至今依然是理解不同人群间观

---

① UNESCO, *Mexico City Declaration on Cultural Policies*, World Conference on Cultural Policies Mexico City, 26 Jul. −6 Aug., 1982. 资料来源：http://www.unesco.org/culture/laws/mexico/html_eng/page1.shtml#CULTURAL%20HERITAGE。

念关联的有效方法。尽管芬兰本国学者如航柯，及当代国际民俗学和民间文学界核心人物阿兰·邓迪斯（Alan Dundes）都认为这种方法被冠以"芬兰方法"是"过度民族主义热诚"① 所致。

1989 年建议案通过后，以航柯为代表的民俗学家积极加入民俗全球调研和保护系统的建构工作中。1990 年 1 月航柯等人就着手建立国际民俗学者组织（Folklore Fellows，FF）。在航柯看来，"芬兰方法"基于大量民俗材料重构原形的研究范式难以再延续下去。民俗学家的田野越来越国际化，越来越多的国家、区域和族群需要合作研究，以便通过民俗和传统文化确定自己的文化身份。随着 1989 年建议案的通过，民俗在世界文化中的地位被推到了前台。② 1991 年 6—8 月，航柯等人组织了首期国际民俗学者组织夏季学校（Folklore Fellows' Summer School），来自 24 个国家的 30 位学员和 1 名观察者参加了这期培训，其中 9 位来自北欧和西欧，9 位来自东欧，7 位来自亚洲，3 位来自非洲，2 位来自北美，还有 1 位来自南美。14 名老师分别来自丹麦、芬兰、德国、印度、挪威、瑞典和美国。通过这样的培训，航柯希望将各国各有所长的民俗学家聚集到一个圆桌前，形成对民俗不同焦点、维度的研究和交流系统。③

航柯从学术的角度评价联合国教科文组织 1989 年建议案时，认为不论人们会怎样看这个建议案，但毫无疑问的一点是，它扩宽了民俗学家们过去以国家或区域为取向的研究视野，它呼吁在尽可能宽泛的领域内，为了当下和未来世代的利益进行合作。④ 可以说 1989 年建议案全面民俗保护的理念和途径，暂时胜过对民俗进行版权保护的理念和途径，这也是民俗学家的一次胜利，不论建构一个全球民俗分类框架是否现实，民俗学科却因为这一"建议案"在各成员国得到极大的重视和推动。这一理想在 2003 年《保护无形文化遗产公约》里得到另一方式的实现，即

---

① ［美］邓迪斯：《民俗解析》，户晓辉编译，广西师范大学出版社 2005 年版，第 174 页。

② Lauri Honko, *Introduction*, Folklore Fellows Network（FFN），1，April 1991，pp. 1 – 2. 资料来源：http：//www. folklorefellows. fi/netw/ffn1/introduction. html。

③ Lauri Honko, *The Unesco Perspective on Folklore*, Folklore Fellows Network（FFN），3，January 1992，pp. 1 – 5. 资料来源：http：//www. folklorefellows. fi/netw/ffn3/unesco. html。

④ 同上。

通过评估世界无形文化遗产的方式，建构一个联合国教科文组织的全球分类和评价体系。

保护：两个不同的面向

举一个几百年前由某个族群祖先画在牛皮纸上的图画为例，对这一民俗的智力产权层面的保护旨在避免一些跟这个东西不相干的人把这幅图画复制在一些商品上，如杯子、衣服，去赚钱。而博物馆式的保护就应该把这个东西保存起来，研究它在这个族群中曾代表的意义，同时通过展览让人们增进对这个族群及其文化的了解和尊重，尤其是让这个族群的后代能代代观摩、解读自己的历史，增进他们的认同感。

根据 1989 年建议案，① 对民俗的全面保护应按以下几个步骤展开：

民俗的鉴别（Identification of folklore）：鉴别，建立在国家、区域和国际层面的研究，具体措施包括：

·编制国家与民俗有关机构的名册，以便将其纳入地区的和全球民俗机构一览表。

·创立鉴定和记录系统（收集、编索、抄载）或以手册、收集指南、编索模板等形式梳理现有的鉴定和记录系统，以协调各民俗机构的分类系统。

·鼓励创建民俗的标准分类法（standard typology），包括：一份供全球使用的民俗总纲（a general outline）；一份民俗综合一览表（comprehensive register of folklore）；地区民俗分类，该分类应该基于田野考察。②

民俗的保存（Conservation of folklore）：保存范围包括民间传统及其相关物件（folk traditions and its object）的记录。倘若这些传统未被利用

---

① UNESCO, *Resolution Adopted at the Thirty-second Plenary Meeting*, on 15 November 1989. 1989 年 10 月联合国教科文组织第 25 次大会（巴黎）通过。资料来源：http：//www. culturelink. or. kr/archive/UNESCO/Dec_ Rec/UNESCO_ D_ 3. pdf。

② 英文版和中文版均来自一文件。本书根据情况做了归纳，并对中文版中翻译不当之处作了自己的修改。UNESCO, *Recommendation on the Safeguarding of Traditional Culture and Folklore*, 1989. http：//www. unesco. org/culture/laws/paris/html_ eng/page1. shtml – 25k。

（non-utilization）或演化（evolution），那么研究者和传统的传承人（tra-dition-bearers）将能找到我们理解这些传统变化过程的材料。鉴于活态民俗不断变化，难以对其进行直接的保护，因此，那些固化为一个有形形式（fixed in a tangible form）的民俗，就应得到有效保护。因此保护措施包括：

·建立国家档案馆，以便收集到的民俗资料能得到恰当保存，并能供人们使用；

·建立国家档案中心机构，以提供编制总索引，传递民俗资料的各种情报，传达各相关工作的规则、标准（standards of folklore work）；

·建立博物馆或在现有博物馆中增设民俗板块，以展出传统的和流行的民俗①；

·优先考虑表现传统和流行民俗的种种形式，因为它们突出这些民俗文化的现在或过去（展示其环境、生活和工作方式、生产技能/术）②；

·协调收集和存档之各种方式；

·对收集人员、档案人员、记录人员③以及其他专门人员进行培训，包括物质保存和分析等；

·制作民俗资料的档案和工作副本，及供各地区机构使用的副本，确保相关文化社区（cultural community）能够接触到所收集的资料。

民俗的保护（Preservation of folklore）：保护范围包括民间传统及其传承人。鉴于每个人都拥有对自己文化的权力，鉴于人们与其文化的附着关系，常因大众传媒传播和工业文化而遭到腐蚀，必须采取措施，在生产民间传统的社区内外，确保给民间传统以社会地位和经济上的支持。具体措

① 联合国教科文组织中文版 1989 年建议案的翻译为：建立博物馆或在现有博物馆中增设民间创作部分，以展出传统的民间文化。英文版为：Create museums or folklore sections at existing museums where traditional and popular culture can be exhibited。

② 联合国教科文组织中文版 1989 年建议案的翻译跟本书略有不同，此处英文原文为：Give precedence to ways of presenting traditional and popular cultures that emphasize the living or past aspects of those cultures（showing their surroundings, ways of life and the works, skills and techniques they have produced）。中文版翻译为：优先考虑种种表现传统民间文化的形式，因为它们突出这些文化现代或过去之见证（遗址、生活方式、物质或非物质知识）。

③ 联合国教科文组织中文版 1989 年建议案的翻译为：资料人员。

施包括：

·以适应方式进行民俗教学与研究，并将其纳入学校内外的教学计划，应特别强调对广义民俗的重视，不仅应考虑到乡村文化或其他农村文化，也应注意城市里那些由各种社团、行业、机构等创造的，有助于更好了解文化多样性和不同世界观的文化，尤其是被排除在主流文化之外的；①

·支持各文化社区自己的记录、存档、研究，以及传统实践等活动，确保社区享有自己民俗的权利；

·在跨学科基础上建立由各有关团体组成的国家民俗理事会或类似的合作机构；

·向研究、宣传、教育（cultivating）或保存（holding）民俗材料的个人和机构提供道义和经济上的支持；

·促进有关民俗保护的科研。

民俗的传播（Dissemination of folklore）：应当使人们注意到民俗作为文化身份认同基本要素的重要性。为了使人们意识到民俗的价值，及保护民俗的必要性，应广泛传播民俗。但为了保护传统的完整性，在传播过程中，必须避免任何歪曲。为此各成员国应该：

·鼓励组织民俗方面的全国性、地区性或国际性活动，如巡回展、节日、放电影、展览、研究班、专题讨论会、讲习班、培训班、会议等，并支持传播和出版这些活动的材料、文件和其他成果；

·鼓励国家和区域媒体（新闻、出版、电视、广播等）加大对民俗的报道力度，在其机构内为民俗学家设置职位，确保大众传媒采集的民俗材

383

---

① 联合国教科文组织中文版 1989 年建议案的翻译为：以适应方式进行民间创作教学与研究，并将其纳入校内外教学计划，应特别强调对广义的民间创作的重视，不仅应考虑到乡村文化或其他农村文化，也应注意由各种社团、职业、机构等创造的有助于更好了解世界各种文化和看法的文化，尤其是不属于主要文化的那些文化。英文版为：Design and introduce into both formal and out-of-school curricula the teaching and study of folklore in an appropriate manner, laying particular emphasis on respect for folklore in the widest sense of the term, taking into account not only village and other rural cultures but also those created in urban areas by diverse social groups, professions, institutions, etc., and thus promoting a better understanding of cultural diversity and different world views, especially those not reflected in dominant cultures。

料恰当地存档和传播；①

·鼓励各地区、各市政当局和各民俗团体设立专职的民俗学者职位，以促进地区内的民俗活动，以及合作；

·资助现有团体或新建团体制作民俗教育材料，如新近田野调查的影碟，鼓励在学校、民俗博物馆，以及国家和国际民俗展览和节日上使用这些材料；

·通过资料中心、图书馆、博物馆和档案机构以及民俗方面的专门简报和期刊，提供充足的民俗类资料；

·根据双边文化协定，在国家和国际范围内为与民俗有关的个体、团体和机构间的会晤与交流提供方便；

·鼓励国际科研界采纳恰当的伦理态度，在接触其他文化时尊重各传统文化。

民俗的维护（Protection of folklore）：民俗是个人或集体精神创造力的明证。保护民俗是这一精神创造力在国内外得到促进、维持和传播，同时其任何相关合法利益又不至于受损的必不可少的手段之一。除维护民俗表达的智力产权外，在民俗记录中心和档案机构里，有很多种权利已经得到维护并应继续受到维护，② 为此，各会员国应注意如下几个方面：

---

① 联合国教科文组织中文版 1989 年建议案的翻译为：例如通过提供补助金，通过在新闻、出版、电视、广播和其他国家及地区传播机构设立民间传说研究者的职位，通过确保对传播机构收集的民间创作方面的材料进行适当归档和传播，通过在这些机构内部设立民间创作节目单位等方式，鼓励这些单位在其节目中使民间创作资料占更大的比重。英文版为：Encourage a broader coverage of folklore material in national and regional press, publishing, television, radio and other media, for instance through grants, by creating jobs for folklorists in these units, by ensuring the proper archiving and dissemination of these folklore materials collected by the mass media, and by the establishment of departments of folklore within those organizations。

② 联合国教科文组织中文版 1989 年建议案的翻译为：民间创作作为个人或集体的精神创作活动，应当得到维护，这种维护应和精神产品的维护相类似。这一保护十分必要，通过这种手段可以在本国和外国发展、保持和进一步传播这种遗产，而同时不损害有关的合法利益。除民间创作维护中的"知识产权"方面外，在有关民间创作的资料中心和档案机构里，有几类权利已经得到维护并应继续受到维护。英文版为：In so far as folklore constitutes manifestations of intellectual creativity whether it be individual or collective, it deserves to be protected in a manner inspired by the protection provided for intellectual productions. Such protection of folklore has become indispensable as a means of promoting further development, maintenance and dissemination of those expressions, both within and outside the country, without prejudice to related legitimate interests. Leaving aside the 'intellectual property （转下页）

·民俗的智力产权：吁请有关当局注意联合国教科文组织和世界知识产权组织在智力产权方面开展的重要工作，但同时也承认，这些工作只触及维护民俗的一个方面，故采取不同措施全方位保护民俗乃当务之急；

·民俗的其他权益；

·保护传统传承人（消息提供者）的秘密和个人隐私；

·保护收集者的利益，确保其所收集材料以良好状态和恰当方法得以存档；

·采取必要措施避免收集材料被有意或无意地滥用；

·承认档案机构有责任监控收集材料的使用。

以上是"建议书"对民俗保护具体措施的建议。如果民俗可以简化为"民众生活"，而中国传统的民众生活又以"乡土"为主体，那么，乡土景观也就自然包含着对乡土社会中的民俗生活持保护态度。

385

（接上页）aspects' of the protection of expressions of folklore，there are various categories of rights which are already protected and should continue to enjoy protection in the future in folklore documentation centers and archives.

第四部分

观景·凝视·原始·移动

第一章

"原始"的乡村景观

"古"之回归

人们生活的任何时代皆为某种特定的社会价值所驱使、所影响。某种意义上说，人们在其有限的生命时间里，都"罩"在那些特定和特殊的社会价值之中。社会价值有不同的形式，有时由特定时期的政治所主导（比如当下的"一带一路"倡议），有时则是世界性影响的产物（比如全球化的信息网络、大众旅游等），有些则受特殊的历史事件所左右（比如"文化大革命"）。当然，无论这些价值是被借用、被导入、被利用，都属于"传统的发明"。①

对于传统而言，它是一种在过往基础上的累叠过程。"古"便是一个在历史上不断被借用、被弃用、被利用、被使用的社会**价值**。曾几何时，在"文化大革命"期间，"古"与"旧"被归于同类，属于"破"的范畴和范围，而"新"则是在此基础上的"立"。"破旧立新""不破不立"符合那个年代的社会**价值**。今天，遗产事业通达全球，亦为"古"之回归提供契机，且已然蓬勃生机。"古"不啻为时代、语境中"回归"的**价值**。人们又开始了收藏"古董"的活动。"古董的概念是现代才有的，它所反映的思想是时间会赋予旧家具和旧建筑以特殊的价值，因此应该保

---

① [英] E. 霍布斯鲍姆、T. 兰格：《传统的发明》，顾杭等译，译林出版社 2004 年版。

护它们"①。乡土社会中的"乡土性""草根性"能否也在"回归"的价值之列？如果我们所说的"传统"也是一种由"古"而来的价值，那么，它应该在。

"古"有三种基本的语义表述：1. 过去。强调**时间**的往昔久远。《玉篇》："古，久也。""古"因此具有传说中难以追溯或无法、无须确凿的久远时代的总称。"古"在这种情形中成为一种"价值标榜"，当人们言说过去的时候，常用仿古、复古、怀古、恋古、伤古、忧古等。2. 口述。强调对**故事**的讲述。《说文解字》："古，故也。从十、口。识前言者也。凡古之属皆从古。"简言之，"古"就是过去了事情，即"历史"意味。人们在生活中对"故事"的叙述，构成"历史"的原义（history：his-story）。其实，就"历史"分段的"史前"，文字尚未产生，"故事"的讲述成为人类在漫长的过程中最重要的交流方式，也是口耳相传的文化遗产。文字的出现，分离了文字与口述，而后者主要留在了民间。乡土社会主要靠它来维护社会和传统。3. 遗迹。强调历史遗留下来的**古迹**。祖先为我们留下了大量的"古物"，其中有些古物是后来人睹物思先（贤）的物证，也是有些职业、专业"访古"——探访古庙、古墓和古城遗址等事业。② 有意思的是，我们把从近代由西学舶来学科 archaeology 译成了"考古学"，专事考释古物、古迹之学问，它成了"科学"的有机部分。凡举三者，表述上往往并不分离，而是互为支持，只是在强调时侧重不同层面。

"古"之构字颇为奇特。《象形字典》释"古"，即 ﬌（口，言说）加上"丨"（十，极多），表示无数代先人口口相传的久远时代。有的甲骨文 在"古" 的字形基础上再加一个"口" ，强调"古"的"传说"含义。金文 将甲骨文字形中的"丨"写成明确的"十" 。有的金文 将 写成明确的"十" 。有的金文 将"口" 写成"曰" （言说），强调"古"与"言说"的关系。有的金文 在"古" 的字形基础上加"三十"

390

---

① ［美］段义孚：《空间与地方：经验的视角》，王志标译，中国人民大学出版社 2017 年版，第 159 页。

② ［美］巫鸿：《废墟的故事：中国美术和视觉中的"在场"与"缺席"》，肖铁译，上海人民出版社 2012 年版，第 74—78 页。

，强调传说年代之漫长。"古"的造字本义为：在漫长的过去岁月中被一代代传说的久远时代。日本学者白川静则认为，"古"为会意字，"十"与"口"组合之字。"十"乃长方形"干"（盾牌）之形。"口"乃凵，置有向神祷告的祝咒之器。祝咒之器上置神圣之干，可起到保护凵的作用。祈祷的效果得以长时间保持，谓"古"。由此，"古"有了古物、古旧、古昔、古代诸义。① 也有学者认为，"古"的第一个意思是"贞人"。② "贞人"在殷商时期主要从事通过占卜等途径确定国家和王的重要事务，掌用龟占卜。甲骨卜辞中"卜"与"贝"的组合为"贞"，即巫师的职业。"贞"字之上的一个字就是"贞人"的名字。贞人之名常被用作甲骨卜辞分期的重要标准。

无论"古"的本义是什么，都无妨其作为特殊时代的呈现与表述价值。它成为一个包含着不同的时空指喻、器物指示的意义。它既包含着明确的含义，比如中国古代的"青铜时代"："指青铜器在考古记录中有显著的重要性的时期而言的。辨识那'显著重要性'的根据，是我们所发现器物的种类和数量，使我们对青铜器制作和使用在中国人的生活中占有中心地位这件事实，不容置疑。"③ "古"可以通过对对象的测定准确地加以判定，有对象，有时间，有空间，即完全的"在场"，另外，"古"又在"过往"的各种表述中呈现其模糊性，特别是口述表述的任意性，比如西南的一些少数民族在讲述他们祖先、族源的时候，常常把生活中讲述有关过去的故事说成"摆古"，常常用"古老古太"用于故事的开场。贵州的少数民族村寨的寨老、族老，在开讲时就常用这样的"套语"。在这种情况下，"古"所反映的"言说性"只是一种表述范式，真正的言说对象和时间都可能不在场，甚至连"对象"都没有边界，即完全的"缺席"。

由此出现了一个重要的表述性分类："在场与缺席"——"有时间—有对象"与"时间—对象的虚拟假设"问题。任何表述都有"时间"这一公共品质，无论口述还是文字，我们都可以将它们视为对"过去"的讲述

391

---

① ［日］白川静：《常用字解》，苏冰译，九州出版社 2010 年版，第 122 页。
② 孟世凯：《甲骨学辞典》，上海人民出版社 2009 年版，第 169 页。
③ 张光直：《中国青铜时代》，生活·读书·新知三联书店 2013 年版，第 1—2 页。

和记录。换言之，讲述本身包含着"对象"，哪怕是"隐身对象"，却又在"古"中消解或淡化了时间制度。"在场（presence）/缺席（absence）"这一组相对的概念，被称为"技术性模式"或"马歇尔·麦克鲁汉尼思克认知系统"（Marshall McLuhanesque model of cognitive system），强调交流方式的不同会直接影响到对内容的表述，特别是非文字的交流方式。所以，模式和结构在非文字表述中被格外强调，而文字则强调其过程。① "古老古太"即属于一种对特定民族和族群的历史，特别是族源性来源的"模块化表述"。也是人们在讲故事时常用的"在很久很久以前"。这种模块显示出在表述时对"时间—对象"的刻意性虚拟。"古"也有这样的特性，甚至它还把时间"凝固化"，类似于永恒、不朽的特殊时间表述："亘古不变"。

我们强调"古"与口述的历史渊源，除了回归历史传统的原生形貌外，还有一个重要的意图，这就是回归口述与"古"的历史价值，尤其是广大劳动人民，他们由于未能掌握文字，而使民间表述多数停留在"口述""音声""体姿""图画"等的表述层面。汤普森说："口述史是普通民众建构的历史，它给历史带来了活力，拓展了历史的范围。它不仅允许英雄来自于领袖，同时也允许英雄来自于不为人所知的广大民众。"② 正是出于这样的原因，学者们在反思的原则下，放言要以"颠倒"（bottom up）方式重修历史，因为劳动人民的经验历史在底层。这除了强调劳动人民创造历史外，还有一个意义，即强调文字书写的原生形态与口述有关。比如巫术。中国古代的巫最早应该是以治病为职务之始，也就是一般所说的巫医（medium man，healer）。根据《黄帝内经》的记载，黄帝曾问医者岐伯说："余闻古之治病，惟其移精变气，可祝由而已。"《说文》释："祝，祭主赞誓者；从示，从儿口。一曰从兑省。"《易》曰："兑为口，为巫。"说明"巫"的原始形态以口兑、以跳舞等展演、展示和实践。③ "口语治疗"

---

① Farriss，N. M.，Remembering the Future，Anticipating the Past：History，Time and Cosmology among the Maya of Yucatan，*Comparative Studies in Society and History*，1987，Vol. 29，No. 3，p. 567.

② Thompson，E. P.，*The Poverty of Theory*，London：Merlin Press，1978，p. 21.

③ 李亦园：《李亦园自选集》，上海教育出版社2002年版，第272—274页。

392

不过是巫术常用的一种方法。至于巫与天、神、祖先的交流与沟通超越了一般人群的认知范式和实践范围，也超出了通常的经验范畴。

由是可知，"口述"构成了"古"的一款要义。人们在今天仍然有"说古"之说，意思是将过去的故事通说成"古"。在许多地方，"讲古"还是民间的说故事、说书的专用词语。比如，在福建南部地区，它也是讲古艺人用闽南语对小说或民间故事进行再创作和讲演的一种传统语言表演艺术形式。这种民间技艺来源于古代的传统说唱艺术，虽然这些都属于"古"的衍义，却并不抵触其原义，具有历史的逻辑关系。

维柯在考证逻辑（logic）这一词的来源时说，逻辑这个词来源于逻各斯（logos），它最初的本意是寓言故事（mythos），同时也是神话故事，从这个词派生出拉丁文的 mutus，mute（缄默或哑口无言），因此沉默或哑口无言是一种与实物、真事，或真话对应的语言。① 英语的 Oral 一词表示"口头的""口述的""口语的"，其词源可以追溯到后期拉丁语中的 Ora-lis，其词根为拉丁语 Os，意为"嘴巴"。这个意义之源即是古希腊哲学的观念核心"逻各斯"（λογός）。"逻各斯"一词虽然经常被翻译为"理性"或"思想"，但它最初和最主要的意思却是"言说"。"逻各斯"既意味着"思想"（denken），又意味着"言说"（sprechen），二者从字面和意涵上完美地融为一体。因此，对逻各斯的追寻唯有通过言说的方式来进行。②

口述的"言说"在很长的历史时期曾经占据着最为重要的交流方式，中西方皆然。我国《诗经》的原生形态、形貌都是口述和诵咏。"荷马史诗"今天被"文字"标出，作者却是盲诗人——一个无法书写者。今天我们在任何版本的《伊利亚特》和《奥德赛》的封面上都可以看到"荷马著"。从我们今天获得的信息可知，荷马生活在公元前 1200 年到公元前 700 年之间。祖籍迄今无法确定。生活和活动地域为爱琴海及周边地区。他是一位民间盲诗人。两大史诗具有明显差异，《伊利亚特》的完成经历了数百年民间的口头创作和流传。空间上具有多民族、多地区、多元文化

393

---

① ［意］维柯：《新科学》，朱光潜译，人民文学出版社 2008 年版，第 172 页。
② 张隆溪：《道与逻各斯》，冯川译，四川人民出版社 1998 年版，第 72 页。

交流与交通等因素。① 维柯把"荷马问题"当作重要的问题来对待，在《新科学》里，他以"发现真正的荷马"为题作了重要的阐述：

> 关于荷马和他的诗篇……就曾疑心到前此人们一直在置信的那个荷马并不是真实的。……但是一方面有许多重大的难题，而另一方面又有留传来的诗篇，都似应迫使我们采取一种中间立场：单就希腊人民在诗歌中叙述了他们的历史来说，荷马是希腊人民中的一个理想或英雄人物性格。
>
> 首先，我们对那些重大事物说明下列各点：Ⅰ，为什么希腊各族人民都争着要取得荷马故乡的荣誉呢？理由就在于希腊各族人民自己就是荷马。Ⅱ，为什么关于荷马年代有那么多的意见分歧呢？理由就在于特洛伊战争从开始一直到弩玛时代有四百六十年之久，我们的荷马确实都活在各族希腊人民的口头上和记忆里。Ⅲ，他的盲目。Ⅳ，他的贫穷，都是一般说书人或唱诗人的特征。他们都盲目，所以都叫做荷马（homéros 这个词义就是盲人）。他们有特别持久的记忆力。由于贫穷，他们要流浪在希腊全境各城市里歌唱荷马诗篇来糊口。他们就是这些诗篇的作者，因为他们就是这些人民中用诗编制历史故事的那一部分人。……他是一切其他诗人的祖宗。同时，荷马是流传到现在整个异教世界的最早的历史家。②

维柯对荷马问题已经做了非常精辟的评说。叶舒宪教授曾经考述了"诗歌"→"寺人"→"瞽宗"（音乐教育之师祖）之间的关系，他认为："寺人同瞽矇即盲乐师正是对诗的创作和传授起作用最大的两类人物。"③我们或许并不需要特别强调"盲诗人"的身份，而更想突出口述之"古"的表述范式。

---

① ［古希腊］荷马：《伊利亚特》（前言），罗念生、王焕生译，人民文学出版社1994年版，第1—3页。

② ［意］维柯：《新科学》，朱光潜译，人民文学出版社1986年版，第442—449页。

③ 叶舒宪：《阉割与狂狷》，上海文艺出版社1999年版，第148页。

历时地看，在文字产生以前，人们可以通过口述、图画、歌咏、巫技、舞蹈甚至凿磋石头等方式来反映、记录当时的社会历史。朝戈金先生对此做过一个类比，据推测，人类最迟在旧石器时代中期时，发声器官已经进化得比较完善（请注意，这个说法没有直接的"凭证"，尤其没有"白纸黑字"的记载），相对复杂的口头交际也大约就产生了。这是距今大约 10 万年前的时候。如果把那时以来的人类进程当作是一年的话，我们神圣的文字的发明和使用，都是发生在第 12 个月份里。埃及书写传统产生在 12 月 11 日那天。欧洲的第一本书（Gutenberg's printing press）出现在 1445 年，相当于 12 月 29 日。亚洲和美洲的书写传统也一样晚，而且长期以来只是人群中极少数人掌握着这种特殊技术。① 文字迅速上升为其他表述方式无以企及的一种特权符号。简言之，文字书写已不再是一种简单符号和表述方式，它不啻为区别一个民族、族群、性别等高低优劣的圭臬。如上所述，口述与文字原本都是历史纽带上两个相连的知识形态或表述方式，只是由于在文字符号和书写类型上附丽了社会的权力价值，才造成了特殊的"书写文化"。克里福德在《书写文化》中认为，文字过程——隐喻、书写、叙事——成为影响文化现象"注删"的一种方式。②

不过，就表述方式而言，人们习惯以口述史"讲述"历史而文字"记录"历史来区别。一种解释是：文字记录只不过是将口述记忆以文本方式"物化"而已，它们都进行着历史记忆。其实，无论是口述还是文字都可以放在知识的范畴中对待。有学者因此将知识分为三种分类：1. 介说性知识（prepositional knowledge），即关于事物的知识。2. 感觉和经验性知识（experiential knowledge），即事物本身的知识。3. 技术性知识（skill knowledge），即如何具体做一件事情的知识③。所以，首要的关系应该是"本来是什么"与"说成了什么"；其次才是"以什么方式表述了什么"。从认识角度看，无论口述抑或文字记录都不过是"关于事物的知识"（knowledge

395

---

① 朝戈金：《民俗学视角下的口头传统》，《广西民族学院学报》2003 年第 5 期。

② Clifford, J. and Marcus, G. (ed.), *Writing Culture: The Poetics and Politics of Ethnography*, Berkeley: University of California Press, 1986, p. 4.

③ Fenress, J. & C. Wickham, Remembering, *Social Memory*, Oxford: Blackwell, 1992, pp. 1–3.

about things），却不是事物本身，二者同处于事物的表述层面。现在的关键在于，当一个社会价值借用国家的暴力、行政手段和媒体的作用，将原本属于同一层面的表述方式强行地剥离开来，使其中的某一种表述形式具有合法性，"异化"便不可避免地发生。比如"法律文件"——用文字符号的方式进行记录和协商的时候，文字便不独被当作一种传递信息、记录事件、沟通思想等的符号系统，而被赋予了某种特权。①

"区分与排斥"其实也是一个分类过程。这足以提醒人们方法论方面的思考：即口述更多属于"底层人民"发出的声音和习惯的表达方式，诚如汤普森所说："口述历史是用人民的语言把历史交还给了人民。它在展示过去的同时，也让人民自己来建构自己的未来。"② 在很长的历史时期里，由于底层人民的社会地位和生活状态并未受到应有的重视，"某些底层历史资料至今尚未引发足够的方法论思考。口述历史是一个很好的例证"。今天，人类学家和史学家们已经开始研究口述历史，并通过这样的研究确立类似的谱系关系，但大多数口述历史是个人的记忆，用它来保存史实显然容易出错。"问题在于，与其说记忆是记录，倒不如说它是一个选择的机制，这种选择在一定范围内经常变来变去……口述历史的方法论并不仅仅对检验那些老头老太回忆的录音带的可靠性是非常重要的。底层历史的一个重要方面，就是普通人对重大事件的记忆比他们地位高的人认为他们应该记住的并不一致，或者与史学家可以确认已经发生的事情并不一致……"③

"不说"也是"说"的一种，"哑音"同样属于"音"的一类。老子说"大音希声、大象无形"，这种道隐于无形、隐于无声的情形，与维柯所谓的最接近真实和真理的智慧状态，其特征就是沉默或哑口无言的情形极为相似。中国的禅宗以"没弦琴、无孔笛"来转指禅宗无法用言语来表达的一种空灵、至高的悟境状态，可意会，不可言传。《中庸》有"喜怒

---

① Fenress, J. & C. Wickham, Remembering, *Social Memory*, Oxford：Blackwell, 1992, p. 9.

② Thompson, P., *The Voice of The Past*：*Oral History*, New York：Oxford University, 1988, p. 265.

③ ［英］埃里克·霍布斯鲍姆：《史学家：历史神话的终结者》，马俊亚等译，上海人民出版社 2002 年版，第 238—239 页。

哀乐之未发，谓之中（此处之中多少类似于一种沉默的状态），中也者，天下之大本也。"柳宗悦将日本匠人的沉默无声理解成匠人们走的路不是意识之路，又说手工艺人的默默无名乃是为了致公，为天下人所用，所以无名之器物（匠人们的手工艺品）所开出的无名之道，就是美的途径。①于是，"不言说"的物便有"言说"的特殊禀赋。如果说中国的"古"有一个非常明确和明显的特征的话，那就是"静默"的古物。

在中国的历史上，"无言"的崇高表现极具语义的穿透力，"古"与之最为贴切，种类与"古"有关的价值、观念、技术亦层出不穷。比如"复古"作为一种对正统政治的传统延续方式，特别是"古风"之商周青铜礼器都出于墓葬。"随葬铜器把礼仪用具的功能永恒化了。根据这个逻辑，墓葬中的仿古铜器有可能为了祭祀远古的祖先。虽然这个假设仍需要直接的证据，大量考古发现确定从西周晚期开始，特别在东周时期，大量仿古性器物是专为葬礼特制的'明器'"②。在笔者看来，与其说这种器物的"仿古"是一种形制，还不如说是一种"价值"，即特定语境中的观念价值所赋予的。因为只有这样，才对得起逝去的先祖，也在活着的人面前"说得过去"。这两种"面对"——面对先人和面对世人的态度和行为是被社会语境规定的"价值"。任何器物、器具的价值，除了其现实功能外，还常常被凭附象征的意义和符号的价值，诸如鼎、尊、爵等，它们的原型都是饮食具，却被赋予了权力、尊贵的象征意义。就中国古代的传统而言，参与制作的背景价值是"礼"，这也是孔子以"克己复礼"为天下治："克己复礼为仁。一日克己复礼，天下归仁焉！"（《论语·颜渊》）

"礼器"与"日用具"的差异与区隔极有意思，而且通过对器物的重新识别，人们可以清晰地看到自己"过去"的身影。比如，我们对于绝大多数日用性古物、耕作性农具等，都不太重视，尽管这无疑是一种记忆上的缺失，特别是对农具的存留和革新，导致了对农具保留上的缺失。中国的传统是"乡土社会"，对农具的"失忆"是很不应该的。之所以出现这

397

---

① ［日］柳宗悦：《工艺文化》，徐艺乙译，广西师范大学出版社 2011 年版，第 210—216 页。

② ［美］巫鸿：《时空中的美术》，梅枚等译，生活·读书·新知三联书店 2009 年版，第 10 页。

样的情形，根本原因乃是因为中国的古物只有与"礼"相属，方为"正统"所接纳；农具不在其列，饮食器具却在列。其实，在礼器中，无论是饮食器、乐器还是兵器，在日常生活中并没有被赋予特殊性和神圣性，只是按照"礼"的要求，便完全不同。有学者将这些礼品或祭器称为"礼器"，而将在日常生活中使用的物品称为"用器"、"养器"或"燕器"。而所谓"礼器"指那些专门用于祭祀和神圣之用的器物。《礼记·王制》："有圭璧金璋，不粥于市。命服命车，不粥于市。宗庙之器，不粥于市。牺牲不粥于市；戎器不粥于市。用器不中度，不粥于市。兵车不中度，不粥于市。布帛精粗不中数、幅广狭不中量，不粥于市。"礼器之用主要用于"礼"和"祭"。①

"礼"之构造原本并无任何神圣可言。"豊"是"禮"的本字。豊，甲骨文 即 （像许多打着绳结 的玉串 ）加上 （壴，有脚架的建鼓），表示击鼓献玉，敬奉神灵。造字本义：击鼓奏乐，并用美玉美酒敬拜祖先和神灵。篆文禮承续金文字形。俗体隶书礼基本承续籀文字形，将籀文字形中的"水"形 写成"乙"形 。《说文解字》："礼，履也。所以事神致福也。从示从豊，豊亦声。，古文礼。"

唐启翠博士对"礼仪"中的"礼义"做过专门考释，②并对一些有代表性的观点做过梳理：但凡研究"礼"之起源者，莫不从"礼"字构形和字源分析始。最早者当东汉许慎莫属。其《说文解字·示部》："禮，履也，所以事神致福也。从示从豊，豊亦声。"又《说文·豊部》："豊，行礼之器也。从豆象形。凡豊之属，皆从豊，读与禮同。"又"豐，豆之豐满者也，从豆，象形。"这成为经学解禮的玉律。台湾学者邱衍文《中国上古礼制考辨》辟有专节讨论了自许慎《说文解字》以来到王国维，历代对"礼"字解说的述评。③甲骨文的发现，为"禮"的解读带来了新的视点。

---

① 参见［美］巫鸿《中国古代艺术与建筑中的"纪念碑性"》，李清泉等译，上海人民出版社 2009 年版，第 21—30 页。

② 唐启翠：《礼制文明与神话编码：〈礼记〉的文化阐释》，南方日报社 2010 年版。

③ 邱衍文：《中国上古礼制考辨》，文津出版社 1990 年版，第 17—26 页。此字形者约之有四：礼者，从示从豊（二玉在器之形）；从示从豊（行礼之器）；从示从乙（芽，履，始也）；从示从玄（玄鸟，明堂月令：玄鸟生之日，祠于高禖。开生之候鸟，行礼之初）。

王国维通过对甲骨文"豊/禮"的解读，认为"豊"初指以器皿（即豆）盛两串玉祭献神灵，后来兼指以酒祭献神灵（分化为醴），最后发展为一切祭神之统称（分化为礼）。① 后来的学者，包括刘师培、何炳棣、郭沫若、杨宽、金景芳、王梦鸥等大都支持这种观点。其中杨宽认为需要进一步将"醴"与"禮"的关系阐清楚。他据《礼记·礼运》篇中"夫礼之初，始诸饮食"之论，认为古人首先在分配生活资料，特别是饮食是讲究敬献仪式，敬献用的高贵礼品就是"醴"，因而这种敬献仪式称为"醴"，后来就把各种敬献仪式一概称为"禮"。又推而广之把生产生活中需要遵循的规则以及维护贵族统治的制度和手段都称为"禮"。②

所谓"夫礼之初，始诸饮食"，说明在我国古代的礼制传统的发生原理，其中使用了一种明确的分类制度和分隔原则，特别是饮食器具。张光直在研究商周的青铜器时发现，要了解青铜礼器，必须先了解这些器物用于其上的饮食。"陶器和青铜器不但是研究古代技术与年代的工具，同时更是饮食器具。"固然这些是仪式用器，但是它们在仪式上的作用是建筑在它们在饮食上的用途上的。换言之，要研究青铜容器和陶器，就要研究古代中国的饮食习惯。③ 世俗的饮食器具何以、如何转身成为神圣的礼器？一个阐释路径：死事如生事。中国自古对于"祖先"（逝去的先祖）除了在宗族纽带上与在世人群建立无法阻隔的关联外，也将生活场景移置于"地下—天上"，祖先也在宴饮，而祖先灵魂、集体名义是"祖先在上"，而活着的人却在"祖荫下"。④ 这样，饮食器具对于百姓而言，是世俗之物，用于祭祀时，却成了神圣之物，而作为礼制传统，这些日常的饮食器具也逐渐成为专门制作的"国之礼器"。

399

"古"与其说是一种时间范式，毋宁说是一种正统形制，它是一个寓于特定、特殊价值于背景的景观。对于"古"的执守与继承，某种意义上可以判断特定社会的"连续/断裂"的情形。我国近代以降的重要转型，

---

① 王国维：《观堂集林》卷六《释礼》，中华书局 2006 年版。
② 杨宽：《古史新探》，中华书局 1965 年版，第 307—308 页。
③ 张光直：《中国青铜时代》，生活·读书·新知三联书店 2013 年版，第 336—337 页。
④ Francis L. K. Hsu（许烺光），*Under the Ancestors' Shadow：Chinese Culture and Personality*，New York：Columbia University Press，1948.

无不围绕着对"古"的价值的认同与背弃：从"捣毁孔家店""批林批孔""破旧立新"到今天"孔子学院""国学""一带一路"倡议（以线路遗产为主导的国策）如火如荼，它们是历史事件，更是价值回归。在我国"古"的形制中，必少不了农耕，少不了乡土，以及在此之上建立起来的社会伦理。

田园牧歌

"田园牧歌"作为一种特殊的乡土社会的景观表述，归入传统"古"的一类，亦算不了牵强。当然，对于现代社会，"田园牧歌"（the rural idyll）需要加注。它一方面是对传统"桃花源"式的村落景观的赞赏；另一方面，又带有某种"怀旧"的情愫。在西方，还要加上一款：对城市喧嚣的逃避而想象的乌托邦，但有时又是"文化他者"的一种代表性景观。[①] 在现代化的狂涛中，人们或许会质疑，真正的"田野牧歌"还有吗？古代文人骚客笔下的那份自然优雅的"牧童遥指杏花村"的景观还在吗？[②] 那种"采菊东篱下，悠然见南山"的悠然还有吗？[③] 陶渊明是第一个将田园生活描写在诗里的人。他从躬耕里领略自然的恬美和人生的道理。[④]

如果说"诗意景观"是文人骚客笔下的理想景观——特别是这种诗意景观是以愤世或在官场不遂意而做的逃避性选择的话，就多少有些"出世"的洒脱。西方有学者如是说："牧歌是一种方式，借此人们可想象自己逃避都市或宫廷生活的压力，躲进更加单纯的世界之中，或者也可以说是躲进一个苦心孤诣构想出来的、与城市复杂社会形成对照的单纯的世界里去。"[⑤] "黄金时代的牧歌服务于怀旧和乌托邦的目的。怀旧牧歌的感情

---

① ［美］W. J. T. 米切尔：《风景与权力》（Landscape and Power），杨丽等译，译林出版社2014年版，第23—25页。

② 杜牧诗作："清明时节雨纷纷，路上行人欲断魂。借问酒家何处有？牧童遥指杏花村。"

③ 陶渊明诗作："结庐在人境，而无车马喧。问君何能尔？心远地自偏。采菊东篱下，悠然见南山。山气日夕佳，飞鸟相与还。此中有真意，欲辨已忘言。"

④ 朱自清：《经典常谈》，云南出版集团、云南人民出版社2015年版，第139页。

⑤ ［英］马尔科姆·安德鲁斯：《寻找如画美：英国的风景美学与旅游，1760—1800》，张箭飞等译，译林出版社2014年版，第6页。

冲动与对儿童时代理想化的记忆有关"①。由此，将牧歌作"如画式"娓娓诉说者大多为闲逸之人，他们将"理想美"与文学、艺术中的场景和情景相融汇，② 陶醉于自制的美景之中。在西方，以"如画美"的"牧歌"情结为主题的，大都与风景画的历史遭遇有关——无论是在艺术范围还是社会领域，但诗人和艺术家们借此逃遁的情形，中西方倒有相似之处。虽然，每一个人心目中的"田园牧歌"都不一样，因为这种带有"离骚"式的激奋和"诗意"的逍遥，一般都有前提，这就是个人的际遇。

　　如果上述的"田园牧歌"侧重于个体性诗意情怀或怀旧情结的话，我们所说的乡土景观，则更趋向于将田园牧歌作为一种实景。我们相信，传统的乡土社会确实存在田园牧歌，然而，城镇化的到来，乡土景观中的田园牧歌还在吗？其间的逻辑关系是：如果田园牧歌在，它只能存活于乡野；在乡野的存活又建立在土地之上；如果土地消失，田园牧歌自然也就失去滋长的土壤。归根结底，土地是根本。费孝通在《江村经济》中有这样一段话：

　　　　土地，那相对的用之不尽的性质使人们的生活有相对的保障。虽然有坏年景，但土地从不使人们的生活的幻想在破灭，因为丰收的希望总是存在，而且这种希望是常常能实现的。如果我们拿其他种类的生产劳动来看，就会发现那些工作的风险要大得多。一个村民用下面的语言向我表述了他的安全感：**地在那里摆着，你可以天天见到它。强盗不能把它抢走。盗贼不能把它偷走。人死了地还在。**占有土地的动机与这种安全感有直接关系。那个农民说：传给儿子最好的东西就是地，地是活的家产，钱是会用光的，可地是用不完的。③

　　所以，在中国传统村落的景观中，如果是对土地赞颂，那么大致属于

401

---

　　① ［英］马尔科姆·安德鲁斯：《寻找如画美：英国的风景美学与旅游，1760—1800》，张箭飞等译，译林出版社 2014 年版，第 8 页。
　　② 同上书，第 56 页。
　　③ 费孝通：《江村经济》，上海人民出版社 2006 年版，第 125—126 页。

诗意景观，如果是丧失土地的田园牧歌，那只能是怀旧的挽歌。今天，土地的丧失或丧失之虞、之忧而对田园牧歌的唱咏，那多半是后者的情形，即怀旧的挽歌。

具体的乡土景观是"活态"的，它不仅指人民生活的实景，也指传统村落与自然成趣所形成的"活力"景观。"小桥流水"非常诗意，也是实景。村落就是这样的。田园牧歌作为景观的可视性，决定了景观的各种可能性，其中以尊重自然为原则。在我们所说的景观中，人的因素如果不强加于自然，而是服从、配合、融洽于自然，则无疑是和谐景观。"小桥流水人家"可视为范本。我们形容这样的景观为"如画"，因而"入画"。在西方学术史上"如画美"甚至形成了专门的研究主题，"现代的如画美研究发轫于半个世纪之前伊丽莎白·曼沃灵的《18世纪英国的意大利风景》（1925）和胡瑟的《如画美》"①。我国的绘画史似乎没有这样的研究专题，但我国的乡土景观中从来不缺乏田园牧歌式的类型，它也构成传统中国画的一种重要形式。

广西靖西旧州村落（黄玲摄）

吴冠中作品

402

在中国，田园牧歌般的乡村景观委实不少，不同的族群、不同的区域、不同的自然环境、不同的文化都会赋予这种类似"桃花源"的乡村景观。在那里，有水有山，有情有景。古代就有"小桥流水人家"的景致，

① ［英］马尔科姆·安德鲁斯：《寻找如画美：英国的风景美学与旅游，1760—1800》，前言，张箭飞等译，译林出版社2014年版，第3页。

虽是悲愁，却是特别韵味。这首马致远的小令"枯藤老树昏鸦，小桥流水人家，古道西风瘦马。夕阳西下，断肠人在天涯"，以景寄情，排除作者的情怀场景，用来形容乡土村落景观亦贴切。

文人骚客将田野牧歌理想化、文学化有一个原因，这就是诗歌从现实场景中被区隔开来。我们完全相信，类似的田园牧歌的风光、风土和风景，原来就是村民、农民甚至农妇那儿咏唱出来的，无须被"误解"为文人之作。法国学者葛兰言说："诗人在描写人类情感时，常常借助自然界的景象，这是我们熟悉的做法。当以爱情为主题时，基本上用风景作背景，而且，传统的做法是，田园诗应该借助乡野景象来精雕细琢，那么，《诗经》的诗人们将这些田园主题包含在诗歌里面，这是否仅仅出于修辞上的考虑？"① 葛氏的问题涉及一个首先需要厘清的界线，即《诗经》中的诗歌是文人的作品吗？比如《野有蔓草》（郑风）二十：

> 野有蔓草（野间长满了蔓草）。
>
> 零露漙兮（草上缀满了露珠）。
>
> 有美一人（一位英俊的少年）。
>
> 清扬婉兮（长着美丽的眼睛）。
>
> 邂逅相遇（我们偶然中相遇）。
>
> 适我愿兮（正是我所期待的）。
>
> 野有蔓草（野间长满了蔓草）。
>
> 零露瀼瀼（草上缀满了露珠）。
>
> 有美一人（一位英俊的少年）。
>
> 婉如清扬（长着美丽的眼睛）。
>
> 邂逅相遇（我们偶然中相遇）。
>
> 与子偕臧（一切是多么美好）。

这是一首在特定的农季约会的情歌，其中特殊的时间似乎说明仲春时

---

① ［法］葛兰言：《古代中国的节庆与歌谣》，赵丙祥等译，广西师范大学出版社 2005 年版，第 38 页。

节，引《周礼》可证："仲春之月，令会男女之无夫家者。"①农村男女相会奔情，与农时必有关系，故可以认为这是劳动人民自己的诗歌。文人骚客的相会根本无需迁就于农时。事实上，《诗经》中的多数，尤其是"风"，多为劳动人民的作品，只不过经过文人的"采风"、修辞。至于"文学家把田园主题视为**历法时谚**，对此我们无须感到诧异，这一看法极为支持对诗歌所作的道德诠释"②。对这样的言说，后续的评述必是言人人殊。

依据顾颉刚所言"诗在早年不过民间风谣，等诸今时之《山歌》、《五更》。或者古时王者以为民意之所表现，因巡狩之便，向四方候国征集：其善者，歌于朝庙，舞于乡国，于娱乐之外稍寓劝惩之意。盖人类于文艺之欣赏与真、美、善之爱好，古今中外所同然，见其美即见其善，见其善即见其恶，如是由文艺之欣赏进而走向善恶之劝惩，本很自然之事。况经孔子删订，遂为儒家经典。孔子之后，儒者究微言大义，如是知三百篇之兴诗实与之一般无二；独深解兴诗，附会义理，岂不为古人笑"③。如此线索，循迹可知晓"牧歌"原本出自"田园"，诗歌原来兴盛于乡土，何必经院化地文绉绉。

田园牧歌无论是实景还是怀旧，抑或是逍遥于寄情，都存在着语境问题。"小桥流水人家"的意义和意思会随着时间和空间的变化产生巨大变化，人们对于田园牧歌的态度随着"城市化"的迅猛而变得越来越不同。事实上，在传统的乡土社会，自给自足的生产方式，恬淡的生活节律，伴着时节的变化，配合着相应的农耕劳动，这其实就是真正的田园牧歌。这种田园牧歌来自"不动的社区"的自然与稳定。"农业和游牧或工业不同，它是直接取资于土地的。游牧的人可以逐水草而居，飘忽无定；做工业的人可以择地而居，迁移无碍；种地的人却搬不动地，长在土里的庄稼行动不得，侍候庄稼的老农也因之像是半身插入了土里，土气是因为不流动而

404

---

① 参见［法］葛兰言《古代中国的节庆与歌谣》，赵丙祥等译，广西师范大学出版社 2005 年版，第 25—26 页。

② 同上书，第 39 页。

③ 顾颉刚：《史迹俗辨》，钱小柏编，上海文艺出版社 1997 年版，第 18 页。

发生的"①。

　　所以，田园牧歌在某种意义上仿佛是镶在墙上的画，这幅画的基本意思是：乡土是静止的，田园牧歌是格式化的，农民与土地是"捆绑"的，家园是祥和的。这种传统的"不动"无形之中成了与城市特性——移动的对照。前者代表着传统，后者代表着现代。然而，对于城镇化加速的现代社会而言，"不动的乡土"在"移动的城市"的影响下，一方面也被动的加速了移动性；另一方面，传统的田园牧歌作为景观，也携带着乡土传统的秉性和因子，加入了移动的行列。田园牧歌也在这种城镇化发展的背景下，表现出特定的乡土价值和意义。② 换言之，对于传统相对的"静止"而言，"田园牧歌"是一种实景的描绘。在移动性加速的背景之下，"田园牧歌"于是成为寄托于"曾经"的美好记忆。这是"乡愁"——记忆中静止的田园牧歌在现代化"动车式"的轰鸣声中成为电影般的图景。

　　"静止"的景观满足的是人们对于过去的一种怀念，"田园牧歌"也因此常常被现代人用于怀旧。也就是说，"田园牧歌"无异于乡土村落的**怀旧景观**。怀旧是人类永远的心态——对过往美好景色的"停止性景观"的怀念。西文中的怀旧（nostalgia）一词，源于两个希腊词根 nostas 和 algia，noatas 是回家、返乡的意思；algia 则指一种痛苦的状态，即思慕回家的焦灼感。③ 田园牧歌于是成了"不动的动景"。所谓"不动景"，指的是传统的乡土景观——与土地和家园所形成的油画般迷人景色。所谓"动景"指有岁月流逝，特别在现代城镇化的快速行进之中，田园牧歌成了"车窗外的景观"。

405

　　现代景观中的"动景"，还指现代属性"移动性"（mobility）毫不留情地将所有既往的事务、价值、记忆都拖入移动之中，特别是人群的移动，尤指大众旅游——在城市化进程中，移动不仅成了各种信息、人员、物流、资本交换的常态，也将传统的田园景色纳入整体的社会发展

　　① 费孝通：《乡土中国　生育制度》，北京大学出版社1998年版，第7页。
　　② Rapport, N. and Overing, J., *Social and Cultural Anthropology：The Key Concepts*, London and New York：Routledge, 2000, p.315.
　　③ 赵静蓉：《怀旧——永恒的文化乡愁》，商务印书馆2009年版，第13页。

的轨迹之中。城市的人口开始大量涌到乡村，体验传统的田园生活。以英国为例，第二次世界大战以后，从城市到乡村旅游已经成为英国人最流行的休闲和娱乐方式。1979年，有3700万人至少到乡村旅游过一次；到1994年，每年到乡村的旅游人次已然超过了10亿。乡村生活已经成为城市人的生活一部分，乡土景观也因此成为更大范围的"永久性遗产景观"。①

这样的情形必然带来许多社会因素和需要讨论的话题。比如，西方传统的城/乡二元所产生的相互"对走"的景观：农民进城，城里人到乡下，这样的移动频率越来越快。有的学者因此认为，我们不应该执着于"城市/乡村"，而要代之于"中心/边缘"。② 其实，在西方社会，城市中心、乡村边缘一直就是社会结构的范式，只是，在现代的背景之下，城乡在相互趋近，城乡的边界也在不断地被打破。仍以英国为例，"乡村主义"和"城市主义"已经不再意味着生活方式的差异了，③ 它事实上变成了一种生活的时尚。只是，如果持"乡村主义"——以传统的乡村生活为诗意的、静止的、理想的生活场景的话，那么，随着移动性的加速，城市化"猛兽般"扩张，田园牧歌便成了**"乡愁景观"**。当然，如果任由凌驾性城市"帝国景观"的泛滥，④ 导致传统的乡土景观成为霸道的城镇化工程的牺牲品或婢女，那么，乡土景观就只能最终沦为**"乡怨景观"**。

田园牧歌若特指乡村景观，那么，与城市景观、人工景观所不同者，大抵是与自然相和谐的整体景观。其中自然生长的"野生"植物、野花等是一个最外在的景致，即便是农民种植的植物花草也是在自然的环境中，而不是城市中温室栽培的植物花卉。在这里，"自然"是一个限度性概念，完全彻底的"自然"，指的是那种"荒野"（wildness），即没有任何人为、

406

---

① Rapport, N. and Overing, J., *Social and Cultural Anthropology*：*The Key Concepts*, London and New York：Routledge, 2000, pp. 315 – 316.

② Grillo, R., Introduction, Grillo, R.（ed.）,"*Native*" *and* "*State*" *in Europe*, London：Academic Press, 1980, p. 15.

③ Rapport, N. and Overing, J., *Social and Cultural Anthropology*：*The Key Concepts*, London and New York：Routledge, 2000, p. 318.

④ 参见俞孔坚《回到土地》，生活·读书·新知三联书店2014年版，第133—134页。

人工的痕迹，是一个"野兽出没的地方"①。而乡土社会中的"自然"其实是经过了人类"驯化""嫁接"的技术使用。农业在人类文明的过程中已经有了很久远的历史。驯化"指一个颇为单向性的术语——我们的语法又在起作用了。这个术语给人一种错误的印象，好像就是我们在起作用。我们自动地把驯化理解为我们对其他物种所做的事情，然而，同样的意义是将此理解为某些植物和动物对我们所做的事情，是它们为了实现自己的利益而采取的进化策略"②。也就是说，人与动植物的历史协作实现着"互为进化"。而据说真正的驯化一直等到中国人发明了嫁接之后的事情。③ 这或许需要加注。

所谓的"田园牧歌"必然、必定与"乡野"相映成趣。"野性"与"人工"在性质上可以历史性地相互言说。这里有三个基本意思。1. "田园牧歌"指所呈现、记忆的对象是"乡野"的，特别是环境、动物和植物。它主要比况的对象是"人工"。2. "田园牧歌"特指乡土社会的性质，它主要对比的对象是"城市"。3. "田园牧歌"指曾经经历的历史记忆，它主要比较的对象是"现代"。总体上说，它包含着一个历时性过程，而加载于对自然的人工改造和技术无疑成为重要的媒介。

法国博物学家布封在他的《自然史》中有一节使用了这样的标题："人类出现后，发现并改造着大自然"，其中讲到了中国："科学催生的有用的那些技艺被保留下来；随着人口的不断增多，不断稠密，土地的耕作变得更加重要……古老的中华帝国首先崛起，几乎与之同时，在非洲、亚特兰蒂斯帝国也诞生了；亚洲大陆的那些帝国、埃及帝国、埃塞俄比亚帝国也相继地建立起来，最后，作为欧洲文明的存在的功臣罗马帝国也建立。人类的力量与大自然的力量相结合，并且扩展到地球的大部分地区至

407

---

① ［美］罗德里克·弗雷泽·纳什：《荒野与美国思想》"绪论"，侯文蕙等译，中国环境科学出版社 2012 年版，第 2 页。

② ［美］迈克尔·波伦：《植物的欲望：植物眼中的世界》，王毅译，上海世纪出版集团 2005 年版，第 4 页。

③ 同上书，第 26 页。原文为："真正的驯化一直等到中国人发明了嫁接之后。公元前 2000 年的某个时候，中国人发现从一种想要的树上切下来一段树枝可以接到另外一种树的树干上，一旦'进行'了这种嫁接，在结合处长出来的树木长成的果实，就会分享其父母的那些特征。"

今只不过将近三千年的时间。"① 在这个过程中，动植物从"野生"到"驯化"是一个漫长的过程。虽然在这一漫长的过程中，"野生"与"驯化"呈现了一个相互为对象的评述。比如，今天人们说"放养鸡"与"圈养鸡"的差异是相对的，放养的土鸡与原来的"野鸡"已经在性质上完全不同，但人们仍然将前者当作"乡野的"。

植物的情形也相仿。众所周知，史前是人类的童年期，却占据了人类历史 99.99% 以上的时间。中国史前遗址发现的采食植物遗存十分丰富，有菱角、橡子、薏苡、大麻子、野生稻、芡实、槐树子、栗、梅、杏梅、杏、李、野葡萄、樱桃、桃、柿、枣、酸枣、榆钱、核桃、山核桃、胡桃楸、朴树子、榛子、松子、梨、山楂、南酸枣、甜瓜、大豆、橄榄等。这些采食遗存中，可以直接食用的水果和坚果应该是最先被食用的。新石器时代遗址早、中期的采食品中富含淀粉的果实比例很大，说明当时采集野生植物主要的目的，是为了补充主粮的不足。新石器时代晚期，这种情况逐渐发生了改变。② 我国现存可资为据的食物记录的文献资料，主要是农业时代的情形。传统的社会生产方式、政治组织形式，以及伦理秩序建立在"以农为本"的基础之上，"因为农业生产者靠天吃饭，必须十分注意自然的因素，而人与天是合作的关系，人与自然之间只当有共生与协调"③。"靠天吃饭"更积极的表述应为"天地之养"。这句话真切地说明人的生计和生活靠天地自然滋养。在这个意义上，"田园牧歌"包含着"乡野"的旨趣，其中的标示性价值："野趣—自然"的"天地之养"。

对于当下的大众旅游，"田园牧歌"似乎有了一种新的现实主义的"写意"解读。它成为游客旅游"动机"之一，并成为诉诸行动的理由——城市里的人群以郊外乡村为工作之余的"休闲"场所，体验"田园牧歌"的景色。毕竟，乡村景观的魅力来自自然与天然。比如，乡村的植物景与城市完全不一样，它们是自然的，非人工的；它们是生态的产物，非生造的；它们是真实的，非"造假"的；它们是生机勃勃，非死气沉沉

---

① ［法］布封：《自然史》，陈筱卿译，译林出版社 2013 年版，第 201 页。
② 参见俞为洁《中国食料史》，"序"，上海古籍出版社 2011 年版，第 10—11 页。
③ 许倬云：《中国古代文化的特质》，联经出版事业股份有限公司 2006 年版，第 58 页。

的。以植物为例，它们是最听自然的话，与人类不一样。植物与花卉只要到了季节就会发芽、开花。这种植物景可以真实地教育人类，不要做违背自然的事情。

现代旅游对于乡土景观的"刻意"重视和"重新"回归，原因多种多样：诸如对乡土的依恋，如"回家看看"一般，对城市的"囚犯"生活的厌倦和逃离，对自然设身处地的亲身感受，对曾经"慢生活"的怀旧体验，对儿时记忆中"美如画"时光的重温，对自然食物的放心品味等，这些都构成了大众旅游的"乡野之趣"。这或许是"田园牧歌"的最现实版本。

回到我国当下田园牧歌般的乡土景观。如果我们不刻意于文人诗意的个性化排遣，而是着重于人与土地的亲和关系，以及这种亲和力所产生的各种在与自然时节相配合的神奇转换和变化，以及转换和变化所带给人们景色、景观"如画美"的享受，那么，田园牧歌便可以理解为人民在自己土地家园所吟唱的情歌。如果有一天我们失去了土地，现代城市的水泥高墙或许再也无法唤回田园牧歌的悠扬声。

"被加速"的乡土社会

在乡土社会里，人与土地的"捆绑关系"决定了"乡土社会在地方性限制下成了生于斯、死于斯的社会"。"不流动是从人和空间的关系上说的"[①]。当然，这只是相比较于那些流动性快速的商业社会而言。即使是乡土社会，也并不妨碍"移动"的发生，只是移动的频率、速度和性质不及海洋文明那样。我国的村落形成的一般规律，是因宗族扩大，或土地资源不足，或外族侵扰等原因而外迁，形成一个个新的村落。宗族的分支导致新的村落的产生，说明移动一直是相伴的。所以，即使对于汉族村落而言，多数也是迁移来的，故有所谓的"开基祖"（第一个从其他地方迁到该地的人）。所以，即使是"静止的社区"（费孝通语），也是相对而言的，而移动性却是绝对的。

409

---

① 费孝通：《乡土社会 生育制度》，北京大学出版社1998年版，第8—9页。

　　我们的重点既非刻意于移动作为历史的表述，亦非强调我国乡土社会的相对静态的性质，而是突出我们所面对的现实问题：在全球化背景下移动的加速，带动了原先自治性的"静止乡村"在很短的时间内骤然提速，而且是被动的。这对于传统的乡土社会是一个巨大的考验。游客的到来，传统的生产、生活的节律完全被打乱，历史形成的牢固的社会结构可能产生松动。土地使用功能的变化，人与人关系的"陌生感"增强，传统的性别关系骤变等，乡土社会有能力应对吗？这对旅游人类学研究有着特殊的意义——无论是从"东道主社会"的角度，还是民族志调查的"单位"表述都是如此。

　　另外，对于游客而言，乡土成为人们通过对特殊"遗产"的吸引使人们获得"怀旧"的感受。[1] "乡村"在现代旅游中也扮演着一种角色，即被想象为"静止的过去"。它不啻为一种现代指喻，因此有了非同寻常的价值。它对现代游客产生了某种特殊的吸引。特里夫特对英国乡村的形象变迁做过专门的调查并借此"形象"进行说明。在一般人们的心目中，英国的乡村属于那种"诗情画意般的、秩序井然的、安逸祥和的形象"，它经常被人们建构成为一个单一性的"过去"。[2] "乡村"的这种形象特别适合游客作怀旧旅游，或为逃避现代都市的喧嚣而进行一种选择。

　　然而，乡村并不总是人们想象中的一隅"净土"，或永远不变地"桃花源"。对于乡村社会而言，全球化背景下的现代旅游几乎可以说无孔不入，无论是作为东道主还是游客，无论是主动还是被动，都不可避免地卷入和介入。随着现代农业步伐的加速，所谓的"乡村生活"已经发生了巨大的变化和转型。当然，这种变化本身也可能成为吸引游客的一个因素。[3] 这里出现了两种变化的趋向，而且时常是悖论性的：一方面，对于游客，

---

　　① Urry, J., *The Tourism Gaze* (second edition), London/Thousnad Oaks/New Delhi: Sage Publications, 2002, p. 85.

　　② Thrift, N., Images of Social Change, Hamnett, C., McDowell, L. & Sarre, P. (ed.), *The Changing Social Structure*, London: Sage, 1989, pp. 12–24.

　　③ Urry, J., *The Tourism Gaze* (second edition), London/Thousnad Oaks/New Delhi: Sage Publications, 2002, p. 87.

特别是那些从城里来的人，他们到乡村旅游，是将其与城市快节奏、喧嚣进行对比，即静止的，安静的。另一方面，乡村正好趋向于快速移动，既不仅配合旅游，也被动地在"现代"的移动性中发生变化。

随着移动性的加速，所谓"桃花源"这一被想象的乡土社会的"**诗意景观**"和"**田园牧歌**"方式早已从文人骚客笔下的怀旧情结相分离，成为孩提时代的记忆："怀旧牧歌的感情冲动与对儿童时代理想化的记忆有关。"① 由此，将牧歌作"如画式"娓娓诉说者大多为闲逸之人，他们将"理想美"与文学、艺术中的场景和情景相融会，② 陶醉于自制的美景之中。也就是说，乡村本身并非是一个停留在人们脑海里的不变"景观"。当代旅游趋势中出现的"乡村游"热点也并不意味着只要是"乡村"就必然对游客产生吸引力。

那么，什么样的"乡村"对游客才具备吸引力呢？尤里认为，只有那些称得上具有"理想的风景画"的乡村才对游客构成吸引。③ 荒瘠的土地、污染的河流、贫寒的生活、肮脏的环境、鸟兽罕至的农村是不可能对游客产生吸引力的。当然，如果乡村生活围绕在一片繁忙之中，人们都在进行着紧张的劳动，这样的农村，或者说对这一个时段的乡村大约也不会对游客产生什么吸引力，而且可能对游客产生某种心理上的"压抑感"。大家都在努力地工作，我们却在同一环境里面"休闲"。难怪威廉姆斯曾经这样说过："一个工作着的农村，很难形成一种风景画，理想的风景暗含着间离和观察的效果。"④

那么，究竟什么样的"乡村"才够得上一幅"理想的风景画"呢？换句话说，现代游客到底凭什么要做出"乡村游"的选择呢？乡村对他们到底能够有什么样的吸引呢？其中至少要满足游客两项基本的需求，即"游客的乡村旅游既是寻求一种'真实性'，同时又要满足'好玩'（fun）和

---

① ［英］马尔科姆·安德鲁斯：《寻找如画美：英国的风景美学与旅游，1760—1800》，张箭飞等译，译林出版社 2014 年版，第 8 页。

② 同上书，第 56 页。

③ Urry, J., *The Tourism Gaze* (second edition), London/Thousnad Oaks/New Delhi：Sage Publications, 2002, p. 88.

④ Williams, R., *The Country and the City*, London：Paladin, 1973, p. 120.

放松等因素。"① 在笔者看来，乡村"理想的风景画"大致有以下三种情形（"三合一"的情形最为完美）。1. 保持完好的自然生态。村庄与自然构成一种和谐的整体景观。2. 保持完好的农村传统习俗，包括生产、生活方式、民居、宗教、仪式、庆典、习惯等，使游客可以从中感受到浓郁的、独特的传统风貌。3. 具有鲜明的民族或地域特色。这些民族和地域特色是历史传承下来的，而不是像现代社会那些"做出来"的民族村、民俗村的"人工景"，或那些经过人为"设计建造"出来的景区和景点。有较为完整的"异文化"体系：宗教、巫术、仪式、礼节、语言、文字、歌舞、服装、饮食、民居、器具等。使游客有机会观察和了解与自己文化完全不同的形态。

然而，我们当下所面临的巨大困境是，保持和保护传统乡土村落（村寨）的"动力机制"（包括内部凝聚式动力和外部刺激性力量）已经发生了动摇：全球化移动性的加速，不得不将乡土社会原先按照自然节律的生产生活方式打乱；城镇化"工程"的推土机大面积地覆盖乡土社会的整体景观；这种"城市霸权"的话语摧残着草根社会的脆弱性，土地的丧失使得土地上的人民完全或部分失却的家园主人翁的精神；游客的到来早已从"有客自远方来，不亦乐乎"的东道主好客逐渐为"旅游合同"和被游客"投诉"所替代。从某种意义上说，现代游客希望看到的、感受到的、想象中的"田园牧歌"恰恰又在大众旅游的喧闹声中淡化为贴在墙上的"老照片"。

这些传统的村落"老照片"于 20 世纪 80 年代末 90 年代初开始，一直延续至今，在很短的历史时期中骤然发生巨变。它们主要面临以下几个方面的挑战。

价值。我国从"文化大革命"到改革开放，随着社会变革产生了一种从未有过的社会价值变化。"开放"使得传统的价值面临新的适应与应变，直接考验着传统村落的又一次变革。特别到了西部大开发和"城镇化"的

① Tucker, H., *The Ideal Village: Interactions through Tourism in Central Anatolia*, Abram, S. & Waldren, J. (ed.), *Tourists and Tourism: Identifying with People and Places*, Oxford/New York: Berg, 1997, p. 110.

实践，类似"运动式"的社会项目，中国社会出现了"两极对走"的价值悖论：一方面，乡村被许多人误解为是城市的对立面，即所谓的"城乡"——"贫富"关系。尤其是城镇化的"推土机"将大量的乡村"拆建"成为城市。直观的变化令人误以为"乡村落后"。这种以经济发展作为动力的价值观，加速了乡土社会"脱贫致富"的价值——直到今天仍然如此。农民除了离开乡土到城市当"农民工"外，更带进了一种价值驱动。另一方面，城里人因为现代化的节奏、压力，以及从城市的逃避，传统村落成为他们临时避难所和短暂休憩之处，越来越多的城里人放弃城里生活重返乡土。在这种"城乡对走"的价值变化中，传统的村落已经悄无声息地发生变化。

移动。今天，大众旅游成了中国社会的一景，这一景观的光环越来越眩目。作为全球化进程中新"移动属性"的一种表现形式，大众旅游所代表的"人的移动"无疑主导着文化的交流、技术的交流、财经的交流、信息的交流，也促进了景观的多样性。我国是一个以安居乐业为传统的、以农耕文明为背景的乡土社会，大众游客的脚步声，伴着城镇化的推土机的轰鸣声，打破了乡土景观的宁静。

旅游进入乡村带来的直接后果是，社会关系发生的空前的变化。原来的乡土社会的关系是简单的，血缘、亲缘、地缘作为主要的社会关系链条，"面对面的社区"（费孝通）建立了一个紧密的人群共同体的关系结构。以往"有朋自远方来，不亦乐乎"的朴素主客关系被当下"游客是上帝"的金钱关系所替代。村里不仅来了许多陌生人，这些陌生人携带着"资本"而变得气势汹汹。传统的主客关系被金钱的"中介"所劫持，人们所面对的再也不是简单的"好客"关系，却被介入其中的金钱所左右。对于大众旅游进入乡土社会，连锁性地产生出了新的变化。1. 宁静的村落开始出现喧闹，背包客充斥着村落的巷道。2. 为了讨好游客的"钱包"，主客位移，喧宾夺主。乡村景观出现了所谓的"舞台二分制"——在前台表演的是为了取悦游客、迎合游客而进行的刻意"制造"，人民真正的生活却退到了"后台"。3. 游客的到来，带来了外来的文化、价值和观念，比如在不少名气大的村镇出现了诸如酒吧、KTV 等，城里的生活被移植到

413

了村落。有的村民自愿离开，把自己的家园让给了游客，成为名副其实的"鸠占鹊巢"。这种景观看了令人啼笑皆非：笑不出情愿，哭不出声音。

在此，我们并没有诅咒移动性所带动的大众旅游的意思。全球化是一个人们无法阻抗的趋势，而全球化的"移动属性"给人类生活带来了极大的便利。人类社会原本就有一个"恒量"——变迁。人类本身就是变化来的。问题是，面对这样急骤的变化，传统的乡土社会总体上显然并未准备好。我们希望看到，全球化的移动性融入我国传统的乡土社会，能够产生以家园主人为主体的"文化自觉"，而非被动地成为现代移动性和城镇化强势话语的"婢女"。为此，中国的现代旅游需要承担起相应的保护"美丽乡村"的使命和责任。

再造。无论是城镇化还是大众旅游，都对乡土社会是一个"震荡"。表现在所有既往的东西、景物都将面临重新选择。人们常说的"机遇与挑战"同在并置，这也是考验乡土社会内部力量和价值认同的机理和机制。一般来说，对于宗族力量强大、宗教信仰持续、地方精英作为、寨老制度完备的村落、村寨，其主人翁意识强，自主选择的能力也强。面对挑战，这样的传统村落相对是安全的。他们会在保持乡土根脉的基础上，选择那些积极的、对我有用的、符合现代社会的东西。其实，大众旅游完全可能成为地方民众提升文化自豪感的一个契机。游客纷至沓来，说明家园景观美丽。反之，如果乡村的主人翁意识淡漠，文化自卑，地方精英力量弱，则很容易在这样的情势中丧失文化的个性。

云南和顺是一个宗族力量强大的村落，亦农亦商亦儒的传统造就了家园主人自觉性。他们清楚地知道，乡土之根是什么，什么是应该留存的家园遗产。当我们问及当地的大姓寸氏长者："什么是和顺最值得留下来的遗产？"的问题时，得到的回答是："和顺的传统文化！"面对旅游的兴起，总体上和顺的宗族可以做到顺应潮流，却不失自主性，而是在变化中适应和调适。庞师傅属和顺水碓村村民小组，对于村中情况较为熟悉。庞师傅介绍：村中总人口 365 人，农业人口 330 人，每人有水田 7 分。随着大众旅游的到来，现在当地人基本不种地，70% 的人把土地承包给外来人种植，自己开客栈、做餐厅生意，还有 10% 左右的人在外务工。庞氏一族到和顺只有 120 多年，祖辈是南京应天府而来。庞家是武将，明洪武年间驻防镇守县城界头，后调入腾越东营镇守，清末滇西战乱，避乱到此落籍，已有六代。庞家祖上赶马帮，赶马线路从腾冲到缅甸，从父亲一辈就已转行做了村干部。庞师傅继承了家里的祖屋，现在家里开办了家庭餐厅，餐厅由其媳妇经营并掌大勺，餐厅推出本地特色菜品，土锅子菜、赶马肉、"大救驾"是他家的特色菜，受到顾客青睐，经营状况良好。

村落的宗族力量强大，宗祠是一个实体性象征。20 世纪 80 年代后期，和顺人的生活有所改善，刘氏族裔因为宗祠年久失修，开始策划修缮宗祠，1994 年起，因为刘氏代表与海外华人联系，筹措资金用于修缮，于是由刘氏族裔共同发起向海外刘氏族人捐款，重新修建刘氏宗祠，捐得经费修宗祠、祖坟，完成了修缮凤愿。面对大众旅游，刘某于 2008 年开始做客栈经营，彼时客栈只有十多家最多到三十多家，不愁客源，逢年过节客人来了还要求打地铺，生意好做。到 2016 年，他主动关闭了客栈，因为外来投资客栈经营户增至数百家，供过于求，加之房间要改造为标准间，因此需改造祖屋，增加卫生间等设施，他们不愿改变房子结构等原因，故而停下了客栈生意，安享晚年。

大众旅游对于乡土景观是一个再造的过程。传统的田园景观也面临着变化。然而，我们相信，既然我们大都来自乡土社会，既然乡里乡亲是我们的父老，既然我们扎根于斯，我们明白，失去了它就失去了根本。我们也就没有理由放弃自己的家园。如果乡土性是秉承的一种传统价值，任何选择、再造都以其为基础。我们同时也相信，越是现代化、越是城镇化，乡土传统就越有价值，仿佛"古董"，成为重要的文化遗产。

415

发现原始价值

人类心理学告诉我们：人们越是往前，就越是怀旧。乡土社会的田园景观也就越值得留存。田园牧歌在中西方的"诗意景观"中所包含的旨趣迥异。对于西方的社会，如果说，乡土景观必然包含"原始"的话，那么，田园牧歌既成为"乡土"的一个修辞，也构成其本色的基础。不过，

"原始"委实是一个难以把控的概念，原因在于，它已经被涂上了太多的"人造景观"的色彩。不言而喻，在乡土景观的整体形制中，"故乡"是一个人们依恋的地方："地方有不同的规模。在一种极端的情况下，一把受人喜爱的扶手椅是一个地方；在另一种极端的情况下，整个地球是一个地方。故乡是一种中等规模的地方。它是一个足够大的区域（城市或者乡村），能够支撑一个人的生计。对故乡的依恋可能是强烈的，此种情感的特征是什么？什么经验和条件可以促进这种情感？几乎每个地方的人都倾向于认为他们自己的故乡是世界的中心。一个相信他们的位置处于世界中心的民族隐含地认为他们的位置具有无可比拟的价值。"[①] 在这里，故乡意味着对过去的乡土性的生命记忆与认同。"故"的时间形制极其复杂。

在西方，"原始"与其说是一个进化全景中的早期阶段（历史性表述），还不如说它更是一个政治分野——将"原始"推到"他者"（野蛮）一方，成为欧洲中心"我者"（文明）的对立面。这种对所谓"野蛮人"的无知，使得类似的概念完全停留在政治分野的层面，而并不是正常地回观人类自己的"童年"——如果"野蛮人"只是单纯地被描述成人类自己的童年阶段的话，客观的评述便可能完全不同。对此，博物学家布封曾经这样评述：

> 一个地地道道的野人，比如科诺尔所说的那个被熊养大的孩子，比如那个在汉诺威森林中长大的年轻人，或者在法国树林中发现的那个小女孩，对于一名哲学家来说，可能就是一个奇观。他可以通过观察这样的一个地地道道的野人准确地估计本性欲望的力量，他能够看到后者真实的内心，他能够从中区分后者所有的本能的动作，而且也许还能够看出后者比自己身上更具有的温柔、宁静和清心寡欲，也许还能够清楚地看到野人比文明人更加有道德，丑恶只有在文明社会中才会诞生。[②]

---

① ［美］段义孚：《空间与地方：经验的视角》，王志标译，中国人民大学出版社 2017 年版，第 122 页。

② ［法］布封：《自然史》，陈筱卿译，译林出版社 2013 年版，第 96 页。

维柯《新科学》在介绍"本书的思想"时是从解释一幅图形开始的：

《新科学》扉页，1744 年，那不勒斯①

　　这幅图的右上角是登上天体中的地球（即自然界）上面的，有一个头上长角且有翅膀的玄学女神（亦代表作者本人）。左上角一个金色三角，玄学女神有一只观察的眼睛直射着这个金色的三角形，这就是天神显现的意旨的形状。玄学女神以狂欢极乐的神情观照那高出自然界事物之上的形神。此前哲学家们只是通过这种自然界事物去观照神的。② 这不仅表明在古代希腊罗马，"天象"成为人们认知自然界的一个要件。可是，玄学女神（西方哲学）将这样的三角关系简化为"精神/物质"："玄学女神登在较高的地位去从天神来观照人类精神界，这也是玄学的世界，为的是要从人类精神界，亦即民政界或各民族世界去显示出天神的意旨。这个人类精神界所由形成的各种要素，即图形下半所展示的代表一切文物制度那些象形符号，图中的地球即物理的自然界，是只由祭坛的一部分支撑起来的，因为前此哲学家们只从自然秩序去观照天神意旨，所以只显示出天神意旨的一部分。因此，人们把天神当作自然界的自由绝对的主宰的那种心灵而

417

---

① ［意］维柯：《新科学》，朱光潜译，人民文学出版社 1987 年版，"本书的思想"，第 1 页。

② 同上书，第 2—3 页。

向他崇拜。"① 在那里,哲学家成为神的代言人,负责精神层面,物质世界只是处于低端、散落一地的物质。

贡布里希在《偏爱原始性》一书中说:"正是维柯——用现代术语描述——让我们知道,'荷马史诗'的崇高是原始心性的直接展现,是人类历史的最早阶段。"② 维柯归纳的"原始人"是把无生命事物与自身的经验联系在一起,属于一种"原始心性":

> 拉丁地区的农民常说田地"干渴","生产果实","让粮食肿胀";我们的乡村人也说植物"在恋爱",葡萄"疯长",流脂的树在"哭泣",任何语言都可举出不计其数的实例,这一切实例都是基于这样一个公理:人类在无知中把自己变成了宇宙的标准,上面所引用的实例都是表明人把自己变成了整个世界。③

如果这样的论述逻辑可以成立,那么,"原始心性"与"乡土"就有肇始时期的表述依据,即无论"诗性"建立什么样的维度,都离不开乡土这一"原始性"——人类最为基本的生存、生活和生计都建立的"乡土"之上。

"原始"在很长的历史时间里,与"野蛮"的含义有着同义指喻,在传统的人类学那里,尤其是在早期的"进化论"的影响下,原始的、野蛮的社会。④ 换言之,"原始"首先是"文明"的对立物,由于人类学将对"原始文化"视为学科的本位工作,我们从爱德华·泰勒的《原始文化》、弗朗斯·博厄斯的《原始艺术》、罗伯特·路威的《文明与野蛮》、拉德克利夫—布朗的《原始社会的结构与功能》、列维 - 布留尔的《原始思维》、马林诺夫斯基的《野蛮人的性生活》、列维 - 斯特劳斯的《野性的思维》等人类学家的著作中可清楚地瞥见,"原始文化"是"原始主义"

418

① [意] 维柯:《新科学》,朱光潜译,人民文学出版社 1987 年版,第 3—4 页。
② [英] E. H. 贡布里希:《偏爱原始性》,杨小京译,广西美术出版社 2016 年版,第 70 页。
③ 同上书,第 71 页。
④ 参见彭兆荣《原生态的原始形貌》,《读书》2010 年第 2 期;《重新发现的"原始艺术"》,《思想战线》2017 年第 1 期。

（primitivism）的具体，针对的是"现代主义"。但是，从时间来区分的学者并不多，它更主要的还是一个"对话性分类"（a dialogical category），[①]即在时间上与"现代"相对，指那些"部落的""史前的""非西方的""静止的""异民族的""野蛮的"社会形态。正如罗德斯所说："'原始'这个词通常指那些相对简单、欠发达的人和事，而这些特点是基于比较而言的。"[②]

在艺术史家那里，原始艺术所呈现出来的诸多品性被概括为"原始性"，[③] 但是，即便是试图对此做种种定义的努力，都难以为多数学者所满意，原因之一在于，"原始艺术"不足以完满地表现原始性的全部意义，正如美国人类学家格尔兹在对贡布里希的《偏爱原始性》一书的评述中认为，所谓原始艺术并不是回归早先的简单形式，因为"原始性"既非人类上古史的萌芽期，也非个人发展过程中的幼年期。[④] 也不是所谓的对原始性的"引力定律"，[⑤] 在我看来，"原始"作为人类曾经经历的一个阶段，其实是文明的始发期，它与后来的所谓"文明"并不形成对立，而是如遗产一般是一种继承关系。其实，在整个西方的文明史的论述中，对此一直存在着悖论：既认为原始文化是人类"童年"时期，却又成了以欧洲中心为代表的"文明"的对立面。以下的表述具有代表性：

　　进化论赋予了"原始性"新的意义，它现在用来指人类文明的开端。从世界范围看，旅行者接触的文化似乎可以按照它们对自然的掌控分出级别：从流动的狩猎采集者（例如丛林人）到开始农耕再到有组织有技术成就的古代东方王国，最后是高居这个阶梯顶端的现代欧

---

① Myers, F., "Primitivism", Anthropology and the Category of "Primitive Art", Tilley, C., Keane, S., Rowlands, M. and Spyer, P. (eds.), *Handbook of Material Culture*, London：SAGE Publications, 2006, p. 268.

② Rhodes, C., *Primitivism and Modern Art*, New York：Thames & Hudson, 1995, p. 13.

③ ［英］E. H. 贡布里希：《偏爱原始性》，杨小京译，广西美术出版社 2016 年版，第 269—295 页。

④ 同上书，"译序"，第 10 页。

⑤ 同上书，第 282 页。

美白人。①

综观西方对"原始—野蛮"的各种表述，"原始"也被赋予了许多不同的语义，在艺术景观的历史中，它与"野蛮的风格"相映成趣，成为艺术史反思与回眸的凭鉴，特别到了十六世纪以后。② 艺术景观上，这种质朴自然的特点，是对那些"腐败""侈靡"的艺术旨趣的反讽。同时，也是西方基督教追求"精神"的对立形态。在高贵肃穆的神性面前，"原始"有时演化为精神与肉体的对立。③ 西方这种人文主义的"过渡"直接导致两种变相：1. 原始在其基本面向上，大多为神圣、正统、高贵、高雅的对立面；2. 当艺术景观在经历了一个奢靡、虚伪、腐败时期，人们会回顾"原始"的自然、朴素的景观。"原始"在这种情形下成了一种"文明"的"治疗"。时常，两种变相交织在一起。田园牧歌式的乡土景观也是如此。其实，当今天的中国人渴望进入城市，城镇化奏响英雄主义凯歌的时候，它已预言，回归乡土的时日即将来临。城市的侈靡必定会将人们返回乡土的意识提取出来，因为乡土的原始本来就属于人类本性的一部分。

总之，所谓的"原始（性）"不过是"他者"。这种悖论时时处处表现在各种场合和领域，而持此反思甚至批判的正是制造出"原始性"的西方人。因此，我们有理由对欧美人是否能够中肯、客观地评述真正的"原始（性）"持怀疑态度。哪怕曾经对原始艺术予以极高的评价的少数人，如歌德，他在《论德意志建筑》中将原始艺术称为"唯一真正的艺术"也不能例外，④ 因为他的立场仍然是"我者"。在这种历史语境中，田园牧歌也只不过成为"话语"的消遣对象。这是需要格外警惕的。

420

---

①　参见［英］E. H. 贡布里希《偏爱原始性》，杨小京译序，广西美术出版社 2016 年版，第 206 页。

②　同上书，第 55 页。

③　同上书，第 152 页。

④　同上书，第 86 页。

第二章

人观中的景观

另一种景观

在世界文化遗产的分类中，有一种类型为"文化景观"。① 当人们言及文化遗产以及相关的、由特定族群创造的文化样种时，必然隐含着对所谓"财产权"的认定和认可。具体而言，既是财产，就有"谁的财产"的归属问题。这是人类的基本认知价值。至于"我的财产"是否与人分享，则

---

① 文化景观遗产是指被联合国教科文组织和世界遗产委员会确认的人类罕见的、目前无法替代的文化景观，是世界遗产中的一种类型。文化景观这一概念是 1992 年 12 月在美国圣菲召开的联合国教科文组织世界遗产委员会第 16 届会议时提出并纳入《世界遗产名录》中的。至此，世界遗产即分为：自然遗产、文化遗产、自然与文化复合遗产和文化景观。文化景观有以下类型：（1）由人类有意设计和建筑的景观。包括出于美学原因建造的园林和公园景观，它们经常与宗教或其他概念性建筑物或建筑群有联系。（2）有机进化的景观。它产生于最初始的一种社会、经济、行政以及宗教需要、并通过与周围自然环境的相联系或相适应而发展到目前的形式。它又包括两种次类别：一是残遗物（化石）景观，代表一种过去某段时间已经完结的进化过程，不管是突发的或是渐进的。它们之所以具有突出、普遍价值，就在于显著特点依然体现在实物上。二是持续性景观，它在当地与传统生活方式相联系的社会中，保持一种积极的社会作用，而且其自身演变过程仍在进行之中，同时又展示了历史上其演变发展的物证。（3）关联性文化景观。以与自然因素、强烈的宗教、艺术或文化相联系为特征，而不是以文化物证为特征。此外，列入《世界遗产名录》的古迹遗址、自然景观一旦受到某种严重威胁，经过世界遗产委员会调查和审议，可列入《处于危险之中的世界遗产名录》，以待采取紧急抢救措施。世界上的第一项文化景观遗产诞生于1992 年，是新西兰的汤加里罗国家公园（Tongariro National Park）。截至 2016 年 7 月 15 日，中国世界文化景观遗产有五处，分别是：庐山（江西，1996.12）、五台山（山西，2009.6）、杭州西湖文化景观（2011.6）、红河哈尼梯田（云南红河，2013.6）、花山岩画（广西，2016.7.15）。

要视财产拥有者、所属者的意愿。这是财产所有者的权利。言及至此，想必人们都认可这样的表述。然而，"文化遗产"的实景、实情、实况却远比之复杂得多。比如，属于"国家"的文化遗产，或由"国家"托管的财产，权利便转移到"国家"手中。更加说不清的是，联合国教科文组织在各种遗产公约中都提出了遗产由"全人类共享"的原则。于是，这就有了"人类共享'我'的财产"的命题，而在文化景观的名目之下，也就有了人类共享"我的景观"之衍义。

在对文化遗产的讨论和争论中，这一问题并没有得到公认的解答，也就没有共识的答案。换一个角度，如果我们说，你的财产也是大家的财产，这个逻辑显然值得榷疑。可是，将其换作文化遗产却"似乎"是成立的。有些人就持这样的观点："很多国家的人们对秘鲁考古和民族志田野点和意大利教堂油画感兴趣，这些遗产是属于全人类的，不仅仅属于秘鲁人和意大利人。"[1] 有的学者则更进一步：认为"文化财产是一种媒介，是地球上的人们借以获得和交换智慧的媒介，因此全球人都有权利接近或使用它"[2]。如果这样的观点不可接受，那么，某人、某族群的文化遗产也就是全人类的财产便受到质疑。那么，UNESCO 各类公约中的"全人类共享"条款也就受到质疑。

这也引发了一些伦理问题，问题的焦点在于：现在的遗产在"谁的手上"，而对于如何到"他"手上的历史和方式不予追究。这样，殖民主义时代所遗留的历史"债务"也就一笔勾销，不予追究，或难以追究。那么，像中国圆明园里的文物也就永远地、冠冕堂皇地摆放在西方国家的博物馆里，不需追还，或者花钱把自己的遗产"赎"回来。这样的情形人们显然不能接受，然而却是现世的"法理"，理由仍然也采借了"人类遗产"

---

① Merryman, John Henry, International Art Law: From Cultural Nationalism to a Common Cultural Heritage, *Journal of International Law and Politics* 15, 1983, pp. 757 – 763; Thinking about the Elgin Marbles, *Michigan Law Review* 83, 1985, pp. 1881 – 1923; Two Ways of Thinking about Cultural Property, *The American Journal of International Law* 80, 1986, pp. 831 – 853.

② Cultural property is a medium through which the peoples of the world may gain intellectual exchange and thus they have a right to claim access to it. Williams, Sharon A., *The International and National Protection of Movable Cultural Property: A Comparative Study*, New York, Oceana Publications Inc., 1978, p. 52.

的理由。而对于广大殖民地国家，人种在历史上是按"区分和排斥"的原则进行划分的。由此，在澳大利亚人看来，"人类共同继承的遗产"代表的是白人的权利，[1] 一种肆意接近、阐释，甚至建构别人遗产，擦洗遗产原创者及其使用者自己的价值观，消解其对自己遗产阐释权利的文化殖民行径。这个概念是一个排挤的工具，用以排挤那些因文化遗产而拥有特别利益的人们。[2] 在这样的悖论原则之下，乡土景观作为"文化财产"，毫无疑问，属于创造这一文化景观的家园主人——当地人民。可是，文化财产在"人类共享"的条目之下，也可以被我分享。

那么，人类分享"我的景观（文化财产）"的伦理依据是什么？这是一个问题！

吴哥的故事

吴哥窟的"发现"是一个难得的案例。今天，当人们讲到吴哥窟的时候，通常会描述吴哥窟是如何被"西方发现的"：1586 年，方济各会修士和旅行家安东尼奥·达·马格达连那（Antonio da Magdalena）游历吴哥，并向葡萄牙历史学家蒂欧格·都·科托报告其游历吴哥的见闻：城为方形，有四门有护城河环绕……建筑之独特无与伦比，其超绝非凡，笔墨难以形容。但达·马格达连那的报告，被世人视为天外奇谈，一笑置之。1857 年，驻马德望的法国传教士夏尔·艾米尔·布意孚神父（Charles E-mile Bouillevaux，1823—1913）著《1848—1856 印度支那旅行记，安南与柬埔寨》，报告了吴哥状况，但未引起人们的注意。1859—1861 年，法国生物学家亨利·穆奥（Henri Mouhot，1861 年死于缅甸）为寻找热带动物，无意中在原始森林中发现宏伟惊人的古庙遗迹，1983 年他的日记《暹罗柬埔寨老挝诸王国旅行记》发表，其描述生动而细致，他说此地庙宇之宏伟，远胜古希腊、罗马遗产，这才使世人对吴哥刮目相看。法国摄影师艾米尔·基瑟尔（Emile Gsell）是世界上最早拍摄吴哥窟照片的摄影师。

---

① Langford, Rosalind F., Our Heritage-your Playground, *Australian Archaeology* 16, 1983, p. 4.

② Bowdler, Sandra, Repainting Australian Rock Art, *Antiquity* 62, 1988, p. 521.

1866 年他发表的吴哥窟照片使人们有机会目睹吴哥窟的风采。1907 年，暹罗将暹粒、马德望等省份归还柬埔寨。从 1908 年起，法国远东学院开始对包括吴哥窟在内的大批吴哥古迹进行为期数十年的精心细致的修复工程。

以上是完全、完整的西方"版本"，其实也是一种"预设"，即这一份"人类遗产"是"我（西方人）"发现的。其实，上述故事"有意无意"遗漏了另外一个更早的历史"版本"：来自我国古代周达观的《真腊风土记》。这是有关吴哥窟最早的文字记录！元成宗元贞元年（1295），浙江温州人周达观作为使节前往真腊（即今天的柬埔寨），逗留约一年后于 1296 年 7 月回中国。回国后以游记形式写下了《真腊风土记》。其中记述了城郭、宫室、服饰、官属、三教、人物、产妇、室女、奴婢、语言、野人、文字、正朔时序、争讼、病癞、死亡、耕种、山川、出产、贸易、欲得唐货、草木、飞鸟、走兽、蔬菜、鱼龙、酝酿、盐醋酱曲、桑蚕、器用、车轿、舟楫、属郡、村落、取胆、异事、澡浴、流寓、军马、国主出入等情形。其中对"都城"（即吴哥窟）的记述后被证实与实景相符，录之部分于次：

州城周围可博二十里，有五门，门各两重。惟东向开二门，余向皆一门。城之外巨濠，濠之外皆通衢大桥。桥之两傍各有石神五十四枚，如石将军之状，甚巨而狞。五门皆相似。桥之阑皆石为之，凿为蛇形，蛇皆九头，五十四神皆以手拔蛇，有不容其走逸之势。城门之上有大石佛头五，面向西方。中置其一，饰之以金。门之两傍，凿石为象形。城皆叠石为之，可二丈，石甚周密坚固，且不生繁草，却无女墙。城之上，间或种桄榔木，比比皆空屋。其内向如坡子，厚可十余丈。坡上皆有大门，夜闭早开。亦有监门者，惟狗不许入门。其城甚方整，四方各有石塔一座，曾受斩趾刑人亦不许入门。当国之中，有金塔一座。傍有石塔二十余座；石屋百余间；东向金桥一所；金狮子二枚，列于桥之左右；金佛八身，列于石屋之下。金塔至北可一里许，有铜塔一座。比金塔更高，望之郁然，其下亦有石屋十数间。又其北一里许，则国主之庐也。其寝室又有金塔一座焉，所以舶商自来有富贵真腊之褒者，想为此也。石塔出南门外半里余，俗传鲁般一夜造成鲁般墓。在南门外一里许，周围可十里，石屋数百间。东池在城东十里，周围可百里。中有石塔、石屋，塔之中有卧铜佛一身，脐中常有水流出。北池在城北五里，中有金方塔一座，石屋数十间，金狮子、金佛、铜象、铜牛、铜马之属皆有之。

自 1819 年法国 J. P. A. 雷慕沙首译先将《真腊风土记》出版后，西方国家翻译、传播此书所录者一直不断，计有：

1902 年伯希和法文翻译本。

1936 年松枫居主人日译本。

1951 年根据伯希和遗作整理出版的《增订本真腊风土记笺注》：Mémoires sur les coutumes du Cambodge, récit de Tcheou Ta-Kouan vers 1300, traduit par Paul Pelliot, 1951。

1967 年 D. P. Gilman 根据伯希和 1902 年译本翻译成英文。

1971 年柬埔寨作家李添丁翻译的《真腊风土记》柬埔寨文版在金边出版。

2001 年英译本：Zhou Daguan, *The Customs of Cambodia*, trans. by Michael Smithies, Bangkok：The Siam Society, 2001。

2006 年德本译：Chou Ta-Kuan：Sitten in Kambodscha & Uuml；ber das Leben in Angkor im 13. Jahrhundert. Keller und Yamada. 2. Auflage. Angkor Verlag, Frankfurt 2006。

2007 年英译本：Zhou Daguan, *A Record of Cambodia：The Land and its People*, trans. by Peter Harris, Chiang Mai：Silkworm Books, 2007。[①]

但今天吴哥窟却以西方人的"发现"开始，由此说明，世界遗产首先是一门历史政治学，很多欠发达地区和国家境内的世界遗产是由西方或者欧洲中心主义阐释的，或者说是西方人抢夺了本土人对自己遗产进行阐释和权利，本地人因此成为"没有历史"的人们。看来是保护自己的遗

425

① 引自百度之《真腊风土记》条。

产，保护别人阐释过的遗产，还是保护自己自由阐释的遗产？这的确也是个问题。

哭诉的景观：吴哥的遭遇（彭兆荣摄）

无论人类将所谓的"遗产"分成多少种类型，都脱离不了"人"自身与"自然"形成的关系。人与自然所形成的认知价值的完整体系，其中之一在于人类与其他生物关系。因此，今天保护生物的多样性，维持生物圈的良好状态不仅表现为自然界生物间关系的秩序，而且也反映出人类社会的可持续性发展，这种对自然的认识和理解已经通过国际组织的建立和运作在实际生活中产生效益。比如"人与生物圈计划"（MAB）便是一个具体的例子。

在联合国教科文组织 MAB 面临这样一个问题：生物圈保护区与世界自然遗产地有什么不同？简要的回答是：

生物圈保护区是一个代表性的生态区域，具有三个相互促进的功能：保护、可持续性发展和支持科研和教育。所有的生物圈保护区连接成一个世界网络，以交换经验和知识。生物圈保护区作为联合国教科文组织科学项目的一部分，由"软性法律"，法律框架管理。

根据联合国教科文组织《保护世界文化与自然遗产公约》（1972），世界自然遗产地必须拥有突出的价值。为保护这些世界自然遗产地的价值，需努力促进地方发展，加强对遗产地的科学认知和理解。

有时，某个生物圈保护区的核心区符合世界遗产的评选标准，这是通常范围更大的生物圈保护区就作为保护世界遗产地整体性的一个补充手段。①

在一份评估 MAB 项目的研究中，将 MAB 项目与 1972 年世界遗产公约进行了对比："MAB 不同于联合国教科文组织的世界遗产公约，公约是将自然保护和文化财产保存联系起来的"，MAB 是一个科学性极强的项目，涉及全球重点话题，几乎反映了所有联合国教科文组织各部门的工作。在项目初期 MAB 就涉及 14 个项目领域，包括了从山川到海洋的多种生态系统，从乡村到城市系统，以及一些与环境理念相关的社会学领域。

今天，人们对遗产体系的认识已经超越了简单地将遗产关系当作一个完整的客观体系，而是包括了与人类一体的理念。人类通过各种针对性实践，如保护项目进行具体的实施。人类对于"遗产体系"认识深化的过程，体现了一种重新将自身回归于自然，与其他物种平等相处的反思。人类这个认识上的变化，是对自"文艺复兴"以来，人类将自己从其他生物中突出、凸显、分离、分化出来，自恃"宇宙的精华，万物的灵长"，对其他物种的行为达到了不可宽恕的地步。虽然，人类"回归自然"更多地还停留在认识层面上，但人类的这种痛定思痛的自我反思值得肯定。

对遗产体系的研究不仅涉及观念层，比如有关遗产的现代知识及其谱系（现在的追述通常上至欧洲的浪漫主义，法国、日本和美国等百余年前的相关保护理念，直至当下以联合国教科文组织几份遗产公约为基础的一整套遗产知识），涉及个人、群体、国家和国际多层面的行动（包括法规和行政机关的建设），涉及教育（从联合国教科文组织的全球能力建设、培训到韩国等国家的高校遗产教育体系）、自然和文化的保存、建设和重建，是一种不断卷入、生成的动态体系。同时，景观遗产与其他诸多领域（如生态、文化、法律、国家行政、地方或群体的可持续性发展、身份认

427

---

① http：//www.unesco.org/mab/faq_ br. shtml#difference.

同等）关系密切，这些在特定历史时期所形成的"语境性"观念和行为都屡入景观遗产之中。

景观与权力

吴哥的故事很自然将讨论带到"景观与权力""景观与权利"的命题。[①] 就像人们在不同的时代有着"时尚"一样，总要不停地改装换面，这其实也属于人类本性。但是，人类的任何时段、群体的价值观被尊重的同时，永远要记住那些曾经被创造的景观遗产有着人类自我的"景观价值"，就像人们尊重你的时尚权利一样，我们也要尊重各民族、国家遗留下来的景观权利。人类遗产永远总存在着"我的"与"大家"的私有与共享的问题。重要的是，人类文化的多样性决定了人类对于任何类型的遗产都建立在特定的认知方式上，不同的认知决定了不同的知识体系。文化于是有了"多样性"。

近代以降，现代民族国家又以特殊的国家形制强制性地将各类遗产"国家化"，在联合国教科文组织，所有的"缔约国"是被接受其进入"世界遗产体系"的先决条件，这意味着，任何不经过国家认可的遗产都无法进入 UNESCO，也因此没有"合法性"。即使是祖先遗留的私产，包括技艺等，都在这一个背景中被接受、被言说、被评价、被传承。"我的"首先要得到"他（它）的"认可，"私产"首先要进入"公产"范畴，方能被评价，是为当代景观遗产之通则；亦为当代景观遗产之问题。

人们在长期的空间实践中创造了各种形态的地方景观，这些景观同样具有权力色彩。在《风景与权力》一书中，作者米切尔总结了景观与权力的各种关系[②]：景观不仅是权力关系的符号化表征，更是实现文化权力的

---

① ［美］W. J. T. 米切尔：《风景与权力》（*Landscape and Power*），杨丽等译，译林出版社 2014 年版。

② Mitchell, W. J. T., *Londscape and Power*, Chicago and London：The University of Chicago Press, 2002（1994），pp. 1 – 3.

工具；景观是一种具有意识形态意义的文化媒介，它用自然来表现社会文化结构，使人工世界看上去具有既定性而被理所当然地接受；景观不仅可以成为划分局内人与局外人认同的符号，还可以成为划分阶级、种族、性别的符号。① 今天，景观之所以"骤然之间"从学术领域走向大众，一个社会化语境：大众旅游的出现。大众旅游带动了"景观"的传播，"景观"仿佛成了旅行移动的随身物，被迅速地带往世界各地。所以，伴随的旅游的社会化"生产"，景观也相携相伴地被"生产"出来。在这里，社会化生产是一种权力的选择，旅游作为社会生产的一个"发动机"，将权力移植于"景观"，游客携带金钱，资本化的凭附，使之成为"游客就是上帝"的行尸走肉。②

逻辑性地，"景区"也就自然而然地被生产出来。贵州安顺的屯堡村落群，是明朝洪武年代戍边之后裔，由于戍边的特殊性，遗留下了当代具有军事色彩的历史景观；又由于军旅与地方结合的特殊历史，造就了安顺地戏文化，这一今天被称为"非物质文化遗产"的景观致使屯堡在旅游大潮中迅速的"景区化"。葛荣玲博士在她的《景观的生产：一个西南屯堡村落旅游开发的十年》一书中有这样的表述：

> 屯堡的旅游开发围绕的关键词有两个，一个是特定的地理区域空间——龙屯景区；一个是特殊的社会群体空间——屯堡文化。龙屯旅游公司在村里老街区规定了一个区域，通过修盖寨门、规定景区入口和出口、设置人工检票关卡、提供免费导游等措施，选择有代表性的建筑、场地和空间设置若干参观点，建构了一个景区范围，并绘制了景区游览线路示意图。③

429

---

① 葛荣玲：《景观的生产：一个西南屯堡村落旅游开发的十年》，北京大学出版社 2014 年版，第 5 页。

② 参见彭兆荣《东道主/游客：一种现代性悖论的危险——旅游人类学的一种诠释》，《思想战线》2002 年第 6 期。

③ 葛荣玲：《景观的生产：一个西南屯堡村落旅游开发的十年》，北京大学出版社 2014 年版，第 70 页。

就这样，一个"景区"出现了。毫无疑问，任何人都明白，这样的"景区"只不过换了一个名目，加了一些人工"手术"，一切都是原来的——乡土景观的主体并没有发生变化。然而，游客去到那里，不再是村落，而是"景区"。区别在于：进村不收门票，进景区收门票。这样，一个有意思的场景出现了：设置"景区"原来是因为屯堡有着与众不同的传统景观，这些景观在旅游时代可以用来赚钱，而"景区"也因此应运而生。可是，"景观"还是那些原生性的，走在自己"生命旅程"的轨迹上。有"景区"它们在，没有"景区"它们也在。也就是说，"景观"并不需要"景区"而可以自我存续；"景区"却需要依赖、依托、寄生于景观。然而，"景区"却是景观的权力代言：为景观"收钱"、为"景观"管理。重要的是，自从有"景区"以后，"景观"就不再自由，它们被"景区"的权力限制、管理。而在其中操纵者便是"权力"，只不过"权术"的玩弄者是"共谋性"的。

其中有些景观的权力表述相当模糊，具有交织性。尼古拉斯·格林对具有历史性景观以及景观的范式做了这样的分析：首先，要区分景观与表述（representation）、"实体"（reality），景观的想象（image）与所指涉的真实世界（real world）之间的关系。其次，它涉及人们理解景观的视觉性符号作用于景观想象的生产和消费过程。① 格林为我们设计出景观范式的两个层次的理解。1. 我们在做景观表述的时候往往是混杂性的，即在实体性与认知性方面将"景观"模糊化，具体而言，人们不能确切地明白你所说的景观是主观性的景观还是客观性的景观。如果是这样，人们所说的景观便成为一个没有确定边界的概念指涉。2. 如果说"景观"具有建构性质，那么人们（游客）自身也参与了这种建构。值得注意的是，在社会化旅游过程中，"景区"无妨也成为一种语境性的景观。

由于社会语境化的权力结构会随着语境的变化而变化，旅游景区或景点的景观符号价值并不是固定不变的，它与不同时代的政治经济的变化和发展有关，也与时代观念和旅游时尚的变迁有关。与此同时，一些新的旅

430

① Green, N., Looking at the Landscale, in E. Hirsch and M. O'Hanlon（ed.），*The Anthropology of Landscape：Perspectives on Place and Space*, Oxford：Oxford University Press，1995，p. 32.

游景区和景物的符号价值会在这些快速变迁的过程中呈现快速生长的趋势，其中关键性因素就是"资本符号"在旅游景区和景点建设上的影响和作用。所以，在具体的研究当中，我们未必一定要把某一个"地方景物"的符号价值限定在某一个具体的地点，因为"地点"本身也成了符号表述的一部分。比如农村，特别在旅游研究中，"地方性地点"可以被视作一个符号系统。所以，乡土景观的一个重要依据就是所涉及的"地点"本身。比如丽江古镇这一地点性符号景观的价值。①

那些著名的景物或旅游景点除了其自身具有独立的符号意义外，还与旅游目的地之间建立起了相互的结构关系。旅游景观和旅游标示物分析的一个结果是澄清旅游象征的结构。旅游象征是一个具有条约化的关联效应，即**景观→标示物→景观**的转换。当那些著名的旅游标示物与旅游目的地成为一个整体的时候，它对游客的吸引力就像"信徒"之于"圣地"，旅游便具有"仪式性意义"。在这里，"神圣"并不指某一个旅客具有宗教信仰或者是一个虔诚的信徒，而是指在旅游活动中由于旅客被某种社会价值和道德力量所引导，在现代传媒宣传的作用下，在旅客的情感中产生一种对某些景点的特殊的吸引。从这个意义上说，现代旅游也是建立旅游标示物的一项工程，它是游客之所以到那一特定的景点去旅游的一个巨大的吸引力。为了实现这一吸引力，旅客不自觉地循着旅游的结构程序一步一步地往下去，最终完成旅游行为。

旅游行为建立在对旅游目的地的强烈吸引，而旅游吸引包含了一个完整的结构程序。按照麦克内尔的分析，旅游吸引力来自以下几个阶段，或曰程序：第一阶段被称作"神圣化景物的命名状态"（naming phase of sight sacralization）。通常这一过程系由巨大的社会工程性工作来实现，包括对景物的评估、图片、摄影、拍照、宣传等一系列工作在确定景物或者景点的美学的、历史的、纪念的、再造的社会价值。第二个阶段是提升和框限（framing and election phase）。提升是在一个具体的景点案例中对某一个特定物进行建构，对旅游景物进行基础性构架和展示。而框限主要指围绕着

431

① 参见彭兆荣《旅游人类学》，民族出版社 2011（2004）年版，第181—183页。

某一景物的官方边界。比如，旅客在卢浮宫的蒙娜丽莎画像前经常被提醒："这是唯一用玻璃框着的油画。"这种由某一种特殊的物质建造或者指示的展览品事实上在做这样一种提示："这必定是最有价值的。"

当第一、第二个程序在实施过程中，第三个阶段也自然导入。这一阶段被称为"奉祀秘藏"（enshrinement）。有些特别的参观物被神秘地放在一个地方，这样的景物都带有"奉祀圣物"的感觉，而圣物的秘藏也必然会产生一种庄严和肃穆的氛围。第四个阶段叫"机械性再生产"（mechanical reproduction），即圣物的神圣化过程，诸如印刷物、相片、景物的那些使自己的展示具有神圣性的必要的装饰和打理。这是一个神圣化的机械再生产所必需的程序和过程，是旅客在旅游活动中能够通过一个真实的景物以获得一种回报的方式。它可以使游客在观光中不至于感到失望。神圣化的景物标志的创立和修建过程与旅客不断的观光活动构成了一种不间断的过程。最后一个阶段的景物神圣化是指所谓的社会再生产（social reproduction）。当不同的人群、城市和地区开始根据著名景物的吸引原则命名自己的时候，社会再生产便随之产生。①

就乡土景观的情形而言，那些原生性的景观原本只属于特定群体、区域范围历史遗留下来的部分，有些景观的"权力"也只限于特定人群的窄小范围，比如宗祠作为宗族景观的一部分，只分属和分享于特定的亲属共同体，然而，当伴随着一些社会事件、运动、价值的到来和进入乡土社会，作为一种社会化权力机制，便逐步进入乡土社会，并开始同样的社会化权力再生产的程序之中。大众旅游的出现并进入村落，原生的小范围所属的景观开始扩大其适用范畴，成为"旅游资源"的一部分。贵州屯堡的例子便可为证。

432

---

① MacCannell, D. , *The Tourist: A New Theory of the Leisure Class*, Berkeley: University of California Press, 1999 (1976), pp. 44 – 45.

第三章

景观与观景

景观与凝视

无论"观景"还是"景观"(不是简单的"动词"与"名词"间的差异),都离不开视觉性,通俗地说,涉及"看"的问题。美国学者米切尔在《风景与权力》中开章明义,强调要把"风景"从名词变成动词。其中一个重要的原因就是"形式视觉性"的过程、变迁与"去中心化"。① 这并不简单。也就是说,任何被称为"景观"的,都与"视觉"存在关系,它涉及人们看事观物的方式和态度,即人之主观投视于客观之上的结果。也涉及社会价值的凭附与"权力"的参与与介入。不同的时代、时期,人们对待相同或相似的"景观"会出现完全不同的效果。比如中国的风景画在欧洲曾经出现巨大的盛衰落差,原因在于社会情形的落差。② 同样的对象在不同社会背景下可以出现完全不同的"价值",因此,如何"观",方可确定"景"。它与今日学术界热议的**凝视**存在着内在的关联。当然,对乡土景观的研究首先建立在"观察"的基础之上。

以此推之,被作为乡土景观者——或特定村落、聚落等标志物,也都

---

① [美]W. J. T. 米切尔:《风景与权力》(*Landscape and Power*),杨丽等译,译林出版社 2014 年版,"导论",第 1 页。

② 同上书,第 9 页。

与之有关。以北美西北海岸的原住民典型艺术图腾柱为例，这一土著的艺术形式也有一条清晰的历史变迁线索：对于原住民而言，图腾柱不仅是一个地方性活的形态，更是亲属群体，整个部族将过去、现在和将来艺术化的生命体现。① 当然，即使过去的这种生命的表现形式，他们也会随着时代的变化，结合现代艺术的元素，将传统的图腾柱改造成为一种符合现代艺术的表达——在保持其基本形式的基础上，成为一种更具现代色彩的艺术形式。换言之，对图腾柱的研究可以窥见其背后的社会和历史情状，以及外在因素对其所产生的影响和作用。特别是，原生的图腾柱主要是表现一种特定的"图腾制"——一种与原始的亲属制度有关的表现形式，而今却超越了这一狭窄、简单的形制，向着更加具有艺术表现形式的方向发展。②

海达斯基德革特村落

说明：这幅照片摄于 1878 年，摄影者 George M. Dawson，地点：Haida Skidegate village，照片显示，每一户人家前都有一个图腾柱，图腾柱面对大海，任何造访者来到这里，首先看到的是图腾柱，它们就像是整个部族的"守护者"。见 Jonaitis, A., *Art of the Northwest Coast*, Seattle and London：University of Washington Press, 2006, p. 6。

---

① Jonaitis, A., *Art of the Northwest Coast*, Seattle and London：University of Washington Press, 2006, p. 7.

② 参见彭兆荣《艺术遗产论纲》，北京大学出版社 2017 年版。

图腾柱，作者：**Nathan Jackson**

资料来源：哈佛大学皮博迪博物馆（Peabody Museum），Jonaitis, A. ，*Art of the Northwest Coast*，Seattle and London：University of Washington Press，2006，p. 291。

　　一般而言，村落大都有标志物。对于"自我"具有突出和认同的作用；对于"他者"具有区隔和边界作用。而这些标志物，有时会有特别凸显者，比如山、丘、陵、墟、巨石等自然物，也有刻意进行人为建造、建筑的标志物，如宗祠、图腾、牌坊、桥梁、楼阁、宗族庙宇等，它们一方面是自己创造、选择、遗留下来的遗物；另一方面也都成为"吸引眼球"的景观。在进行乡土景观的保护中，对这些标志都要格外加以保护。①

　　"吸引眼球"在旅游人类学中有一个专有名词——凝视。凝视甚至成

435

---

　　①　Murithi, A. Njeru, *Conservation of Natural and Cultural Heritage in Kenya*, Chapter 9, Evaluating Rural Heritage Conservation in Kenya：the Case of Karue Hill, London：UCL Press, 2016.

为一套理论。作为一种"观看"方式，"凝"的本义是指水的凝聚，故《说文》释："凝，水坚也。"所以，"凝视"指一种聚精会神地观看，因此《广雅》又说："凝，定也。"实际上，凝视的"观法"决定了"景"的差异和效果，其中"主观/客观""形/色""内/外""想象/真实"等之妙谛皆脱不了一个"观"字。所以，即使是自然遗产也是人之客"观"。无论主观还是客观，都不过是人们"情以物迁，辞以情发"，"文贵形似，窥情风景之上"。① 当然，更神奇的观法莫过于"观世"，如"观世音"，既"观世"，又"观音"，可以超越"形"的界限。

"凝视"与中国的"观"义相近。《说文》："观，谛视也。""观"具有"帝王之象"的意思；古代天子、诸侯宫门外张示法令的地方也被称为"观"。"观"还可以作为"礼仪"之事，正如《礼记·礼运》所云："出游于观之上。"中国目前的大众旅游被认为是处于"初级式"的观光阶段。"观光"之说，最早可见《周易·观卦》中之"观国之光，利用宾于王"②。"观"在易经中是一个卦名，"观"即"光"，"观光"实为同意叠用。"观卦"六四之象为"天元"，即为"王"，这就是爻辞上所说的"利用宾于王"之意。所以程颐说："观莫明于近，五以刚阳中正居尊位，圣贤之君也，四切近之，观见其道，故云观国之光，观见国之盛德光辉也。"③ 有意思的是，为"王"（主）者何以"尚宾"？按照本卦的变爻六四看爻辞"观国之光，利用宾于王。"象曰："观国之光，尚宾也。"④《朱子语类》记有朱熹答疑弟子时说，六四于"大观"之时，最接近君王，故有"亲近"的意思，这也是"观礼"来表示。⑤ 所以，后来的"尚宾"成为接待国宾的礼遇，具体的行为就是带领外宾观看代表国家的风景，这也成为我国礼仪之邦的一个重要的传统。

436

---

① 刘勰：《文心雕龙·物色》，陆侃如等译，齐鲁书社1995年版，第548、552页。

② 可译为：观国之风光，宜于作国王的宾客。

③ 程颢、程颐：《二程集》（三），中华书局1981年版，第800页。

④ 六四，观看国家壮丽辉煌的大气象，有利于成为君王的宾客。《象传》说："观看国家壮丽辉煌的大气象"，这说明六四是君王的座上宾。

⑤《周易》（中华经典名著全本全注全译），杨天才等译注，中华书局2011年版，第195—196页。

　　观景是一件极为复杂的事情，"凝视景观"包含本义/衍义、此时/彼时、历时/共时、此处/彼处、我者/他者、现实/超现实等多种二元结构，甚至是多元交流和交通的机制。在旅游活动中，游客在对景观的期待和选择中已经包含主客观的因素；反之，景观的客体中也包括了人类原已投射的主观因素，是人类主观附丽于客观的历史场景和事物。景观在现代旅游中实现了"互视结构"的多种意义和效益，包括借用、对话、交流、交通、累加、融合、创新等。

　　西方在"观"的理解和解释上与我国传统相去甚远，认知上与中国完全不同，其中重要的差异在于，将其置于生理，即"视觉"层面。老柏拉图在《提麦奥斯篇》中说，神发明了视觉，并把它赐予人类，使人们认识到理智与"天""神"的关联，天神分化人类的身体与理智。理性于心，视觉于身；心智对应神性，五官对应身体；前者高而后者低。人类通过身体力行的习得与积累，可以接近真理，分享理性，体验"理想国"的美丽景观。而哲学家管"理性"，一般的人徒任由"感性"。最有意思的是他的"影子说"。[1] 这里的"影"与我国古代的"景"没有关系，他说的更接近于"心视"，怨不得人们习惯性地将他投放到"唯心主义"行列。亚里士多德反其师之道，确认人的视觉（观察和认识）的特殊能力乃客观、本我，他在《形而上学》中将其归到唯物主义范畴。

　　无论作为"观景"还是"景观"，"凝视"都是一种方式，也因此成为讨论中绕不过的话题。这也是近来"凝视"理论之升温的一个重要原因。**"凝视—镜像"**理论的盛名者是拉康。在《镜像阶段：精神分析经验中揭示"我"的功能构型》中，他借生物学原理说明镜像中自我的不完整性和虚假性。他以婴儿"照镜子"为例，婴儿以游戏的方式在镜像中自我玩耍，与被反照的环境之间形成特殊的关系，借以体验虚设的复合体与这一复合体所复制的现实世界。婴儿的身体、动作与环绕着他的人和物形成了特殊的镜像。拉康的结论是，在"前镜像阶段"，婴儿处于最初的不适应和动作不协调的"原初混乱"之中，对自己形象的认同是破碎的，不完

437

----

　　① 柏拉图：《文艺对话集》，朱光潜译，人民文学出版社1980年版，第69—71页。

整的。但是，镜像如一出戏剧，自我的行为仿佛无意识的编导，把自我身体形象的"碎片"置于所谓的"整形手术"的整体形式中，使自己的"异化之身"呈示于镜像之中，造成自我的内在世界与外在世界的断裂。自我为自我的镜像所分化、分裂、分解。

如果说拉康的"凝视—镜像"分析模式在心理学、精神分析方面确立了人的自我分裂的景象的话，福柯则在凝视"暴力"理论方面成为先导。具体而言，"观"必涉及生命和感受身体的体验，它既是自我的主观呈现，也是被"权力"甚至"暴力"的对象。在这方面，福柯无疑是运用凝视于"话语"在知识考古方面的大师。他将"凝视"看作现代临床医学的基本特征并类同于社会。在《临床医学的诞生》中，他发现医生"看病"即属于"凝视"，临床医学是以一种新的**凝视权力**形成的，临床医学的"凝视方式"呈现几种分析视野。首先，"凝视"是一种特殊的观看方式，即在临床医学场景中医生对病患施予的特别的、专业化的行为。其次，"凝视"衍化为一种具体的、有形的、充斥于社会的、象征化的权力关系和软暴力。再次，由社会组织化、系统化的社会作用力，即一种看不见却处处存在的力量。福柯以其独特的眼光洞见，某种具体的、有形的、生理的行为所潜伏着的、具有明确指向性的价值主导方式。

在《临床医学的诞生》出版 12 年后，福柯的另一部讨论"监狱的诞生"的著作《规训与惩罚》问世。继承凝视权力传统，福柯眼中的"监狱"成为囚禁者的另一种"凝视"——全景敞视：四周是一个环形建筑，中心一座瞭望塔，每个囚室都有两个窗户，一个对着里面，与塔的窗户相对。在隔绝的空间里，每一个囚禁者都被限制，没有自由，他们每一个细小的动作都被监视。① 不同的层级监视与监狱制度相配合，也与权力的等级体系相配合，有效地保证监督者的凝视效果。在监狱里，对于囚禁者而言，被绝对权力控制的方式经常通过暴力加以实现。在福柯眼里，"凝视"与"全境敞视"词语转换，成为**凝视暴力**的表达，而"规训"和"惩罚"成了介体。权力与暴力的表达存在于有形/无形、直接/间接之间。福柯在

438

---

① ［法］米歇尔·福柯：《规训与惩罚》，刘北成等译，生活·读书·新知三联书店 1999 年版，第三章"全景敞视主义"。

对医院、监狱，甚至学校（学校在相同的意义上也是一个监视机构）制度性知识考古中，将社会对人的规训和惩罚置于"全景敞视主义"的"凝视"之中。这种后果是："在被囚禁者身上造成一种有意识的和持续的可见状态，从而确保权力自动地发挥作用。"[①]

"凝视景观"，景观是凝视的对象性产物，但凝视又何不可为景观本身？西语中"景观"（landscape）原本为一个"主体—客体""主观—客观"的交织体。land（地）的存在与 scape（观）的行为，主客同构。根据杰克逊的考据，scape 曾经表示相似物体的组合，类似于"伙伴"（fellowship）或"成员"（membership）所表达的意思。除此之外，它本质上和"shape"（形状）同义。[②] 中文中"景观—观景"同构，为事实上的"互视结构"。游客不仅强调自己的"眼光"对景观的投视，也包括客体的"眼光"反射游客的镜鉴。"凝视景观"包含本义/衍义、此时/彼时、历时/共时、此处/彼处、我者/他者、现实/超现实等多种二元结构，甚至是多元交流和交通的机制。

"景观"之美取决于"观景"之法，"凝视"这一种特殊"定神之观"，有我有他，有主有客；景中有人，人中有景。若要比况，中国自古就有"七观"说，谓观义、观仁、观诚、观度、观事、观治、观美。[③] 是全观、全景也！

景观与互视

从"景观"的语用和概念的简单梳理中，我们发现，在同一个词汇中包含着多种不同的语境和语用，不同的价值和语义，不同的理念和功能。不同的语义之间不仅是简单的原创和借用，而且一直处于各自言说，且又

439

① ［法］米歇尔·福柯：《规训与惩罚》，刘北成等译，生活·读书·新知三联书店 1999 年版，第 226 页。

② ［美］约翰·布林克霍夫·杰克逊：《发现乡土景观》，俞孔坚等译，商务印书馆 2015 年版，第 9 页。

③ 《尚书大传》载孔子的说法，认为《尚书》的某些篇章达到七观，见刘勰著，陆侃如等译注《文心雕龙译注》，齐鲁书社 1995 年版，第 111 页。

相互对话的情状，致使这一词汇的内涵和外延不断发生变化，形成一个"互视结构"——包括借用、对话、交流、交通、融汇、创新。而这种对话与交流关系又使这一概念在实际生活中的使用范围和语义不断扩大。归纳起来，大致有以下几个方面。

"景观"概念对我国而言是一个"舶来品"。它在西方国家有其独特的历史逻辑的发展线索，也有其特定的指涉。而在传统的中文体系里，并没有与之完全相同的语词。"景观"是一个整合词，且在我国与西方的知识体制上有着在文化体系上、在文明体制上的差异。无论是在"风景""景物""景致"，或是"景观"上，"土地"（land）的意思和意义都不突出，而恰恰在中华文明中，尤其是汉文化体系中，"土地"是核心的价值。如何将我国的这一核心价值与landscape进行比较，发掘出具有中国特色的"土地景观"是一个需要进行深入研究的课题。

这就是说，将"景观"简单地视为外来，显然也有失绝对之嫌，毕竟以"景观"对译landscape不只是一个译词的任意使用问题，至少说明在我们的文化和文字史上，存在着相似、相仿的意思。回到"景"的训诂，虽然它原本是以日测时的"影"，却通过视觉性功能，延伸、扩展、转义，形成了越来越大的"语义丛"。中国自古就有"景"，而且在很长的历史演化中，早就超出了"地景"的范畴，如与绘画与视觉发生了观赏的关联。杨慎在16世纪上半叶曾评述业界广为接受的说法"景之美者，人曰似画，画之佳者，人曰似真"①。虽然其中涉及我国绘画史论的观点差异问题，却无疑表明"景"早就超出了"测时"之阈，而进入不同的表述语境中。我们平时所说的"风景如画"便是一个例子。诸如绘画作为传统的"景观"——特别是山水风景的"世俗题材"② 更是成为中国绘画在某些领域中的代表性特征，只不过，它们多数属于"文人话题"。

在认知体制上，西方的"景观"是从"地"本位及"人"的变化轨迹；在中国，与"景观"的本义最接近者，应是"地方""地缘"，但在

---

① 杨慎：《画品》，收入《艺术丛编》第一集，第12册，杨家骆主编：《明人画学论著》，参见［英］柯律格《明代的图像与视觉性》，黄晓鹃译，北京大学出版社2011年版，第19页。

② ［英］柯律格：《明代的图像与视觉性》，黄晓鹃译，北京大学出版社2011年版，第26页。

我国的这些概念中，政治指喻远大于地理意义。它与"天圆/地方"宇宙构造的发生形态，与"一点四方"的中心/边缘学说，与帝国政治的行政区划，与"华夷之辨"的人群划分等都有关系。在我国传统的知识体系中，这些概念基本属于政治地理范畴。[①] 换言之，中国自古以来的地理学有自己的一整套历史逻辑，而现代地理学科则是从西方引入，二者并未达到水乳交融的情状。两条知识线索如何兼融有待我们去摸索。

值得一提的是，改革开放以后，随着大众旅游时代的到来，"景观"成了一个操作性工具概念，我国相关主管部门陆续开展了有关"风景名胜资源的评价"及"风景名胜区体系的规划管理"等工作。一些国内外著名的风景名胜和风景区，如杭州西湖、无锡太湖、桂林山水、四川峨眉山、江西庐山、安徽黄山等被列为国家自然风景区。1982 年 12 月，国务院审定公布第一批国家重点风景名胜区名单，共 44 处。此后，这项工作在不断地推进，并与景观设计、规划等应用性专业结合在一起。但在认知和操作上，不同行政单位，如国家建设部和国家旅游局对景观、景区的认识和处理原则并不吻合。

然而，到著名的风景名胜旅游和到乡村旅游的情形迥异。比如，对于纯粹的自然景观，人类的"观光"原则是：只观赏，不介入、加入任何与人类主观意图和改变行为，因为，自然景观并没有参与任何人类的活动，比如被誉为地球上自然界七大奇景之一的美国科罗拉多大峡谷（The Grand Canyon），"它不是人类的创造，要改变它还是留给上帝吧"——这一对游客的提醒和警示，清楚地表明了游客的观览原则。而到乡村旅游，虽然游客可以参与，可以介入，至少不要喧宾夺主。毕竟，那里是人家的家园。不幸的是，我们的设计师，游客没有遵照这一原则。

归根结底，"观看"是有原则的。就观看而论，人们看物观事，看法多种多样。"凝视"为观看的一种，指专注、聚精会神地观看。文学过程（包括作家创作过程、读者接受过程和学者阐释过程）毋宁为一种特殊的凝视，视野不同，景观不同；风景、场景、布景、人景、心景各不相同。

441

①　钱穆：《古史地理论丛》，生活·读书·新知三联书店 2005 年版，第 3 页。

"观"与"被观"的关系最为要紧，涉及的因素包括：主观/客观，主体/客体，内审/外物，显形/隐情，不一而足。在这个互视结构中，两种形态值得重视，借喻"锁孔/猫眼"：主动性的关注称为"锁孔"。其特点正如萨特在《存在与虚无》中的表述，"锁孔"提醒、提示某一个对象的特殊性，进而激活主体化的过程。① 被动性的凝视称为"猫眼"——非预期的外在因素（如敲门）引起人们关注。二者在表象上呈现差异，却都贯彻凝视的互视结构。

巫鸿先生对艺术品的图像阐释权力进行了极具价值的阐释：

> 所有对艺术品所做的历史研究都是阐释性的，每种识别、分类或分析都仅仅是一种阐释，而非唯一的阐释。无论持形式主义观的研究者和考古学家，还是专攻图像志的研究者，或是持社会学观点的学者，他们的阐释都具有自己的理由和特殊观点。但这不等于说阐释理论是一成不变的或独立自主的。从一个角度看，每个学科的工具，即理论和方法论，在探索充满未知数的过去历史时是必要的。②

而且，任何视觉图像和符号，都不过是提供给读者和观众的媒介，读者和观众完全可能在同一个视觉图像符号中拥有自己的阐释权。这也是艺术最具魅力之处。不过，任何阐释都是有条件的，限制性的。这就是艺术图像符号本身所拥有的"权力"，仿佛一个人在镜子面前，镜子所呈现的必定是"那个人"。至于不同的观者对于那个"镜像"有何看法，做何阐释，都是根据那个既定的"镜像"做出的个性化的感受和阐释。这便是"镜像权力"。③

最神奇的观法莫达于"观世"，那是神的工作。神之神性，在于万

---

① ［法］萨特：《存在与虚无》，陈宣良等译，生活·读书·新知三联书店 2007 年版，第 326 页。

② ［美］巫鸿：《武梁祠：中国古代画像艺术的思想性》，柳扬等译，生活·读书·新知三联书店 2006 年版，第 79 页。

③ 参见邓启耀《我看与他观——在镜像自我与他性间探问》，清华大学出版社 2013 年版，第 19 页。

物无所不察，世事无以遁形；甚者，可以超越"形"的界限。"观世音"，既"观世"，又"观音"，被尊为"菩萨"。人之俗体，视力有度，视域有限，态度和看法就都不同。"凝视"为观看的一种，指专注、关注、聚精会神地观看。视野不同，景观不同；风景、场景、人景、心景、布景各有差异。学者因此以"凝视"为焦点，发现这一个身体视觉行为以及影像中潜匿着各种的因素，呈现"主观的客观""主体的客体""意识与存在""真实与虚构""内视与外视""此处的他处""过去的现在""主体的分裂""自我的他性""景观与人观""权力与暴力""规训与惩罚"多种景象。学者们的不断探索，竟使"凝视"蔚为大观，今已俨然成为颇具特色的理论。

中国智慧有自己的范式。"凝视"形成的看法各有其情境与心镜，一如《庄子·秋水》中的"子"与"鱼"：我非鱼，子非我，子非鱼；我与子，我与鱼，子与鱼，各自观景，景观不同。笛卡儿的不朽命题"我思故我在"与庄子"秋水"有类似的逻辑。箴言性的表叙为"我发现'我'是存在的"。命题的通俗解释是：我怀疑"我"的存在，却发现我在思想，我的存在是我思想的镜像。前者是肉身实体，后者是精神实体。"我"怀疑肉体无理与"我"相信精神的理性相互言说，却为一体。回到哲学的基本层面，具体与抽象无异于"我在"与"我思"。我怀疑我镜像的真实存在，是因为我相信我思想的先验。两个命题都在质疑"眼见为实"，同时又在解释"眼前之实"。前提是：都在凝视。

"凝视"于是被分裂为身体之境和思想之镜，在那些孜孜以求的追随者眼里，坚持把眼光投射于命题的两端。"凝视"成了镜像景观之"主观/客观"对视和互视的理论表演。无论"物我同一""物我为二""我是我""我非我"等都不过是同一视野下形成不同的景象。弗洛伊德独辟蹊径，从古希腊水仙花的"镜像"神话中，发现人类的"自恋情结"。他的"恋母情结"也同出一辙，在《图腾与禁忌》中，弗氏认为，孩童因潜意识中"力比多"作怪，而视父亲为"图腾"。父亲的图腾镜像恰好是孩童潜意识中"恋母情结"心理镜像的叠影。这也成了弗氏用于解释莎翁《哈姆雷特》王子"忧郁""延宕"的真正因由，即王子如果杀了叔叔就等于杀死

443

自己。弗洛伊德的"情结说"不啻为人类自我镜像的一种反射，这也成为文学表述传统中的一个重要母题。

"凝视"首先表现为一种视觉行为。"凝视"在中国的表述自成一格，特别在道家的眼里，"凝神"是一种心法："神曷凝？凝于敛。敛则神深固，无耗散忧。"① 说的是"凝"有一种法，即保持心神宁静、凝固以到达一种"凝视"的境界。但是，它更强调的是一种方法，既可以学习，深者甚至可以通"道"："大道之传，与天地无终极。顾授者无不传之秘，而列圣相延之心法，惟智者观其深耳。"② 也就是说，古来"智者"皆"观者"。"观音"即大智。

"凝视"的玄妙表现为"语境"与"语镜"的变换。语境指特定时空社会中的互相关系；语镜则指身临其境的投视和呈像。语境决定主体的取向。每一生命个体都生活在特定的历史语境中，每一个历史语境都贯穿着特定的社会价值；社会价值引导着人们"凝视"的投视方向和呈像形态。旨趣在于"语境/语镜"的转换，形如《红楼梦》中的"风月宝鉴"。"鉴"字颇值得玩味，其本义（金文、篆文）指人低头于盆水中观照自己的影像。③ 在《红楼梦》中，贾瑞迷上凤姐而丢失了自己，跛足道人赠其一镜，正面为凤姐，背面为骷髅，道人嘱之只看背面骷髅，贾瑞则私自观正面美人，终遗精而毙。这一隐喻折射出"鉴"之妙谛。境如镜，视界不同，呈现在语镜中的像便截然不同，美女与骷髅仅在举手转换之间。不同的语境，不同的看法，镜像完全不同。其实，文学本身就是语境之镜像。

444　　**凝视：真实与虚构**

"凝视"因感观而得观感。如果将前者定位于因客观事物而引起的视觉投视，后者则属于观察行为的主观反映。"感观—观感"也包括了"猫眼—锁孔"观察行为的全部意义：客观引起主观的注意，主观对客观形成

---

① 旧题八仙合著：《天仙金丹心法》，松飞破译，中华书局 1900 年版，第 49 页。
② 同上书，"自序"，第 1 页。
③ 见谷衍奎编《汉字源流字典》，语文出版社 2008 年版，第 1583 页。

感受。就文学创作而言，"真实与虚构"素为焦点。歌德生平中的一次"意大利之行"在他的创作中起到重要的作用。他写道："在这个地方，无论是谁，只要他严肃地审视自己，能用眼睛去看，他就一定会变得强大。"这种审视，可以避免真理和谎言在第一印象中混淆的状况。[①] 在更多的情况下，歌德并没有通过第一人称来显示他与这些事件间的关系（"在我的记忆中很鲜明"；"我们亲眼看到"），而通过使用各种空间和时间的指示用语，赋予时间和人物一种精确的幻觉。[②] 在特殊的场境中，作家用眼睛凝视——观物和自省，并创造出想象性的文学形象。客观世界在作家笔下转变为主观形象。

同一客观存在在不同的主体作用下形成形象差异，是为文学之妙。我们以嗅觉对气味（smells）的感受在语言表述上的差异为例进行说明。人类的味觉之于味感（sense of smell）之于分类而言是完全不同的，客观事物所发出的气味分类与人类味感遵循的分类原则完全不一样。玫瑰花的气味是同类的，而不同的人（包括群体和个人）对玫瑰花的味感并不相同，或者说，玫瑰花的气味所唤起人们的感受、记忆和社会象征是不同的。同一种实物却在不同的概念体系，即在某一种特殊条件下所形成的范畴中产生，其味感效力既产生于对实物的感官反映，更存在于某一个特定的感知符号体系。[③] 作家对生活的感受如同人对玫瑰气味的感受。艾略特将但丁的诗说成"一种视觉的想象"，[④] 强调伟大的诗歌必须在其作品中具有寓言性的穿透力和超越时间的透视性，同时又是作家商标性的产品。

"凝视"的感观—观感效应值得讨论：1. "凝视"属于一种特指的身体行为，可泛指一切具有观察能力的生物。2. 人类的"凝视"所产生的观感来自不同群体和个体的分类体系，比如汉人观牛与苗人观牛的观感不一

445

---

① 参见 ［美］詹姆斯·克利福德、乔治·E. 马库斯编《写文化——民族志的诗学与政治学》，高丙中等译，商务印书馆 2006 年版，第 94 页。

② 同上书，第 97 页。

③ Sperber, D., *Rethinking Symbolism*, Trans. by Alice L. Mordon, Cambridge：Cambridge University Press, 1975, pp. 115 – 118.

④ 参见 ［美］韦勒克、沃伦《文学理论》，刘象愚等译，生活·读书·新知三联书店 1984 年版，第 202 页。

样，并非因为汉人与苗人的生理视觉有什么差异，而是两个民族赋予牛的价值和象征体系不一样。3. "凝视" 感观与特殊对象引起人的关注有关，其中有两种基本的唤起方式：一种为人们主动地对特殊对象的关注，即"锁孔" 感观——我要开门，我因此关注锁孔；另一种是特定行为引起人们被动的关注，即"猫眼" 感观——有人敲门，我因此关注猫眼。4. "视而不见" 构成 "凝视" 另一种结果。为什么会出现视而不见的情形？就感观而言，强调看到了所指对象；就观感而言，强调对象没能进入视点。德·昆西在《论〈麦克白〉剧中的敲门声》对这种现象有一个解释，他不知道他自己曾经看到的，他的意识并没看到他生活中每一天都看到了的东西；① 即我看我要看的，我看不到我无意看到却在眼前的。5. 不同的感观所产生的观感完全不同，所谓 "一百个观众就有一百个莎士比亚" 便是这个道理，每一个个体都有独立的理解、阐释同一对象的权利。

就文学叙事的 "真实性" 而言，传统的文学研究把关注点集中于叙事中的两个 "F"，即事实（fact）虚构（fiction）的关系上。② 文学是一种 "想象" 的叙事，包含着虚构。这些充满想象和虚构的叙事却成了人们了解和认识特定时代 "真实性" 的重要途径。今天，当人们想了解古希腊社会，"荷马史诗" 是一个不可少的教材。文学类似于神话，或者说与神话本质上共通，因为 "各异教民族所有的历史全部从神话故事开始，而神话故事就是各异教民族的一些最古老的历史。"③ 人们并不怀疑神话反映 "社会真相"（social truth）的能力。神话叙事充满了想象和虚构因素，以现代科学的实证方法无法 "证真"，却不妨碍它真实地反映历史。我们在反思现代社会赋予实证方法合法性话语霸权的同时，必然产生疑问：为什么世间万物都要被置于 "实证之镜" 下去验明正身？思想、信仰、观念、想象、意识等如何验证？

在历史事实与历史真实之间，人类学的经典案例或可为借鉴。美国著

446

---

① 德·昆西：《论〈麦克白〉剧中的敲门声》，见杨周翰选编《莎士比亚评论汇编》（上），中国社会科学出版社 1981 年版，第 224 页。

② 参见彭兆荣《再寻 "金枝"：文学人类学精神考古》，《文艺研究》1997 年第 5 期。

③ ［意］维柯：《新科学》，朱光潜译，人民文学出版社 1987 年版，第 43 页。

名人类学家萨林斯在夏威夷文化的研究中，发现神话模式（myth model）中的"文化结构"，他将表面上泾渭分明的两极："历史/隐喻""神话/现实"成功地将内在的认知逻辑打通。历史事实与神话虚构的关系非但不被隔绝，相反，表现为一种叙事的互补与融洽。"夏威夷的历史经常重复叙述着自己，第一次它是神话，而第二次它却成了事件"①。其中的逻辑关系是：1. 神话和传说的虚拟性构成历史不可或缺的元素。2. 对同一个虚拟故事的复述表明了人们的文化认同和历史传承。3. 叙事行为本身也是一种事件和事实，一种动态的实践。4. 真正的意义和价值取决于整个社会知识体系。对某一种社会知识和行为的刻意强调或重复都属于社会再生产的有机部分。它是虚构，又是真实。**虚构本身就是一种真实。**②

　　如何看待和认识两个"F"？在认知层面上，它决定着人们公正、全面对看待社会历史的文化呈现。比如对人类远古传袭下来的神话叙事，人们"通过对神话奥秘的探索和专业性研究，可以在神话思维、原始社会和历史之间建立起关联"③。这里包含着三个基本意思。1. 从事实的表象中把握深层的意义；在想象和虚构的叙事中洞察被遮蔽的历史真实。正如利奇所说的那样："以观察到的现象来反映无法观察到的真实。"④ 2. 打破刻板的"事实/虚构"二元分类。确认二者不仅可以转换和打通，而且确立虚构和想象的叙事本身就是不争的历史真实这一理念。列维－斯特劳斯曾以"当神话变成历史时"为题进行过讨论："我绝非不相信，在我们自己的社会中，历史已经取代了神话，并发挥着同样的功能。对于没有文字、没有史料的社会而言，神话的目的在于使未来尽可能地保持与过去和现在相同的样态……如果我们在研究历史时，将它构想成为神话的一种延续而绝非与神话完全分离的历史，那么，在我们心灵之中萦回不去的'神话'与

447

　　① Sahlins, M., *Historical Metaphors and Mythical Realities*, Ann Arbor：The University of Michigan Press，1981，p. 9.

　　② 参见彭兆荣《民族志视野中"真实性"的多种样态》，《中国社会科学》2006 年第 2 期。

　　③ Godelier, M., *Myth and History：Reflections on the Foundations of the Primitive Mind*, Cambridge：Cambridge University Press，1977，p. 204.

　　④ Leach, E., *Genesis as Myth*, Cape（edition），London：Grossman，1969，p. 7.

'历史'之间的鸿沟，还是有可能被冲破的。"①

文学的"真实性"（authenticity）需要引起特别关注。现实的东西并非一定构成真实性，真实性具有公认的性质；事实（fact）只构成现实（reality）的部分。在生活中，事实充其量只是零碎的、散乱的、无序的存在，它要成为文学作品的一部分，不仅需要被作家注意，被作家选择，被作家嵌入文学作品中的一部分。韦勒克等认为："一部小说表现的现实，即它的对现实的幻觉，它那使读者产生一种仿佛在阅读生活本身的效果，并不必然是，也不主要地是环境上的、细节上的或日常事务上的现实……细节的逼真是制造幻觉的手段，但正如《格列佛游记》中一样，它常被作为圈套用以引诱读者进入一个引起不可能有或不能置信的情境之中，这样的情境比起那偶然意义的真实来具有更深一层的'现实的真实'"。②

旅游人类学中的凝视理论

近些年来，凝视理论又有了发展，尤其是全球的旅游风尚使"景观"备受关注，"凝视景观"遂成旅游研究的一个"关键词"，呈现愈演愈烈之势，竟然成为一处"新景观"。"游客凝视"的始作俑者当数英国社会人类学家厄里（Urry），他移植福柯的"医生凝视"于游客分析，其代表作《游客凝视》（此书自1990年出版以来，迄今为止已连续再版十次）便为一范。厄里的"凝视"具有多种意义和意思，它并非仅指游客生理上的"视野"与"凝视"。在主题献辞里，他引用福柯《诊所的诞生》一书中的一段话："诊所大概是人们第一次试图用科学的眼光，通过检查和做出诊断来确定治疗过程……医学的视野也是由一种新的方法所组成，它已不再是任何观察者的看法，而是医生从一个个体的范畴所得到的授权和判断……"③

---

① ［法］克洛德·列维－斯特劳斯：《神话与意义》，杨德睿译，麦田出版公司2001年版，第73—74页。

② ［美］韦勒克、沃伦：《文学理论》，刘象愚等译，生活·读书·新知三联书店1984年版，第237—238页。

③ Foucault, M., *The Birth of the Clinic*, London：Tavistock，1976，p. 89.

在现代医学构造中，"凝视"成了医学话语和实践中对象关系的建构。不过，福柯明确否定了主体和意识的构造作用。① 厄里的"游客的视野"与"医生的职业性视野"不同，"它不同于单一性的游客视野"，而是"通过各种不同的情况建构起来的视野。"② 所以，"视野的特征是旅游的核心"③。在现代医学构造中，"凝视"成了医学话语和实践对象，即看与被看的关系建构。而"游客凝视"与"医生凝视"同中有异：同者，看与被看是一种关系的建构；异者，医生凝视为俯视，而游客凝视为平视。④

之于景观，观景为要者；"游客凝视"宛若"望花筒"般景观的主体投视，形同游客随身携带的照相机。"凝视"从身体的观感转化为焦距的变化，形成不同的影像。"游客的凝视"与"医生的凝视"不同，它不是单向的、俯视的、权力化和暴力化视野，而是通过各种不同的场域、场所，景区、景点合成的视野，包括个体、群体，环境、语境、知识、体验视野的转换和变化。厄里因此认为，"视野是旅游的核心"⑤。游客视野中的景观成为"被创造、被再造和被争夺"的产物。"游客凝视"的对象是景观的客体化，其本身又构成景观的有机部分。景如镜，主体与客体、主观与客观、主位与客位相属、相共、相惜，形成"互视结构"，它包含了游客对景观的主观体认，旅游动机中的预期，游客对景观认知的个体性实践，以及投视者的背景差异和主客相兼相融的特性。

旅游景观既是自我表达的独立实体，又是"游客凝视"的投射对象。"游客的视野"由各种个体、群体，各种环境、语境，各种知识、认知，各种场域、场景的转换和变化所构成。也就是说，景观是在社会进程中"被创造、被再造和被争夺"的产物。⑥ 所以，"游客的视野"也处于"转

---

① ［美］拜伦·古德：《医学、理性与经验：一个人类学的视角》，吕文江等译，北京大学出版社 2010 年版，第 102—103 页。

② Urry, J., *Tourist Gaze: Leisure and Travel in Contemporary Societies*, London Sage, 2002 (1990), p. 1.

③ Ibid., p. 13.

④ Ibid., pp. 1 – 2.

⑤ Ibid., p. 13.

⑥ Michell, D., *The Lure of the Local: Landscape Studies at the End of a Trouble Century*, Progress in Human Geography, 27: 6, pp. 269 – 281.

型"和被"转型"互动的建构之中,具有悖论性质。① "游客凝视"包含大量主—客观因素,它们或可视,或遮蔽,或生理,或心理,或可感的存在,或不可感的存在等因素相互交织。厄里的"凝视说"为景观研究开拓了以下几个方面的思路。1. 游客在旅游中的个性是建立在对特别的景观和景物的"凝视"之上,它与游客的日常生活经验不同。2. 个性化经验附加于某一个特定地方和景观所产生的新的意义和价值。3. 在实际旅游活动中,特别是在景观中包含大量的互视与互动。4. "游客凝视"创造了旅游与文化互为一体的特殊语境。② 5. "游客凝视"一方面强调游客在旅游过程中对特别的景点、特殊的景物所做的选择,另一方面也促使东道主对景点、景区的意义和价值的做有目标和目的的注入,特定景观也因此产生在既往的文化积淀中的"新质"和"新姿"。6. 为旅游在各种学科的研究提供了一种"视野"。

虽然所谓的"游客凝视"表现出来的意义和价值如此重要,然而,它的表现方式和形态却多种多样,且不断地处于变化之中——集中表现在游客的意愿性经历的整个过程中。由于游客的旅游是建立在一个基本的事实之上:即离开日常的生活状态和习惯的生活环境到别的地方去看不同的事物这样的意愿和行为,这也构造出旅游动机的一个原则:游客作为人类的行为个体,他们必须首先有自由意志。③ 在旅游活动中,"日常生活的责任和义务将被暂时搁置起来",④ 而以一种非常独特的心态、方式和眼光去看待旅游活动中的事物。所以,在厄里那里,所谓"游客凝视"不仅仅是一种视野,而是游客对特殊事物所进行的观察和主动"投视",是个人意愿的表达性"关注",任何其他人、方式和器械都无可替代,因而带有明显的"主观"色彩。

450

厄里甚至认为,包括游客在旅行过程当中所进行的诸如购物这样的消

---

① Knudsen, D. C., Metro-Roland, M. M., Soper, A. K. and Greer, C. E. (eds.), *Landscape, Tourism and Meaning*, Hampshire: Ashgate Publishing Limited, 2008, p. 3.

② Ibid., p. 3.

③ Cohen, E., A Phenomenology of Tourist Experiences, *Sociology*, 1979 (13).

④ Urry, J., *Tourist Gaze: Leisure and Travel in Contemporary Societies*, London Sage, 2002 (1990), p. 10.

费活动，其基本的动机都不是简单的"物质意义"上，而是为了寻求经验意义上的"真实"。这种"真实"是建立在游客的"想象"上面的，也是"凝视"的结果。① 厄里也正是从这样的基点出发，对麦克内尔（MacCannell）的"舞台真实"（staged authenticity）提出批评，认为既然游客的"视野"是"主观的"和"自我的"，所谓的舞台"前后两分制"就不是游客在旅游经历中体验和认识"真实性"的关键因素。在麦氏看来，由于游客与东道主之间所建立的关系属于"外来者"对地方社会和人民生活的"入侵"，因而从总体上说，游客在东道主民众的眼中是不被接受的，而东道主社会对游客是提防的。在这种情况下，东道主社会就会将"前台"的"虚假事件"（psuedo-events）展示给游客。所以，游客所经历的和所"看到"的就是"不真实的"。真正东道主"真实的生活"（real lives）则被遮掩在了"后台"。②

面对批评，麦克内尔也做出了"反批评"。在《游客的中介》一文中，麦氏对厄里将游客"自我"（ego）为中心的"主观性视野"，即"唯我独尊"的视野（my exalted gaze）进行了批评，提出了游客视野中的"客体"才是构成游客眼光中的形象的依据。正因为如此，游客的视野是"客观的"，而非"主观的"。换言之，虽然在旅游经历中游客的主观因素要起作用，可是它是被客观事物所作用、所决定的，主观视野的轨迹实际上是被客观事物所引导，而非相反。麦氏进而认为，游客在旅行中对具体事物、景点的体验的"第一种视野"并不是最重要的，最重要的是他称为的"第二种视野"。③ 他借用现象学的基本原理试图证明："人们如何才能知道事物表象后的'存在'呢？"按照人们一般性的表达，"人们如何透过现象看本质呢"？麦氏对此的归纳是：游客的凝视行为是由一种内在自我"坚固的核心"所组织起来的，它对游客的视野会起到一种限制作用；游客对它会有一种强烈地要超越其限制的意愿——只要他们获得机会。换句话说，

451

① Urry, J., *Tourist Gaze*: *Leisure and Travel in Contemporary Societies*, London Sage, 2002 (1990), p. 13.

② MacCannell, D., *The Tourist*: *A New Theory of the Leisure Class*, Berkeley: University of Califoria Press, 1999, Ch. 5.

③ MacCannell, D., The Tourist Agency, *Tourist Studies*, 2001, Vol. 1, No. 1, p. 30.

对客观现象的解释会超越客观现象本身。但是，游客的这种视野只是次要的，更为重要的是对"存在本质"的透视。① 毫无疑问，麦氏的"内部存在"具有哲学意义上的"语境结构"的意味，但它并不是结构主义理论中带有"普世性"的结构——不管人们看得见还是看不见，想去寻找还是不想去寻找，愿意承认还是不愿意承认，事情发生什么样的变化，那一个"结构"都在那里。麦氏的所谓"中介"，虽也带有一些"结构"的意思，却需要凭借旅游行为中的语境来建构，属于"主观/客观"共建的产物。一俟这一语境消失，它的"结构语义"也随之消失。

总体上看，游客对景观的"凝视"包括以下几种基本的认知视角。

1. 景观是一种带有明确的主观色彩的认知和感受对象，是游客主观意愿的投视，游客对在旅游动机和具体的旅游景点、景区和景观的选择中已经羼入了明确的主观愿意。如果没有游客主观性因素的作用，游客与旅游目的地之间的真正关系就无从建立，而只有实际建立了这种关系，对景观的了解、认知、体验、审美、教育才可能产生。换言之，**对景观的体认是主观性的**。

2. 对景观的体验和认识属于游客个人特殊的实践经历，不同的时代、不同的环境、不同的教育背景、不同的个人兴趣、不同的性别、不同的年龄等的游客都会根据自己的情况对景观做出自己的"凝视"，产生属于个性化的认识和感受。因此，同一个景观在不同的游客眼中是不一样的。所谓"一百个读者就有一百个莎士比亚"。景观的"互视结构"对每一位游客都是平等和开放的。在实际的旅游活动中，每一个游客都有自己的"视野"。换言之，**对景观的体认是差异性的**。

3. 特定的景观与区域、地方、地点、环境、生态等相关联，具有不言而喻的客观性、实体性，属于真实的存在。游客到任何一个旅游景区、景点，无例外地都属于现实的、具体的、身体的观光活动，"景观"的客观存在如果没有人去欣赏它，它充其量只能算是一个"存在物"——哪怕纯粹的自然景观。而从认识论的角度看，一个"客观存在物"若失去认识

---

① MacCannell, D., The Tourist Agency, *Tourist Studies*, 2001, Vol. 1, No. 1, p. 31.

主体，它的存在对游客来说便没有意义。相反，如果没有"景观"的客体存在，人们主观的认识便无从附着。换言之，**景观的核心属性是主客相兼相融**。

4. 游客在特定景区、景点的旅游活动中，景观被分裂为不同的部分，而游客与景观的关系既不是"完全真实"，也不是"完全虚假"，而是"部分真实"，即东道主会根据游客在旅游动机中的期待，对游客观察、参与的部分进行预先选择，同时遮蔽了其他的真实部分，因此被认为是"舞台真实"。如果我们不拘泥于麦克内尔对"舞台真实"的绝对化解释，而是从现象上看待旅游行为，旅游景观不啻为"舞台真实"。换言之，**景观只是原真性的一种样态，即"部分真实"**。①

笔者主张，旅游中的景观和游客的"凝视"效应也是建立在"互视结构"的基础之上，它既是主客观的交织和交融，是游客与东道主的交涉和交通，是各种知识、价值的交流与交互，也是现代再生产活动中的交换与交易。

453

---

① 　参见彭兆荣《民族志视野中真实性的多种样态》，《中国社会科学》2006 年第 2 期。

第四章

移动之景

移动景观

移动是一种景观。当我们来到内蒙古大草原，会发现所有传统的动景与静景都遵循着一个原则：移动性。这是游牧民族的生活实景，也是游牧文明最具有特性的标志。"移动"是景，奔驰的骏马，吃草的羊群，这是动景。错落的蒙古包，斟满的奶茶，悠扬的牧歌，这是动景。所有与游牧文明相属的文化，都可纳入动景之中。当我们回观生活的场景，广场上的"广场舞"和街道上的"街舞"，当看到那些为了延寿而疾走的人们，原来移动时时在直播。

现代社会的一个特性就是移动性（mobility）。大众旅游正是这种移动全景的真实写照。移动是全观性的，其中人的移动又最为重要，因为文化的移动、资本的移动、信息的移动等都随附着人群的移动。人是天生的"动景"，是"动物"种群中最特殊的一类。"人类"无论作为有意识的动态性身体思维，还是作为"动物"行走、行动本能，都把"移动"推到了所有动物中最高的阶层。

移动与生物的生命运动可视为一种互指。人类作为一种特殊的动物，迁移、迁徙既表现为生物的特性，更表现为在社会、历史和文明形态中的多样性。我们将这种因移动性而产生的景观现象称为"移动景观"。移动景观不独是一种现象，更包含着一种文明历程的品质和判定，比如远古时代人类所经历的"采集—狩猎"形态。从这个意义上说，任何文明都包含着移动因子，因此也有与之相属的移动景。移动作为一种属性——性质、频率、范围、方式等常成为区分和表述文明类型的依据。历时地看，移动在不同形态中的社会价值不同，在共时关系中，呈现出越来越多的特点和异质。人类学对移动性的研究曾表现出某种悖论，在当代的反思原则下开始对这一社会属性以及语义、衍义和新义进行了学理和学科上的阐释。

"移动"具有某种文化的惯习性。有的民族天生喜欢移动，有的民族相对喜欢安定。欧洲文化以爱琴海文明为底色，人们喜欢以"海洋文明"概括之。这也决定了他们是迁徙移动的民族；反过来，因迁徙移动的特殊性决定了爱琴海文明的文化特性。维柯在《新科学》的"诗性地理"中这样描述古希腊人：

> 诗性地理无论就各部分还是就整体来说，开始时都只限于希腊范围之内的一些局限性概念。后来希腊人离开了本土跑到世界其他地方去，地理的观念才逐渐扩大，直到它所流传到我们的那个形式。古代地理学家都承认这是事实，尽管他们还不能利用它，因为他们都承认古代各民族，在迁徙到外国或远地去时，对新发现的城市，山，河，丘陵，海峡，岛屿和半岛都还用他们本土的一些老名字来称呼它们。①

维柯接着对"拉丁人"早期所属范围做此描述：

> 我们在希腊的诗性地理里注意到的一些情况在拉丁人的古代地理学里也可以看到。拉丁区域在开始时一定很小，因为在二百五十年之内在罗马诸国王之下所征服的民族达二十个之多，可是罗马统治的范围推广到普遍都不过二十英里。意大利的周围确实以阿尔卑斯山脉以南的高卢（Gaul）和大希腊为界，后来罗马帝国的征服才使它扩展到现在的幅员。②

455

---

① ［意］维柯：《新科学》，朱光潜译，人民文学出版社 1987 年版，第 389 页。
② 同上书，第 395 页。

这样的地理知识考古，不仅将希腊人、拉丁人的原始情形实景告知，也把希腊罗马携带着文化移动的基因呈现在了欧洲整体历史发展的底色中，融化在"西方文明"的机体和整体形制中，这也是我们将"移动性"作为认知其历史脉络的依据。

中华民族在历史的形成格局中并不缺乏移动。比如，在汉族中，最具有移动景观的族群为客家人无疑。对于客家这个人群共同体的源流问题，目前国内学者普遍认为于北方汉人的大规模迁徙相联系。目前客家人的分布大约是自北纬18°的海南三亚至北纬31°的四川广汉，东经103°的广汉至东经121°的台湾彰化县。境内多山区、丘陵、河流。客家人聚居中心的闽西、赣南、粤北三角区而言，不仅多山，而且还是赣江、汀江、九龙江、闽江、韩江、东江等大水系的源头。

中原汉人第一次大迁移，是由五胡乱华侵扰割据所引起的。为避难，自晋代永嘉以后，中原汉族开始南迁，当时被称为"流人"。逐渐形成了三大支流，最后，远的到达了江西中部、南部及福建等地；近的，则仍徘徊于颍水、淮水、汝水、汉水一带。第二次南迁，由唐末黄巢起义引起。十几年动乱，中国各地人民都分头迁徙，这次迁徙，远者，少数已达惠、嘉、韶等地，而多数则留居闽汀州，还有赣州东部各地。第三次南迁在宋时，由于金人元人的入侵，客家人之一部分，再度迁徙。这次由于文天祥等组织人马在闽粤赣山区力抗入侵外族，三省交界处成为双方攻守的重地。于是，先至闽赣的中原氏族再分迁至粤东粤北。而与此同时，流入汀州者也为数日多。明末清初，一方面客家内部人口已不断膨胀，另一方面，满洲部族入主中国。在抵抗清的入主无力之后，民众再次分头迁徙，被迫散居各地。相当一部分人，迁入四川等遭兵火毁灭之地，重新开辟垦殖，是即第四次迁徙，"移湖广，填四川"。第五次迁徙，当在清后期。这可以说是一次世界范围的迁徙。人口日多，山区条件差，不足养口。于是，客家人分迁往南至雷州、钦州、广州潮汕等地，渡海则出至香港、澳门、台湾、南洋群岛，甚至远至欧美等地。[①]

456

---

① 罗香林：《中华民族中客家的迁徙和系统》，程志远编：《客家源流与分布》，天马图书有限公司1994年版。

作为一个移民与原住民互动而形成的人群共同体，客家人在人口增长、资源短缺、族际竞争、社会动荡等综合因素的作用下，从宋元之际，就开始向南洋开拓生存空间。客家人大批出洋，大概经历了三个时期：一是南宋末年，跟随文天祥作战败北后，幸存者逃亡到海外谋生的客家人；二是明清时期，客家人口增长，生活资源短缺，加上当时政府在广州、宁波、泉州三个船舶公司，有利于中国与南洋来往，大批客家人漂向南洋；1820 年英国开始在新加坡建埠，西方殖民者在东南亚开矿山，建种植园，需要大批劳力，这个阶段也是所谓"契约华工"高潮期；雍正、乾隆期间，海禁日见松弛，出洋华工日众；三是鸦片战争以后，特别是太平天国运动失败后，嘉应州的汪海洋部多为客家人，战败后幸存者多数到南洋谋生，部分被卖到美国当苦力。[①] 目前在亚洲的客家人主要分布：印度尼西亚的客家人大约有 120 万人，新加坡 60 万人，马来西亚 125 万人，泰国 60 万人，菲律宾 0.68 万人，越南 15 万人，缅甸 5.5 万人，柬埔寨 1 万人，印度 2.5 万人等。[②]

台湾作为一个与福建、广州隔水相望的帝国边陲，在明朝开始，惠州、潮州、嘉应州和汀州等地的客家人以"山贼"和"海盗"的形式成了客家人迁台的先驱，开始来往台湾并居住于台湾。客家人移居台湾大概分为以下几个阶段。一是荷兰统治时期（1624—1662）。有些大陆人移居台湾，主要是闽、粤两省人，包括福佬人和客家人，客家人为 1.8 万—2.3 万人。二是郑成功时代。郑成功收复台湾的部队中有不少客家人，其实大将刘国轩是汀州客家人，其部下也多为客家人，台湾收复后，大部分留居台湾。陈孔立认为，郑成功时代，台湾的汉族移民增加到 10 万—12 万人。[③] 此间的台湾客家人为 4 万—5 万人。三是施琅主持福建军政时期。1683 年，施琅攻克台湾，台湾成为福建省的一个府。1684 年，清政府开发海禁，对大陆人员渡台是不受限制的，闽粤的漳、泉、汀、潮、惠等地的穷苦人们很自然地成为渡台移民最多的地区，而这些地区的居民主要是福

457

① 黄玉钊：《论客家人迁徙海外的经历及其贡献》，《广东史志》1998 年第 1 期。
② http：//lzmgc.blog.163.com/blog/static/2699432200598953430/.
③ 陈孔立：《清代台湾移民社会研究》，厦门大学出版社 1990 年版。

佬人和客家人。四是康熙中晚期到嘉庆年间。1696 年，施琅去世，清朝不许惠州、潮州粤人渡台的禁令逐渐废弛，导致闽粤客家人自康熙后期，历经雍正、乾隆、嘉庆时期，掀起了一次次移民高潮。乾隆末期，台湾的客家人大约为 33 万人。嘉庆中期，客家人约为 66 万人。五是道光以后阶段。这个阶段只有小规模的客家人渡台，主要是发生在太平天国运动失败后，一些百姓逃难和一些客属将士避害而渡台。六是光绪元年（1875 年）鼓励人们迁台开垦后，一大批客家人迁台。①

概而言之，行走人群的文化景观构成了客家文化是中原汉文化与南方的原住民文化的融合的产物。客家文化的主体是汉人文化，因为她更多保持着汉人文化的基本特征，但在不少方面也受到原住民文化的影响，这就使客家成为既不同于土著又不完全等同于中原汉民的一个汉族人群共同体，究其原因，移动使其然。

当代全球化的一个后果，这就是所谓的"**移动性**"成为一种肆意的扩张。既往的社会格局"边界"被打破：资金、资本、观念、形象、信息、人群、物品和技术都在移动，② 特别是大众旅游的到来，人群的移动和流动造就了历史上空前的移动景观。文化与人群结伴同行，它附着于人群、性别、阶级、商品等进行传播，呈现出不停地跳动状态，而且越来越快。这种"移动"还不只是具体的人和物质，随着媒体的发达，电视、电影、广告、书籍、杂志等都加入其中，起到推动的作用。毫无疑问，当代的大众旅游除了游客要离开日常家庭生活到另外一个地方去做暂时的旅行外，他们还随身"携带"着诸如符号、隐喻、生活方式、价值观念等。③ 于是，传统的"行走"在新的语境中"再生产"出新的语义。值得特别关注的是，大众旅游彻底改变了我国传统乡土社会的景观属性，即从旧式的"静景"变成了全球化背景下的"动景"。

对照西方的"乡土景观"，我们首先需要对中国的"乡土性"做一个

458

---

① 参见谢重光《闽台客家社会与文化》，福建人民出版社 2003 年版。

② Appadurai, A., Disjuncture and Difference in the Global Cultural Economy, Featherstone, M. (ed.), *Global Culture*, *Nationalism*, *Globalization and Modernity*, London：Sage, 1990.

③ Rojek, C. & Urry, J. (ed.), *Touring Cultures*：*Transformations of Travel and Theory*, London and New York：Routlege, 1997, pp. 10 - 15.

梳理，特别是关键词"土"和"乡"。其中存在一个基本的逻辑和纽带：我国的"乡土本色"是以农耕为主的关系结构，在这个关系结构中，"土"排在第一位，它是"命根"，是地位最高的"神"。① 道理很简单、很朴素：靠农业生活的人，没有土地便无以生计。土地是人们世世代代赖以为生的遗产。于是，人和土地被"捆绑"在了一起，难以离土，并形成了以"土"为生的群体性特定的单位，通常是村社。它造就了人与人、人与自然资源以及共同的事业，造成了各种社会关系——特别是"五缘"：有血缘的，亲缘的，地缘的，还有在同一片土地中生长的地方性民间宗教，即所谓的"神缘"。即使他们离家寻求"业缘"，也依然以家乡为基础、基地，因为祖、社、宗、亲皆在那里。概括而言，由"土"所延伸出来的各种关系、事务的所有视觉性都属于乡土景观。

有意思的是，我国的文字属象形文字，所以与"乡土"有关的概念都保留着视觉形象的痕迹，而且以其为轴，经过历史岁月的积累和沉淀，形成了非常独特的"词与物"的知识考古链条，这是迄今世界上任何一种文字都无法比拟的。以"土"为例，其字形构造简单，意义却重大。《说文解字》："土，大地用以吐生物者也。"它表明，作为农耕文明，不仅粮食根植于土地，人民的生产、生计和生活也根植于土地。

概而言之，中国传统社会的"乡土性"并非简单地以土地为农作的生计关系，它还包含着"生产"（食物和人），所以大地被说成"地母"，具有"生产"（生养孩子）的能力。而我国的"遗产"中的"产"，除了有财产的意思外，还有"生产"的意思。这大抵是中国语境中的"遗产"所独有的意思——来自土地的生产性。

459

移动性的身体表达

从生理的意义上看，行走的历史是一部人类难以书写的历史。人们在大部分的时间里，行走只是一种本能和现实生活的需要，完成从一地到另

---

① 费孝通：《乡土社会　生育制度》，北京大学出版社 1998 年版，第 7 页。

一地的空间转移过程。现代社会又将这种"通过"（passage）视为一种生命物理时间的阈限。① 事实上，人类的行走（直立行走）是人类与其他生物种类一个重大的区别和标志。从古生物学家、考古学家和人类学家那里，我们知道的一个常识是：人类的祖先类人猿（apes：灵长类动物中的亚类，包括大型猿类，如大猩猩、黑猩猩等）的直立过程是一个人类特殊进化的结果，也是人类自我创造的过程。从这个意义上说，直立行走是人类既区别于其他动物，也是自我创造的一个奇迹。我们因此可以这样假定，如果人类没在经过身体的功能性行走，人类便不可能达到今天这样"万物灵长"的成就。因此，"直立行走"便成为"人之所以为人"的关键性因素。无怪乎人类学研究曾就人类两足行走的起源进行过专门的研讨，比如1991年在巴黎就举行过一个题为"两足行走的起源"的专题研讨会，人类学家就此提出过各种不同的主张。② 也因为同样的原因，现代有不少学者担心，由于现代社会中的人类越来越少行走运动和活动，人类将出现头大脚小的演化趋势。

从历史的意义上看，我们更愿意将人类的行走看作一种探索、一个仪式、一种求知的途径，甚至是人类思索的方式——"路漫漫其修远兮，吾将上下而求索"。在这方面似乎可以得到这样的结论：行走出思想是人类一个带有规律性的活动。一部《圣经》包含了行走的完整主题，摩西带领犹太人出埃及，返回故土；耶稣通过行走传达福音，行走一直伴随着基督的"传教"。"荷马史诗"中的奥德修斯表现出人的生命意义在于通过行旅中各种体验、历经艰苦磨难，终于回到家的"生命完整意义"的故事。这一故事将探险、拓殖、战争、竞争、英雄、荣誉、受难、考验、返乡、凯旋等置于一畴。而"荷马"作为一位行吟诗人，却是个盲人。被誉为西方"历史之父"的希罗多德，游历了他身体力行可以到达的整体地中海沿岸，到达包括欧、亚、非三洲的许多国家和地方，写下了不朽的

① Gennep, A. Van, *The Rites of Passage*, Trans. by Monika, B. and Gabrielle, T. Caffee, Chicago：The University of Chicago Press，1960.

② 参见［美］雷贝嘉·索尔尼《浪游之歌——走路的历史》，刁筱华译，麦田出版公司2001年版，第60页。

《历史》。我国孔子的《论语》不妨看作他带领学生游历列国的行走、思考和口述记录。

从文化的意义上看，人类所有的文化都与旅行有关，只是性质和程度的差异。西方的文明是旅行的产物，它不仅表现为地中海生态环境的特点——缺乏大面积的良田从事农业生产，海洋的便利使商业和贸易非常发达，航道的开拓，物品、人员、族群交流与交通频繁。因此，旅行便成了重要而关键的因素。这些都决定了西方文明的原始形貌。甚至在古希腊的神话系统里，还有专门庇护旅行者的神赫尔梅斯（Hermes），他是诸神的使者。循着这一路径，我们发现，几乎所有西方重要文化基型都脱不了"行走"的表述范式。

从哲学的角度上看，行走与哲学的关系看上去仿佛没有什么关系，但处处践行着行动的哲理。启蒙主义思想家卢梭既是一个大自然界的歌颂者，也是通过行走"返回自然"的实践者。他在《忏悔录》中说："我只有在走路时才能够思考。一旦停下脚步，我便停止思考；我的心灵只能跟随两腿动思。"① 他把自己描绘成行者——思想的行者。在《论人类不平等的起源与基础》中，卢梭所描绘的"自然状态的人"是那些在森林中漫步，没有工作、没有战争、没有常居之年、没有密切的群体等级、没有私有制，因此，没有争斗和加害的必要。卢梭把一个孤独行走、思考、接近自然的人视为独立自主的自然人。这种"返回自然"的行走主题在后来的欧洲历史上一直没有中断，无论是作为探索本身，还是研究范畴。

从多样性角度看，文化的多样性与移动关系密切。文化即旅行。"行走"是一个关键词。1. 行走是文明发展史中的特殊景观。从世界文明发展的明确线索看，早期各个代表性的文明形态中人类的行走、迁移、旅行和运动相生相伴，即使是居住的方式和形态也都与迁徙有关，无论是相对迁移更频繁或是相对更稳定。比如，狩猎形态与农业形态，或是不同时期或季节的相对迁移与相对稳定的生产生活方式，游牧民族和农耕民族。总之，没有人类的旅行、迁移、运动、变化，文明很难有一个完

461

---

① ［美］雷贝嘉·索尔尼：《浪游之歌——走路的历史》，刁筱华译，麦田出版公司2001年版，第27页。

整的定义。2. 行走在不同文化类型中的特质。人类所有的文明类型和文化差异，包括居住方式、种族进化、阶级特权、交流方式、运输手段、道路边界等，如果排除"行走""行动"这些因素，都很难进行符合逻辑的自我言说。3. 被赋予特殊意义的"行走"。4. 许多学科和理论，包括历史学、地理学、古典学、考古学、人类学，以及早期的进化论、传播论都建立在对"行走"的观察、分析和研究的基础上，否则这些"理论"皆无立锥之处。

从我国传统的背景来看，行走与道路不独表明日常生活，甚至上升到"道德"层面。在中国传统文化中，"道教"其实是一种精神的旅行，宗教的旅行、哲学的旅行。从文字上看，"道"为"行族"。"道"是"导"（导）的本字。《说文》："道，所行道也。"道，金文𧗟（行，四通的大路）表示在岔路口帮助迷路者领路。本义为道路的引导。引申意义为道路，道理，规律等。《易·系辞上》有："知周乎万物而道济天下。"之说。在道家思想中，"道"代表自然规律，是道家世界观的核心。从道教所延续和发展出来的特殊的云游、行侠、四海为家的价值追求虽在道而"出道"。我们也因此可以说：文明和文化是"走"出来的。[①]

"移动"有许多不同的含义和指喻，但最为基本的，是人类自身的移动和活动。人类遗产是人类文明的一种特殊的表述和表达，而人类文明与人类身体力行的关系最为直接。人们通过有意识地学习和实践所形成的习惯，使身体和场所成为能量以及物质的流通枢纽，这些能量又和物质以及周围更大的能量和物质环境建立交流和交通关系，以保护人与自然的平衡关系，并将这种关系运用到人的生命过程，包括对自然的观察和运用上，如风水等。有学者据此称为"身体生态学"。[②] 任何一种文化都包含了对身体认知、知识和践行的内容。英国人类学家王斯福（Stephen Feutchwang）认为，中国特殊的身体政治理念，诸如在不同的性别的身体实践的空间范围，阳性与阴性、男人和女人是不同的，这种不同存在着一种潜在的权力

---

① 彭兆荣：《走出来的文化之道》，《读书》2010 年第 7 期。

② Elisabeth Hsu, *The Transmission of Chinese Medicine*, Cambridge University Press, 1999, pp. 78 – 83.

场域的身体话语范畴。在中国传统文化中，身体和方位具有形而上学的特点，表现在一种尺度上由微观向宏观的物质与变化关系，并以反馈的形式向外扩散，如政治、精神和身体方面的健康等。① 也就是说，身体表达是一种思维的表现形态。简言之，人的身体活动、运动、移动不仅是"生态"（侧重言说与环境的关系），也是"思维"（侧重讲述人类的认知关系），同时也是"景观"（强调移动景观的自我逻辑）。

"身体思维"是近代以降西方哲学研究中的一个概念，也有许多维度，虽然不同的学者对这一范畴指涉的意见并未达成共识，但有一点是相同的，这就是将人的身体作为认知、存在的主体。尼采这样说过："在你思想和感觉的后头，站着一个有力的统治者，一个不得而知的智者——他的名字本身，他在你身体里潜伏，他是你的身体。"② 梅洛—庞蒂在《知觉现象学》中将人的身体视作超越肉身而成为"灵—肉"统一的机体，即所谓"知觉主体"。③ 思维的前提从分类开始，认知人类学即始于概念的分类。如果说原始思维的"互渗"具有"规律性"的话，那么，抽象的、逻辑思维的"绝然性分类"（二元对峙、隔绝）和分析正好是对原始思维基本特质的反叛与颠覆。中国的传统文化是务实的，并没有绝对的"圣/俗"分类，属于圆通、周转的，泾渭分明的分类只具有特定语境中的工具性功能，却没有不可逾越的界线。所以，无论是思想的活动，社会的活动，还是身体的活动都贯彻"中和圆通"的精神。

"移动景观"的本质特性与特征是"活态景观"（living landscaple）。何为"活态"？以"身体思维"的眼光，其基本意思大抵如下：1. "活性"：它不像博物馆中的那些"文物"（此特指"过去的存在"，如从古代遗址挖掘出来、今天大多已经不再使用的东西），而仍然具有生命力，它常常与人类的生计方式相联系，进而成为"文明"的一种注释，如人类曾

---

① 参见王斯福（Stephen Feutchwang）《文明的比较》，刘源等译，《西南民族大学学报》2008 年第 6 期。

② ［德］尼采：《查拉图斯特拉如是说》，林建国译，远流出版公司 1991 年版，第 33 页。

③ 诚如梅洛—庞蒂所说："我们用我们的身体感知世界。""身体就是一个自然的我和知觉的主体。"见［法］莫里斯·梅洛—庞蒂《知觉现象学》，姜志辉译，商务印书馆 2005 年版，第 265 页。

经经历过狩猎—采集的阶段。2."活现"：指那些经由历史传递下来，一直是人民生活中相伴随、并随着社会变迁而发生相应变化的观念价值、生产活动、生计方式等认知和经验，迄今仍然鲜活地保存在人民生活中。当人们在乡土社会中所看到的那些经久历年的民俗活动时，便会发现，那些都是活态遗产。3."活传"：指由过去而来，今天仍然有用且值得传承到未来的传承方式和手段。既然是"活态景观"，必然与人们的生命体验相关联、相契合，同时以一种身体践行的方式得以体现。所以，生命和身体是解读"活态景观"的关键词和核心观念。对于我国的文化遗产而言，它是"天时地利人和"的活性产物，因此要贯彻这一主旨，遵循这一原则。

人类最难的是认识自己，① 当然包括自己的身体。即使到了今天，人类身体的演化还未能完全经科学证明，甚至连清晰复原都尚未可知。1992年加州大学伯克利分校（UC Berkeley）人类学系的提姆·怀特（Tim White）偶然发现了一堆骨骸，他曾试图以此解释一直以来学界认为在猿类与人类之间"失落的环节"。② 怀特团队还在寻找、探索，他们还没有得到共识的结论（或许永远没有），甚至可能出现人们更无法接受的结果和事实。就此而言，人类的身体，以自然物种而论，还是一个尚未完全揭秘的谜。

而今的"身体理论"主要围绕着社会性方面展开研究。福柯对人的身体社会化持尖锐的批判态度，他认为"古典时代的人发现人体是权力的对象和目标，我们不难发现当时对人体密切关注的迹象。这种人体是被操纵、被塑造、被规训的。它服从、配合、变得灵巧"。其中心观念是"驯服性"。"在任何一个社会里，人体都受到极其严厉的权力控制"。③ "现在，人的身体是一个工具或媒介。如果人们干预它，监禁它或强使它劳动，那就是剥夺这个人的自由，因为这种自由被视为他的权利和财产。根

---

① "认识你自己"是西方最为古老的经典格言。参见［德］恩斯特·卡西尔《人论》，甘阳译，上海译文出版社1985年版，第16页。

② 参见罗伯·唐恩（Rob Dunn）《我们的身体，想念野蛮的自然：人体的原始记忆与演化》，杨仕音等译，商周出版社2012年版，第32—33页。

③ ［法］米歇尔·福柯：《规训与惩罚》，刘北成等译，生活·读书·新知三联书店1999年版，第154—155页。

据这种刑罚，人的身体是被控制在一个强制、剥夺、义务和限制的体系中"①。所以，人的身体至少具有两种性质：第一，生理性的身体物质存在；第二，文化体系内部的规约和义务。这两种身体同时存在于一个有限的历史语境中，并打上那个时代语境的强烈烙印。从这个意义上说，身体也是人类所具有的两种属性的遗存。认识人类身体遗产也因此至少存在着三种视角：1. 生物物种的基因传续，即生物性身体；2. 文化身体的形成与结构，即文化性身体；3. 特定历史语境中的身体表达，即语境性身体。

　　人类身体行为的社会化是决定以什么方式透视的一个重要角度。人类有三种根本性的活动：劳动（labor）、工作（work）和行动（action）。它们之所以是根本性的，是由他们生活的基本境况（the basic condition）所决定。劳动是与人的身体的生物过程相应的活动，劳动是人的生命本身。工作是与人存在的非生物过程相应的活动，它提供了一个完全不同于自然环境的"人造"事物世界。行动是唯一不需要以物或事为中介的，直接在人们之间进行的活动，相应于复数的人的境况，即不是单个的人，而是人们生活和栖息的世界。人类的这三种活动与它们的相应的境况存在密切的关系，包括出生和死亡，诞生性（natality）和有死性（mortality）。劳动不仅确保了个体的生存，而且保证了人类生命的延续。工作和它的产物——人造物有助于维持生命的长度，而活动则致力于政治体（political body）的创建和维护。古希腊哲人们对哲理的迷恋，从而使"思想的人和行动的人开始分道扬镳，于是，不朽和永恒便与生命和身体相区分"。"不朽意味着在地球上和这个被给定的世界中，拥有长生不死的生命，按照希腊人的理解，这样的生活属于自然和奥林匹亚诸神。在永恒往复的自然生命和长生不老的诸神生活的背景下，站着有死的人，他们是这个不朽而非永恒的宇宙中唯一的有死者，他们面对的是不死的诸神，但他们并不受一个永恒上帝的统治。"②

465

---

① ［法］米歇尔·福柯：《规训与惩罚》，刘北成等译，生活·读书·新知三联书店1999年版，第11页。

② ［美］汉娜·阿伦特：《人的境况》，王寅丽译，上海世纪出版集团、上海人民出版社2009年版，第1—9页。

人类成为所谓的"特殊动物",一方面强调"会动的生物"身体的行动秉性;另一方面,人类行动是目标性的、目的性的;人类最有代表性的身体行动就是行走。行走的本质概念是空间旅行。最早的旅行理论就是这个发生性概念的原注。"理论"(theory)一词来源希腊语 theōriā,意思为"观点""视域"。theōriā 的动词词根 theōreein,本义为"观看""观察"。在古代希腊,"理论"原指旅行和观察活动和事件,具体的行为是城邦派专人到另一城邦观摩宗教庆典仪式。理论原初意象指空间上的离家与回归,强调不同空间差异所产生的距离、转换和比较等现象。换言之,理论即旅行,指一种脱离中心、离开家园熟悉的环境到另一个陌生的、异己的文化空间的旅行。① 毫无疑义,行走表现为在异质空间进行转换和交流的契机,也是建立各种关系,包括"我者/他者""主体/客体""知识/权力""分类/排斥"的纽带。福柯准确地把握住了旅行理论的意义:"空间似乎建构了有关我们的关系、理论和系统的整个视野。"②

人类的旅行可以理解为身体的运动,因此,身体的隐喻也就成为特定的文化类型的一种叙事。在古希腊时代的文化表达中,身体几乎成为事业真正成就的主体,并由此延伸出许多相应和相关的主题,比如"考验—苦行"就是一个代表性的主题。我们可以在古希腊的许多神话表述中看到这一主题与整体希腊文化的互动和互疏的逻辑关系,几乎每一个神祇、英雄都必须在旅行的快乐中经受苦难和考验。据学者对主神宙斯的谱系考释,他降生于克里特岛,年轻时外出旅行,浪迹天下,在旅途中战胜和克服了各种各样的灾难和困难,成为群众的领袖,并逐渐被神化。老了以后回到故乡克里特,并死在那里。这个故事的原型有些类似于耶稣。酒神狄俄尼索斯,他的旅行脚步几乎遍及整个可及的欧、亚、非的许多地方,并带回了葡萄种植的技术和酒文化。

---

① 参见陶家俊《思想认同的焦虑》,中国社会科学出版社 2008 年版,第 88 页。

② Foucault, M., Of Other Spaces, *Diacritics*, 1986: Spring, Vol. 16, No. 1, p. 22.

移动的积极性

我们无妨先做一个简单的历史形态和文明类型的比较：农耕与游牧在生产和生活方式上存在着巨大的差异，不同的生产生活方式对不动财产的价值观有很大不同。前者与土地结合在一起，不动产相对较多，财富的积累表现为存储性、递增性和连带性的特点，人们对获得财产的欲望也相对高；后者则不停地处在迁移和游牧之中，过多的固定财产必然造成搬运上的负担，这导致他们实际上的财产是相对简单，且具有适合搬运的、连带性的特点，甚至连居所也在不断地发生移动；从事牧业生产的人对获得财产的欲望也就较低。这些差异与其说是财产观的差异，不如说是文明形态的差异。其中，"移动性"成了我们看待文明形态的一个重要的根据。换言之，移动的程度、幅度、速度、密度在很大程度上决定了文明类型和文化形态的不同，也决定了文化表述的不同。

人类学家萨林斯在《石器时代经济学》一书中，对狩猎和采集时代人类与自然的关系，以及他们在对待财富上与农业社会、工业社会的巨大差异进行比较，提出具有重要反思价值的观点：**游动**是狩猎者的条件之一，在许多情况下超过其他的行为，而游动性让他们放弃财富积累的满足。对他们来说，财富成了累赘。因此，游动性和财富积累是截然对立的。① 游牧者除了对不动财产没有根本需求外，对自然生态所提供的食物也没有过高的要求。狩猎和采集的生产生活方式决定了他们对食物的自然约束和节制习俗。萨林斯据此认为，这构成了石器时代文化体系的"积极因素"，并表现在经济的各个方面。② 反过来，这种"积极"的文化因素又对整体社会结构体系形成了一种制衡。

这种特定时代的移动性决定了人们对食物的低限度需求，人们在与自然界相配合的节律中（比如野果的采集必须遵循季节的变化），保持着相

---

① ［美］马歇尔·萨林斯：《石器时代经济学》，张经纬等译，生活·读书·新知三联书店2009 年版，第 14 页。

② 同上书，第 15 页。

当程度的休闲状态。萨林斯通过布须曼人和澳洲土著的例子说明，他们在并不需要为生计忙碌的时候，就在闲暇或休闲活动中度过。① 而这一切所遵循的都是自然节律，即与自然物种的生命节律相吻合。从今天的角度看，人类祖先的这种生活方式与自然馈赠相一致的特点，正是我们所溢美的"可持续性关系"。可是，在很长的时段里，他们对自然馈赠的低限度需求，却被认为是匮乏的典型，这样的推想来自"对原住民在原生环境中习惯与习俗普遍的无知"②。事实上，这些原住民"生活在物质丰富之中"③。可以说，他们在这些方面为后人树立了榜样。

萨林斯曾经是人类学新进化论学派的代表之一，新进化学派主张，文化系统与生物系统的关系取决于人类的生存与自然所提供"能量"之间的可持续性，这一原则正是审视文明形态和文化类型的根本。自然给人类提供的能量满足人类的低限度需求，二者获得互惠性的友好关系。而如果以这样的原则看待我们当代的文明、文化和消费方式，显然就有问题，而且是大问题。人类现代文明所表现出对"能量"无限制的获取欲望与自然所能提供的资源之间不平衡，致使人类的获取方式成为揠苗助长式的、掠夺性的，甚至灭绝性的。因此，移动性与人类早期自然生态的关系足以引起我们对文明形态进行反思和反省。

移动性不仅指个人或群体的迁移，也可以视之为一种历史范式，即对人类社会与文明形态具有特质上的概括性。如果说人类原始时期的迁移与生产生活方式构成了一个整体的历史表述的话，那么，人类早期的移动、迁移以及所延伸出的表述范式，融合了特殊的认知和实践方式。比如，游牧既可以指生产生活方式，也可以指特定的文明形态，二者具有相互的言说性。虽然学术界对游牧社会的定义并不统一，作为一种社会类型，游牧社会可被看作依赖于家畜与空间移动或游牧的协调共存。当今的游牧被看作移居者对于带有族群性（ethnicity）相异的社区或国家的多样适应性反

---

① ［美］马歇尔·萨林斯：《石器时代经济学》，张经纬等译，生活·读书·新知三联书店2009年版，第27页。

② 同上书，第8—9页。

③ 同上书，第12页。

应。他们的生存与发展更多的与都市经济和人口体系相挂钩。① 根据历史进化理论，一些研究者曾把游牧民作为"野蛮人"来分类，但是中亚与西亚的历史告诉我们，游牧文化曾长久地影响着当地的文化甚至占相当长的主导地位。从物质上讲，游牧只能被看作"局部型社会"（part-society），因为人们的生活与定居社会紧密相连，互相影响和依赖，所以有时很难区分。②

美籍华人学者流心（刘新）在《自我的他性》③ 中认定传统的中国有一个自我的结构，这个结构在不同的历史语境中有不同的"他者"元素的进入。对于传统中国的农耕文明和封建帝国的政治格局而言，"商人"等实属"非我族类"，不构成社会结构中的核心元素。而在当代语境中却毫无疑义地进入中国政治社会政治结构中的核心部分。这一历史变迁所呈现的所谓"自我的他性"，如此阐释虽然对中国传统社会结构的理解存在着对社会结构稳定性理解不足之嫌，即商人是商业的代表，商业与交流、交通等具有移动因素密切相关。之所以中国今天的政治结构中有商人地位，其根源还是现代移动性所致。

我们相信，"自我的他性"既是不同的族群在历史进程中相互交往、交流和交通符合历史逻辑的客观实景，也是某一个具体民族和族群在不同历史语境中所进行的形同"用不同材料巢筑'我族族性'"（ethnicity）的认同机制。如果说"商人"在传统的历史语境中未能进入中国社会正统的政治结构，或者换一种说法，中国几千年来的以土地为核心的政治伦理，重农抑商成为必然的文化表述范式，而商业，尤其是近代资本主义商业所依靠的基本方式是广泛的交流、交通、移动和游动。"游移"为农业政治伦理的"他者"，商人的历史地位便不言自明。所以，与其说商人作为"他者"的政治身份受到正统的区分，不如说移动性的"他者"的存续方式受到中国传统的土地制度、土地伦理和土地政

469

---

① Okely, J., *The Traveller-gypsies*, Cambridge：Cambridge University Press, 1983, pp. 52 – 53.

② Teague, K., *Nomads：Nomadic Material Culture in the Asian Collections of the Horniman Museum*, The Horniman Museum and Gardens, London, The Museu Antropológico da Universidade de Coimbra, 2000, p. 16.

③ 流心：《自我的他性》，上海人民出版社 2005 年版。

治的排斥。

今天，移动性已被公认为一种社会属性新的再现。"全球化"（globalization）时代的到来，以及自 20 世纪 80 年代中期以来世界范围内兴起"全球化"的讨论浪潮，客观上是对人类原始社会形态的一种反观，只不过，今天的移动属性所涉及的范围、意义、所指不同。在这一个历史时期里，世界范围内的各种社会因素出现了越来越密切的关联和互动，特别是以经济作为连接纽带的功能扮演着举足轻重的作用。这意味在世界范围内人们的移动已经超越了简单的为满足生计而进行的遵循自然节律的移动和迁移，而是根据"全球化"需求所产生的生产、商品、消费、信息、资本、技术、交通、安全、服务等全方位移动。"全球化理论"也在这样的形势下应运而生。

全球化这一概念源于对国际关系和"现代化"的延续。① 在吉登斯那里被描写成这样一种景象：在世界范围内广泛的社会关系得到了越来越明显的加强，它使得在某一个地方所发生的事情对其他地方产生越来越明显的影响。反之，在其他地方发生的事情，对某一地方也造成比以往越来越明显的影响。② 在以往的传统社会里发生并限制在同一个地方、同一个人群范围的情形，现在已经越来越超出了社会、民族和地域的边界而成为"全球性"的事情和事务。"全球化"现象当然不只在政治经济领域，社会文化也会出现空前的"流动"，有学者根据"全球化文化潮流"的变化情形，归纳出了五种"流动的图景"。

1. 族群的景观（ethnoscape）。指不同的民族、族群和人群，包括移民、难民等在全球化的背景下出现大规模的移动现象，致使人们的生活也随着移动，从而发生史无前例的生活方式上的改变。

2. 技术的景观（technoscape）。指科学技术作为一种技术性工具和概念已经在全球化经济和文化活动当中扮演了一个无以替代的重要角色。

3. 财金的景观（finanscape）。指全球资本的流通。当代社会是一个经

---

① Burns, P. M., *An Introduction to Tourism & Anthropology*, London and New York：Routledge, 2002, p.124.

② Giddens, A., *The Consequence of Modernity*, Cambridge：Polity Press, 1990, p.64.

济商品的社会，在这个社会中，任何东西都可以通过财政手段和经济活动进行交易和交换。资本的活动比历史上的任何一个时期都更加活跃和具有广泛性。

4. 观念的景观（ideoscape）。扩张性的政治理念和价值，特别是以西方为主控叙事（the master narrative）的社会价值——构成自欧洲启蒙运动以来历史社会价值的主导"范式"。很显然，在全球化的趋势里，社会的价值体系和观念形态也会借助全球化的流动进行传播和互动。"西方中心"的价值观会在这一过程中继续起着"执牛耳"的作用。

5. 媒体的景观（mediascape）。通过诸如报纸、杂志、电视节目以及电影等广泛传播信息的方式以展示其特殊的现代能力。毫无疑问，现代传媒是全球化的一个奇迹，它可以使人们在同一时间内了解到世界正在发生的事情。就像"9·11"事件，世界上的数十亿人几乎是在同一时间观看到的悲剧事件。好莱坞把美国式的文化传遍到了世界各个角落。①

我们也应该看到，"全球化"已经成为一种话语表述，一方面，经济和科技的"全球化"已经在现代化层面上获得承认。另一方面，全球范围内的"民族主义""地方化""本土化""文化的多样性"等要求、主张和实践同时在快速蔓延。换言之，移动性作为一种文明的介体，其本身充满着矛盾和悖论。

移动与文化

从人类学的诞生以及由学科性质延伸出的一系列问题来看，**旅行—移动**无论就其行为，还是所延伸出的各种社会关系，从未受到民族志研究的重视——虽然它应该成为一个重要的问题。一个基本事实是：旅行是实践人类学学科的基本和基础活动，无论是作为民族志研究本身还是民族志研究对象，移动（movement）都是一个涉及各种社会生活和文化身份的重要

471

---

① Appadurai, A., Disjuncture and Difference in the Global Cultural Economy, Featherstone, M. (ed.), *Global Culture*, *Nationalism*, *Globalization and Modernity*, London: Sage, 1990, pp. 295 – 310.

主题，悖论的是，民族志设定的对象——无论是生活场景还是身份的确定性都是固定的，即使不是静止的也是以某一点为中心。① 更有意思的悖论是：人类学学科的学理依据直接来自进化论——可理解为生命和物种在运动中的演化，而人类学研究的是"异文化"——被简化为静止、封闭、不变的环境、群体和社会文化。所以，人类学对移动的表述一直混杂不清。博厄斯曾经考证了包括亚洲、欧洲和非洲的人种在地理环境中持续变动的过程后认为："从最初开始，我们就有了一张人类不断迁移的地图，这其中包括多种人类群落的混合。"② 换言之，人类本身就是迁徙和旅行的产物。考古学和遗传学证据都支持了博厄斯的这种观点。③

事实上，作为最具"商标性"的表述范式，人类学家把在田野工作中的旅行当作一种特别的概念和行为，并嵌入于学科的知识谱系之中，它包含田野工作者自愿离开家庭到一个异地去生活和工作，以获取所需要的东西——物质方面、精神方面和科学方面的材料。④ 这样的理念和行为有助于我们在看待田野工作时，一方面把它视为民族志方法论上的一种理念和手段；另一方面又把它看作一个具体进入专业活动的地点和过程。人类学家的田野作业（fieldwork）首先被确定为一个改变居住环境和工作的"地方"，一个进行参与观察的场所。它被视为一种"微型移居"（mini-immigration），以便于田野工作者去适应和学习当地的文化和语言。⑤ 所以，"田野作业"本身也是一种松散而长时间的旅行活动，人类学家的全部知识来源都由此开始。

然而，从学理上看，传统的民族志研究把田野视作一个异文化的场域，在很长的历史时期里，它被当作一个静态的、封闭的、落后的假定。由于以传统的民族志对旅行范式理解上的局限，包括对事件了解在时间上的限制，特别对移动人群的调查要达到"深度的田野作业"（in-depth

---

① Rapport, N. and Overing, J., *Social and Cultural Anthropology*: *The Key Concepts*, London: Routledge, pp. 261 – 263.

② Baos, F., *Anthropology and Modern Life*, New York: Norton, 1928, p. 30.

③ ［美］卢克·拉斯特：《人类学的邀请》，王媛等译，北京大学出版社 2008 年版，第 22 页。

④ Clifford, J., *Routes*: *Travel and Translation in the Late Twentieth Century*, 1997, p. 66.

⑤ Ibid., p. 22.

fieldwork）的难度等问题，① 致使传统的民族志范式处于既倚仗迁移又漠视旅行的矛盾。萨义德在《东方学》中对相对于"西方"的"东方"——这个"野蛮人的土地"进行了明确的界定："将自己熟悉的地方称为'我们的'，将'我们的'地方之外不熟悉的地方称为'他们的'……地域的边界以一种可以想见的方式与社会性的、民族的和文化的边界相对应。"② 这种类似于"诗性空间"的思维、惯习和表述形成了政治话语的权力场域。从萨义德的"东方主义"和"旅行理论"，我们不难看出，它是 20 世纪人类学传播理论的一种新的变体和扬弃，其核心价值是"中心—边缘（我者/他者）"与"移动—变迁（旅行/传播）"的对应与变通。

在人类学的学科领域，旅行是完成民族志田野作业的必要手段。不过，以往的人类学家大多只是停留在对同一层面的零碎讨论和矛盾心态。比如，列维–斯特劳斯在《忧郁的热带》开篇第一句话是："我讨厌旅行，我恨探险家。然而，现在我准备要讲述我自己的探险经验。"人类学职业决定了人类学家的工作必须以旅行为前提，"我们到那么远的地方去，所欲追寻的真理，只有在把那真理本身和追寻过程的废料分别开来以后，才能显出其价值"③。列维–斯特劳斯的这种对旅行的复杂心态在一定程度上反映了人类学家对旅行的思维"惯习"。吉尔兹在他的民族志描述中也有不少关于旅行的论述，他在《事实的背后》（*After the Fact*）一书中以民族志者经过旅行的方式，在不同时间、空间面对不同的"异文化"场景和长时间"事实"变迁，以讨论现代性问题："让我们设想一下：当一个人类学家在四十年间卷入到两个地方的事务，一个是东南亚的村镇，另一个则是北美边陲的村镇时，你会说它们已经发生了变化；你会对这些所发生的变化进行对比，描述当地人民过去的生活和现在的形貌……。问题是：事务越是变化，距离它最初的形象和想象就越远。然而，描述所面对的各种

473

① Graburn, H., Nelson, H., The Ethnographic Tourist, Dann, G. M. S. (ed.), *Tourist as a Metaphor of the Social World*, Trowbridge：Cromwell Press, 2002, p. 20.

② ［美］爱德华·W. 萨义德：《东方学》，王宇根译，生活·读书·新知三联书店 1999 年版，第 67—68 页。

③ ［法］列维–斯特劳斯：《忧郁的热带》，王志明译，生活·读书·新知三联书店 2000 年版，第 3 页。

事务、事项以及它们的变化却是人类学家的常规性工作"。①

　　把旅行作为独立的文化现象和表述范式进行完整论述的学者并不多，詹姆斯·克里福德可以说是罕见的一位人类学家。1989 年，他在《铭记》第 5 期上发表《旅行与理论随笔》一文，直接回应萨义德旅行理论，② 阐述了旅行理论的多层次意义。第一，旅行概念客观描述了后殖民主义全球化语境中不同的栖居方式、认同价值以及变化轨迹。第二，旅行是一种自我的空间定义，一种探险与规训并存的表述范式。第三，旅行是一种僵化刻板的空间迁移，是大众公共艺术最具代表性的表述形式。第四，旅行文化也是界定传统分散、割据的世界在新的语境中重新"世界化"的过程。第五，旅行线路又是实现历史上不同思想个体的连接线。③ 克里福德认为，在后殖民语境中，西方理论的时空结构已经面临瓦解。旅行理论的去中心特征和新的空间定位已经成为元理论批评的核心，而后殖民的所谓混合性空间"既非一种流放，亦非批评的'距离'，而是一个中间场域——由各种不同，又与历史有着复杂的纠缠的、混合化的后殖民空间形态"④。他借用"村社"和"旅馆"这两个文化意象，从人类学修辞层面批判 20 世纪以马林诺夫斯基功能理论的再现模式。

　　克里福德对旅行理论最重要、最具代表性的论述体现在 1997 年出版的重要著作《线路：二十世纪晚期的旅游和迁移》。他把出现在 20 世纪晚期的旅游和迁移的社会现象概括为"旅行文化"（traveling cultures），并把这种旅行文化置于人类学研究的视野之中。作者在讨论"旅游文化"之前，引介了人们对发生在当代旅游现象的一些说法，诸如，在时间的流逝中，旧的帝国大厦会倾覆，新的将取而代之。新的阶级关系不得不发生变化，这种变化并不是主要表现在物质的质量和使用方面，而是其运动——不是你在哪里，或你有什么的问题，而是你从哪里来、你要去哪里以及你的这

---

　　① Geertz, C., *After the Fact: Two Countries, Four Decades, One Anthropologist*, Cambridge: Cambridge University Press, 1995, pp. 1 – 2.

　　② 《铭记》为美国加州大学圣克鲁兹分校文化研究中心主办的刊物。

　　③ 参见陶家俊《思想认同的焦虑》，中国社会科学出版社 2008 年版，第 96—97 页。

　　④ Clifford, J., Notes on Travel and Theory, *Inxcription*, 1989, Vol. 5, University of California, Santa Cruz, p. 9.

种迁移的**数率**问题。

我们只要稍作比较，就会吃惊地发现不同时段的人类学家在同一问题的看法上有着天壤之别：列维－斯特劳斯在《忧郁的热带》中把他曾经在1937年旅行中暂时栖身的地方——巴西中部的一座城市形容成为"文明的野蛮象征"，是一个供人临时聊以度日而不是居住的地方。这种差别与其说是出自不同人类学家的见解，还不如说是旅游本身在社会变迁中地位的改变，是"旅游范式"的改变所致。借此，克里福德把旅游及旅游中所包容的各种事项当作一种对"**范式空间**"（a paradigmatic place）的转变和占据。他称之为"斯夸托效应"（Squanto effect）。斯夸托是早期印第安人于1620年在位于马萨诸塞的普利茅斯（Plymouth，Massachusetts）地方迎接各地来的朝圣客的活动（1620年也是在普利茅斯建立英国清教徒朝圣制度的时间——笔者）。他们帮助这些朝圣客们度过寒冷的冬天，学习讲好英语等。这一切让人们想起那些从欧洲大陆远渡重洋寻找"新世界"的迁移者和旅行历程。在作者看来，20世纪的旅游远非简单意义上人群在空间上的移动，而是深刻地触及了社会的内部构造。是一种特殊社会文化的表述、表达和表演的范式。[①] 简言之，克里福德所讨论的"旅游文化"是试图通过对发生在20世纪晚期旅游现象的分析，以展示在旅游活动和隐蔽在旅游活动之后的社会文化变革的图像、形貌和范式。

克里福德所界定和讨论的"旅行文化"的大视野虽然让人觉得有庞杂之感，但对旅游发生学做谱系上的文化考古无疑是必要的。正是在这样的意义上，"旅行文化"近来才会引起学术界的高度重视。我们从一些有影响的旅游人类学和旅游社会学著述中都可以清晰地看到这种影响的痕迹，比如罗杰克和尤里在《旅行文化：旅游和旅游理论的转型》中宣称，他们受到萨义德"东方学""旅行理论"和克里福德"旅行文化"概念的启发；[②] 认为"旅行文化"的前提并不是建立在操作性的行为之上，也不是

475

---

① Clifford, J., *Routes: Travel and Translation in the Late Twentieth Century*, Massachusetts: Harvard University Press, 1997, pp. 17 – 19.

② Rojek, C. & Urry, J. （ed.）, *Touring Cultures: Transformations of Travel and Theory*, London and New York: Routlege, 1997, pp. 1 – 4.

建立在抽象的经济策略之上，而是置于更为广阔的、以"旅行"为基本特征的社会文化现象中。①

众所周知，作为分析性工具的"旅行"概念始于19世纪末20世纪初，它被塑造成反对人种地理学的偏见和假定，而与之对应的是"科学的"田野研究。"我所用的'旅行'一词，内在的是指或多或少自愿离家，到另一些地方去的事实。旅行的目的是为了获得物质上的、精神上的、愉悦的、疏离本土的、开阔视野的经历。历史上，田野工作一直是西方社会的男子和上层中产阶级的活动"②。随着旅行文化在社会变动过程中作用的日益扩大，以往某些人类学家的"专属地方"，比如原始部落被揭开神秘面纱，致使田野发生在更广阔的和偶然的旅行过程中，而不是像以前那样处在可控制的研究地点中。③田野也逐渐转变为一种制度化的居住和旅游的混合实践形式。④简言之，民族志的表述范式经历了一个多世纪的变化和学科建构，从后现代社会的骤变和旅行文化的"推手"那里寻找到一个创新的动力。

移动性这一社会属性所带来的各种变化很自然地会反映在各个学科的研究领域中，今天的迁移，包括移居、侨居，移民已经成为当代世界事务中发生最为频繁、最为重要的一件事情。它不仅是一个家庭、姓氏、乡党、团体、个人等离开自己的祖国和祖籍地，到另外一个国家或者地区去生活、居住。于是，认同问题便随之上升为当代社会中最重要、最复杂的社会现象，成了一个极其复杂多样的存续和变化关系，也因此在研究中出现了专门的认同主题甚至领域。与此同时，伴随着这一移动方式所产生的价值依附和价值附加，成为现代社会中一种带有强烈政治意味的历史事件，比如近代以降，我国出现了华人华侨迁移海外的历史现象，他们在海

476

---

① Rojek, C. & Urry, J. (ed.), *Touring Cultures: Transformations of Travel and Theory*, London and New York: Routlege, 1997, pp. 1–4.

② 克里弗德：《广泛的实践：田野、旅行与人类学训练》，见［美］古塔、弗格森《人类学定位——田野科学的界限与基础》，骆建建等译，华夏出版社2005年版，第202—203页。

③ 同上书，第202—204页。

④ Clifford, J., Traveling Culture, Lawrence Grossberg, Cary Nelson and Paula A. Treichler, eds., *Cultural Studies*, New York: Routledge, 1992, pp. 96–112.

外与祖国之间游走，或从事革命活动（如孙中山），或到西方学习先进的思想和科学技术，或支持祖国各种事业，或通过改变身份以表达特殊的政治信念（如辜鸿铭），被安德生称为"远程民族主义"（long-distance nationalism）事业。① 更有甚者，西方女性通过到殖民地工作、旅行、传教等工作来改变女性在其国家中的地位和身份。②

人类学面对移动的当代语境和属性，也将移动属性所带动和引起的社会变迁纳入研究视野，"移动""旅游"等还成为人类学新的关键词。旅游人类学作为一个分支学科正是在这样新的社会历史背景下催生的。移动与旅游并非同一个层面的概念，旅游充其量只不过是移动的一种特殊的表达、表述和表现方式，但我们通过现代大众旅游的研究可以清晰地了解移动在现代社会这一特定的语境中所出现的语义、衍义和新义。狭义的旅游人类学，即指严肃的、专门从事人类学的旅游研究到 20 世纪中叶才出现。照纳什的说法，严肃的旅游人类学研究最早可以追溯到努内兹（Nuñez）于 1963 年发表的关于周末在墨西哥村庄旅游的一篇文章。那个时代也是旅游正在成为世界上主要产业的历史过程。随后，旅游在社会发展当中扮演着越来越重要的角色，人类学研究也在这样的背景之下跟进。③ 格拉本则将人类学对旅游的研究（作为学科性质的）时间定位于 20 世纪 70 年代，理由是这个时代是现代旅游成为世界上公认的最大产业。④

当代大规模旅游的兴起也唤起人们对旅行这一表述范式更深刻的反省。现代旅游在形式上就像一种对传统地方社会的"大举入侵"，有的学者称之为"帝国主义行为"，⑤ 其后果是重建一种新的世界秩序。麦克内尔在《空聚场》（*Empty Meeting Ground*）一书中认为："人们浪迹天下的意识

477

---

① Benedict Anderson，*The Spectre of Comparions：Nationalism，Southeast Asia and the World*，London：Verso，1999，pp. 58 – 74.

② 刘禾：《帝国的话语政治：从近代中西方冲突看现代世界秩序的形成》，杨立华等译，生活·读书·新知三联书店 2009 年版，第 187 页。

③ Nash，D.，*Anthropology of Tourism*，Kidlingdon：Pergamon，2001，pp. 1 – 2.

④ 参见彭兆荣《旅游人类学》，民族出版社 2004 年版。

⑤ 纳什：《作为一种帝国主义形式的旅游》，见瓦伦·L. 史密斯主编《东道主与游客：旅游人类学研究》，张晓萍等译，云南大学出版社 2002 年版。

在旅游行为中的终极目标是为了建立完整世界中永久性的家居生活。"① 我们可以这样理解：现代社会"稳定"的家居生活和社会秩序正是通过不间歇的"移动"方式获得的。这种悖论的表象构建了现代生活的真实性。现代社会的快节奏变化，全球化的加速到来，使人们的日常生活和工作已经很难囿于一个稳定不变的工作场地，许多工作的完成和生活目标的实现都有赖于旅行活动。现代人已经非常习惯在旅行中生活，由此也产生了空前的迁移行为和移动意识。逻辑性地，诸如"离散""再地化""非地化""无家化""寻根""怀旧""认同"等文化母题遂成旅行表述范式的新景观。

现代社会中的旅行文化范式使"民族志中的民族呈现出一种流动性，不可能再有从人类学描述中反映出地域特征。群体认同的景观——民族景观——在世界上已不再是人类学所熟悉的研究对象，族群不再具有地域化的、空间上有限的、历史上自醒或者文化上同质的特征。现在民族志的任务就是揭开神秘的帷幕：在一个全球化、'去地域化'的世界，作为现场经历的地点的性质是什么？"② 民族志者对田野地点的选择具有"偶然性"，所以，"去场所化"（non-place）无疑对已经不再具有说服力的社会环境，以及对它常规性理解和概念过程起到了矫正作用。③ 尽管人类学家经常把自己描述为"地方"专家，但在新的语境中，他们可以通过一个"地方性"田野点来研究一种"地方性"现象，这种范式转换可借用人类学家格尔兹一段话加以描述："人类学家并不是研究村落（部落、城镇、邻里等）；他们是在村落中研究。"④

478

"文化地图"（cultural map）是近年来学术界较为关注的一个内容。"地图"属于地理学上较具专业色彩的一个术语，之于旅行这一表述范式，

---

① MacCannell, D., *Empty Meeting Ground*, London：Routledge, 1992, p. 5.

② ［美］古塔、弗格森：《人类学定位——田野科学的界限与基础》，骆建建等译，华夏出版社 2005 年版，第 4 页。

③ Rapport, N. and Overing, J., *Social and Cultural Anthropology：The Key Concepts*, London and New York：Routledge, 2003, p. 293.

④ Geertz, C., *The Interpretation of Cultures：Selected Essays*, New York：Basic Books, 1973, p. 22

它带有明确的人文地理学的指喻——既将一个具有地理空间的概念引入旅游文化，也可以反过来指旅游文化使某一些纯粹的地理空间变得富有文化色彩。比如游客通过旅游地图的指引和指示到达某一个旅游景区和景点，"地图"与"景物"建立起临时的关系。由于"地图"所引导的地理空间和场所被社会历史赋予了非同寻常的文化价值，因此，"文化地图"本身就是一种文化叙事。简约的表述是：由旅游地图所引导的一个具有特定历史、文化、族群认同的空间以及空间中的景物，构成一种特殊的、充满了"边际性文本"（marginal texts）。① 这一特殊"文本"所包含的政治化指示与人们理解地图和纪念景物构成了一种不可分割的叙事和记录，并使之成为规范化的媒介活动。由"地图"与"景物"所共建的情境不仅反映了日常生活的图景，也增进了时间和空间自然化权力的表现。② 逻辑性地，这种结果又导致了所谓"物质化话语"（discourse materialized）的形成。③ 简言之，现代旅游的表述范式是一张组合了时间、空间、地方、景物、族群认同和社会叙事等多重边界的"文化地图"。

　　旅游人类学的田野作业对传统民族志的范式提出了尖锐的拷问，原因是它的两个前提条件已经发生根本的变化：1. 通过对旅游活动和行为这样具有极大的"游动性"人群、阶层、活动来反映当代社会，反映不同文化体系之间的接触与交流。即使对旅游目的地的调查已经不是单纯地调查东道主社会的文化类型、社会机制和族群认同等方面的变化，也要去观察、了解和分析那些来自不同的国家、民族和阶层，且又在旅游目的地作暂时停留的游客，他们成了决定研究对象变化的动力与根据。2. 由于调查对象在时间上的暂时性特征，旅游活动中的许多外在现象具有"万花筒"的特点，使得民族志写作面临一个学术困境。杰姆逊在讨论后现代性的时候认为，一个具体可感的文化领域具有其自己的确认逻辑，这个逻辑就是通过

479

　　① Hanna, S. P. & Del Casino, V. J. (ed.), *Mapping Tourism*, Minneapolis/London: University of Minnesota Press, 2003: xxii.

　　② Dwyer, O. J., Memory on the Margins, Hanna, S. P. & Del Casino, V. J. (ed.), *Mapping Tourism*, Minneapolis/London: University of Minnesota Press, 2003, pp. 29 – 31.

　　③ Schein, R., The Place of Landscape: A Conceptual Framework for Interpreting an American Science, *Annals of Association of American Geographers*, 1997, Vol. 87, No. 4, p. 675.

"客观世界" 自我的转型成为一系列的文本或幻象（a set of texts or simula-cra）。①

当代社会的"移动性"已成为一个公认的社会属性——既往的边界已被打破：资金、资本、观念、形象、信息、人群、物品、技术出现空前的移动，它通过现代旅游将随身携带着诸如符号、隐喻、生活方式、价值观念等带到其他地方，地方文化的"再地化"生产出无边界的混杂性；传统意义上的家园已不复存在，无怪乎学者将现代旅游视为一种新的"家园思维"，它正悄无声息地改变人们的价值体系，其后果是重建新的世界秩序。移动性表现在身体上的后果是，移动性对旅行范式的改变导致了身体出现了异质化、异类化和异化化。人的身体在很大程度上沦为了"货物"，技术工具将传统的旅行过程简化为运输过程，人在不同的交通工具和"旅途中转"中逐渐丧失主体性，惯习性地完成从一个地点到另一个地点、再回到出发地的"程序"转换。现代旅行范式正在改变世界，也在改变着人。

今天，一个越来越被接受的观念是：我们在新的旅行方式中对文化进行反思。② 民族志既是参与观察、解释方式和文本表述，也是旅行范式的完整体现，是用"这里"和"现在"的范畴和类型去描述"那里"和"过去"的形貌。③ 人类学知识不能脱离旅行，人类学家也习惯于通过旅行来表述；更为重要的是，旅行本身是人类一种无可替代的叙事范式。

景观与文化对应

480　　毫无疑义，旅游中的景观大都占据特定的物理空间，体现地理性地方的景点、景区，只有这样，才可能成为游客选择的目的地，实现游客的旅游行为。当然，在学者的研究视域里，空间具有现象学的性质，存在着多种所指的可能，包括：1. 实体的空间（指惯习性的、非自我意识的活动，

① Jameson, F., The Cultural Logic of Late Capitalism, In *New Life Review*, 1984, 144, p. 60.

② Clifford, J., Traveling Culture, Lawrence Grossberg, Cary Nelson and Paula A. Treichler, eds., *Cultural Studies*, New York：Routledge, 1992, p. 101.

③ Geertz, C., *Works and Lives：the Anthropologists as Author*, Cambridge：Polity, 1988, pp. 1 – 5, 140 – 145.

是感知经验和身体运动的场域）；2. 感受的空间（指以自我为中心的特定空间，是个体在日常中实践感受的场所）；3. 存在的空间（指通过特定群体成员的活动和运动，进行固定的生产和再生产程序）；4. 结构的空间（指那些特殊的存在空间能够产生现实感、形体化的结构空间）；5. 认知的空间（指为人们在认知上提供一个反观认识和理解其他事物的基础）。简言之，空间是一个反映事物和地方之间特殊关系的地方。[①]

在旅游人类学的景观研究中，空间与景观是同构性的，空间的指涉可以不同，对空间理解和认识也不同，"景观感"（sense of landscape）和对"景观感"的体认也不同。另外，景观空间的变化与地方的确定性也是同构的。在旅游活动中，前者主要表现为游客对景观的感受，后者则主要指确定的旅游目的地具体的景点、景物和景区。当村落成为游客的旅游目的地时，尤其对于当代中国的游客，"景观感"似乎产生出一种"熟悉—陌生"幻影：一方面，对于绝大多数中国游客，才刚刚离开这块熟悉的土地，去乡村旅游仿佛"回家看看"。另一方面，快速的城镇化和名目繁多的工程、项目，使得传统村落变得"日新月异"，各类人造景观在城市、在别处，甚至在人们生活的场景中也似曾相识。

不同的旅游目的地都是具有地理学上的空间范围，同时，它又承载着特定的族群、民族、宗教等的文化积淀和文化价值。因此，它也成了旅游人类学研究的重要场所。人类学视野中的"地方"概念总体上指一个特殊的知识系统，称为地方性知识（local knowledge）。在西文的表述中，"地方"（place）是一个具有多种认知和表述维度的概念。首先，它是一个地理学概念，可以经纬度予以精确的标注。它与纯粹的地理意义相属，以强调一个"毫无意义的地址（site）"。其次，地方强调其所属空间和范围，它经常与"领域"（territory）联系在一起，以说明在某个特定领域的归属性。它既可以强调相对自然属性的空间（space），也可以延伸出特权化空间和位置（position）。再次，突出某一个地方的特色和特质，比如"景观"。又次，在日常生活中，它经常作为"场所"（locale）和位置来使用。

481

---

① Tilley, C., *A Phenomenology of Landscape Place*, *Paths and Monuments*, Oxford, UK/Providence, USA: Berg Publishers, 1994, pp. 14 – 17.

最后，在西方，"地方"也作为一种人们的认知方式。① 而在乡村旅游中，"地方"除了作为一种认知方式外，更被赋予了一种"再造"的任意。景观设计师为了迎合游客"熟悉—陌生"的景观感，将城市里的不少生活场景移植于乡村，光怪陆离。一些游客甚至在乡村放纵着城市的生活方式：喧闹的酒吧，狂放的摇滚，迷离的灯火，笔者曾在丽江见识过。

我们可以从知识谱系角度对地方景观、地方性知识进行梳理。在现行的全球化与现代性语境中，游客可以直接通过对旅游目的地景观的体认，去重新审视全球话语——既是一种地方性知识的探索，也是一种认识世界的方式。景观这一特殊社会文本（social text）的基本内容包括：景观的自然边界与社会边界、景观的地方记忆与认同、景观的开放与封闭、景观变化过程与现状、景观的移动与静止、景观中的现代性与传统价值等。旅游活动有助于建立和划分游客/东道主之间"我们的"与"他们的"界线，同时，也可以寻找到"我们/他们共同的"体验和价值。换言之，在现代大众旅游中，景观的"互视结构"不独在游客与东道主之间搭起一座交流的桥梁，也建立了一种现代社会独特的学习、认识、体验和实践的方式和机制。这种方式和机制是以往任何一个时代都不曾有过的，因为，它是现代社会属性——移动性（mobility）的特殊产物。

如果说旅游目的地的景区、景点等具有物理维度的空间，为游客体验"景观感"提供一个有形的场所的话，那么，游客与景观之间也就自然而然地形成一种特殊的交流和体验的"互视结构"。在这里，借用霍布斯鲍姆"传统的发明"的概念，② 游客与旅游目的地之间在"互视结构"作用下的"景观的发现"，这种"景观的发现"又成为一种创新与创造。景观中的"互视结构"体现了以下几种基本的特征："**过去的现在**"，即游客通过对具有包括地理的时间演化和特定的文化积淀的"过去"做"现在"的观感和体验。"**此处的他处**"，即在一个具有时空景观中，游客带来了他们

---

① 参见 Tim Cresswell《地方：记忆、想象与认同》，"导论：定义地方"，徐苔玲等译，群学出版有限公司 2006 年版。

② Hobsrawm, E. & Ranger, T. (eds.), *The Invention of Tradition*, Cambridge：Cambridge University Press, 1983, pp. 1 - 4.

的东西，包括有形的和无形的，"此处"有了"他处"的意义。"**是地的非地**"，即后现代的移动属性使传统意义上的地方产生一种"非地感"，特别是那些不属于任何对象的信息、经验、知识、技术、资本等，构成了一种语境中超越人与物的"景观对话"。"**自我的他性**"，在景观"互视结构"的作用下，任何景观都与"我者"（游客）和"他者"（东道主）意义的预设和预期有出入，它的真正意义和效益都必须在经过二者的接触和交流后才能产生。

景观既是一种结构，也是一种再结构，比如游客进入原来一个相对稳定、封闭的社区时，游客就成了外来的进入力量，他们带来了不同的文化，包括观念、价值、行为、时尚等，这必然会对传统社区的分类——特别是物的分类产生一个很大的冲击，对东道主社会的传统价值体系也是一个重要的影响力量，这种力量是有形的，也是无形的。东道主社会在外来因素影响下势必进行再建构。一个越来越被接受的观念是：我们要"根据旅行"对文化进行反思。① 用"这里""我者""现在"的范畴和类型去反映、体现和描述"那里""他者""过去"的形貌。②

在旅游的实际活动中，景观基本的空间属性是"地方性"，这是旅游人类学研究旅游的一个基本视野。如果说旅游中游客离不开地图的话，那么，地方性景观仿佛就是一幅"文化地图"。美国人类学家吉尔兹在《文化的解释》一书中曾借引克拉克洪一个文化概念的转喻：文化"作为一张地图"（as a map）。③ 虽然这只是众多文化概念中的一个比喻，却为我们理解和确认东道主社会特指性景观提供了一个角度。景观的"文化地图"有三个功能。一是景观与地点结合成为一个互为你我的整体。最外在的功能是它直接成为游客进入景点的地图。二是特定的景观必然与特殊的文化（区域的、地方的、民族的等）互为整体，尤其那些文化遗产景观，特色文化几乎成了景观的商标。当游客进入景区时，也就被带入一个文化和历

483

① Clifford, J., Traveling Culture, *Cultural Studies*, Lawrence Grossberg, Cary Nelson and Paula A. Treichler, eds. New York：Routledge, 1992, p. 101.

② Geertz, C., *Works and Lives*：*The Anthropologists as Author*, Cambridge：Polity, 1988, pp. 1 – 5, 140 – 145.

③ Geertz, C., *The Interpretation of Culture*, New York：Basic Books, 1973, p. 5.

史氛围之中。三是游客与东道主之间的交流与交通，遵循的是在两种或两种以上文化背景下的理解和宽容。通常而言，在旅游目的地，游客大都愿意按照"客随主便"——以东道主社会的文化为"导游"的依据——以便有更大的可能体会不同文化。

此外，一些具有特别意义的景观会引起游客的各种联想和感受，如有些景观唤起人们"怀旧"的感受——怀旧一直是旅游活动和旅游研究中重要的主题。"怀旧"既体现在一类游客的旅游动机中，又构成旅游行为中"景观"的一种魅力，即怀旧成了一种现场合成性的"景致"。"怀旧"（nostalgia）源于希腊语，由两个词根组成：nostos 意为"回家、返乡"；algia 指一种痛苦和思念的状态——类似于思乡病的痛苦。① 它最早的指喻性用法出现在 17 世纪，确指一种"致命的病"，衍生意思是指由于暂时的地方转移和转变导致对过去一些东西的遗失，或是一些相似的东西所引起对过去的联想，或者一些东西成为一种符号、标示物等唤起游客了对过去的回忆，并形成的"相思病"似的痛苦情状，这些情状的心理依据显示，人们试图通过"怀旧"放慢生命"脚步"，回到过去了的生命阶段，或者在岁月的流逝中担忧他们的生活方式，或东西的"过时"。②

在西方，乡村常常被作为一种"怀旧"的对象。罗萨尔多所用的"帝国主义的怀旧"（imperialist nostalgia），说的是一类西方游客对他们过去以殖民主义，或者通过对自然的工业性剥削所获得的生活方式的"解构"感到失落。③ 格拉本教授认为，"许多第三世界的经济旅游正是建立在包括怀旧因素在内的基础上，并使这种经济旅游得到推动"④。所以，仅仅把"怀旧"放在人们个体的心理层面是不够的，怀旧经常可以作为在社会激烈变迁和转型时期的一种社会主张。而旅游景观中的"互视结构"无疑成了表达和实现怀旧的一种"介体"。许多景点、景物和景区，对于游客而言，

---

① 参见赵静蓉《怀旧——永恒的文化乡愁》，商务印书馆 2009 年版，第 1 章第 1 节。

② Graburn, H., Nelson, H., Tourism, Modernity and Nostalgia, *The Future of Anthropology*: *Its Relevance to the Contemporary World*, London & Atlantic Highlands, N. J., 1995, p. 166.

③ Rosaldo, R., Imperialist Nostalgia, In *Represatation*, 1989, Vol. 26, pp. 197 – 222.

④ Graburn, H., Nelson, H., Tourism, Modernity and Nostalgia, *The Future of Anthropology*: *Its Relevance to the Contemporary World*, London & Atlantic Highlands, N. J., 1995, p. 166.

直接充当"互视"的场所，产生一种奇特的"怀旧/超现实"（hyper-reality）景象，即通过特定的景观在游客心里联结过去—现在—未来的纽带。伊柯认为，我们现阶段的历史是一个不断提高模仿和再生产的历史，甚至那些经过复制出来的东西看上去比原始的东西"还要好"，这种情形就被称为"超现实"。① 在"超现实"的情境中，对传统的接受具有一个整体性的模式性，即在传统的条件下控制其整合，以确信它自己的影像是一种完美的形式。

"怀旧"的方式和对象有很多。值得特别提示的是，我国的乡村在大众旅游的逐渐深入过程中，越来越成为游客趋之若鹜的地方。那里不仅有传统家园景观的"怀旧感"，更有文化上的归属感。以现阶段我国的乡村旅游而论，情形或许更为复杂。在人们的心目中，对于乡村的"怀旧"所占比例尚不及西方那么高。原因是，西方是以自工业革命以来，以城市为中心的社会模式为主导，乡村越来越成为人们怀旧、休闲的旅游目的地。我国的情势不同，城镇化不过刚刚开始，而且带有"运动"的性质，既可以开始，也可以"叫停"。人们对于乡村的情形依然熟悉，乡村旅游主要是休闲、"农家乐"。

值得特别重视的是，现在的乡村景观中陡然出现了博物馆。今日之世被称为"博物馆时代"（the Age of Museum）。博物馆除了"博古"之功，把自己的文物记忆收藏储存起来，也与大众旅游呈互动关系。现在越来越多的村落在开展旅游的活动中，也纷纷建立起乡村博物馆。我们的团队在云南和顺调研时，对耀庭博物馆进行的走访和专访：

（李氏，和顺李氏家族后人，女，78岁，耀庭博物馆馆长）

耀庭博物馆是和顺村民杨润生个人创办的私人博物馆，杨先生早年生于缅甸，生活在和顺。好收集老物件。杨先生于2014年病故，其妻李代接任了丈夫的岗位，继续向观众讲解他家的历史、房屋建筑、藏品。

---

① Eco，U.，*Travel in Hyper-reality*，New York：Harvester/Harcourt Brace Jovanovich，1986.

　　博物馆里展示有民国至抗战历史、家庭史图片；有美军飞虎队用品、图片，也有集邮专版展示。最为特别的是，杨老先生收集一套完整的 56 个民族邮票，邮票不仅已经使用过，更为重要的是邮票在 56 个民族的代表性居住地盖了邮戳，时间一律在 1999 年 10 月 1 日这天。我认为这套邮票具有特殊的价值。其他展品还有家庭用品：床、茶几、椅子、凳子、梳妆台、茶盒、茶具、食盒、漆器、瓷器、戥子秤；马帮用品：马灯、马镫、马鞍等；票证：包括有华侨证件、华侨物资供应票、进口物资海关纳税证、民国股票、公债券；还有来自于缅甸的孔雀琴、竹排琴等，种类繁多，展示了边地人们的真实生活。

　　在博物馆展览的序言部分，原馆长杨先生这样记述：杨氏家族祖籍湖南长沙，明初调到腾冲戍守边关，居住在和顺下庄，传至我等（杨润生）已有 22 代。清咸丰同治年间滇西战乱波及和顺，家庭房屋及财产在战火中化为灰烬，高祖秀芳杨公带领全家辗转避乱，最后定居和顺尹家巷。秀芳公去世后，家境窘迫，难于满足温饱，曾祖杨荣公开始深入缅北不毛之地谋出路，后染上疟疾不治而亡。先辈们一代复一代沿前人旅缅足迹奋斗，有成功致富的荣耀，有困苦不堪乃至客死他乡的忠训。

　　李氏不时讲解她家的收藏，听到她自述的历史，听众很容易生发信任、好奇、探究的心理，人们随着她的讲解心情一同沉浮。

　　过去耀庭博物馆是卖门票的，每人 10 元，现在已经免费开放，然而无论什么模式的博物馆都存在着运营费用，如何解决这些问题，我们试图找到答案，在简短的访谈中，老人似有难言的苦衷，在此不再陈述。

云南民族博物馆研究员杜韵红记录

486

　　我们不做刻意的评述和分析，尽可能忠实于参观者的记述。博物馆作为一个旅游中的"特殊景致"，成为旅游人类学研究的重要主题。景观（包含各种可能唤起、引起游客的景物、景点、风景、场景）可能、可以激起人们某种特殊的怀旧情绪和联想，唤起某些特殊阶级、阶层乃至民族国家的某种对"曾经拥有辉煌过去"遗失的怅惘和怀念，激起某种"民族意识""集体记忆"。

　　简言之，景观既是一个概念，一个学科的工具性分类，一个旅游研究的主题，也是一种文化的表述。景观本身已经建立起了与时间、空间、属性、人群、知识、经验、语境、价值等的"全观之景"。乡村对于中国游客而言，所谓"吃、住、行、游、购、娱"远远不够；"体"（体验）、"认"（认同）、"守"（保守）、"护"（保护）的意识和行为必须贯彻其中，因为，这里是自己的家园，是生养中华民族传统的根本所在。

代结语　找回老家

有的时候，当我们看自己的老照片时，感到诧异。由于变化太大而陌生，甚至不再认识自己。然，我们感到亲切。照片上，曾经的自己那样英姿勃发，我们试图在过去的"原型"中找回自己。

对于个人，岁月流逝所留下的记忆让我们倍加珍惜、珍视。如果我们曾经的家园因为我们的过失而不在、不再，不辨、不认，那么，我们这一代或许要承担历史的罪责，而不仅只是嗟叹了。遗产，无论什么类型的遗产，首先需要遗存、传承。这是义务，更是责任。

中国近几十年的发展被公认是全世界最快的，但消失的乡土本色也最多。回过头看自己的家，已然依稀不在、不再。道理上大家都明白，"发展变化"不能成为忘本、刨根、绝源的理由和借口。当年法国大革命时期，社会变革不可谓不大，"发展变化"不可谓不大，法国的先贤留下了他们的文化遗产。这种继承和保护如今已然成为全世界的价值和行动。我们亦在其列。

今天，当人们不再认识自己的家园时，也就意味着不再认识自己。如果别人，包括你的亲友不再认识你的时候，至多只是伤感；如果连你自己都忘记自己的历史，忘记自己是从哪儿走出来的时候，你的家园就只剩下了形骸。面对自己的丢失，我们需要一个更大的"工程"——"重新寻找自己"，这比城镇化、新农村建设、"美丽乡村"、古村落保护等更重要！

如果仅仅是一个行政性"工程"，即使效果不好，或者失败了，还有机会纠正、改正，弥补损失。就像人民公社运动，原来的"政社合一"随着改革开放，特别是"以包产到户为主要内容的联产承包责任制的建立，极大地冲击了农村人民公社的体制，并最终导致了人民公社的解体"①。1982 年 12 月，第五届全国人大第五次会议通过《中华人民共和国宪法》第一百一十一条规定："农村按居住地区建立的村民委员会是基层群众性自治组织。"② "人民公社"对于新生代，似乎完全没有"发生"。毕竟对于乡土社会而言，土地还在。

然而，当今的城镇化运动，如果不成功，或许我们没有"纠正"机会。我国城镇化所面临的危险是：城市建设需要占用大量农业耕地的问题："从土地资源来看，城市用地数量巨大需求与可供土地数量的严重短缺的矛盾日益尖锐，土地资源的稀缺性非常突出……全国实际耕地面积为 20.26 亿亩，耕地面积越来越接近 18 亿亩'红线'（18 亿亩耕地被认为是保证中国粮食安全的最基本耕地底线）。"③ 如果我们的耕地消失，人口在继续增长，如何纠正？

在整个中华文明的历史中，"城市"作为乡土的一部分，遗留了许多乡土的因子和因素，更为直接的还是乡村，即"乡"与"土"的结合。"乡土"的历史价值以"传统"昭示代际之承。"传统"是一个不易把控的概念，它是一个不断"累叠"的过程，各种各样的板块、土石都会沉积下来，它们都在时间的推演中呈现出各种各样的时态、形态和状态。仿佛"传统的发明"。④

在西方，由于"城/乡"的二元，城市传统是"大传统"，乡村传统是"小传统"，而"原始"事实上常常是指那些"原始"的乡土传统。"城市"的传统是"现代文明"的标志，这在西方是一个真实的历史图像。移植到中国，如果也用这样的观点看待我国的城乡历史，连逻辑都没有。

所以，我们在寻找和重新建构中国的乡土景观时，有一个重要的前

489

---

①　罗平汉：《农村人民公社史》，人民出版社 2016 年版，第 474 页。

②　同上书，第 485 页。

③　楚天骄、王国平、朱远等：《中国城镇化》，人民出版社 2016 年版，第 13 页。

④　"被发现的传统"既包含着那些确实被发现的、建构和正式确立的传统。也包括那些在某一短暂的、可确定年代的时期中以一种难以辨认的方式出现和迅速确立的"传统"。参见 ［英］E. 霍布斯鲍姆、T. 兰格《传统的发明》，顾杭等译，译林出版社 2004 年版，第 1 页。

提：必须厘清中西方历史价值观所赋予的各类景观。简单地说，西方的"文明基因"肇始于城市；中华的"文明基因"基础于乡土。任何直接移植、模仿西方榜样的景观观念、设计、方法和模块的，都要先进行筛选；要做到这一点，又附带了一个前提：回到中国和乡土，重新寻找我们自己。

俞孔坚教授以"回到土地"为题，提出了当今中国的环境设计、景观设计和美学设计要回到以土地为原型的"乡土"，因为，今日的任何景观，无论运用什么样的技术、理念，一个原则必须遵守：回到土地。因为土地有五种含义：土地是美；土地是人的栖息地，是我们的家园；土地是个系统，是活的；土地是符号，是世世代代人留下的遗产；土地是神。①

同时，他认为尊重地方的土地和自然过程，利用现代技术实现生态化的设计形式，来满足现代中国人的生活方式，是中国的建筑与景观特色之路。离开土地的中国就是离开土地的时代，城市里的人在离土地越来越远，农村的人在匆忙地放弃土地，反正大家都在离开土地，我们的理想似乎恰恰是想离开土地。我们是在用农业时代的城市理想去追求一个工业化和后工业时代的城市，而不是站在更高的城市时代或者后工业时代来想象未来的城市应该是什么样子，所以我们所建造的城市是落后的。②

笔者更愿意相信，景观的再造，生活的改变，观念的变化，仿佛时尚，历时历代都发生过，不是只发生于今日。然而，我们的祖先都保留下了土地，保护住了家园。如果当下真的发生了土地的遗失，家园的离散，原因不是别者，乃自我的迷失。如果不能找回自己，土地找不回，家园也找不回。

一直喜欢听歌唱家彭丽媛《在希望的田野上》，景观、景色、景致如在眼前：

> 我们的家乡　在希望的田野上
> 炊烟在新建的住房上飘荡

① 俞孔坚：《回到土地》，生活·读书·新知三联书店2014年版，第155—157页。
② 同上书，第140—142页。

小河在美丽的村庄旁流淌
一片冬麦 一片高粱
十里荷塘 十里果香
我们世世代代在这田野上生活
为她富裕 为她兴旺

我们的理想 在希望的田野上
禾苗在农民的汗水里抽穗
牛羊在牧人的笛声中成长
西村纺花 东岗撒网
北疆播种 南国打场
我们世世代代在这田野上劳动
为她打扮 为她梳妆

我们的未来 在希望的田野上
人们在明媚的阳光下生活
生活在人们的劳动中变样
老人们举杯 孩子们欢笑
小伙儿弹琴 姑娘歌唱
我们世世代代在这田野上奋斗
为她幸福 为她争光

我家就在田野上，让我们回家！

主要参考书目

一　中文部分（按拼音顺序）

〔一〕古代典籍

朱谦之撰：《老子校释》，中华书局 2000 年版。

杨伯峻：《论语译注》，中华书局 2012 年版。

杨伯峻、杨逢彬译注：《孟子》，岳麓书社 2000 年版。

方勇、李波译注：《荀子》，中华书局 2011 年版。

杨天才等译注：《周易》，中华书局 2011 年版。

何宁撰：《淮南子集释》，中华书局 1998 年版。

（汉）郑玄注，（唐）贾公彦疏：《周礼注疏》，上海古籍出版社 2010 年版。

（汉）郑玄注，（唐）贾公彦疏：《礼记正义》，中华书局 1980 年版。

（东汉）许慎撰，臧克和、王平校订：《说文解字新订》，中华书局 2002 年版。

（东汉）许慎撰，段玉裁注：《说文解字注》，上海古籍出版社 1981 年版。

（三国）管辂：《管氏地理指蒙》，齐鲁书社 2015 年版。

（魏）王弼注，（唐）孔颖达疏：《十三经注疏》周易正义卷三，北京大学出版社 1999 年版。

（北魏）郦道元：《水经注·序》，商务印书馆 2010 年版。

（梁）刘勰：《文心雕龙·物色》，陆侃如等译，齐鲁书社 1995 年版。

（宋）孟元老撰，邓之成注：《东京梦华录注》，（香港）商务印书馆 1961 年版。

（北宋）程颢、程颐：《二程集》（三），中华书局 1981 年版。

（明）徐上瀛著，徐樑编著：《溪山琴况》，中华书局 2013 年版。

（明）计成著，李世葵、刘金鹏编著：《园冶》，中华书局 2011 年版。

（清）邵晋涵：《尔雅正义》卷 7，清乾隆五十三年面水层轩刻本。

（清）高士奇：《江村草堂记》，于陈从周，蒋启霆编，赵厚均注释《园综》，同济大学出版社 2011 年版。

（清）姚延銮：《阳宅集成》，台湾：武陵出版社 1999 年版。

方诗铭、王修龄：《古本竹书纪年辑证》（修订本），上海古籍出版社 2008（2005）年版。

旧题八仙合著：《天仙金丹心法》，松飞破译，中华书局 1900 年版。

屈万里：《尚书今注今译》，新世界出版社 2011 年版。

孙诒让：《墨子间诂》，中华书局 1954 年版。

王云五主编：《尔雅义疏》卷三，台北：商务印书馆 1965 年版。

佚名撰，郭璞注，王根林点校：《穆天子传》，载《汉魏六朝笔记小说大观》，上海古籍出版社 1999 年版。

杨伯峻编著：《春秋左传注》，中华书局 1981 年版。

（二）当代文献

朝戈金：《民俗学视角下的口头传统》，《广西民族学院学报》2003 年第 5 期。

陈国强主编：《文化人类学词典》，浙江人民出版社 1990 年版。

陈垣编纂：《道家金石略》，《重修大宁宫记》，文物出版社 1988 年版。

陈孔立：《清代台湾移民社会研究》，厦门大学出版社 1990 年版。

陈梦家：《殷虚卜辞综述》，科学出版社 1958 年版。

陈其南：《家族与社会——台湾与中国社会研究的基础理念》，联经出版事业股份有限公司 1990 年版。

陈义勇、俞孔坚：《美国乡土景观研究理论与实践——〈发现乡土景观〉导读》，《人文地理》2013 年第 1 期。

成一农：《古代城市形态研究方法新探》，社会科学文献出版社 2009 年版。

美国国家研究院地学、环境与资源委员会地球作科学与资源局重新发现地理学委员会编：《重新发现地理学》，黄润华译，学苑出版社 2002 年版。

楚天骄、王国平、朱远等：《中国城镇化》，人民出版社 2016 年版。

储兆文：《中国园林史》，东方出版中心 2008 年版。

邓启耀：《我看与他观——在镜像自我与他性间探问》，清华大学出版社 2013 年版。

丁山：《中国古代宗教与神话考》，上海书店出版社 2011 年版。

杜正胜：《古代社会与国家》，允晨文化实业股份有限公司 1992 年版。

邱衍文：《中国上古礼制考辨》，文津出版社 1990 年版。

费孝通：《行行重行行：乡镇发展论述》，宁夏人民出版社 1992 年版。

费孝通主编：《中华民族多元一体格局》，中央民族大学出版社 1999 年版。

费孝通：《江村经济》，上海人民出版社 2006 年版。

费孝通：《乡土中国　生育制度》，北京大学出版社 2008 年版。

冯尔康等：《中国宗族史》，上海人民出版社 2009 年版。

冯济川纂，任根珠点校：《山西旧志二种·山西风土志》，中华书局 2006 年版。

复旦大学文史研究院编：《都市繁华：一千五百年来的东亚城市生活史》，中华书局 2010 年版。

傅崇兰、白晨曦、曹文明等：《中国城市发展史》，社会科学文献出版社 2009 年版。

傅熹年：《中国古代建筑概说》，北京出版集团公司、北京出版社 2016 年版。

高寿仙：《徽州文化》，辽宁教育出版社 1998 年版。

葛荣玲：《景观的生产》，北京大学出版社 2014 年版。

葛兆光：《中国思想导论》，复旦大学出版社 2007 年版。

葛兆光：《宅兹中国：重建"中国"的历史论述》，中华书局 2012 年版。

龚坚：《喧嚣的新村：遗产运动与村落政治》，北京大学出版社 2013 年版。

谷衍奎：《汉字源流字典》，语文出版社 2008 年版。

顾颉刚：《史迹俗辨》，钱小柏编，上海文艺出版社 1997 年版。

顾颉刚：《五德终始说下的政治和历史》，《古史辨》第五册，上海古籍出版社 1982 年版。

关传友：《风水景观——风水林的文化解读》，东南大学出版社 2012 年版。

胡厚宣、胡振宇：《殷商史》，上海人民出版社 2008 年版。

胡慧琴：《世界住居与居住文化》，中国建筑工业出版社 2008 年版。

胡适：《哲学的盛宴》，新世界出版社 2014 年版。

胡适：《中国中古思想史二种》，北京师范大学出版社 2014 年版。

胡兆量等编著：《中国文化地理学概述》，北京大学出版社 2001 年版。

桓谭：《新论》，上海人民出版社 1976 年版。

黄汉民：《客家土楼民居》，福建教育出版社 1995 年版。

黄树民：《林村的故事：一九四九年后的中国农村变革》，素兰等译，生活·
　　读书·新知三联书店 2002 年版。

黄雅峰：《汉画图像与艺术史学研究》，中国社会科学出版社 2012 年版。

黄应贵主编：《人观、意义与社会》，"中研院"民族学研究所 1993 年版。

黄应贵主编：《空间、力与社会》，"中研院"民族学研究所 1995 年版。

雷从云、陈绍棣、林秀贞：《中国宫殿史》（修订本），百花文艺出版社
　　2008 年版。

季羡林：《"天人合一"新解》，载《传统文化与现代化》创刊号，中华书
　　局 1993 年版。

荆门市博物馆：《郭店楚墓竹简》，文物出版社 1998 年版。

金其铭：《试论文化景观》，《南京师大学报》（自然科学版）1987 年第 10
　　期增刊。

蒋高辰：《云南民族住屋文化》，云南大学出版社 1997 年版。

李城志、贾慧如：《中国古代堪舆》，九州出版社 2008 年版。

李春霞等：《国家公园》，载彭兆荣主编《文化遗产关键词》第二辑，贵州
　　人民出版社 2015 年版。

李菲：《园林》，载彭兆荣主编《文化遗产关键词》第二辑，贵州人民出版
　　社 2015 年版。

李福顺：《绘画史话》，社会科学文献出版社 2012 年版。

李泰棻：《方志学》，商务印书馆 1935 年版。

李培林：《巨变：村落的终结——都市里的村庄研究》，《中国社会科学》

2002 年第 1 期。

李申:《道与气的哲学:中国哲学的内容提纯和逻辑进程》,中华书局 2012 年版。

李学勤:《东周与秦代文明》,文物出版社 1984 年版。

李学勤主编:《中国古代文明与国家形成研究》第一章,云南人民出版社 1997 年版。

李学勤主编:《字源》,天津古籍出版社 2012 年版。

李亦园:《李亦园自选集》,上海教育出版社 2002 年版。

李允鉌:《华夏意匠——中国古典建筑设计原理分析》,天津大学出版社 2014 年版。

李永良主编:《河陇文化:连接古代中国与世界的走廊》,上海远东出版社、商务印书馆(香港)1998 年版。

梁漱溟:《乡村建设理论》,商务印书馆 2015(1937)年版。

梁思成:《中国建筑史》,生活·读书·新知三联书店 2011 年版。

梁思成著,林洙编:《拙匠随笔》,北京出版社 2016 年版。

林广思:《景观词义的演变与辨析》,《中国园林》2006 年第 6—7 期。

林嘉书:《土楼——凝固的音乐和立体的诗篇》,上海人民出版社 2006 年版。

林耀华:《义序的宗族研究》,生活·读书·新知三联书店 2000 年版。

林耀华:《金翼:一个中国家族的史记》,庄孔韶等译,生活·读书·新知三联书店 2015 年版。

林志宏:《世界文化遗产与城市》,同济大学出版社 2012 年版。

《联合国教科文组织保护世界文化公约》,法律出版社 2006 年版。

刘宝山:《黄河流域史前考古与传说时代》,三秦出版社 2003 年版。

刘禾:《帝国的话语政治:从近代中西方冲突看现代世界秩序的形成》,杨立华等译,生活·读书·新知三联书店 2009 年版。

刘家军、沈金来主编:《城隍信仰研究》,中国社会科学出版社 2013 年版。

刘黎明、李振鹏、张虹波:《试论我国乡村景观的特点及乡村景观规划的目标和内容》,《生态环境》2004 年第 3 期。

刘沛林:《家园的景观与基因:传统聚落景观基因图谱的深层解读》,商务印书馆 2014 年版。

刘乐贤：《战国秦汉简帛丛考》，文物出版社 2010 年版。

刘向阳：《唐代帝王陵墓》（修订本），陕西出版集团、三秦出版社 2012 年版。

流心：《自我的他性》，上海人民出版社 2005 年版。

楼庆西：《乡土景观十讲》，生活·读书·新知三联书店 2012 年版。

卢嘉锡、席泽宗主编：《中国科学技术史》（彩色插图），科学出版社、祥
　　云（美国）出版公司联合出版 1997 年版。

罗宏才：《中国时尚文化史：先秦至隋唐卷》，山东画报出版社 2011 年版。

吕景和编著：《汉子解形释义字典》，华语教学出版社 2016 年版。

吕思勉：《中国文化史》，新世界出版社 2017 年版。

罗平汉：《农村人民公社史》，人民出版社 2016 年版。

罗哲文：《古迹》，中华书局 2016 年版。

孟世凯：《甲骨学辞典》，上海人民出版社 2009 年版。

南喜涛：《天水古民居》，甘肃人民出版社 2007 年版。

潘鼐编著：《中国古天文图录》，上海科技教育出版社 2009 年版。

庞朴：《孔孟之间——郭店楚简中儒家心性说》，《中国哲学》第二十辑，
　　辽宁教育出版社 1999 年版。

彭一刚：《中国古典园林分析》，中国建筑工业出版社 2016（1986）年版。

彭兆荣：《欧美优勉瑶的社区发展与现代化》，《瑶学研究》第二辑，广西
　　民族出版社 1992 年版。

彭兆荣：《再寻"金枝"：文学人类学精神考古》，《文艺研究》1997 年第 5 期。

彭兆荣：《民族志视野中真实性的多种样态》，《中国社会科学》2006 年第
　　2 期。

彭兆荣：《现代旅游景观中的"互视结构"》，《广东社会科学》2012 年第 5 期。

彭兆荣：《体性民族志：基于中国传统文化语法的探索》，《民族研究》
　　2014 年第 4 期。

彭兆荣：《祖先在上：我国传统文化遗续中的"崇高性"》，《思想战线》
　　2014 年第 1 期。

彭兆荣：《"以德配天"：复论我国传统文化遗续的崇高性》，《思想战线》

2015 年第 1 期。

彭兆荣：《连续与断裂：我国文化遗续的两极现象》，《贵州社会科学》2015 年第 3 期。

彭兆荣：《城与国：中国特色的城市遗产》，《北方民族大学学报》2016 年第 1 期。

彭兆荣：《论我国"丘墟"的崇高性视觉形象——兼教于巫鸿先生》，《文艺理论研究》2016 年第 4 期。

彭兆荣：《生与身为》，《民族艺术》2017 年第 3 期。

彭兆荣：《"流域"与"域流"：我国的水传统与城智慧》，《社会科学战线》2017 年第 2 期。

彭兆荣等：《文化特例：黔南瑶麓社区的人类学研究》，贵州人民出版社1997 年版。

彭兆荣等：《渔村叙事——东南沿海三个渔村的变迁》，浙江人民出版社1998 年版。

彭兆荣：《摆贝：一个西南边地苗族村寨》，生活·读书·新知三联书店2004 年版。

彭兆荣：《文学与仪式：文学人类学的一个文化视野——酒神及其祭祀仪式的发生学原理》，北京大学出版社 2004 年版。

彭兆荣：《人类学仪式理论与实践》，民族出版社 2007 年版。

彭兆荣等：《岭南走廊：帝国边缘的政治和地理》，云南教育出版社 2009 年版。

彭兆荣等：《三国演绎 百年米轨——滇越铁路的历史图像》，云南出版集团公司、云南教育出版社 2010 年版。

彭兆荣：《旅游人类学》，民族出版社 2011（2004）年版。

彭兆荣：《饮食人类学》，北京大学出版社 2013 年版。

彭兆荣等：《天下一点：人类学"我者"研究之尝试》，中国社会科学出版社 2016 年版。

彭兆荣：《艺术遗产论纲》，北京大学出版社 2017 年版。

齐如山著，盛锡珊绘图：《北京三百六十行》，中华书局 2015 年版。

钱杭：《血缘与地缘之间：中国历史上的联宗与联宗组织》，上海社会科学院出版社 2001 年版。

钱杭：《中国古代世系学研究》，《历史研究》2001 年第 6 期。

钱杭：《宗族建构过程中的血缘与世系》，《历史研究》2009 年第 4 期。

钱穆：《中国文化史导论》，商务印书馆 1996 年版。

钱穆：《古史地理论丛》，生活·读书·新知三联书店 2005 年版。

任常泰：《中国陵寝史》，文津出版社 1995 年版。

陕西省博物馆、李域铮等编：《西安碑林书法艺术》，陕西人民美术出版社 1997 年版。

唐启翠：《礼制文明与神话编码：〈礼记〉的文化阐释》，南方日报社 2010 年版。

佟裕哲、刘晖：《中国地景文化史纲图说》，中国建筑工业出版社 2013 年版。

陶家俊：《思想认同的焦虑》，中国社会科学出版社 2008 年版。

王尔敏：《先民的智慧：中国古代天人合一的经验》，广西师范大学出版社 2008 年版。

王国维：《观堂集林》卷六《释礼》，中华书局 2006 年版。

王铭铭：《社区的历程：溪村汉人家族的个案研究》，天津人民出版社 1996 年版。

王铭铭：《村落视野中的文化与权力：闽台三村五论》，生活·读书·新知三联书店 1997 年版。

王平、李建廷编著：《说文解字标点整理本》，上海书店出版社 2016 年版。

王同惠、费孝通：《花篮瑶社会组织》，江苏人民出版社 1985 年版。

王世仁：《皇都与市井》，百花文艺出版社 2006 年版。

王心怡编：《商周图形文字编》，文物出版社 2007 年版。

王云五主编：《古籍今注今译系列》，新世界出版社 2011 年版。

王玉德、王锐编著：《宅经》，中华书局 2013 年版。

汪菊渊：《中国园林史》上卷，中国建筑工业出版社 2012 年版。

闻人军：《考工司南：中国古代科技名物集》，上海古籍出版社 2017 年版。

文史知识编辑部编：《古代礼制风俗漫谈》，中华书局 1986 年版。

乌丙安：《中国民俗学》，辽宁大学出版社 1985 年版。

乌恩溥：《周易：古代中国的世界图式》，吉林出版集团、吉林文史出版社 1988 年版。

吴必虎、刘筱娟：《中国景观史》，上海人民出版社 2004 年版。

吴大澂：《愙斋集古录》卷首罗振玉序，涵芬楼影印本 1918 年版。

吴良镛：《中国人居史》，中国建筑工业出版社 2014 年版。

西安市文物局：《华夏文明故都　丝绸之路起点》，世界图书出版公司 2005 年版。

向云驹：《草根遗产的田野思想》，中华书局 2011 年版。

谢重光：《闽台客家社会与文化》，福建人民出版社 2003 年版。

辛德勇：《旧史舆地文录》，中华书局 2014 年版。

许宏：《何以中国：公元前 2000 年的中国图景》，生活·读书·新知三联书店 2016 年版。

许进雄：《中国古代社会：文字与人类学的透视》，中国人民大学出版社 2008 年版。

许维遹：《吕氏春秋集释》，文学古籍刊行社 1955 年版。

许倬云：《求古编》，商务印书馆 2014 年版。

许倬云：《中国古代文化的特质》，联经出版事业股份有限公司 1988 年版。

徐喜辰：《井田制度研究》，吉林人民出版社 1982 年版。

杨大禹、朱良文：《中国民居建筑丛书　云南民居》，中国建筑工业出版社 2009 年版。

杨泓、李力：《美源：中国古代艺术之旅》，生活·读书·新知三联书店 2008 年版。

杨鸿勋：《园林史话》，社会科学文献出版社 2012 年版。

杨宽：《古史新探》，中华书局 1965 年版。

杨宽：《中国古代都城制度史研究》，上海古籍出版社 1993 年版。

杨秀敏：《筑城史话》，百花文艺出版社 2010 年版。

闫玉：《银饰为媒：旅游情境中西江苗族的物化表述》，民族出版社 2018 年版。

易中天：《易中天文集》第三卷"艺术人类学"，上海文艺出版社 2011
　　年版。

叶舒宪：《阉割与狂狷》，上海文艺出版社 1999 年版。

俞孔坚：《回到土地》，生活·读书·新知三联书店 2016 年版。

俞孔坚：《理想景观探源——风水的文化意义》，商务印书馆 2016（1998）
　　年版。

俞灏敏、朱国照：《风水大全》，中州古籍出版社 1994 年版。

俞为洁：《中国食料史》，上海古籍出版社 2011 年版。

于省吾：《甲骨文字释林》，商务印书馆 2010 年版。

张光直：《考古学专题六讲》，文物出版社 1986 年版。

张光直：《商文明》，生活·读书·新知三联书店 2013 年版。

张光直：《中国青铜时代》，生活·读书·新知三联书店 2014 年版。

张宏：《中国古代住居与住居文化》，湖北教育出版社 2006 年版。

张隆溪：《道与逻各斯》，冯川译，四川人民出版社 1998 年版。

张晓虹：《古都与城市》，江苏人民出版社 2011 年版。

张有隽：《人类学与瑶族》，广西民族出版社 2002 年版。

赵诚编著：《甲骨文简明词典——卜辞分类读本》，中华书局 2009 年版。

赵静蓉：《怀旧——永恒的文化乡愁》，商务印书馆 2009 年版。

赵汀阳：《天下体系：世界制度哲学导论》，中国人民大学出版社 2011 年版。

赵旭东：《八十年后的江村重访——王莎莎博士所著〈江村八十年〉书
　　序》，《原生态民族文化学刊》2016 年第 4 期。

郑樵：《通志》，中华书局 1987 年版。

郑振满：《明清福建家族组织与社会变迁》，中国人民大学出版社 2009 年版。

郑重：《中国古文明探源》，东方出版中心、中国出版社 2016 年版。

中国科学院考古研究所：《新中国的考古收获》，文物出版社 1961 年版。

周来祥：《和谐美学的总体风貌》，载中央文史研究院编《谈艺集——全国
　　文史研究馆馆员书画艺术文选》（下），中华书局 2011 年版。

周民：《尚书词典》，四川人民出版社 1993 年版。

周星：《乡土生活的逻辑：人类学视野中的民俗研究》，北京大学出版社

501

2011 年版。

周永明：《道路研究与"路学"》，《二十一世纪》2010 年 8 月号总第 120 期。

朱乃诚：《考古学史话》，社会科学文献出版社 2011 年版。

朱自清：《经典常谈》，云南出版集团、云南人民出版社 2015 年版。

庄英章：《家族与婚姻：台湾北部两个闽客村落之研究》，"中研院"民族
　　学研究所 1994 年版。

二　外文汉译（按字母顺序）

［奥］弗洛伊德：《图腾与禁忌》，杨庸一译，志文出版社 1983 年版。

［德］恩斯特·卡西尔：《人论》，甘阳译，上海译文出版社 1985 年版。

［德］卡儿·魏特夫：《东方专制主义》，徐式谷等译，中国社会科学出版
　　社 1989 年版。

［德］罗曼·赫尔佐克：《古代的国家》，赵蓉恒译，北京大学出版社 1998
　　年版。

［德］尼采：《查拉图斯特拉如是说》，林建国译，远流出版社 1991 年版。

［法］保罗·克拉瓦尔：《地理学思想史》，郑胜华等译，北京大学出版社
　　2007 年版。

［法］布封：《自然史》，陈筱卿译，译林出版社 2013 年版。

［法］葛兰言：《古代中国的节庆与歌谣》，赵丙祥等译，广西师范大学出
　　版社 2005 年版。

［法］克洛德·列维－斯特劳斯：《神话与意义》，杨德睿译，麦田出版公
　　司 2001 年版。

［法］克洛德·列维－斯特劳斯：《忧郁的热带》，王志明译，生活·读书·
　　新知三联书店 2000 年版。

［法］劳格文、［英］科大卫编：《中国乡村与墟镇神圣空间的建构》，社
　　会科学文献出版社 2014 年版。

［法］米歇尔·福柯：《规训与惩罚》，刘北成等译，生活·读书·新知三
　　联书店 1999 年版。

［法］莫里斯·梅洛－庞蒂：《知觉现象学》，姜志辉译，商务印书馆 2005 年版。

［法］让－皮埃尔·韦尔南：《希腊的思想起源》，秦海鹰译，生活·读书·新知三联书店 1996 年版。

［法］萨特：《存在与虚无》，陈宣良等译，生活·读书·新知三联书店 2007 年版。

［美］爱德华·W. 萨义德：《东方学》，王宇根译，生活·读书·新知三联书店 1999 年版。

［美］阿兰·邓迪斯：《民俗解析》，户晓辉编译，广西师范大学出版社 2005 年版。

［美］艾兰、汪涛、范毓周主编：《中国古代思维模式与阴阳五行说探源》，江苏古籍出版社 1998 年版。

［美］拜伦·古德：《医学、理性与经验：一个人类学的视角》，吕文江等译，北京大学出版社 2010 年版。

［美］大贯惠美子：《作为自我的稻米：日本人穿越时间的身份认同》，石峰译，浙江大学出版社 2015 年版。

［美］大卫·雷·格里芬编：《后现代精神》，王成兵译，中央编译出版社 2011 年版。

［美］戴维·莫利等：《认同的空间》，司艳译，南京大学出版社 2001 年版。

［美］戴维·鲁斯克：《没有郊区的城市》，王英等译，上海人民出版社 2011 年版。

［美］段义孚：《空间与地方：经验的视角》，中国人民大学出版社 2017 年版。

［美］韩森：《开放的帝国：1600 年前的中国历史》，梁侃等译，凤凰出版传媒集团、江苏人民出版社 2009 年版。

［美］汉娜·阿伦特：《人的境况》，王寅丽译，上海世纪出版集团、上海人民出版社 2009 年版。

［美］霍尔姆斯·罗尔斯顿Ⅲ：《环境美学在中国：东西方的对话》，载《鄱阳湖学刊》2017 年第 1 期。

［美］基辛（R. Keesing）：《人类学与当代世界》，陈其南等译，巨流图书

公司 1991 年版。

［美］康拉德·菲利普·科塔克：《简明文化人类学：人类之镜》第五版，熊茜超译，上海社会科学院出版社 2011 年版。

［美］J. 雅各布斯：《美国大城市的生与死》，金衡山译，译林出版社（人文与社会译丛）2005 年版。

［美］克利福德·吉尔兹：《地方性知识》，王海龙、张家瑄译，中央编译出版社 2004 年版。

［美］克雷斯威尔：《地方：记忆、想象与认同》，徐苔玲、王志弘译，群学出版社有限公司 2006 年版。

［美］理查·桑内特：《肉体与石头：西方文明中的人类身体与城市》，黄煜文译，麦田出版公司 2008（2003）年版。

［美］雷贝嘉·索尔尼：《浪游之歌——走路的历史》，刁筱华译，麦田出版公司 2001 年版。

［美］林·亨特主编：《新文化史》，江政宽译，麦田出版公司 2002 年版。

［美］罗德里克·费雷泽·纳什：《荒野与美国思想》，侯文蕙等译，中国环境科学出版社 2012 年版。

［美］卢克·拉斯特：《人类学的邀请》，王媛等译，北京大学出版社 2008 年版。

［美］马歇尔·萨林斯：《石器时代经济学》，张经纬等译，生活·读书·新知三联书店 2009 年版。

［美］迈克尔·波伦：《植物的欲望》，王毅译，上海人民出版社 2005 年版。

［美］W. J. T. 米切尔：《风景与权力》（*Landscape and Power*），杨丽等译，译林出版社 2014 年版。

［美］施坚雅：《十九世纪中国的地区城市化》，《中华帝国晚期的城市》，叶光庭等译，中华书局 2000 年版。

［美］韦勒克、沃伦：《文学理论》，刘象愚等译，生活·读书·新知三联书店 1984 年版。

［美］巫鸿：《武梁祠：中国古代画像艺术的思想性》，柳扬等译，生活·读书·新知三联书店 2006 年版。

504

［美］巫鸿：《中国古代艺术与建筑中的"纪念碑性"》，李清泉等译，上海世纪出版集团、上海人民出版社 2009 年版。

［美］巫鸿：《时空中的美术：巫鸿中国美术史文编二集》，生活·读书·新知三联书店 2009 年版。

［美］巫鸿：《废墟的故事：中国美术和视觉文化中的"在场"与"缺席"》，肖铁译，上海人民出版社 2012 年版。

［美］约翰·布林克霍夫·杰克逊：《发现乡土景观》，俞孔坚等译，商务印书馆 2015 年版。

［美］詹姆斯·C. 斯科特：《农民的道义经济学——东南亚的反叛与生存》，程立显等译，译林出版社 2013 年版。

［美］詹姆斯·C. 斯科特：《国家的视角——那些试图改善人类状况的项目是如何失败的》，王晓毅译，社会科学文献出版社 2017 年版。

［日］白川静：《常用字解》，苏冰译，九州出版社 2010 年版。

［日］白幡洋三郎：《近代都市公园史欧化的源流》，李伟等译，新星出版社 2014 年版。

［日］坂垣鹰穗：《近代美术史潮论》，鲁迅译，中国摄影出版社 2001 年版。

［日］冈大路：《中国宫苑园林史考》，瀛生译，学苑出版社 2008 年版。

［日］冈仓天心：《中国的美术及其他》，蔡春华译，中华书局 2009 年版。

［日］沟口雄三：《作为方法的中国》，孙军译，生活·读书·新知三联书店 2011 年版。

［日］后藤久：《西洋居住史：石文化和木文化》，林铮颋译，清华大学出版社 2011 年版。

［日］濑川岛久：《族谱：华南汉族的宗族·风水·移居》，钱杭译，上海书店出版社 1999 年版。

［日］柳宗悦：《工艺文化》，徐艺乙译，广西师范大学出版社 2011 年版。

［日］芦原义信：《街道的美学》，尹培桐译，百花文艺出版社 2006 年版。

［日］田仲一成：《中国戏剧史》，云贵彬等译，北京广播学院出版社 2002 年版。

［日］针之谷钟吉：《西方造园变迁史：从伊甸园到天然公园》，邹洪灿译，

505

中国建筑工业出版社 2016 年版。

［瑞典］安特生：《甘肃考古记》，乐森译，文物出版社 2011 年版。

［英］阿尔弗雷德·C. 哈登：《艺术的进化——图案的生命史解析》，阿嘎佐诗译，广西师范大学出版社 2010 年版。

［英］E. H. 贡布里希：《偏爱原始性》，杨小京译，广西美术出版社 2016 年版。

［英］E. 霍布斯鲍姆、T. 兰格：《传统的发明》，顾杭等译，译林出版社 2004 年版。

［英］埃里克·霍布斯鲍姆：《史学家：历史神话的终结者》，马俊亚等译，上海人民出版社 2002 年版。

［英］戈登·柴尔德：《历史的重建：考古材料的阐释》，方辉等译，上海三联书店 2012 年版。

［英］柯律格：《明代的图像与视觉性》，黄晓鹃译，北京大学出版社 2011 年版。

［英］马尔科姆·安德鲁斯：《寻找如画美：英国的风景美学与旅游，1760—1800》，张箭飞等译，译林出版社 2014 年版。

［英］迈克尔·苏立文：《中国艺术史》，徐坚译，上海人民出版社 2014 年版。

［英］R. J. 约翰斯顿：《哲学与人文地理学》，蔡运龙等译，商务印书馆 2010 年版。

［英］王斯福：《帝国的隐喻：中国民间宗教》，赵旭东译，凤凰出版传媒集团、江苏人民出版社 2009 年版。

［古希腊］柏拉图：《文艺对话集》，朱光潜译，人民文学出版社 1980 年版。

［古希腊］荷马：《伊利亚特》，罗念生、王焕生译，人民文学出版社 1994 年版。

［古希腊］亚理斯多德：《诗学》，罗念生译，人民文学出版社 1982 年版。

［意］维柯：《新科学》，朱光潜译，人民文学出版社 2008 年版。

［以色列］尤瓦尔·赫拉利：《人类简史》，林俊宏译，中信出版集团 2017 年版。

三　外文部分（按字母顺序）

Andrew, K., Sandoval-strausz, Latino Vernaculars and the Emerging National Landscape, *Buildings & landscapes*, Vol. 20, No. 1, Spring, 2013.

Appadurai, A., *Disjuncture and Difference in the Global Cultural Economy*, Featherstone, M. (ed.), *Global Culture, Nationalism, Globalization, and Modernity*, London: Sage, 1990.

Baos, F., *Anthropology and Modern Life*, New York: Norton, 1928.

Barfield, T. (ed.), *The Dictionary of Anthropology*, M. A.: Blackwell Publishing Ltd., 2003 (1988).

Bhabha, Homi K., *The Location of Culture*, London and New York: Routledge, 1994.

Blash, J., Anthropologies of Urbanization: New Spatial Politics and Imaginaries, *Urban Anthropology and Studies of Cultural Systems and World Economic Development*, Vol. 35, No. 4, Anthropologies of Urbanization (Winter, 2006), Published by: The Institute, Inc..

Braudel, F., *The Structures of Ereryday Life*, New York: Fontana, 1985 (1981).

Buckley, James M. and W. Littmann, Viewpoint: a Contemporary Vernacular Latino Landscapes in California's Central Valley, *Buildings & Landscapes*, 2010 Fall, 17, No. 2.

Burns, P. M., *An Introduction to Tourism & Anthropology*, London and New York: Routledge, 2002.

Clifford, J. and Marcus, G. (ed.), *Writing Culture: The Poetics and Politics of Ethnography*, Berkeley: University of California Press, 1986.

Clifford, J., Notes on Travel and Theory, Inxcription, 1989, Vol. 5, University of California, Santa Cruz.

Clifford, J., *Routes: Travel and Translation in the Late Twentieth Century*, Mas-

507

sachusetts: Harvard University Press, 1997.

Darby, H. C. (ed.), *A New Historical Geography of England*, Cambridge: Cambridge University Press, 1973.

Douglas, M., The Idea of Home: A Kind of Space, *Social Research*, 1991, 58.

Elisabeth, Hsu, *The Transmission of Chinese Medicine*, Cambridge: Cambridge University Press, 1999.

Eriksen, T. H., *Small Places, Large Issues: an Introduction to Social and Cultural Anthropology*, London, Chicago: Pluto Press, 1995.

Farnell, L. R., *The Cults of the Greek States*, Vol. 5, Oxford: Oxford University Press, 1909.

Farriss, N. M., Remembering the Future, Anticipating the Past: History, Time and Cosmology among the Maya of Yucatan, *Comparative Studies in Society and History*, 29 (3) 1987.

Fenress, J. & Wickham, C., Remembering, In *Social Memory*, Oxford: Blackwell, 1992.

Foucault, M., *The Birth of the Clinic*, London: Tavistock, 1976.

Francis, L. K. Hsu (许烺光), Under the Ancestors' Shadow: *Chinese Culture and Personality*, New York: Columbia University Press, 1948.

Frazer, J. G., *The Golden Bough: A Study in Magic and Religion*, New York: The Macmillan Company, 1947.

Geertz, C., *The Interpretation of Culture*, New York: Basic Books, 1973.

Geertz, C., *Works and Lives: The Anthropologists as Author*, Cambridge: Polity, 1988.

Geertz, C., *After the Fact: Two Countries, Four Decades, One Anthropologist*, Cambridge: Cambridge University Press, 1995.

Giddens, A., *The Consequence of Modernity*, Cambridge: Polity Press, 1990.

Godelier, M., *Myth and History: Reflections on the Foundations of the Primitive Mind*, Cambridge: Cambridge University Press, 1977.

Graburn, H., Nelson, H., Tourism, Modernity and Nostalgia, *The Future of*

Anthropology: *Its relevance to the Contemporary World*, London & Atlantic Highlands, NJ, 1995.

Graburn, H., Nelson, H., The Ethnographic Tourist, Dann, G. M. S. (ed.), *Tourist as a Metaphor of the Social World*, Trowbridge: Cromwell Press, 2002.

Guldin, Gregory, E., *What's A Peasant To Do? Village Becoming Town in Southern China*, Boulder: Westview Press, 2001.

Hanna, S. P. & Del Casino, V. J. (ed.), *Mapping Tourism*, Minneapolis/London: University of Minnesota Press, 2003.

Hart, J. F., The Highest Form of the Geographer's Art, *Annals of the Association of American Geographers*, 1982, Vol, 2., No. 4.

Haviland, William A., *Cultural Anthropology*, Holt Rinehard and Winston, 1986.

Hirsch, E., Introduction Landscape: Between Place and Space, E. Hirsch and M. O. Hanlon (ed.), *The Anthropology of Landscape: Perspectives on Place and Space*, Oxford: Oxford Unovesity Press, 1995.

Jackson, John B., Many Mansions: Introducing Three Essays on Architecture, In *Landscape*, Winter 1952, 1 (3).

Jackson, John B., Chihuahua as We Might Have Been, in J. B. Jackson, *Landscape in Sight: Looking at America*, Helen Horowitz ed., New Haven, Conn: Yale University Press, 2000.

Jonaitis, A., *Art of the Northwest Coast*, Seattle and London: University of Washington Press, 2006.

Jone, Wong, Ma Rong and Mu Yang (ed.), *China's Rural Entrepreneurs: Ten Case Studies*, Singapore: Time Academic Press, 1995.

Joseph, Needham, *Science & Civilisation in China*, Vol. IV: 3, Cambridge: Cambridge University Press, 1971.

Karl, A. Wittfogel, *Oriental Despotism: A Comparative Study of Total Power*, New Haven: Yale University Press, 1957.

Kenny, M. L., Deeply Rooted in the Present, In Laurajane Smith and Natsuko Akagawa (eds.), *Intangible Heritage*, London and New York: Routledge, 1987.

Knapp, Ronald G., Village Landscape, *Chinese Landscapes: the Village as Place* (edited by Ronald G. Knapp), Honolulu: University of Hawaii Press, 1992.

Knudsen, D. C., Metro-Roland, M. M., Soper, A. K., and Greer, C. E. (ed.), *Landscape, Tourism, and Meaning*, Hampshire: Ashgate Publishing Limited, 2008.

Kung, H., *Freud and the Problem of God*, New Haven: Yale University Press, 1979.

Kwang-chih, Chang, *The Archaeology of Ancient China*, New Haven: Yale University Press, rev. ed., 1968.

Leach, E., *Genesis as Myth*, Cape, edition, London: Grossman, 1969.

Lévi-Strauss, C., *The Way of the Masks*, London: Jonathan Cape, 1983.

Lowenthal, D., *The Heritage Crusade and the Spoils of History*, Cambridge: Cambridge University Press, 1997.

Lowenthal, D., *Environment and Heritage*, in Flint, Kate & H. Morphy, *Culture, Landscape and the Environment: the Linacre Lectures*, Oxford: University of Oxford, 2000.

MacCannell, D., *Empty Meeting Ground*, London: Routledge, 1992.

MacCannell, D., *The Tourist: A New Theory of the Leisure Class*, Berkeley: University of California Press, 1999 (1976).

Mclean, I., *Oxford Concise Dictionary of Politics*, Oxford New York: Oxford University Press, 1996.

Mauss, M., *The Gift*, Trans. By W. D. Halls, New York and London: Routledge, 1990.

Melissa M. Bel, Unconscious Landscapes: Identifyingwith a Changing Vernacular in Kinnaur Himachal Pradesh, India, in *Material Culture*, Vol. 45,

2013, No. 2.

Myers, F. , Primitivism, Anthropology and the Category of "Primitive Art", In Tilley, C. , Keane, S. , Rowlands, M. , and Spyer, P. (ed.), *Handbook of Material Culture*, London: SAGE Publications, 2006.

Knapp, Ronald G. , *Chinese Landscapes: the Village as Place*, (edited) Honolulu: University of Hawaii Press, 1992.

Michell, D. , The Lure of the Local: Landscape Studies at the End of a Trouble Century, *Progress in Human Geography*, 27: 6.

Mitchell, W. J. T. , *Landscape and Power*, Chicago and London: The University of Chicago Press, 2002 (1994) .

Murithi, A. , Njeru, *Conservation of Natural and Cultural Heritage in Kenya Evaluating Rural Heritage Conservation in Kenya: the Case of Karue Hill*, London: UCL Press, 2016.

Nash, D. , *Anthropology of Tourism*, Kidlingdon: Pergamon, 2001.

Okely, J. , *The Traveller-gypsies*, Cambridge: Cambridge University Press, 1983.

Paludan, A. , *The Chinese Spirit Road: the Classical Tradition of Tom Statuary*, New Haven and London: Yale University Press, 1991.

Pouilloux, J. , La Forteresse de Rhamnonte, Paris, See Wiles, D. , 1997, *Tragedy in Athens: Performance Space and Theatrical Meaning*, Cambridge University Press, 1954.

Rapport, N. and Overing, J. , *Social and Cultural Anthropology: The Key Concepts*, New York: Routledge, 2000.

Redfield, M. P. (ed.), *Human Nature and the Society: the Papers of Redfield, M. P.* , Vol. 1, Chicago: University of Chicago Press, 1962.

Redfield, R. , *Peasant Society and Culture*, Chicago: University of Chicago Press, 1989 (1956) .

Redfield, R. , *The Little Community, and Peasant Society and Culture*, Chicago: Chicago University Press, 1960.

Relph, E. , *Place and Placelessness*, London: Pion, 1976.

Rhodes, C. , *Primitivism and Modern Art*, New York: Thames & Hudson, 1995.

Robers, J. W. , *City of Sokrates: An Introduction to Classical Athens*, London and New York: Routledge & Kegan Paul, 1984.

Robertson, N. , *Festivals and Legends: the Formation of Greek Cities in the Light of Public Ritual*, Toronto: University of Toronto Press, 1992.

Rojek, C. & Urry, J. (ed.), *Touring Cultures: Transformations of Travel and Theory*, London and New York: Routlege, 1997.

Sahlins, M. , *Historical Metaphors and Mythical Realities*, Ann Arbor: The University of Michigan Press, 1981.

Schein, R. , *The Place of Landscape: A Conceptual Framework for Interpreting an American Science*, Annals of Association of American Geographers, 1997.

Silverman, M. & Gulliver, P. H. , Historical Anthropology and Ethnographic Tradition: A Personal, Historical and Intellectual Account, *Approaching the Past: Historical Anthropology through Irish Case Studies*, New York: Columbia University Press, 1992.

Sperber, D. , *Rethinking Symbolism*, Trans by Alice L. Mordon, Cambridge: Cambridge University Press, 1975.

Stocking, G. , Delimiting Anthropology: Historical Reflection on the Boundaries of a Boundless Discipline, *Social Research*, 62 (4), 1995.

Teague, K. , *Nomads: Nomadic Material Culture in the Asian Collections of the Horniman Museum*, The Horniman Museum and Gardens, London; The Museu Antropológico da Universidade de Coimbra, 2000.

Thompson, E. P. , *The Poverty of Theory*, London: Merlin Press, 1978.

Thompson, P. , *The Voice of The Past: Oral History*, New York: Oxford University, 1988.

Thrift, N. , Images of Social Change, Hamnett, C. , McDowell, L. & Sarre, P.

（ed.），*The Changing Social Structure*，London：Sage，1989.

Tilley，C.，*A Phenomenology of Landscape Place，Paths and Monuments*，Oxford，UK/Providence，USA：Berg Publishers，1994.

Tucker，H.，The Ideal Village：Interactions through Tourism in Central Anatolia，Abram，S. & Waldren，J.（ed.），*Tourists and Tourism：Identifying with People and Places*，Oxford/New York：Berg，1997.

Turner，V.，*The Forest of Symbols：Aspects of Ndembu Ritual*，Ithaca，N. Y.：Cornell University Press，1967.

Urry，J.，*The Tourism Gaze*（second edition），London/Thousnad Oaks/New Delhi：Sage Publications，2002.

Van Gennep，A.，*The Rites of Passage*（1908），London：Routledge & Kegan Paul，1965.

Whitehead，D.，*The Demes of Attica 510 – 250 B. C.*，Princeton：Princeton University Press，1986.

Wiles，D.，*Tragedy in Athens：Performance Space and Theatrical Meaning*，Cambridge：Cambridge University Press，1997.

Williams，R.，*The Country and the City*，London：Paladin，1973.

Williams，R.，*Keywords：A Vocabulary of Culture and Society*，New York：Oxford University Press，1983.

Wycherley，R. E.，How the Greeks Built their Cities，London，See Wiles，D. 1997，*Tragedy in Athens：Performance Space and Theatrical Meaning*，Cambridge University Press，1962.

513

海老澤：《荘園公領制と中世村落》，校倉書房 2000 年版。

大塚久雄：《共同体の基礎理論》，岩波書店 1955 年版。

宮田登編：《民俗の思想》，岩本通弥：《民俗・風俗・殊俗——都市文明史としての——国民俗学》，朝倉書店 1998 年版。

柳田国男：《柳田国男全集》14《郷土研究と郷土教育》，筑摩書房 1999 年版。

后 记

　　我来自书香门第。我当过农民。记忆中一直受到乡土的浸染。"书香"与"泥土"糅合混杂，难以泾渭。家族如是，我亦如是。

　　祖父曾在中央大学（南京大学）等当过外语教授。父亲是新中国成立后武汉大学外语系的第一届毕业生，学的是俄语。因是长子，早年受祖父影响，英、法皆识。毕业后被分到北京做苏联专家的翻译。中苏交恶后，苏联专家撤走，父亲由教育部重新分配。他原想回江西老家的大学工作。恰在此时，福建农学院院长到教育部要人，见到父亲，百般说服，把父亲弄到了福建农学院，教外语。这样我就成长在农学院大院。"农学院"对我来说，象征的意义比实际的生活更大。

　　父亲在"反右"中被打成右派。我也受牵连。这一牵连便是二十多年，一直伴随我成年。直到 20 世纪 80 年代初，父亲的"平反"，我才有机会在政治上"解放"。

　　1966 年"文化大革命"开始，学校"停课闹革命"，我上小学四年级，尚没到"串联"的年龄，便混迹于农学院各种"试验田"，养鸡、捉鱼、摘果子。

　　20 世纪 70 年代初，据说福州军区（当时是大区）的一位首长说了这样的话："农学院办在城里不是见鬼吗？"于是，福建农学院遭到拆校厄运。父亲带着家小去到了闽北山区的浦城县石陂公社春溪大队当"下放干部"。村里没有学校，我的初中学业开始于十几里以外的石陂中学。每个周末回家一次，挑米带菜，一周的伙食。放假时，便到生产队的田间地头、山野竹林玩耍，捉泥鳅、挖竹笋、讨野菌。记忆中，"绿色的生活"还算悠然。

　　三年后，大学重组，成立福建农林大学。没有回到省城，却到了一个工业城市——三明。我的高中学业在三明二中完成。在"文化大革命"期间，毛主席发出了"知识青年上山下乡"的号召。我于1975年高中毕业后上山下乡，当"知青"，去到了福建省三明市岩前公社吉口大队定地生产队插队，并很快当上了生产队的副队长，犁田、插秧，干农活一把手。农闲时节为生产队养猪、养鸭。粮食自己种，蔬菜自己栽。闲时不忘读书，依然贯彻"耕读"传统。

　　1977年恢复高考，我考上大学，开始读书的苦乐年华。1984年考上研究生，去了贵州，从此爱上人类学。开始独自在少数民族村寨徜徉。1988年获国家教委（即今天的教育部）选派公费留学法国。我选择了人类学专业。清楚地记着，当时在选派专业的栏目中人类学被赫然写上"新学科"。此后的田野作业更是不断，迄今已逾三十余载。我跑了中国（主要在西南地区和福建）近百个村落。

　　简略的个人故事，并非笔者所刻意；徒想通过个人的经历说明，虽为个案——如果这个案能够在某些方面反映我们的家族和我们这一代人生活共性的话，那就是乡土的"耕读"传统。中国的知识分子，如果上溯他们的家族历史，大致源自这个传统。而今，这个乡土传统正面临中华民族数千年来从未发生过的"根本性改观"。这怎么不令人担忧？

　　于是有了这个被笔者命名为"重建中国乡土景观"的计划。它不是课题，没有项目经费，所有经费都属于个人，其中有不少志愿者。我们也不需要向"发包单位"和"出资老板"负责。我们只做我们认为有意义的事情。最朴素的想法是，如果我们的工作能够为传统的乡土社会、为生活在这片土地上的人民做一点什么，就够了。

　　感谢的话不知从何说起，要感谢的人太多。我们的团队成员将逾百名，与我共同完成这个项目。其中多数是我的弟子和我"认作"弟子的青年学者。特别感谢王莎莎博士，她既是本书的编辑，又是我的"乡村振兴·乡土重建"团队的核心成员。我选择十二个村落作为样点，它们散布

515

在不同的省区。帮助过我们的乡亲达数百人，有些不知名，无法一一罗列。只一句：感谢这块丰沃土地和土地上的人民，它养育了我们，养育了我们这个民族。

彭兆荣

2017 年 7 月初稿于云南和顺